날씨의 세계

THE SECRET WORLD OF WEATHER

날씨의 세계

일기예보는 모르는
내 앞의 날씨를 읽는 법

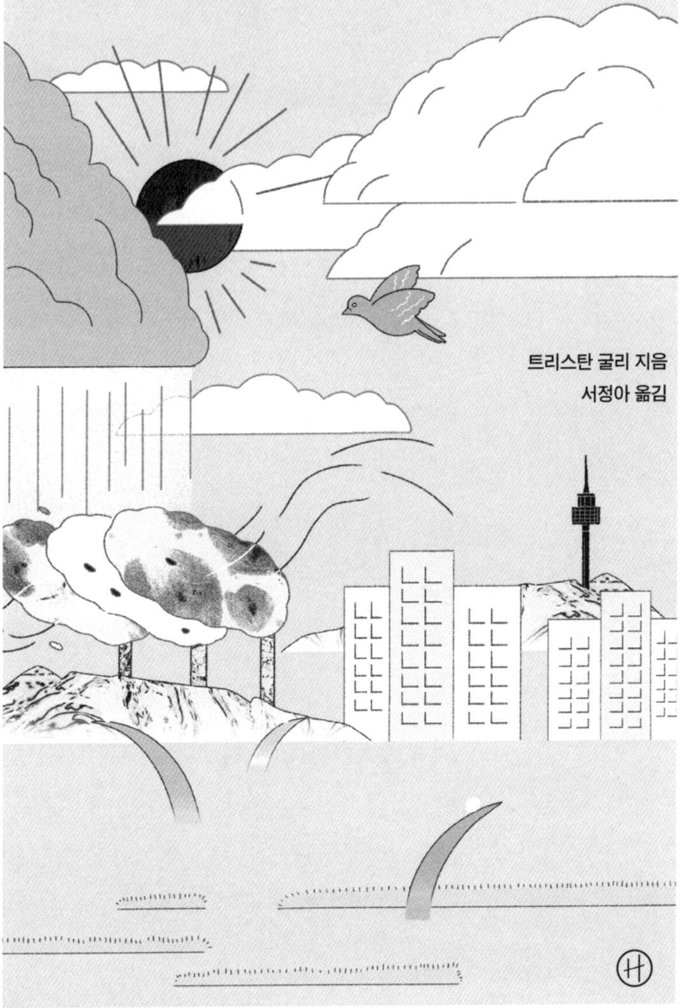

트리스탄 굴리 지음
서정아 옮김

소피에게,

그 어떤 날씨에도 늘 곁에 있어준 것에 감사하며,

우리의 30주년 겸 20주년 기념일에 이 책을 바칩니다.

들어가며

이 책은 정통적이지 않은 관점에서 날씨를 다뤘다.

나는 화면 속 일기도를 살피기보다 우리가 나무 주변이나 거리를 걷다가 발견하는 단서에, 그리고 그 단서가 현재와 과거와 미래의 날씨에 관해 누설하는 비밀에 집중한다. 그 길을 따라가다 보면 우리는 미기후(microclimate)라는, 낯설고도 경이로운 영역에 이르게 된다. 이제부터 우리는 소소하고 가까운 대상을 관찰해 극히 소수만이 알아차릴 수 있는 날씨의 징후들을 음미할 것이다. 징후들은 하늘에서, 경관 곳곳에서 우리를 기다린다. 그리고 대부분 손에 닿을 듯 가까운 거리에 존재한다.

부디 그 여정을 즐기시기를.

(일러두기: 특별한 언급이 없는 한 이 책에서 다루는 지역은 북온대로, 유럽과 북미, 아시아에서 인간이 거주하는 영역 대부분이 여기에 해당한다.)

트리스탄 굴리

차례

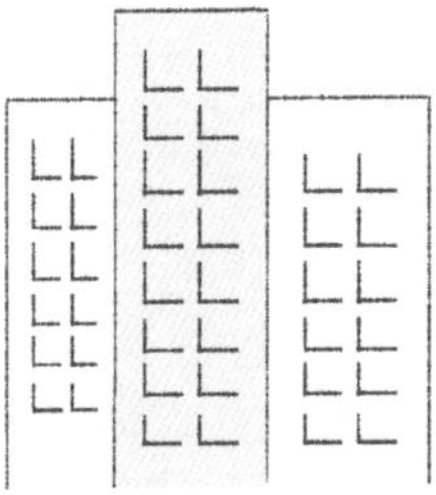

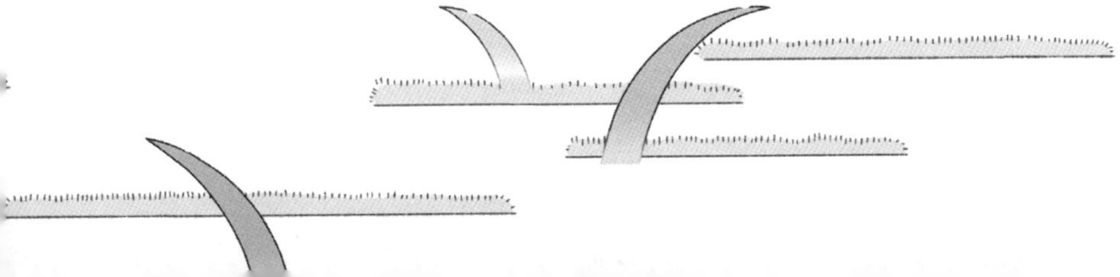

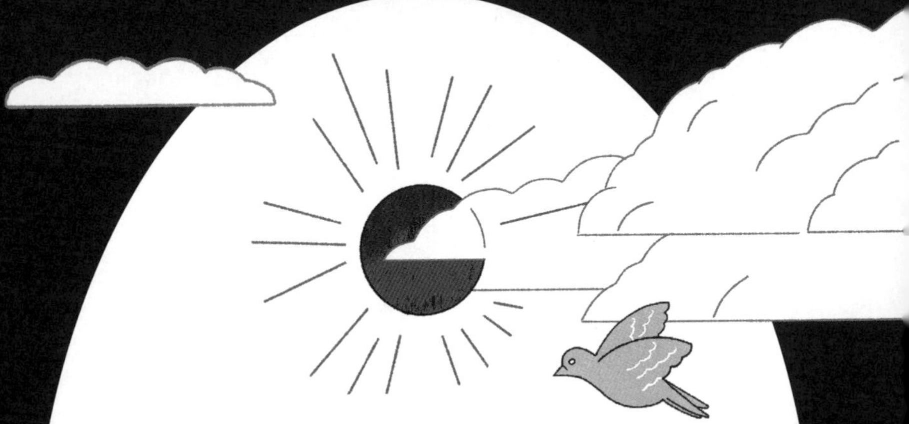

1장

두 세계

알려진 세계 | 은밀한 세계 | 저지고기압 | 나무 송풍기

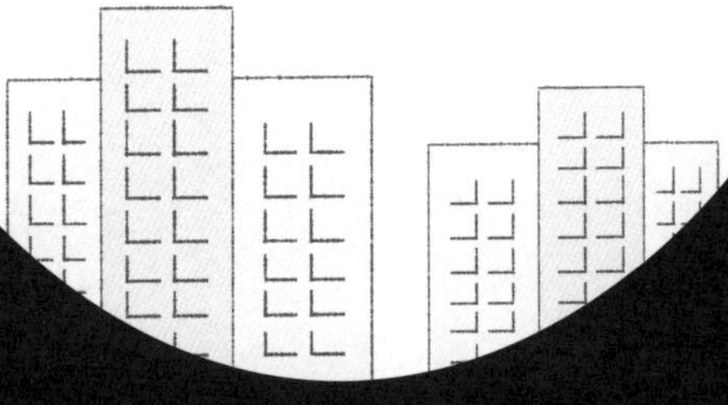

늦은 9월의 어느 날이었다. 훈훈한 대기 사이로 실바람이 불었다. 여름은 끈질기게 대지에 머물렀다. 낯익은 참나무 곁을 지나며 나는 밝은 햇살 아래 사우스다운스의 초록빛 구릉지를 바라보았다. 언덕 위로 아지랑이가 가물거렸다. 청명한 하늘에는 솜털구름 몇 점이 낮게 걸려 있었다. 시정(視程)은 썩 좋지 않았지만 멀리 흐릿하고 어둑하게 바다의 수평선이 보였다.

목요일이었다. 우리 가족은 주말에 소풍을 가고 싶었다. 목덜미를 간지럽히는 산들바람에 나는 뒤돌아 참나무와 그 그늘을 바라보았다. 그리고 이내 날씨가 그대로 지속되리란 사실을 깨달았다. 이윽고 일요일 소풍에 완벽한 장소를 찾아냈다.

이 짧고 담담한 이야기 속에는 몇 가지 단서와 두 가지 징후가 담겨 있다. 이 단서와 징후 들은 날씨가 무엇을 했고 무엇을 할 것인지를 각기 다른 방식으로 우리에게 일러준다. 그리고 무엇보다 날씨의 은밀한 세계로 이어지는 길을 우리에게 제시한다.

알려진 세계

일기예보는 오래전부터 지탄의 대상이었다. 19세기 영국의 해군 중장 로버트 피츠로이(Robert FitzRoy, 1805~1865)는 기상학의 개척자이자 '예보(forecast)'라는 낱말의 고안자였다. 어려운 여건 속에서도 그는 각고의 노력을 기울여 참신한 기법들을 개발했지만, 대가는 참혹했다. 예보가 조금만 빗나가도 대중은 그에게 비난을 퍼부었으니까. 이는 감당하기 힘든 시련이었다. 피츠로이는 우울증이 나날이 심해지더니 급기야 1865년에 스스로 목숨을 끊었다.

그는 시대를 앞서간 인물이었다. 그가 자살한 해에 영국학사원(Royal Society)의 학자들은 일기예보에 관하여 "현재의 과학적 역량으로는 한 관측자가 향후 48시간 동안 전개될 날씨를 날마다 예고하기란 불가능하다는 것이 기상학계의 정론"이라는 견해를 내놓았다.

그로부터 100년이 지난 20세기 중반에는 일기예보가 일상적으로 이뤄졌지만, 신뢰도는 여전히 바닥이었다. 1955년 베드퍼드셔 던스터블에 있는 중앙기상관측소의 수석 기상예보관은 자신감을 보이기는커녕 "24시간보다 먼 미래에 관한 일기예보는 정확도를 보장하기 어렵다"라는 견해를 내비쳤다.

하지만 거기서 또 70년이 지난 오늘날에는 향후 열흘 동안의 날씨를 태연히 알리는 일기예보를 단 몇 초면 찾아낼 수 있다. 어째서일까? 그사이 인류가 하늘의 징후를 헤아리는 법을 더 깊이 깨우치기라도 한 것일까? 아니, 원인은 다른 데에 있다.

지난 100년 동안 기상학 관련 분야에서는 네 가지 혁명적 변화가 일어났다. 첫째, 더 풍부하고 정확한 자료를 확보했다. 둘째, 날씨를 좌우하는 현상을 더 잘 이해하게 되었다. 셋째, 방대한 정보를 고속으로 처리할 첨단 기기들을 갖추었다. 넷째, 신속한 통신이 가능해졌다. 요컨대 대기의 최고기온부터 해수의 온도까지, 전 세계 모든 고도에서 측정한 각종 수치를 컴퓨터에 입력하여 예보를 산출하는 시대가 바야흐로 도래한 것이다.

통신의 중요성은 우리의 상상을 초월한다. 대서양 한가운데서 기압을 측정해 예측한 결과가 2주 뒤에나 유럽 쪽 해안에 도착한다면 그 예보는 아무짝에도 쓸모가 없을 것이다. 믿기 어렵겠지만, 한 세기가 채 안 된 과거에도 해안지역의 사람 대부분은 긴 기둥에 내걸린 원뿔을 경보 삼아 강풍에 대비해야 했다. 설령 누군가 며칠 뒤의 날씨를 정확히 예측해냈다 해도, 일대에 고루 소식을 전하려면 원뿔을 허다히 내걸어야 했으리란 얘기다.

돌아보면 변화는 시나브로, 악천후의 가엾은 목격자들에게는 너무 느리게 진행되었다. 제2차 세계대전 직전에 아일랜드의 서쪽 먼바다에서는 잔잔하던 해상에 풍랑이 일어 어부 44명이 그만 목숨을 잃었다. 수 킬로미터 떨어진 곳에서 폭풍을 예견한 예보관들이 무선전신으로 경보를 발령했지만, 메이오 해안과 멀리 떨어진 섬들까지는 소식이 닿지 않았다.

앞서 나는 향후 열흘의 날씨 예보에 관해 언급한 바 있다. 예보를 하는 것과 믿을 만한 예보를 하는 것 사이에는 널따란 간극이 있다. 내 경험상 굉장히 뛰어난 슈퍼컴퓨터로도 닷새 이상의 날씨를 예측하기란 여간 어렵지 않다. 엿새 혹은 이레가 넘어가면 과감할지언정 신뢰성은 현저히 떨어지는 예보가 산출되게 마련이다. 그런데도 현재 우리는 향후 닷새까지의 날씨에 관한 한 꽤 믿을 만한 예보를 내놓는 단계에 이르렀다. 20년 전만 해도 나는 사흘 이상의 날씨를 다루는 일기예보에는 거의 눈길을 주지 않았다. 상황은 빠르게 개선되고 있다. 그러나 완전히 개선되지는 못했다.

전문적 기상예보가 발전하면서 우리와 날씨 사이에는 미묘한 기류가 형성되었다. 첫째, 언제부턴가 사람들 대부분은 날씨를 관찰해 직접 일기예보를 할 수 있다는 생각을 하지 않게 되었다. 둘째, 날씨는 정작 본거지, 그러니까 땅에서 분리되었다.

전문가가 날씨를 묘사하는 방식과 우리가 날씨를 경험하는 방식에는 차이가 있다. 다들 알다시피 텔레비전이나 인터넷 일기예보 속 소용돌이는 전 지역을 광범위하게 뒤덮는다. 가령 예보 구역 한 곳을 자동차로 횡단하는 데 다섯 시간이 걸릴 수도 있지만, 우리가 경험하는 날씨의 범위는 그보다 훨씬 좁다.

대화 중에 기상학자가 '소나기'를 거론할 때면, 나는 우리 집 뒷마당에 비가 오겠느냐고 짓궂게 되묻곤 한다. 이 질문은 대개 웃음을 자아낸다. 기상학자들은 내가 말하고자 하는 요지, 그러러니까 자신들의 접근법이 지닌 한계를 너무나 잘 알고 있기 때문이다. 설령 세계에서 가장 뛰어난 기상학자 100명이 세계에서 가장 강력한 컴퓨터 100대를 빌린다 해도, 다음 날 소나기가 쏟아질 정확한 위치를 집어내는 문제로 들어가면 그들 역시 고전을 면하기 어려울 것이다. 나아가 그곳의 경관에 빠삭한 기상학자가 아니고서는, 결국 완패를 자인할 수밖에 없다. 물론 이들은 훌륭한 전문가로 타의 추종을 불허하는 역량을 지녔지만, 우리가 경험하는 날씨로 예측의 범위를 제한하면 이내 궁지에 몰리고 만다. 1865년에 향후 48시간의 날씨를 예보하는 일이 불가능하다고 여겼던 것처럼, 오늘날에도 좁은 권역의 날씨를 예보하기란 그 땅을 알지 못하는 컴퓨터로는 불가능하다.

그러나 자기 감각에 의존하는 이들에게는 같은 논리가 적용되지 않는다. 설혹 닷새 뒤의 날씨 동향을 예측하는 능력은 부족할지 모르나, 그날 늦게 비가 쏟아질 지점을 정확히 가려내는 능력만큼은 이들이 오히려 뛰어날 때가 많다. 우리는 두 가지 이유에서 기상학자보다 유리한 조건을 갖추었다. 첫째, 기상학자는 광대한 지역의 수많은 사람을 상대하는 반면, 우리는 날씨가 우리 고장에서 우리에게 미치는 영향에 더 주목한다. 둘째, 기상학자는 날씨를 대기현상 위주로 다루지만, 우리는 땅의 피조물로서 주변 날씨를 몸소 체험한다.

주위의 경관에 예민한 사람은 기계가 이해할 수 없는 것들을 이해할 수 있다.

은밀한 세계

우리의 경관은 우리의 날씨를 빚어낸다.

컴퓨터는 오로지 광대한 땅덩이와 관련된 문제에만 골몰할 뿐, 우리가 동네 작은 언덕을 산책하는 동안 날씨가 어떻게 변화할 것인가에는 구태여 관심을 두지 않는다. 해와 바람, 비, 기온, 시정은 짧은 산책 중에도 몇 번이든 급변할 수 있다. 우리에게 '날씨'는 줄곧 그런 의미였고, 같은 나무라도 이쪽이냐 저쪽이냐에 따라 날씨는 엄연히 달라진다. 하지만 기상 전문가들은 이 의견에 이렇게 반박할 것이다. "엄밀히 말하면 그런 건 날씨가 아닙니다. **미기후**라고 해야 맞지요." 이와 비슷한 답변을 나는 여러 번 들었고, 그때마다 "예" 하고 맞장구를 쳤다. 하지만 내 대답 속에는 다음과 같은 생각이 감춰져 있었다. '이름은 그리 중요하지 않아요. 내가 이야기하는 건 우리가 실제로 경험하는 날씨니까요.'

우리는 도시에 산다. 언덕에 산다. 골짜기에 산다. 바닷가에 산다. 숲에 산다. 섬에 산다. 우리가 사는 경관은 날씨로 빚어졌고, 역으로 날씨를 빚어내기도 한다. 숲이 우거지면 강우량이 증가해 서식하는 나무의 종이 다양해지고, 순환은 더욱 공고해진다. 기본적으로 숲은 나무가 없는 인근에 비해 비가 올 가능성이 크다. 또한 우리가 스쳐 지나는 나무의 종에 따라 비의 느낌은 달라진다.

작고 평평한 섬의 날씨는 크고 험한 이웃 섬의 날씨와 다르다.

또한 큰 섬의 경우 섬 양쪽의 날씨가 다르다. 하늘에서 내려다보면 섬들은 대부분 양쪽의 색깔이 다르다. 한쪽은 하루가 멀다 하고 비가 쏟아지지만, 반대쪽은 거의 내리지 않는 탓이다. 한날에도 카나리아제도의 건조한 남서쪽 해안에서는 일광욕을 즐기는 이들을, 반대편의 북동쪽 해안에서는 비에 흠뻑 젖은 초목을 맞닥뜨릴 수 있다.

경관을 더 가까이 들여다볼수록 놀라운 변화가 눈앞에 펼쳐진다. 스위스 쥐라산맥에서는 800미터 높이의 산등성이를 중심으로 양쪽에서 판이한 기후가 관찰된다. 각기 다른 두 생태계가 서로 닿을 듯 가까운 거리에 공존하는 셈이다. 남쪽 비탈에는 잔털참나무(downy oak)처럼 온기가 필요한 나무들이, 북쪽 비탈에는 알파인페니크레스(Alpine pennycress)처럼 아고산대에서 자라는 식물들이 분포한다. 두 환경을 가르는 경계는 너비가 50센티미터에 불과한 산등성이다. 능선 너머로 **단 한 걸음**만 내딛어도 위도 1000킬로미터나 고도 1000미터 거리를 이동하는 것과 맞먹는 기후 변화를 마주하게 된다. 이는 곧 굉장히 가까운 두 지점 사이에서도 날씨는 얼마든지 달라질 수 있다는 의미이고, 실제로도 과연 그렇다.

미국과 유럽 온대 지방의 향나무 관목 숲은 남쪽과 북쪽의 기온 차가 사막과 북부 산림지대의 차이 못지않게 뚜렷하다. 이러한 관목림 지대의 미기후가 좁은 지역에 미치는 영향은, 더 넓은 범위의 기후가 약 5000킬로미터에 걸쳐 발휘하는 영향에 필적할 만큼 다양하다고 과학자들은 이야기한다. 이 관목림을 탐사할 때는 팔을 쭉 뻗기만 해도 대륙을 가로지를 때와 비슷한 날씨 변화를 경험할 수 있다.

내가 꼭 강조하고 싶은 부분은 이러한 차이들이 이론, 그러니까 단순한 학문적 사실이나 수치에만 머물지 않는다는 점이다. 미기후는 예상되는 평균적 기상 상황을 드러낼 뿐 아니라, 그것을 좌우한다. 미기후는 우리가 경험할 현상에 대한 단서를 제공한다. 이런저런 동식물의 서식지가 날씨를 반영하고 변화시키는 방식을 이해하면, 그 변화를 예측하고 느끼는 과정이 흥미를 자아낸다.

12월 초에 산책을 나섰을 때의 일이다. 나는 별빛 아래서 히스가 무성한 들판을 가로질렀다. 한 무리의 소나무 그늘을 벗어나자 아니나 다를까 곧 한기가 느껴졌다. 이내 나는 히스 수풀 여기저기서 얼어붙은 웅덩이를 발견했다. 하지만 주변의 초지나 삼림지에서는 단 하나도 발견하지 못했다. 나는 이러한 현상을 감지하는 일이 즐거웠고, 그 이유를 이해한다는 사실이 특히 흐뭇했다. 히스 서식지는 밤이면 열을 급격히 상실하므로, 겨우 몇백 미터 떨어진 여느 서식지보다 기온이 3도쯤 더 낮아지기 쉽다. (히스 서식지가 그토록 빠르게 열을 상실하는 이유는 다음 장에서 알게 될 것이다.)

기상학자들은 이렇듯 좁은 범위에서 관찰되는 극렬한 차이를 이해하는 동시에 혐오해서, 풍속계나 온도계를 이러한 변화무쌍함과 동떨어진 높이에 설치하려 부단히 애를 쓴다. 이러한 조치가 과학적 상식에는 부합할지라도, 바람이나 온도와 같은 가변적 요인을 우리가 몸소 경험하는 장소보다 높은 위치에서 측정하려 드는 기상예보관들의 습성에는 고개를 갸웃거리게 된다.

넓은 범위의 날씨에 대한 예보관들의 이해력은 그간 놀라운 발전을 거듭했고, 덕분에 대기후는 일종의 '알려진 세계'로 자리매김했다. 이 위대한 성취를 통해 그들은 수많은 생명을 구해냈다. 하지만 여기에는 다소 의도치 않은 결과가 뒤따랐다. 그러니까 날씨를 우리의 생활 영역보다 훨씬 더 넓은 범위에서 고려하게 된 것이다.

이 책에서 우리는 마을과 도시, 숲과 언덕에서 우리가 경험하는 날씨의 비밀을 드러내는 단서와 징후 들을 탐구할 것이다. 이 징후 가운데 일부는 대규모 기상현상을 암시하고 기상학자들에게 알려진 세계와 상통하지만, 나머지 대부분은 우리가 생활하는 경관 속에 자리하고 그중 상당수는 손에 닿을 듯 가까운 거리에 존재한다. 이것이 바로 날씨의 은밀한 세계다.

시작은 내가 예의 그 산책길에서 마주친 단서와 징후 들을 살피는 것이다. 그 과정에서 우리는 이러한 차이를 아로새기는 한편, 알려진 세계에서 은밀한 세계로 이어지는 통로를 발견할 것이다.

저지고기압

다시 이 장 첫머리의 산책길로 돌아가자. 하늘은 청명했고, 구름

몇 점이 낮게 걸렸으며, 바람이 가볍게 불었다. 대기는 따뜻하지만 불안정했고, 시정은 양호하지만 썩 좋지도 않아서 풍광을 세세히 관찰하기는 어려웠다. 이러한 사실은 모두 여름 고기압의 전형적 특징, 그러니까 단서들이다.

여름날 한 지역이 고기압권에 들었다는 것은 화창하고 안정한 날씨, 가볍고 변덕스러운 바람, 뚜렷하지 않은 시정, 옅은 구름의 징조다. 고기압이 그 권역에 머무는 동안에는 이 같은 날씨가 이어진다. 개중에는 지나치게 고집스러워, 한곳에 정착하면 좀처럼 이동하지 않는 고기압도 있다. '저지고기압(blocking high)'이라 불리는 이 고기압은 폭염의 흔한 원인이기도 하다. 그러므로 우리 주위로 저지고기압이 발달했다는 사실을 알아냈다면, 고기압과 우리의 상대적 위치를 헤아려보자. 맑은 날씨가 얼마나 오래 지속될지 확인하는 방법은 그것으로 충분하다.

고기압의 진로를 관측하는 방법은 간단하다. 그저 바람의 방향을 주시하면 된다. 바람은 고기압의 둘레를 시계 방향으로 돈다. 그러므로 만약 바람이 등 뒤에서 불어온다면, 고기압은 우리의 오른쪽에 자리할 것이다. 앞의 산책길에서 나는 언덕 기슭을 내려다보며 등 뒤에서 바람을 느꼈다. 이때 나의 시선은 남쪽을 향해 있었고, 예의 참나무 그늘은 그 사실을 다시금 확인시켰다. 정오에 가까운 시각이었다. 해는 남쪽을 바라봤고 그림자는 북쪽을 가리켰다. 그러므로 고기압 중심부의 방향은 서쪽이었다.

지구는 동쪽으로 자전한다. 이는 곧 바람도 대부분 그 방향으로, 그러니까 서쪽에서 동쪽으로 분다는 뜻이다. 결과적으로 이는 날씨가 대체로 서쪽에서 다가온다는 뜻이기도 하다.

퍼즐 조각들을 맞춰보던 나는 주변에 고기압이 발달했다는 사실을 감지했고, 실바람은 고기압의 중심부가 내 서쪽에 있다는 사실을 일러주었다. 이는 곧 거대하고 온화한 기류가 이제 막 그 땅을 서서히 가로지르기 시작했다는 징후였다. 쾌청한 날씨는 주말 내내 갈수록 좋아지다가 어느 순간 돌변할 것이었다.

하지만 자잘한 걱정일랑 일단 접어두자. 저지고기압에 대해서는 나중에 상세히 다룰 테니까. 지금은 우선 한 가지 단순한 현상, 그러니까 맑고 화창한 날씨가 자리 잡은 직후의 풍향에 주의를 기울이자. 가볍고 이따금 변덕스러운 산들바람이 느껴질 때면, 화창하고 평온한 시절이 불길한 하늘에 자리를 내주기 **전**에 바람의 방향이 바뀌는 양상을 눈여겨보는 것이다.

저지고기압은 굵직하고 선명한 징후이자 일기도 위에 소용돌이와 동그라미로 표시될 만큼 거대한 기압계이다. 이는 유용한 징후이며 날씨의 광범위하고도 알려진 세계와 상통한다. 하지만 이제는 은밀한 세계에 발을 들이자. 그리고 일기예보로는 결코 확인할 수 없을 유형의 징후를 만나보자.

나무 송풍기

이 장 첫머리에서 나는 완벽한 소풍 장소로 예의 그 참나무 아래를 선택했다. 무더운 날이면 우리는 나무 아래서 더위를 식힌다.

그런데 뜻밖에도 그 행동의 정확한 이유를 아는 사람은 별로 없다. 물론 주요한 이유는 그늘에서 햇볕을 가리는 데 있지만, 거기에는 은밀한 이유도 존재한다. 그러니까 우리는 나무 아래서 산들바람을 즐긴다.

바람이 나무를 통과할 때면, 나무는 바람의 경로를 방해한다. 이는 나무의 모든 방향에서 기압의 변화를 유발한다. 바람이 불어오는 쪽(바람받이 쪽, 풍상측)은 기압이 높아지지만, 바람이 불어가는 쪽(바람의지 쪽, 풍하측)은 기압이 낮아지는 것이다. 바람받이 쪽의 기압이 상승하면서 나무의 위와 둘레, 아래를 지나는 공기의 흐름은 빨라진다. 이로 인해 나무의 아래에서는 나무와 떨어져 있는 장소에서보다 더 빠르고 강한 산들바람이 불게 된다. 그러므로 더운 날 나무 아래가 더 시원하게 느껴지는 이유는 그늘 **그리고** 선선한 산들바람 덕분이다.

나무 송풍기

앞서 소개한 두 징후는 우리가 다룰 영역을 표시하는 일종의 경계석이다. 다시 말해 우리가 탐구할 날씨의 징후들을 쭉 나열하면, 양 끝에는 저지고기압과 나무 송풍기가 놓일 것이란 얘기다. 저지고기압은 거대한 기후계의 징후이자 알려진 세계의 산물이며, 수일 동안 수백 킬로미터에 걸쳐 날씨가 일으킬 현상을 포괄적으로 설명한다. 반면 나무 송풍기는 미기후의 징후이자 은밀한 세계의 산물이며, 당장 이곳에서 날씨가 일으킬 현상을 명확히 일러준다. 이 둘을 함께 활용할 때 우리는 앞으로 경험할 날씨의 예상도를 훌륭하고 아름답게 그려낼 수 있다.

화창한 날씨는 충분히 오랫동안 지속되었다. 우리가 참나무 아래서 산들바람을 맞으며 주말 소풍을 즐기는 동안, 근처에서는 양들의 매매 소리와 까마귀들의 깍깍 소리가 들려왔다. 일요일에는 바람의 방향이 바뀌었고, 월요일에는 구름이 잔뜩 끼더니 서늘해졌다.

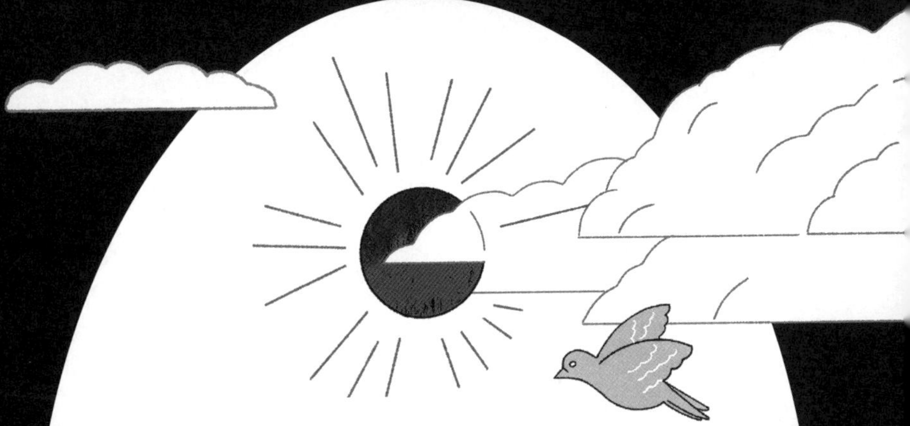

2장

은밀한 법칙

햇볕주머니에 들어앉는 비결 | 차가운 칼과 따뜻한 숟가락 | 씨앗, 비단, 날개 | 안개 자욱한 길 | 구르는 사과 | 습기 담요 | 투명천장

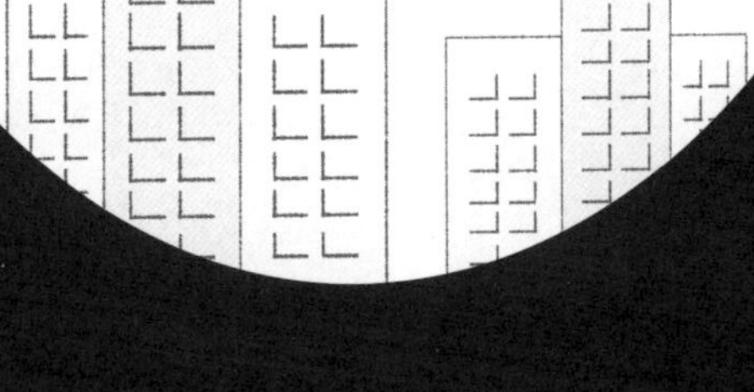

날씨의 징후를 자신 있게 설명하기 위해서는 바깥에서 일어나는 현상을 제대로 이해해야 한다. 각 징후를 구성하는 핵심 요소를 면밀히 살펴야 하고, 그러기 위해서는 감각을 활용해야 한다. 이 장에서는 우리 눈에 보이는 것 이면에 숨은 원리를 들여다볼 참이다. 처음에는 어려워 보이는 내용도 있을 것이다. 그러나 부담을 가질 필요는 없다. 읽는 즉시 파악하지 못한 개념도 책장을 넘기며 자꾸 접하다보면 조금씩 익숙해질 테니까. 또한 그것들을 자연 속에서 목격하다보면 친근함은 배가될 것이다. 장담컨대 이제 곧 우리는 이 장에서 얻은 지식을 토대로 날씨의 아름다운 패턴을 발견하고 분석할 능력을 갖추는 한편, 그러한 활동을 여생 동안 즐기게 될 것이다.

햇볕주머니에 들어앉는 비결

날씨는 열과 공기와 물로 이뤄진 수프다. 태양은 자전하는 지구의 도움으로 수프를 끊임없이 휘젓는다. 이 특별한 수프는 결코 균일하게 가열되지도 완벽하게 혼합되지도 않는다. 고로 날씨는 하루하루가 다를 수밖에 없다. 모든 기상현상은 위의 세 가지 성분, 그러니까 열과 공기와 물을 중심으로 분석할 수 있다. 날씨를 온전히 이해하려면 날씨의 성분과 이들의 습성부터 온전히 파악해야 한다. 그 첫 번째로 열에 대하여 살펴보자.

겨울날 느껴지는 태양의 온기는 참으로 반갑다. 춥고 고요한 어느 날 부슬부슬 내린 눈이 언 땅을 덮을 때 얼굴에 닿는 햇볕의 따스함을 즐기지 않을 사람은 없을 것이다. 이 모든 기쁨의 원천은 바로 태양의 복사열이다.

알다시피 태양의 복사에너지는 지구에 도달하여 열을 가한다. 또한 복사에너지가 상대적으로 많이 도달하는 지역은 비교적 따뜻할 공산이 크다. 여름날 오후에 혹은 적도 근처에 있을 때 우리는 찌는 듯한 더위를 예상한다. 같은 이치로 겨울밤에 혹은 고위도 지방에 있을 때 우리는 오싹한 추위를 각오한다.

추운 아침 얼굴에 닿는 햇살이 느껴질 때는 주위를 둘러보자. 서리 덮인 지표면이 어느 곳은 녹아 있고 어느 곳은 여전히 얼어 있을 것이다. 자, 이제 외투를 여기저기 만져보자. 어두운 부분이 밝은 부분보다 훨씬 따뜻하게, 때로는 심지어 뜨겁게 느껴질 것이다. 대기는 아직 얼음처럼 차가워 입김이 눈앞에 어른거린다.

태양이 방출하는 복사에너지는 대기를 통과하여 얼굴과 옷에 열을 가하면서도 균일하게 가하지는 않는다. 얼굴이 조금 따뜻해지고 외투의 어두운 부분은 꽤 따뜻해지지만, 외투의 밝은 부분과 대기는 덜 따뜻해진다. 같은 이치로 더운 날에도 태양 에너지는 고르게 흡수되지 않는다. 검은 차의 후드를 만져보면 바로 옆 흰 차의 후드보다 훨씬 더 뜨겁게 느껴질 것이다. 요컨대 어두운색은 밝은색보다 태양의 복사에너지를 더 많이 흡수한다.

춥고 서리 낀 날에도 우리는 따뜻하고 편안히 앉아 있을 만한 장소, 그러니까 햇볕주머니(sun pocket)를 찾아낼 수 있다. 요령은 간단하다. 복사에너지를 곧바로 받아들이고 가장 많이 흡수하며, 귀한 열을 야무지게 담아둘 만한 장소를 물색하는 것이다. 숲이 우거진 남쪽 비탈, 그중에서도 가지들이 지붕처럼 뻗어 있는 장소는 낮게 뜬 해의 빛을 사방에서 받아들이면서도 머리 위 하늘은 가려준다는 점에서 햇볕주머니로 안성맞춤이다.

비탈에서 우리는 해를 향해 몸을 기울인다. 그리고 지붕처럼 뻗은 나뭇가지는 세 가지 면에서 도움이 된다. 첫째, 숲이 바람을 차단한다면 나뭇가지 지붕은 눈과 서리를 막아준다. 둘째, 나무 그늘의 어두운 지표면은 태양의 복사에너지를 주변보다 더 많이 흡수한다. 셋째, 기껏 모은 열이 위쪽으로 새어나가지 않도록 햇볕주머니에 담아두는 역할을 한다. 별이 쨍쨍한 날에 나무 그늘을 찾아가 추위를 피하라니, 얼핏 괴이쩍게 들릴 수도 있다. 하지만 실제로 기온을 재보면, 양지바른 개활지보다 햇볕주머니 쪽이 확실히 더 따뜻하다. 추운 날씨에 오랫동안 야외에 머물러

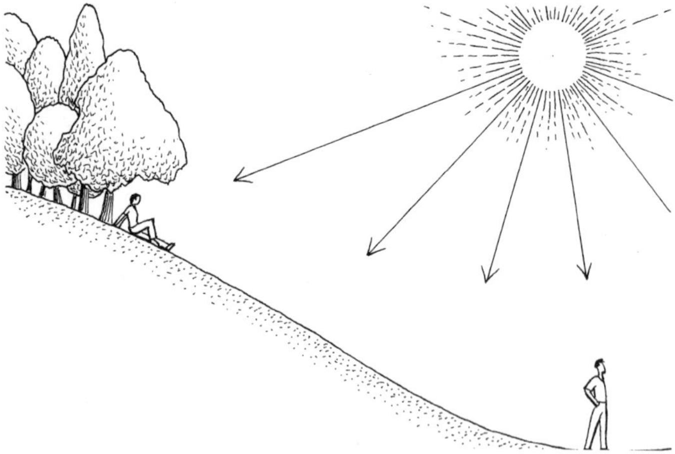

햇볕주머니

야 한다면, 아무쪼록 햇볕주머니를 찾아갈 것을 권하고 싶다. 동물들은 그런 장소에 빠삭하다.

지붕이 외벽 밖으로 이어진 가옥의 처마 밑에서도 당연히 똑같은 효과를 누릴 수 있다. 알프스 지역을 걷다 보면 입김이 서릴 정도로 추운 날씨에도 처마 밑에 앉아 제법 따뜻하고 안락하게 독서를 즐기는 이들을 심심찮게 발견할 수 있다.

복사에너지의 공급원은 우리 주위에 언제나 존재한다. 온도가 섭씨 영하 273도(절대 영도)보다 높은 모든 사물은 태양에서 도달하는 것과 동일한 비가시적 적외선 에너지를 방출한다. 그런데 지구에 존재하는 모든 사물의 온도는 절대 영도보다 높으므로, 우리 주위에 존재하는 모든 사물은 사방에 에너지와 열을 발산한다. 우리 옆에 놓인 뜨거운 음료도, 발밑에 자리한 땅도, 100미터 바깥에 서 있는 나무도 저마다 따뜻한 에너지를 내보낸다는 얘기다. 물론 섭씨 5000도보다 뜨거운 불덩이가 방출하는 막대한 에너지에 비하면 굉장히 미미한 양이지만, 모든 사물에는 엄연히 복사에너지가 존재하고 나름의 영향력을 발휘한다.

모든 동식물의 서식지는 고유의 열 지문을 갖는다. 각 서식지는 태양의 복사에너지를 저마다의 방식으로 흡수하고, 또 방출한다. 1장에서 나는 추운 겨울날 히스가 무성한 들판에서 갑자기 한기를 느꼈다. 히스 서식지는 열을 방출하는 속도가 유난히 빠르다. 또한 이를 증명하듯 일대에서 유독 그곳의 웅덩이들만 군데군데 얼어 있었다.

복사에너지를 시각적으로 이해하기란 때때로 쉽지 않다. 복사에너지는 낮이면 진공의 우주 공간 수백만 킬로미터를 순식간에 가로질러 와서 지구를 데웠다가 밤이면 차가워진 대지에서 흘러나와 우주로 돌아가기 때문이다. 이 복사에너지에 대해서는 나중에 서리나 이슬 등에 나타나는 패턴과의 상호작용을 살피는 과정에서 더욱 구체적으로 이해하게 될 것이다.

차가운 칼과 따뜻한 숟가락

열이 한 장소에서 다른 장소로 이동하는 두 번째 방법은 가장 단순하면서도 친숙하다. 따뜻한 것과 차가운 것이 맞닿을 때 열은 따뜻한 물체에서 차가운 물체 쪽으로 옮겨간다. 진동하는 분자는 이웃한 물질의 분자와 부딪치면서 떨림을 전달하는데, 이를 전도라 한다.

열이 전도하는 정도는 물질에 따라 다르다. 금속은 열전도율이 뛰어나지만 나무는 열전도율이 떨어진다. 이런 까닭에 금속 칼은 온도가 고른 주방 서랍에 함께 넣어둔 나무 숟가락보다 상대적으로 차갑게 느껴진다. 칼의 주재료인 금속은 손가락의 온기를 빠르게 흡수하여 차가운 느낌을 주지만, 나무는 그렇지 않다.

물과 공기는 어떨까? 물은 공기보다 열전도율이 우수하다. 서늘한 대기 속을 평온하게 산책하던 사람도 물에 들어가는 순간 체열이 급격히 유출되면서 치명적 상황을 맞닥뜨릴 수 있다. 침낭은 열전도율이 매우 낮다. 열이 지표면이나 대기로 이동하지 못하도록 차단함으로써 차가운 땅에서도 체온을 따뜻하게 유지해준다.

훗날 맨땅에서 밤을 지낼 일이 생기면, 실험 삼아 확인해보자. 바위는 모래보다 열전도성이 뛰어나고, 모래는 토탄흙보다 열전도성이 뛰어나다. 다만 흙은 보온성이 제각각인데, 여기에는 땅에 함유된 물의 양이 큰 영향을 미친다.

이와 관련하여 멧돼지의 지혜는 가히 인상적이다. 멧돼지는 개밋둑의 열전도성이 매우 낮다는 사실을 알아냈고, 이에 개밋둑을 무너뜨려 보온성 좋은 담요로 활용한다. 내가 이 책에서 말하고자 하는 열전도의 핵심은 바로 이것이다. 그러니까 열전도는 객관적 날씨보다 우리가 경험하는 날씨에 더 큰 영향을 미친다.

씨앗, 비단, 날개

따뜻한 공기는 팽창한다. 고로 차가운 공기보다 밀도가 낮다. 따뜻한 공기는 서늘한 공기 위로 상승한다. 모닥불 연기와 주전자 수증기는 그보다 차가운 공기를 뚫고 상승한다. 대류라고 불리는 이 현상은 열이 한 장소에서 다른 장소로 이동하는 세 번째 방식이다.

높은 산을 걸을 때 우리가 내뿜는 입김은 위쪽으로 휘어져 올라간다. 왜냐하면 인간의 체온은 37도에 가까워, 높은 산의 기온보다 대체로 따뜻하기 때문이다. 추운 날 우리의 입김은 우리의 머리 위로 피어오른다.

공기는 투명하다. 그러므로 대류를 눈으로 확인하기란 거의 불가능하다. 하지만 복사와 마찬가지로 대류도 우리의 주위에서 발생한다. 해가 뜨면 곧바로 태양의 복사에너지가 대지를 가열하고, 덕분에 지표면 바로 위의 공기가 따뜻해지면서 상승을 시작한다. 이처럼 따뜻한 공기기둥이 대류에 힘입어 상승하는 현상을 전문용어로 서멀(상승 온난 기류, thermal)이라 한다. 그러한 공기기둥의 폭은 좁게는 몇 미터, 넓게는 몇백 미터에 이른다.

최초의 동력 항공기는 부실했고 비행은 언제나 위태로웠다. 조종사들의 긴장은 극에 달했고, 난기류는 기필코 피해야 할 대상이었다. 그래서 조종사들은 되도록 아침 일찍, 태양이 대지를 가열하여 서멀을 일으키기 전에 조종간을 잡으려 했다. 항공기 설계 분야는 오랜 세월 발전을 거듭해왔고, 덕분에 현대의 비행기는 대류의 위협으로부터 거의 자유로워졌지만, 여전히 이륙과 착륙 단계에서는 승객이 느낄 정도로 기체가 불안정하게 흔들린다. 비행기가 낮은 구름층을 통과할 때 느껴지는 이 가벼우면서도 급격한 요동이 바로 대류 현상이다.

태양은 대지를 불균일하게, 그리고 시간별로 다르게 가열한다. 가령 동쪽 비탈은 서쪽 비탈에 비해 훨씬 일찍 따뜻해진다. 해가 동쪽에서 떠오르기 때문이다. 가장 강력한 서멀은 가장 따뜻한 곳에서 발생하는데, 여기에는 경관의 특징과 더불어 시간 및 각도가 부분적 요인으로 작용한다. 언덕은 때때로 골짜기에 오후까지 그늘을 드리운다. 그리고 햇빛은 숲과 강, 들판, 마을, 호수를 저마다 다르게 가열한다. 어둡고 건조한 장소는 밝고 습한 장소보다 더 빨리 따뜻해진다. 서멀을 일으키는 원인이 태양이라면, 서멀의 위치를 결정하는 요인은 경관이다.

18세기의 명석한 동식물 연구가 길버트 화이트(Gilbert White, 1720~1793)는 "맑은 가을날 작은 거미들이 들판에서 떼 지어 날아다니는" 광경을 목격했다. "거미들은 꽁무니에서 줄을 뽑아냄으로써 몸을 뜨기 쉽고 공기보다 가벼운 상태로 만들 수 있었다." 한편 1830년대에는 찰스 다윈이 저 유명한 비글호를 타고 아르헨티나에서 100킬로미터나 떨어진 바다를 항해하던 와중에 배 안으로 날아드는 거미 떼를 발견했다. 거미는 공기보다 가볍지 않다. 화이트의 추측에 의하면, 녀석들은 거미줄을 돛처럼 사용하여 공중을 나는 듯 "떠다니는"가 하면, 서멀을 타고 오르기도 한다. 운이 좋으면 상승기류를 타고 몇몇 대륙을 가로지르기도 하지만, 대개 거미들의 이 놀라운 여정은 훨씬 짧게 끝이 난다. 일례로 가을날 반짝이는 조각보처럼 풀밭을 뒤덮은 거미줄 돛을 대부분 한 번쯤은 본 적이 있을 것이다. 이러한 현상은 대개 거미가 선호하는 날씨, 그러니까 햇살이 비치고 바람이 솔솔 부는 날씨에 잇따르는 경향이 있다. 신통하게도 거미는 대지가 과열되고 서멀이 너무 강한 날씨에는 상황이 조금 잦아들 때를 기다린다고 한다.

동물행동 전문가들은 새의 몸무게와 서멀, 시간대 사이의 연관성을 적어도 한 세기 전부터 알고 있었다. 맹금류는 서멀을 타고 날아오른다. 화창한 날에 짙은 숲 위를 맴돌며 고도를 높이는 새의 모습은 대류의 작용을 시각적으로 방증한다. 동틀 녘의 태양은 서멀을 일으키지 않는다. 그러나 아침이 밝아질수록 대지가 따뜻해지면서 비로소 서멀이 발생하기 시작한다. 새는 몸집이 클수록 더 강한 상승기류가 필요하다. 그러므로 비교적 작고 가벼운 맹금류는 우람한 친족들에 비해 상대적으로 이른 시각에 공중을 맴도는 경향이 있다. 맹금류의 이 같은 습성을 나는 시계로 즐겨 이용한다. 하늘을 맴도는 새들의 몸집은 낮이 깊어질수록 우람해진다. 그러한 새들은 상승기류와 그 아래 자리하는 따뜻한 땅에 관한 지리적 정보를 제공한다.

첫새벽, 서멀이 아직 충분히 발달하지 않아 가장 작은 새조차 올라타기 힘들 때는 잠자리가 그 미약한 기류를 대신 이용하기도 한다. 잠자리가 날아오르기 전에는 씨앗들이 기류를 타고 떠오른다. 여러 종의 식물이 이처럼 공기의 힘을 빌려 씨앗을 곳곳에 퍼뜨린다. 그러니까 서멀에 의지하여 종족의 생명을 이어가는 셈이다. 중력은 언제나 씨앗을 곧장 땅으로 끌어내리려 애쓰지만, 부모의 그늘에서 싹을 틔운 씨앗은 살아남을 수 없다. 한데 씨앗 스스로는 옆으로든 위로든 나아갈 수 없으므로 많은 종의 운명이 대류에 좌우되고, 대류가 어떻게 이뤄지느냐에 따라 씨앗은 부모와 너무 가까운 땅에 떨어질 수도 있고 새로운 땅에 내려앉아 성공적 삶을 개척할 수도 있다.

다행히 우리는 씨앗들의 여정을 직접 관찰할 수 있다. 다만 여기에는 적절한 빛의 도움이 필요하다. 캄캄한 방에 작은 창으로 들이비치는 햇빛은 공기 중에 떠다니는 작디작은 티끌까지 우리 눈앞에 또렷이 드러낸다. 야외에서도 마찬가지다. 우거진 두 나무 사이로 가늘게 비쳐드는 햇살도 비슷한 효과를 일으킨다. 그러나 완벽한 조건의 빛을 찾으려 굳이 애쓸 필요는 없다. 감각을 예민하게 유지하기만 해도 공중에 떠다니는 씨앗쯤은 충분히 포착할 수 있다. 해마다 특정 시기가 되면 대기는 그러한 씨앗들로 충만해진다. 꽃가루 알레르기가 특정 시기에 기승을 부리는 이유도 바로 여기에 있다. 가장 쉽게 눈에 띄는 씨앗은 곰취(ragwort)처럼 큼직하고 폭신한 식물의 씨앗이지만, 사실 식물의 종은 그리 중요하지 않다. 중요한 것은 그처럼 도동실 떠다니는 씨앗들이 가장 온화한 기류의 지리적 정보를 우리에게 힘껏 제공한다는 점이다.

계속 관찰하다보면 산들바람을 타고 옆으로 떠가는 씨앗들이 눈에 들어올 것이다. 하지만 이 흥미로운 여정에 대해서는 14장에서 다시 다루기로 하고, 이 장에서는 우선 미풍마저 잠잠한 날에 씨앗이 이동하는 양상을 눈여겨보자. 찬찬히 살피다 보면 씨앗이 갑자기 솟아오르는 순간이 포착될 것이다. 이때 방향은 수직에 가까울수록 좋다. 자 이제 그 씨앗은 공기로 된 승강기, 그러니까 서멀에 발을 들였다. 그곳에서 아래로 시선을 옮기면 그 씨앗이 서멀을 타게 된 경로와 이유가 눈에 들어올 것이다. 즉, 그곳의 지표면은 주변에 비해 양지바르거나 거뭇하거나 건조하여 상대적으로 따뜻할 가능성이 크다.

와! 이로써 우리는 일찍이 일기도에 표시된 적 없는 지리적 정보를 얻게 되었다. 하나의 씨앗과 소소한 서멀을 차분히 지켜본 덕분에, 그 작은 땅 위에서 기류가 행동하는 방식을 인류 가운데 최초로 알아차리는 쾌거를 이룬 것이다.

안개 자욱한 길

볕이 드는 테이블 위에 얼음덩이를 올려놓으면, 얼음은 고체에서 액체로 상태가 바뀐다. 다시 말해 얼음이 녹아 물로 변한다는 얘기다. 그런데 몇 시간 뒤에 다시 확인해 보면, 테이블 위에 아무것도 남아 있지 않을 공산이 크다. 액체인 물이 증발하면서 기체인 수증기로 상태가 바뀌기 때문이다. 얼음 가운데 일부는 중간 단계를 건너뛰고 승화하기도 하는데, 고체에서 기체로 상태가 곧장 바뀌는 이 현상 또한 우리에게 그다지 놀라운 현상은 아니다.

물이 상태를 거꾸로 변화시키는 경우도 생각보다 많지만, 그 방향의 변화는 우리에게 덜 익숙하다. 물이 얼음으로 바뀌는 광경을 직접 봤다고 말할 수 있는 사람이 많지 않다. 하지만 우리는 추운 날 입김을 통해서든, 갓 추출한 커피의 훈김을 통해서든, 자동차의 배기가스를 통해서든 수증기가 김으로 응결되는 모습을 꽤 자주 목격한다. 흥미진진하지만 흔히들 간과하는 여러 현상이 물이 상태를 바꿀 때 펼쳐진다.

기체가 액체로 바뀌는 응결은 날씨를 읽는 사람에게 가장 중요한 현상이다. 지구상의 모든 공기는 기체 상태의 물을 함유한다. 완전히 건조한 공기는 지구상 어디에도 존재하지 않는다. 심지어 건조하기 그지없는 사막도 예외는 아니다. 공기가 따뜻하면 따뜻할수록 기체 상태의 물, 즉 수증기를 더 많이 함유할 수 있다. 공기가 수증기를 더 이상 함유할 수 없을 때를 일컬어 '포화' 상태라고 한다. 포화는 수증기량이 많아지거나 기온이 뚝 떨어져 공기가 더 이상 수증기로서의 물을 함유할 수 없을 때 발생한다. 이때를 기점으로 수증기가 액체로 응결되면서 비로소 우리 눈에도 구름이나 안개, 김의 형태로 물이 보이기 시작한다. 기억하자. 우리 눈에 보이는 물은 상태가 늘 액체이거나 고체이다. 수증기, 그러니까 기체는 우리가 볼 수 없다.

반대의 경우에도 마찬가지다. 공기가 비교적 건조하거나 따뜻해지면 물이 투명한 기체, 즉 수증기로 돌아가면서 안개나 구름이 걷힌다. 그러므로 안개나 구름이 시야에 나타나거나 사라질 때마다 우리는 이러한 과정을 눈으로 직접 관찰하는 셈이다.

공기가 차가워져 포화 상태에 도달했을 때 온도를 '이슬점'이라 한다. 공기의 물 함유량이 많아질수록 이슬점도 함께 높아지고, 공기의 물 함유량이 적어질수록 이슬점도 함께 낮아진다. 이는 곧 공기가 매우 습한 곳에서는 기온이 조금만 내려가도 구름이 생성되지만, 매우 건조한 곳에서는 기온이 굉장히 많이 떨어져야만 구름이 생성된다는 뜻이다.

추운 날에는 비가 갠 뒤에 수풀이나 도로 위로 김이 피어오른다. 햇볕이 빗물을 데우면 물이 증발하면서 눈에 보이지 않는 수증기가 만들어진다. 하지만 위로 올라갈수록 기온이 급격히 내려가 공기는 이슬점과 포화 상태에 이르게 된다. 그때 응결된 수증기가 물로 돌아가면서 희뿌연 김을 모락모락 피워 올리는 것이다.

요컨대 핵심은 온도이다. 기온이 떨어지면 수증기는 물로 바뀌어 우리 눈에 관찰될 가능성이 커진다. 추운 아침에는 연못에서 김이 피어오르지만, 더운 낮에는 안개가 서리지 않는다.

구르는 사과: 안정성에 관하여

매일 아침 나는 하늘을 바라보며 **상태가 안정한지** 여부를 살피곤 한다. 이는 매우 중요한 습관이다. 단 몇 초의 관찰로 수많은 사실을 파악할 수 있기 때문이다. 일단 요령을 이해하고 나면 숙

달되기까지는 그리 오랜 시간이 걸리지는 않는다. 장담컨대 이 장을 다 읽을 무렵이면 여러분도 익숙해져 있을 것이다.

자연은 안정기와 불안정기를 넘나든다. 그리고 여기에는 다양한 시나리오가 있다. 예를 들어 토끼와 같은 피식 동물의 개체 수가 증가하면, 여우와 같은 포식 동물이 크게 번식하여 토끼를 더 많이 잡아먹고, 그로써 토끼의 개체 수는 감소한다. 한데 여우가 토끼를 너무 많이 잡아먹으면, 토끼의 개체 수가 급감하여 여우가 굶어 죽고, 그로써 토끼의 개체 수는 증가한다. 순환이 다시 시작되는 것이다. 이 시나리오에서 토끼의 개체 수는 상당한 안정성을 띤다. 변화는 또 다른 변화를 유발하고, 뒤따르는 변화는 상황을 원점에 가까운 위치로 돌려놓는다. 하지만 만약 질병으로 여우가 몰살한다면, 토끼의 개체 수가 한동안 폭증하면서 불안정해질 것이다.

안정한 시스템에서 일어난 변화는 상황을 원점으로 되돌릴 힘을 만들어낸다. 불안정한 시스템에서 일어난 변화는 더 많은 변화를 일으킴으로써 더욱더 큰 변화의 고리를 만들어낸다. 불안정한 상황에 대한 비과학적 설명을 빌리자면, 하나의 작은 변화에서 모든 변화가 시작되는 셈이다.

안정성에 관한 실험은 집에서도 해볼 수 있다. 먼저 크고 우묵한 그릇을 식탁 위에 놓고 그릇 안에 사과를 담아보자. 그런 뒤에 사과를 그릇 옆면에 대고 살짝 밀어 올렸다가 손을 떼보면 사과는 원점, 그러니까 원래 있던 자리로 굴러 내려갈 것이다. 우리가 같은 방식으로 아무리 여러 차례 건드려봐도 사과는 다시

원점으로 회귀할 것이다. 이는 안정한 '시스템'이다.

이번에는 그릇을 뒤집은 다음 사과를 꼭대기에 얹어보자. 그런 뒤에 아까처럼 살짝 밀어 올리면, 사과는 그릇의 옆면을 타고 빠르게 굴러 내려가다 급기야 식탁을 벗어날 테고, 바닥에 떨어진 이후에도 한참을 데구루루 굴러갈 것이다. 이는 불안정한 시스템이다.

대기는 안정하거나 불안정하다. 이에 대해 이해하려면 숨은열을 이모저모 들여다봐야 한다. 내가 볼 때 숨은열의 방출은 대단히 중요한 기상현상이지만 알려진 부분이 거의 없다. 처음 잠깐은 낯설게 느껴질지 모른다. 하지만 일단 익숙해지면 이 가장 단순하고도 강력한 날씨의 징후가 작동하는 이유와 방식을 충분히 이해할 수 있을 것이다. 또한 우리 주변의 날씨가 안정한지 불안정한지와 그 이유 역시 망설임 없이 설명할 수 있을 것이다. 이는 우리에게 필요한 능력이다. 노력을 들일 가치가 충분하다.

습기 담요: 숨은열에 관하여

에너지는 움직일 수 있고 형태를 바꿀 수도 있지만, 절대 사라지진 않는다. 에너지의 총량은 언제나 보존된다. 이는 우주의 법칙이며, 우리는 그 법칙들을 깨뜨릴 수 없다.

수증기는 물보다, 물은 얼음보다 더 많은 에너지를 품고 있다. 그렇다면 수증기가 물로 바뀌거나 물이 얼음으로 바뀔 때는 여분의 에너지를 어딘가로 내보내야 하고 실제로 그 에너지는 열이 되어 공기 중으로 방출된다. 그러한 열을 일컬어 '숨은열(잠열, latent heat, 여기서 'latent'는 '숨어 있다'라는 뜻의 라틴어 'latere'에서 기원했다)'이라고 한다. 이 과정은 반대 방향으로도 전개된다. 얼음이 물로 바뀌거나 물이 수증기로 바뀔 때마다 물이나 수증기가 숨은열을 흡수하는 것이다.

액체인 물의 온도는 섭씨 0도 아래로 내려가지도 섭씨 100도 위로 올라가지도 않는다.• 이렇듯 온도의 범위가 일정한 이유는 물이 한 상태에서 다른 상태로 변화할 때는 여분의 에너지가 바로 그 상태 변화, 그러니까 끓는 물을 기체로 바꾸거나 얼음을 물로 바꾸는 과정에 모조리 투입되기 때문이다. 다시 말해 물의 온도를 바꾸는 일에는 여분의 에너지가 조금도 투입되지 않는다.

자, 크고 우묵한 그릇에 물과 얼음이 채워져 있다고 상상해보자. 이때 물의 온도는 0도일 것이다. 이 상태에서 그릇을 살짝 가열하면 얼음이 녹겠고, 냉동고에 몇 분 넣어두면 얼음이 많아지겠지만, 두 경우 모두 물 자체의 온도는 변함없이 0도를 유지할 것이다. 물이 끓을 때 불의 세기를 올리면, 공연히 김만 더 자욱이 피어오를 뿐 물이 더 뜨거워지지는 않는다. 그러니 만약 요리책에서 "끓는 물에 재빨리 익히라"라는 지시가 나오면 가볍게 무시해도 좋다. 공연히 가스만 낭비될 뿐, 물은 결코 100도 이상으

• 기압이나 물의 순도가 바뀌면 두 온도 역시 달라지겠지만, 여기서 다룰 내용과는 무관하다.

로 뜨거워지지 않는다. 쓸데없이 주방만 더 뿌예질 뿐이다.

한데 이런 것들이 우리가 관측하는 날씨의 징후와 도대체 무슨 관련이 있을까? 이제부터 그 이야기를 풀어보려 한다. 대기가 포화되어 수증기가 응결하면 구름이 만들어진다. 하지만 그러려면 반드시 에너지가 열의 형태로 방출되어야 한다. 실제로 구름이 만들어지는 동안에 공기는 더욱 따뜻해진다. 또한 알다시피 따뜻한 공기는 팽창하면서 밀도가 감소한다. 그러므로 구름은 생성 과정에서 열을 방출하고, 그로 인해 공기는 온도가 높아지고 밀도가 낮아지면서 상승할 가능성이 커진다. 이는 더 많은 팽창과 냉각 및 포화, 더 많은 구름 생성으로 이어질 수 있다. 구름이 성장하는 사이 수증기에서 방출되는 에너지는 일련의 과정을 처음부터 다시 시작할 잠재력을 갖추고 있다.

이론상 이 과정은 영원히 지속될 수 있지만, 구름이 만들어질 때 방출되는 숨은열이 그 과정을 끝없이 되풀이할 정도로 충분한 경우는 흔치 않기에 상황은 빠르게 잠잠해진다. 이렇게 생성된 구름은 키에 비해 폭이 크다. 때로는 숨은열이 넉넉히 방출되어 구름을 반복적으로 만들어내기도 하는데, 이렇게 생성된 구름은 폭에 비해 키가 크다. 이것이 계속되다 보면, 자칫 뇌우라는 곤란한 상황으로 이어질 수 있다.

구름이 만들어질 때 방출되는 열의 양은 일정하다. 그런데 왜 어떤 구름은 큼지막하고 위협적인 모습으로 자라고 어떤 구름은 땅딸막하고 무던한 모습으로 자라는 것일까? 답은 고도에 따른 기온의 변화 방식에 있다. 고도가 높아질수록 공기는 차가워진다. 대기의 냉각 속도가 구름이 상승하고 팽창하며 차가워지는 속도보다 빠른 상황이 이어질 경우, 구름은 계속해서 키가 자란다. 이때의 '대기는 불안정'하고, 불안정한 대기에서는 언제나 따뜻한 공기가 차가운 공기보다 아래쪽에 자리한다. 만약 고도의 상승과 더불어 공기가 천천히 차가워지면, 구름은 키가 좀 자라는 듯싶다가 이내 멈추고는 납작해진다. 이때의 대기는 안정하다.

대기의 안정성 및 불안정성을 눈으로 확인하기란 불가능에 가깝다. 공기는 눈에 보이지 않기 때문이다. 하지만 구름을 표지로 사용할 경우 얘기가 달라진다. 만약 구름이 수직적으로, 폭에 비해 키가 더 크게 자라는 중인 데다 성장할 여력이 남아 있다면 이때의 대기는 불안정하다. 사과가 굴러떨어지기 일보 직전이랄까. 공기의 안정성은 우리가 구름에서 발견하는 거의 모든 징후와 관련이 있다.

덥고 습한 늦여름 오후 날씨가 '돌변'할 조짐을 보일 때, 우리는 불안정한 대기를 느낀다. 건조하고 더운 날의 느낌과는 사뭇 다르다. 숨은열의 힘을 우리는 간접적으로 감지한다. 따뜻하고 매우 습한 공기는 상승하고 응결되어 구름을 형성하지만, 너무 습한 나머지 응결이 과도하게 이뤄지면서 숨은열을 다량으로 방출하게 된다. 마치 불붙는 데 기름을 끼얹는 격이다. 구름은 끝없이 높아지고 뇌우는 금방이라도 몰아칠 듯하다.

혹시 따뜻하고 눅눅한 어느 날, 그 불쾌하게 따뜻한 날씨가 밤새도록 이어지리라는 느낌에 휩싸인 적이 있는가? 이러한 징후를 일컫는 나만의 별칭이 있는데, 바로 '습기 담요(humid blanket)'이다.

공기가 매우 습하면 밤이 되어도 갑자기 추워질 가능성이 희박하다. 수증기 속 숨은열이 냉각을 철저히 방해하기 때문이다. 습한 공기는 차가워지기 시작하면 빠르게 이슬점에 도달하는데, 이때 수증기가 응결되며 방출하는 다량의 숨은열이 기온의 급강하를 막아준다. 말하자면 수증기 속 숨은열이 일종의 습기 담요를 만들어내는 셈이다.

투명천장

때때로 구름은 마치 투명천장 아래 갇힌 것처럼 보인다. 그리고 여기에는 나름의 이유가 있다.

일반적으로 대기는 고도가 높아질수록 더 차가워진다. 또한 알다시피 눈은 산기슭보다 산꼭대기에 쌓여 있을 공산이 크다. 하지만 언제나 그렇지는 않다. 때로는 위쪽 하늘에 더 따뜻한 공기층이 자리하기도 한다. 이러한 공기층은 마치 모자처럼 아래쪽 공기층을 덮는다.

상승하던 공기는 더 따뜻한 공기층에 부딪히면 갑자기 상승을 멈춘다. '기온역전층'이라는 이름의 투명천장에 부딪힌 것이다. 상승하던 공기는 더 따뜻한 공기층 밑에서 옆으로 퍼져나간다. 이 고도에서 대기는 몹시 안정적이다.

이러한 현상은 우리 일상에서 흔히 일어나며 다양한 고도에서 발생한다. 모르긴 해도 우리는 이미 그 현상을 마주친 경험이 있을 것이다. 자, 기억을 가만히 더듬어보자. 언젠가 박무가 얇고 넓게 서린 골짜기를 내려다봤거나, 먹구름 꼭대기가 옆으로 퍼져 있는 하늘을 보았던 일이 떠오르지 않는가? 그곳이 바로 기온역전층이다.

3장

하늘의 이야기

구름의 7대 패턴 | 구름 가족 | 구름의 단서들 | 점심 이후의 경관 | 사촌들

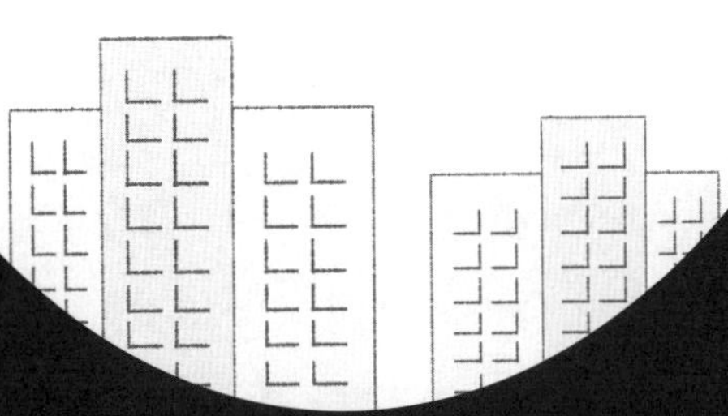

구름은 전하고픈 이야기가 있다. 태평양 미크로네시아제도의 전설적 항해자들은 구름의 모양과 색깔을 헤아려 날씨를 예측했다. 이 전통적 기법을 그들은 '카페사니 랑(kapesani lang)', 직역하자면 '하늘의 이야기'라고 일컬었다. 구름은 우리에게 들려주고픈 이야기가 참 많고, 이제부터 우리는 구름과 많은 시간을 함께할 것이다. 하지만 그러기에 앞서 잠시 우리의 목적을 되새기자. 우리의 목적은 구름의 이름을 수집하거나 구름을 감별하는 것이 아니다. 우리의 목적은 구름의 언어를 해독하는 것, 그리하여 우리만의 체계적 경로를 거쳐 구름과 대면하는 것이다.

그러려면 먼저 연장을 벼려야 한다. 우리의 감각과 정신을 가다듬어야 한다.

모든 구름은 모양이 제각각이다. 설사 생김새가 똑같다고 해도 결코 보임새까지 똑같을 수는 없다. 우리 눈에 보이는 구름 색깔은 대기의 영향에 따라 달라진다. 가까운 곳의 관찰자에게는 흰색으로 보이는 구름이 먼 곳의 관찰자에게는 빛살이 깨끗한 대기를 통과할 때는 파란색으로 보이고, 빛살이 먼지 낀 대기를 통과할 때는 노란색과 주황색과 빨간색이 가미된 것처럼 보인다. 해는 구름 안팎으로 그림자를 드리우고 구름의 모습은 시시각각 달라진다.

구름을 좇는 사람들은 구름에 깃든 형상을 찾으며 즐거워한다. 게다가 이 활동에는 징후를 찾는 사람들이 솔깃해할 만한 재미가 감춰져 있다. 구름의 모양 변화를 추적하는 일은 생각보다 몹시 까다롭다. 구름은 제법 빠르게 모양을 바꾸지만, 그 속도가 눈으로 가벼이 좇을 만큼 빠르지는 않기 때문이다. 그러나 틈틈이 하늘을 올려다보며 토끼나 개구리처럼 친숙한 형상을 찾아내다 보면, 동물들의 꿈틀거림이 하나둘 눈에 들어오기 시작한다. 예컨대 구름 토끼의 귀가 커지는 것은 나쁜 날씨의 징조인데, 이유에 대해서는 이 장 뒷부분에서 살펴볼 예정이다.

우리가 할 일은 가만히 응시하는 것이 아니라, 예리한 감각과 기민한 정신을 유지해 뜻밖의 발견에 대비하는 것이다. 우리의 뇌는 구름에서 형상을 탐색하는 일에 금세 익숙해질 것이다. 어느 정도 익숙해지면 그때부터는 구름 사이에서도 형상을 찾아보자. 구름 속 형체 못지않게 선명하고 뚜렷한 형상들이 눈길을 사로잡을 것이다. 동물 모양 구름이 눈에 띄지 않는 날에는 조각하늘이 빚어내는 형상들로 작은 동물원을 꾸려도 좋다. 하지만 기억하라. 기회는 깨어 있는 자들의 것이다. 우리가 본래의 목적을

망각하고 주의를 흩트리는 순간, 형상들은 씩 웃으며 우리 곁을 슬그머니 지나칠 것이다.

자, 이제 구름에서 징후를 발견할 시간이다. 구름은 기다렸다는 듯 우리에게 메시지를 전달할 것이다. 마치 19세기의 박물학자 리처드 제프리스(Richard Jefferies, 1848~1887)에게 그랬던 것처럼. "먹구름 '전령들'이 먹빛 잉크로 하늘을 점점이 물들이면, 남서풍이 끄는 물수레가 뒤를 따르며 기다란 빗줄기들을 파종하듯 대지에 내리붓는다."

구름의 7대 패턴

구름의 변화에는 몇 가지 기본적 패턴이 있다. 이 패턴을 알면 구름을 보고 날씨의 보편적 징후를 알아차릴 수 있다.

개중에는 모든 사람이 쉽게 알아보는 변화도 더러 있다. 가령 구름의 먹빛이 짙어지면 사람들은 나쁜 날씨를 예감한다. 원리는 간단하다. 먹구름이 물을 더 많이 함유하는 까닭이다. 그러나 이렇듯 빤한 패턴조차도 우리가 감각을 조율하면 할수록 더욱 섬세하게 인지할 수 있다. 구름의 단순한 그림자와 비를 예고하는 잿빛을 구별하는 기법을 연습으로 터득하는 것이다.

요즘 사람들은 구름의 수많은 패턴이 눈앞에 나타나도 모르고 지나치기 일쑤이지만, 사실 그 패턴들은 발견하기 쉬울 뿐 아니라 저마다 단순한 메시지를 품고 있다. 그것들을 나는 구름의

7대 패턴이라 부른다. 그것들은 세계 곳곳 거의 모든 기후대에서 구름의 정확한 유형과 관계없이 적용할 수 있다. 문제의 패턴들을 우리는 예보가 다루는 기간에 따라, 장기적 예보에서 단기적 예보 순으로 살펴볼 것이다. 개중에는 익숙한 내용도 있고 생소한 내용도 있을 것이다. 하지만 어느 쪽이든 우리가 활용하기에는 전혀 어렵지 않다. 비록 자연의 그 빤한 패턴들조차 실제로 알아차리는 사람은 드물지만 말이다.

1. 구름의 고도가 낮아질수록 악천후의 가능성은 커진다.

이 징후는 알면 알수록 유용하다. 낮고 무거운 납빛 하늘을 알아차리는 사람은 많지만, 그 하늘이 짧게는 몇 시간 길게는 며칠에 걸쳐 서서히 낮아졌다는 사실을 인지하는 사람은 드물다. 구름의 동향에 주목하는 사람일수록 이러한 변화에 예민하다. "언덕 위의 구름이 물방앗간 옆으로 내려온다"라는 속담이 있다. 여기서 눈여겨볼 대목은 구름의 고도가 아니라 동향이다. 핵심은 구름이 높은 곳에서 낮은 곳으로 이동한다는 사실이지, 언덕 위에 떠 있다는 사실이 아니다.

2. 구름의 유형이 다양할수록 날씨의 전망은 악화된다.

다양한 유형의 구름이 보이면 몇몇 고도에서 대기가 불안정하여 악천후가 닥치기 쉽다. 이 단계에서 구름의 이름이나 유형을 맞히려고 애쓸 필요는 없다. 지금은 일단 다양한 구름의 존재를 알아차리는 일에 집중하자.

3. 작았던 구름이 커질수록 날씨의 전망은 악화된다.

너무 뻔한 소리로 들리겠지만, 사람들 대부분은 이 뻔한 사실을 간과한다. 무심한 날씨 관측자는 맑았던 하늘이 흐려졌다는 사실을 알아차리는 와중에도, 작았던 구름이 몇 시간 전부터 커지고 있다는 사실은 몰라보는 일이 다반사다. 한편 구름의 크기가 작아질 때는 거꾸로 날씨의 전망이 좋아진다. 하지만 이에 대해서는 나중에 더 자세히 살피기로 하고, 지금은 일단 일반적 패턴부터 되도록 신속히 파악하자.

4. 키가 크고 폭이 좁은 구름은 악천후의 가능성을 시사한다.

이 굉장히 단순한 패턴은 대기의 불안정성에 대해 단순한 동시에 강력한 메시지를 전달한다.

5. 뾰족하거나 들쭉날쭉한 구름 꼭대기는 불안정한 날씨의 징후이다.

구름 꼭대기의 모양은 공기가 무엇을 하고 있는지를 보여주는데, 뾰족하거나 날카로운 모양은 날씨가 불안정해질 가능성을 암시한다.

아래의 날씨 속설은 4번과 5번 패턴에 근거한 것이다.

> 구름의 생김새가 바위나 탑처럼 보일 때,
> 땅은 잦은 소나기로 생기를 되찾는다.

여기서 구름의 생김새는 특히 구름 꼭대기 근처의 전체적 형태 및 울퉁불퉁한 질감을 가리킨다. 한편 매끈매끈하고 둥글둥글한 구름 꼭대기는 반대로 더 바람직한 날씨의 징후이다.

6. 구름의 밑면이 거칠어질수록 비가 올 가능성은 커진다.

구름의 밑면을 보면 강우가 임박했는지를 알 수 있다. 밑면이 매끈하고 평평한 구름은 비구름이 아니다.

7. 참고하는 구름의 고도가 낮을수록 일기예보의 기간은 짧아진다.

낮은 구름은 가까운 미래의 사건밖에 일러줄 수 없다. 곧 알게 되겠지만 낮은 고도에서 생성되어 제법 큰 키로 성장한 구름은 낮은 구름으로 간주할 수 없는데, 그때쯤이면 이미 상당히 높은 고도에 닿아 있을 것이기 때문이다.

지금까지 우리는 구름의 7대 패턴에 근거한 날씨의 징후를 장기적 예보부터 단기적 예보까지 가볍게 훑어보았다. 대개 낮아지는 구름의 밑면이 장장 이틀 뒤의 날씨를 예고한다면, 우둘투둘한 먹구름의 밑면은 고작 몇 분 뒤의 날씨를 예고한다. 이제부터 우리는 각 패턴의 과학적이고 세부적인 사항을 단계적으로 더 깊이 파헤칠 것이다. 첫 탐구 대상은 구름 가족이다.

구름 가족

유엔 산하 세계기상기구(World Meterological Organization) 관계자들은 틈만 나면 《국제 구름 도감(International Cloud Atlas)》을 들이밀며 세상에는 100가지 이상의 구름 유형이 존재한다고 떠들어대지만, 정작 비가 오는 날에는 우산을 깜빡하고 외출하는 일이 다반사다. 이는 인간의 지극히 평범한 행동 양식일 뿐 그리 놀라운 일은 아니다. 분야를 불문하고 학계에는 사물을 명명하고 분류하여 목록으로 정리하기를 즐기는 사람들이 있다. 그들은 목록이 없으면 심적으로 불안해한다. 물론 그들의 잘못은 아니고 그들 역시 선량한 시민이다. 하지만 여기서 내가 강조하고 싶은 부분은, **설령 자연 속 사물의 이름을 대지 못하더라도 그것을 헤아리고 이해하는 데는 별문제가 없다**는 것이다.

이는 식물이든 동물이든 바위이든 하늘이든 자연 전반에 적용되는 진실이다. 구름의 크기와 모양, 색깔, 패턴은 이름이 전할 수 없는 이야기들을 우리에게 들려주려 애를 쓴다. 인간은 구름에 공식적 이름이 주어지기 전부터 이미 수천 년 동안 구름에서 의미를 수집해왔다. 더욱이 자연 속 사물을 일컫는 '정식' 이름 따위는 애초에 존재하지 않는다. 한 문화권에서 특정 학설을 정론으로 인정한다 해도, 다른 문화권에서는 그 학설을 배척할 수 있다. 라틴어 학명은 서구의 문화와 제법 상통하지만, 지구 반대편의 원주민 문화와는 접점을 찾기가 어렵다. 그러므로 처음 보는 구름과 맞닥뜨렸을 때 우리가 할 일은 그저 구름의 일반적 형태를 식별하는 정도로 충분하다. 구름의 이름이나 라틴어 학명 따위를 따져가며 우리를 시험할 사람은 없다.

먼저 간단하게, 주요한 세 가지 구름 가족의 모양과 외형부터 살펴보자.

털구름 가족(권운형, 새털구름): 높고 성긴 구름

털구름은 가장 높이 뜨고 흔히 보이는 구름이다. 높은 고도 때문에 늘 얼음 결정을 품고 있어 순백색을 띤다. 모양은 다양하지만, 거의 언제나 얇은 털실 가닥을 성기게 뭉쳐놓은 듯 보인다. 새하얀 솜사탕이나 깃털 혹은 스크래치나 머리카락처럼 보이기도 한다. 워낙 높이 떠 있다 보니 움직이지 않거나 매우 천천히 움직이는 듯 보이지만, 이는 상대적 속도일 뿐이고 실제로는 굉장히 빠르게 움직인다.

구름의 7대 패턴 가운데 마지막 패턴에서 보듯이, 구름의 고도가 낮을수록 예보의 기간은 짧아진다. 이를 뒤집어 보면, 구름의 고도가 높을수록 예보의 기간은 길어진다. 그러므로 털구름은 날씨의 변화를 가장 일찌감치 경고하는 구름 중 하나다.

털구름은 높은 하늘에서 가족의 다른 구성원들과 합류한다. 이름에 '털(cirro)'이 들어가는 구름은 모두 얼음으로 이뤄진 상층 구름이다.

층구름 가족(층운형, 안개구름): 층을 이루는 구름

층구름을 가리키는 라틴어 'stratus'는 '평평하다' 또는 '층을 이루다'라는 뜻이다. 층구름 가족의 형태는 넓게 펼쳐진 시트를 연상시킨다. 층구름은 간혹 비를 몰고 오지만, 그러지 않을 때가 더 많다. 하지만 층구름이 데려오는 날씨는 종류에 상관없이 항구하다. 다시 말해 층구름은 무엇보다 날씨가 한동안 변하지 않을 징후이다. 예컨대 날씨가 다가오는 방향의 하늘이 넓고 평평한 층구름에 덮여 있다면, 날씨는 오랫동안 거의 일정하겠고 변화는 서서히 일어날 것이다. 평평한 층구름은 대기가 안정하다는 증거이다.

쌘구름 가족(적운형, 뭉게구름): 수북이 쌓인 구름•

쌘구름의 형태는 날씨에 따라 달라진다. 예컨대 맑은 날씨에 쌘구름은 폭신하고 새하얀 양을 닮아 자그마하고 온순하게 보이지만, 심술궂은 날씨에는 탑처럼 우뚝 솟아 불길한 기운을 퍼뜨린다. 본래의 모양과 크기가 어느 쪽이든 쌘구름은 모두 밑면이 판판하고 위로는 뭉실뭉실한 윤곽을 띤다. 어느 날 하늘에서 둥근 공들을 담은 채 투명천장 위에 털썩 놓인 희고 부드러운 자루의 형상이 눈에 띈다면, 보나 마나 쌘구름일 것이다. 〈심슨 가족(The Simpsons)〉 오프닝에서처럼 만화에서 파란 하늘을 배경으로 뭉게

• 이 책에서는 쌘구름 가족을 가리키는 낱말로 'cumulus'를 사용했다. 'cumuliform'보다 더 간결하고 우아하다는 생각 때문이다. 개인적으로는 'cumulous'라는 낱말을 가장 좋아하지만 요즘에는 거의 쓰이지 않는 데다 나도 시류를 거스를 마음은 없다. 그러니 이 책에서 'cumulus'라는 낱말을 발견하거든 언제나 '쌘구름 가족(the cumuliform family of clouds)'의 축약어로 이해하기 바란다.

뭉게 피어오르는 구름도 마찬가지다.

쌘구름의 대표적 특징은 뭉게뭉게 피어오른다는 바로 그 부분이다. 왜 하필 그런 모양으로 만들어지는 것일까?

모든 쌘구름은 아래쪽의 국지적 가열로 따뜻해진 공기가 대류에 힘입어 상승한 결과로 만들어진다. 쌘구름을 이해하려면 반드시 이 부분을 알고 넘어가야 한다. 우리가 보는 쌘구름이 모닥불에 구운 마시멜로를 닮았는지 불길하게 우뚝 솟은 탑처럼 생겼는지는 중요하지 않다. 중요한 것은, 모든 쌘구름이 모종의 국지적 현상으로 인한 공기의 가열 및 급격한 상승을 암시한다는 점이다. 쌘구름의 뭉실뭉실하고도 볼록볼록한 꼭대기는 공기가 여전히 상승 중임을 알리는 징후다.

층구름과 털구름도 저마다 날씨의 징후를 드러내지만 그 내용은 나중에 다루기로 하고, 이 장에서는 쌘구름에 집중하자. 쌘구름을 통해 우리의 주의력과 솜씨를 가다듬는 것이다.

구름의 단서들

쌘구름은 공기에 관한 다양한 사실을 시각적으로 드러낼 뿐 아니라, 하늘과 땅을 연결하기도 한다.

쌘구름은 공기가 다소간 습하다는 것을 나타내는데, 구름의 크기에 따라 습도가 어느 정도인지 단서를 얻을 수 있다. 특히 유용한 정보를 제공하는 요소는 쌘구름의 고도, 특히 밑면의 고

털구름
쌘구름
층구름

도이다.

공기가 습할수록 쌘구름 밑면의 고도는 낮아진다. 이는 곧 쌘구름의 고도를 이용해 공기의 습도를 측정할 수 있다는 뜻이다. 단, 주의할 점이 있다. 이 쌘구름 '습도계'는 거꾸로 읽어야 한다. 그도 그럴 것이 공기가 습해질수록 구름 밑면의 고도는 낮아질 테니 말이다. 바다의 구름이 육지의 구름보다 낮게 뜨는 이유도 바다의 공기가 상대적으로 습하다는 사실에서 찾을 수 있다.

습도 상승은 악천후의 징후이지만 눈으로 확인하기 어렵다. 다행히 구름이 실마리를 제공한다. 구름의 하강은 습도 상승을 의미하므로, 구름의 고도가 낮아지면 우리는 악천후 접근을 예상할 수 있다.

쌘구름은 대기가 불안정하다는 증거이다. 공기가 더할 나위 없이 안정하다면, 그토록 활발한 상승 기류가 발생할 까닭이 없을 테니까. 쌘구름의 크기와 모양은 공기가 불안정한 정도를 나타내는 훌륭한 지표이다. 특히 폭에 비해 키가 훨씬 큰 구름을 눈여겨보도록 하자. 구름의 키가 커질수록 공기의 안정성은 떨어진다. 더불어 공기의 안정성이 떨어질수록 날씨의 전망은 나빠진다.

쌘구름은 언제나 국지적이다. 특정 지역에 한정된 상황에 따른 결과물이란 얘기다. 때때로 쌘구름은 글자 그대로 동네 뒷산에서 일어나는 현상을 꿰뚫어 보게 해준다. 그러나 구름에 대답을 구하려면 무엇보다 질문이 올발라야 한다. 우선은 쌘구름이 모두 서멀, 즉 아래 공기가 따뜻해지며 발생하는 대류 현상으로 인해 생성된다는 사실에 주목하자. 이때 바람직한 첫 질문은, 도대체 무엇이 공기를 가열하여 이 특별한 구름의 생성을 부추겼는가 하는 것이다. 원인을 지목하기란 생각보다 어렵지 않다.

극단적 예를 하나 들자면, 남극의 새하얀 대지에 낮게 뜬 태양은 결코 국지적 서멀을 일으킬 정도로 지표면을 충분히 가열하지 못한다. 그러므로 남극에서는 쌘구름의 생성 가능성이 희박하다. 극단적 예를 하나 더 들자면, 열대의 경우 따뜻하고 습한 공기 덕분에 커다란 쌘구름이 일상적으로 출현한다. 또한 우리 대부분이 살고 있는 온대에서는 쌘구름이 시간과 장소를 가려 나타나는 경향을 보인다. 따라서 예의 첫 질문에 대한 답을 구하고 싶다면 언제나 그 두 가지, 즉 시간과 장소에 주목해야 한다.

태양이 서멀을 일으킬 만큼 대지를 충분히 가열해야 한다는 점에서, 쌘구름이 형성되기에 가장 좋은 시간대는 한낮에서 오후 중반까지다. 한데 알다시피 태양은 지표면을 고루고루 가열하지 않는다. 그러므로 쌘구름은 예컨대 따뜻하고 건조한 구역과 서늘하고 습한 구역이 만나는 곳처럼 상이한 환경이 공존하는 장소에서 생성될 가능성이 크다. 만약 고요한 날에 쌘구름이 보고 싶다면, 숲이 우거진 언덕의 남쪽 비탈을 찾는 편이 골짜기의 호수나 숲의 북쪽 비탈을 찾느니보다 유리하다.

자, 이제 솜씨를 갈고닦을 시간이다. 결과는 전적으로 우리의 의지에 달려 있다. 모래밭과 풀밭은 숲에 비해 햇빛을 더 많이 반사하므로 더 늦게 따뜻해진다. 또한 서로 다른 두 지형이 똑같은 정도로 가열되는 때는 없다. 쌘구름과 관련해서는 다음 두 가

태양은 색이 밝은 땅이나 바다보다 색이 어두운 땅과 숲을 더 빠르게 데웠다. 쌘구름은 이러한 곳에서 뭉게뭉게 피어오른다.

지 기본 원칙을 우선으로 고려해야 한다.

1. 이유 없는 현상이란 없다. 쌘구름의 바로 아래에 있는 국지적 대류, 즉 서멀이 쌘구름을 그 위치에 발생시켰다.

2. 그 국지적 대류의 원인은 태양과 경관의 관계를 살핌으로써 밝혀낼 수 있다.

쌘구름은 얼핏 서멀이라는 케이크 위에 올린 아이싱처럼 보인다. 그러므로 쌘구름을 이해하는 일은 눈에 보이지 않는 서멀을 알아차리는 능력과 관련이 깊다. 패러글라이더 밥 드러리(Bob

Drury)의 말을 빌리자면,

> 서멀을 탐지하는 기법은 우리의 모든 감각을 유체역학과 기상학에 대한 우리의 이해와 접목하게 한다는 점에서 일면 참선과 유사하다. 태양과 공기와 경관이 상호작용하여 상승력을 만들어내는 원리를 이해하는 것만으로는 반쯤 부족하다. 자신의 글라이더가 공기 중에서 수직적으로나 수평적으로 어떻게 움직이고 어디에 위치하는지를 전반적 측면에서 파악하는 것 역시, 우리를 둘러싼 공기를 시각화하는 데 필요한 심상을 구축하기 위해 필수적이다. 계기 장비는 그저 감각이 일러주는 내용을 확인하는 도구에 불과하다.

점심 이후의 경관

구름을 읽는 방법은 오전과 오후가 다르다.

맑은 오전에는 쎈구름이 생성되려다 씩씩한 도전 끝에 실패하는 모습이 흔히 관찰된다. 아침나절부터 구름은 작고 올록볼록하고 부서진 조각들을 만드는 듯싶다가 이내 소멸해버린다. 이때의 시스템은 안정적이다. 다시 말해 약한 서멀을 일으키기에 딱 알맞은 열기와 구름을 형성하기에 딱 알맞은 습기가 대기 중에 존재하지만, 다음 단계로 넘어가기에는 대류 현상이 충분히 강하지도 습도가 충분히 높지도 않다는 뜻이다. 그렇다면 이 연약한 구름이 나타나는 정확한 지점은 어디일까? 바람이 약하게 부는 날 일대에서 유독 빠르게 가열되는 구역을 찾아 테두리를 그려보자. 구름은 그곳의 하늘에서 모습을 드러낼 것이다.

시간이 지날수록 균형은 깨진다. 태양이 대지에 온기를 한껏 불어넣으면, 이윽고 서멀이 기지개를 켠다. 공기는 새벽에 비해 건조하겠지만 매우 높은 고도에 도달하여 온도가 낮아질 것이다. 기온이 이슬점까지 내려가면 비로소 쌘구름다운 쌘구름이 생성되기 시작한다. 갓 생성된 구름의 내부에서 응결되는 수증기는 열을 방출함으로써 공기를 더 위로 밀어 올린다. 대략 두어 시간 만에 우리는 작지만 중요한 전환점을 맞게 되었다. 동틀 녘에는 쌘구름이 전혀 보이지 않았고, 아침나절에는 조각구름이 생기는 듯싶다가 허무하게 사라졌다면, 이때쯤에는 새하얀 구름덩이가 뭉게뭉게 피어오르고 있을 테니 말이다.

이러한 점진적 변화는 모든 쌘구름이 대기의 불안정성을 가리키는 징후인 까닭을 명확하게 제시한다. 쌘구름은 아래쪽 공기가 따뜻해져 위쪽의 더 차가운 공기를 뚫고 상승하는 위치를 알려준다. 쌘구름은 상승 기류 없이는 결코 형성되지 않는다. 또한 쌘구름의 키가 커질수록 대기의 불안정성은 더 심해진다.

여기서 태양은 결정적인 역할, 또한 가장 규칙적이고 믿음직하며 예측 가능한 역할을 한다. 공기와 경관의 다양한 특징은 더욱 흥미로운 단서들을 제공하는데, 이제부터 우리는 공기에 대해 집중적으로 파고들 것이다.

대기가 매우 건조한 날에는 낮은 구름이 온종일 눈에 띄지 않는다. 그날의 지배자는 태양이다. 반면에 대기가 몹시 습한 날에는 오히려 태양이 좀처럼 눈에 띄지 않는다. 하지만 화창하게 시작되는 날 대부분은 습도를 기준으로 두 극단적 하루의 중간 어디쯤 자리한다. 앞으로 펼쳐질 상황을 이해하기 위한 열쇠는 그 어디쯤의 정확한 위치를 알아내는 것이다. 이를 위해 우리는 쌘구름이 오후에 보이는 행동을 특히 면밀하게 관찰해야 한다.

태양열이 강해지면 쌘구름이 나타나 조금은 성장할 것이다. 하지만 오후 중반부터는 태양이 빠르게 기운을 잃어가면서 서멀도 기력이 약해지기 시작한다. 그렇다면 쌘구름은 어떨까? 쌘구름도 태양의 열기와 더불어 약해질까? 만약 구름이 오로지 서멀의 대류 현상을 통해서만 힘을 공급받는다면, 태양이 저물어 유일한 동력이 사라지는 순간 쌘구름은 고유의 보송하고 뚜렷한 윤곽을 잃은 채 부서지고 흩어질 것이다. 그럴 때 화창한 날씨는 저녁 내내 혹은 그 이후까지도 이어질 가능성이 크다. 한데 만약 태양이 저무는 와중에도 쌘구름이 성장을 계속한다면, 악천후의 가능성이 매우 커질 것이다. 아래쪽에 서멀이 없는 상태에서도 쌘구름이 성장을 계속한다면, 이는 대기가 매우 불안정하다는 징후이다. 수분이 가득한 대기 중에서 수증기가 응결하여 숨은 열을 방출하면서 쌘구름의 성장을 촉진한다는 뜻이니까. 그러므로 아침에 하늘이 푸른 날에는 오후 중반에 주의력을 끌어올려야 한다. 쌘구름은 오직 주의를 기울이는 사람에게만 대기의 상태와 그에 따른 날씨의 전망을 일러줄 테니 말이다.

사촌들

털구름과 층구름, 쌘구름 가족은 우리가 만나볼 각 구름의 구조를 폭넓게 아우른다. 이제 우리의 목표는 각 구름에서 이 세 가족의 특징을 알아보는 것이다. 이번 역시 모든 구름의 이름을 완벽히 숙지하려 애쓸 필요는 없다. 그저 각 구름이 '고도가 높고 성긴' 구름인지 '평평하게 층진' 구름인지 '뭉게뭉게 피어오르는' 구름인지 정도만 머릿속에 담아두면 된다.

개중에는 위의 세 구름 가족의 특성을 동시에 두 가지 이상 보유한 구름도 있을 것이다. 이러한 구름을 나는 사촌이라고 부른다.

털층구름(권층운, 면사포구름)

털층구름은 털구름처럼 높이 뜨지만, 윤곽이 뚜렷하다는 점에서 털구름과는 다르다. 또한 털층구름은 층구름처럼 넓은 영역에 펼쳐지지만, 드높고 파란 하늘에 새하얀 면사포처럼 보일 듯 말 듯 뒤덮는다는 점에서 훨씬 더 낮은 하늘을 짙게 채우는 층구름과는 다르다.

털층구름은 시스루처럼 얇디얇아서 햇빛이나 달빛은 물론 별빛조차도 꼼꼼히 가리지 못한다. 또한 털구름처럼 고도가 높아 순전히 얼음 알갱이로 이뤄져 있는데, 여기 햇빛이나 달빛이 닿으면 햇무리나 달무리가 생길 수 있다. 밝은 해와 달을 중심으로 둥근 빛의 고리가 둘리는 것이다.

햇무리나 달무리가 없을 때, 털층구름은 고도가 높고 투명하여 마음먹고 찾지 않으면 관측은 고사하고 발견되는 경우도 흔치 않다. 하지만 애써 찾아낼 가치는 충분하다. 그만큼 많은 보상이 뒤따르기 때문이다. 털층구름은 논리상 대기가 매우 습하다는 징후로, 나중에 알게 되겠지만 다른 징후들과 더불어 주로 나쁜 쪽으로의 날씨 변화를 예고하는 유용한 지표가 될 수 있다. 날씨의 징후로서 털층구름은 가장 얌전하고 내향적인 구름이다. 다시 말해 털층구름을 이해하고 발견하려 시간을 들이는 사람에게는 많은 정보를 제공하지만, 시간을 내지 않는 사람에게는 거의 아무 정보도 내어주지 않는다.

높층구름(고층운, 회색차일구름)

이름에서 짐작하듯이, 높층구름도 층구름처럼 평평하게 하늘을 뒤덮는다. 높층구름은 이른바 중층구름이다. 상층구름인 털구름과 친근한 하층구름인 쌘구름의 중간 고도에 자리한다. 높층구름은 널찍하고, 종종 두껍고, 불투명하다. 작은 고장의 하늘쯤은 너끈히 가릴 수 있을 정도다.

때로는 동틀 녘이나 해 질 녘에 풍성한 빛깔을 반사하지만, 통상 아름다운 구름으로는 여겨지지 않는다. 기상관측의 역사를 통틀어 높층구름을 바라보다 자연의 경이에 매료되어 황홀감을 느낀 사람은 아무래도 찾기 힘들 것이다. 하지만 징후를 읽는 사람은 그렇게 느낄 가능성이 누구보다 크다. 다양한 구름 가운데서 높층구름이 수행하는 역할을 누구보다 잘 이해하기 때문이다. 높층구름은 털층구름에 비해 굉장히 두툼하고 고도가 낮다. 그러므로 털층구름에 이어 높층구름이 나타나는 것은 예의 그 7대 패턴 중 두 가지와 관련이 있다. 구름은 몸집이 커졌고, 고도가 낮아졌다. 날씨는 나빠질 것이다.

비층구름(난층운)

비층구름(nimbostratus)의 'nimbo'는 '비'를 의미하는 라틴어 'nimbus'에서 기원했다. 즉 비층구름은 비를 품은 층구름을 가리킨다. 하늘의 구름 가운데 가장 우중충하다. 짙은 잿빛의 무거운 누비이불을 연상시킨다. 만약 비가 30분이 되도록 그치지 않는다면, 하늘에는 비층구름이 떠 있을 공산이 크다. 더욱이 비층구름은 층구름이다. 이 말인즉, 아득히 먼 하늘까지 펼쳐져 있으리란 얘기다. 이후로도 30분 안에 날씨가 좋아질 가능성은 희박하다.

쌘비구름(적란운, 소나기구름)

쌘비구름은 소문난 골칫거리다. 하지만 그 골칫거리의 조짐을 알아차리는 사람은 드물다. 이름에서 보듯이 쌘비구름은 차곡차곡 쌓인 구름이자 비를 품은 구름이다.

쌘비구름은 폭풍우구름이다. 매우 불안정한 대기가 제멋대로 빚어낸 고약한 결과물이랄까. 따뜻하고 눅눅한 공기가 상대적으로 서늘한 공기를 뚫고 상승하면서 다량의 수증기가 응결될 때 열이 방출되는 속도는 구름이 팽창하면서 열을 상실하는 속도를 훌쩍 뛰어넘는다. 다시 말해 쌘비구름이 생성될 때는 공기의 상승으로 인한 가열 효과가 구름의 팽창으로 인한 냉각 효과를 능가한다는 뜻이다.

쌘비구름의 탑 쌓기는 마침내 중력에 제압당할 때까지 이어지고, 이 거대한 골칫덩이가 몸집을 키우는 사이 안에서는 얼음과 물과 공기가 아래위로 요동을 친다. 마찰은 전하를 발생시킨다. 우르르 쾅쾅, 번개와 천둥을 일으킨다는 얘기다. 모름지기 악마도 아는 악마가 더 낫다. 고로 나중에 우리는 이 골칫덩이에 대하여 더 자세히 알아보는 시간을 가질 것이다.

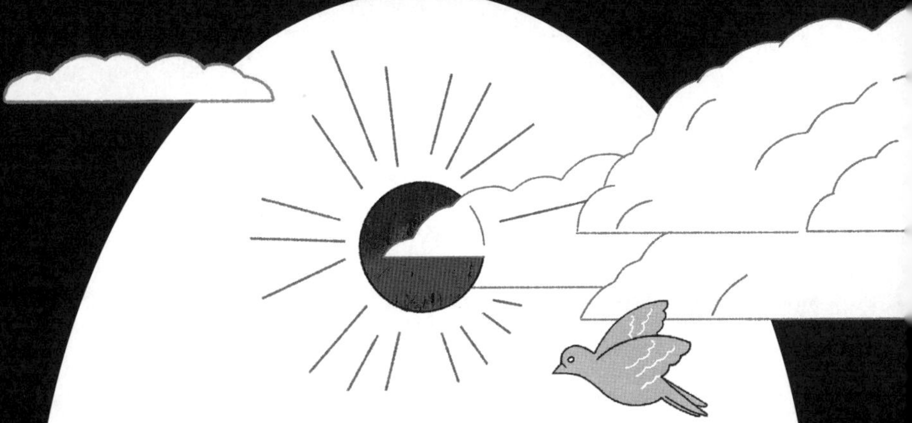

4장

누가 공기를 바꿨을까?

습도 조절기 | 전선들 | 붉은 밤하늘은 양치기의 기쁨을 부르고 | 붉은 아침 하늘은 양치기의 경고를 부른다

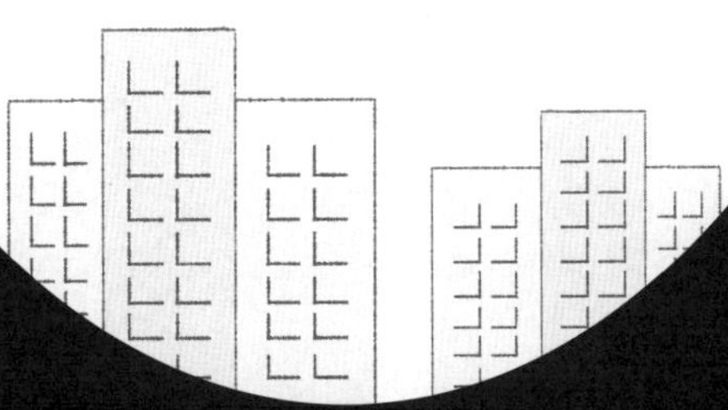

몇 년 전 잉글랜드 북서부의 산간지대 레이크 디스트릭트를 혼자 걸었을 때의 일이다. 그 지역에서의 하루답게 그날 역시 가파른 오르막에서 시작되었다. 떠오르는 태양이 바위와 대기를 덥혔고, 오래지 않아 나는 이마에 흐르는 땀을 훔치고 있었다. 한 시간쯤 지나자 배낭에 눌린 티셔츠 뒤판이 등에서 나는 땀으로 축축해졌다.

네 시간쯤 지나자 안개가 자욱해졌다. 나는 실눈을 뜬 채 장갑 낀 손으로 턱수염에 서린 얼음을 쓸어냈다. 출발지보다 고도가 높아지긴 했지만 고작 600미터 남짓이었고, 그로 인해 떨어질 수 있는 기온은 기껏해야 4도 정도였다. 이는 곧 고도 상승 이외의 요인이 기온의 급락을 유발했다는, 공기 자체가 바뀌었다는 의미였다.

이 책에서 주로 파고드는 분야는 날씨의 은밀한 세계, 그러니까 땅에 더 가까운 징후들이다. 하지만 그 세계의 배경에는 언제나 넓은 범위의 날씨 변화가 자리한다. 우리가 살면서 경험하는 기상 급변 가운데 일부는 공기의 성질이 크게 변화하면서 나타나는 결과이다. 그리고 날씨의 은밀한 세계는 이 같은 커다란 변화를 배경으로 펼쳐진다.

공기의 주된 성질은 온도와 습도다. 공기가 넓은 지역에 걸쳐 같은 온도와 습도를 공유할 때, 그 공기 덩어리를 일컬어 '기단(air mass)'이라 한다. 기단은 따뜻한 동시에 습할 수도 있고, 차가운 동시에 습할 수도 있으며, 따뜻한 동시에 건조할 수도, 차가운 동시에 건조할 수도 있다. 모든 기단의 성질은 각 기단의 역사와 유산에 따라 결정된다. 공기 중의 수증기는 90퍼센트가 바다에서 나온다. 나머지 10퍼센트는 식물과 강, 호수를 비롯한 육지를 원천으로 한다. 따라서 바다에서 출발한 공기는 습할 수밖에 없다. 열대의 바다에서 온 공기는 따뜻한 동시에 습하지만, 극지의 대륙에서 온 공기는 차가운 동시에 건조하다. 기단의 성질은 시간이 흐르며 조금 달라질 수 있다. 가령 땅이나 바다를 지나는 기단은 건조해지거나 습해질 수 있는데, 뜻밖에도 인접한 기단과 한데 어우러지지는 않는다. 우리가 경험하는 급작스런 날씨 변화는 바로 이러한 이유에서 나타나곤 한다.

2019년 10월 콜로라도 덴버에서는 기온이 하루 사이에 28도에서 영하 2도로 급락했다. 덴버 주민들의 입장에서야 기변이겠지만, 기상학적 관점에서는 원인이 명백하다. 따뜻한 기단이 차가운 기단에 부딪혀 경로에서 밀려난 것이다.

각 기단은 온도의 연직 분포가 저마다 다르다. 다시 말해 고도에 따른 온도의 변화 양상이 제각각이라는 얘기다. 이 같은 성질은 공기의 안정도에 지대한 영향을 미친다. 대체로 극지의 대기는 차갑고 안정한 반면, 열대의 대기는 따뜻하고 불안정하다. 기단별로 습도와 안정도가 다르다는 사실은, 맑은 날이라고 다 같은 맑은 날이 아닌 이유를 설명하는 근거가 된다. 파푸아뉴기니의 월라(Wola)족은 습하고 불안정한 대기에 관해서 일가견이 있다. 그러한 대기는 태양이 대지를 가열하고 서멀을 일으키는 즉시 호우와 폭풍을 몰고 온다. 직역하면 '비의 해'를 뜻하는 낱말 차이낫(chay nat)은 '따뜻하고, 습하고, 불안정한 기단'을 가리키는 그들만의 간결하고도 우아한 표현이다.

여름 고기압이 머무는 동안 미국과 영국의 날씨는 제법 안정적이고 건조하다. 대기는 습하지도 후텁지근하지도 않고 그저 건조하다고만 느껴진다. '건조한 고기압'의 영향이다.

세계의 모든 지역에는 그곳을 유독 자주 드나드는 기단이 있다. 그 기단은 각 방향에 이웃해 있는 육지 혹은 바다에 따라 결정된다. 만약 사방으로 수백 킬로미터가 육지 혹은 바다로만 에워싸여 있다면, 그 지역은 십중팔구 비슷한 날씨가 오랫동안 이어질 것이다. 바다의 섬 지역이나 유럽과 아시아, 아프리카, 오스트레일리아, 아메리카의 내륙지역은 날씨의 극적인 변화라고는 없이 몇 주가 흘러가는 경우가 다반사다. 반면 영국을 비롯한 세계의 여러 지역은 방향별로 이웃한 기단의 성질이 매우 달라서 날씨가 일정한 경우가 오히려 드물다.

기단은 한여름 폭염과 한겨울 혹한의 주요 원인이기도 하다. 육지에서 오는 공기는 여름의 찌는 더위와 겨울의 매서운 추위를 종종 유발하지만, 바다에서 오는 공기는 계절에 상관없이 비교적 온화한 기온을 실어 나른다. 공기가 어디에서 오는지는 바람의 방향을 근거로 파악할 수 있다. 이때 주목할 부분은 한여름 폭염이나 한겨울 혹한의 발생 시기가 바다가 아닌 육지에서 바람이 불어오는 시기와 굉장히 자주 일치한다는 점이다. 미국의 갑작스런 강추위는 캐나다를 경유하는 차가운 기단과 더불어 북쪽에서 다가올 때가 많고, 내가 사는 영국의 가장 매서운 바람은 유럽 대륙에서 건너오는 공기에 실려 동쪽에서 불어올 때가 잦다.

이른 아침 햇살이 비치면 공기의 느낌에 집중해보자. 공기가 후텁지근한지 아니면 건조한지, 날은 습하고 불안정한지 아니면 건조하고 안정한지, 지금 눈앞의 대기는 '비의 해'를 품고 있는지 아니면 '건조한 고기압'을 품고 있는지 가만 헤아려보는 것이다. 이 단계에서 우리가 할 일은 어림짐작이 전부다.

어느 여름날 공기가 후텁지근하고 습한 데다 비의 해마저 감지된다면, 그날 날씨는 이후로 심각하게 나빠질 공산이 크다. 작은 구름은 성장을 거듭하다가 어쩌면 폭풍우를 일으킬 것이다. 반면에 건조한 고기압은 더욱 안정적인 날씨를 기대하게 한다. 쌘구름은 점심때 이후로 부풀어 오르는 듯싶다가 금세 다시 쪼그라지기 시작할 것이다.

습도 조절기

육지의 온도는 바다의 온도보다 훨씬 빠르게 변동한다. 바다의 온도는 쉽사리 바뀌지 않는다. 바다의 온도가 몇 도씩 오르내리는 데는 몇 주가 걸리지만, 육지의 경우 몇 시간이면 충분할 수도 있다. 바다의 이 같은 조절 효과 덕분에 섬과 해안 지역은 기온의 극단성이 덜하여 겨울과 여름의 기후가 내륙에 비해 상대적으로 온화하다. 이런 효과를 나는 '습도 조절기'라고 부르는데, 해양성 기후가 발달한 세계 모든 지역에서 알아두면 유용한 개념이다. 이런 지역 날씨는 차로 고작 한 시간 거리의 내륙지역보다도 습윤하고 온화할 수 있다. 바닷가에 내리는 눈은 깊이 쌓이되 널리 뒤덮지는 않을 것이다.

바다는 따뜻해지거나 차가워지기까지 긴 시간이 필요하다. 그만큼 열을 잘 저장한다는 뜻이다. 바다가 일종의 열 저장소라면, 해류는 열을 세계 전역으로 실어 나른다. 이런 이유로 세계 곳곳에는 이를테면 에든버러와 모스크바처럼 서로 위도는 같지만 기후가 딴판인 지역들이 존재한다. 해류는 촉수가 길다. 엘니뇨현상에서 보듯이 페루에서 출발한 해류가 호주에도 영향을 미칠 수 있다.

전선들

지난주의 어느 이른 아침, 나는 옷을 단단히 껴입은 채 들판으로 나가 하늘을 눈여겨보았다. 날씨는 청명했지만 징후들로 소란했고 전망도 나빴다. 하늘은 대체로 맑았지만 어느 곳도 완전히 푸르지는 않았다. 가장 높은 하늘은 털구름과 털층구름이 사이좋게 차지했다. 낮은 구름은 높은 구름과 다른 방향으로 이동하고 있었다. 보아하니 그날 밤 하늘은 내가 잠자리에 들기 전에 비를 뿌릴 작정인 듯했다.

그날 낮에 나는 사람들을 데리고 서식스에 있는 윌드 앤 다운랜드 생활사 박물관(Weald & Downland Living Museum) 주변을 걸었다. 두 사람이 일기예보를 언급했지만, 날씨에 관해 말을 보태는 사람은 아무도 없었다. 우리가 만나서 한 시간이 지나도록 하늘은 대화 주제가 아니었고, 나는 속으로 이를 의아히 여겼다. 우리 머리 위에서는 구름이 춤판을 벌였고 바람은 시시각각 달라져 갔다. 걷기를 마칠 무렵에는 모든 사람이 하늘 이야기를 하고 있었다. 그사이 하늘에 더는 무시할 수 없는 변화가 일어난 까닭이었다. 늦은 오후 걸음을 멈추었을 때, 비로소 후두두 빗방울이 떨어지기 시작했다.

이 일화에는 또 하나의 문화적 패턴이 숨어 있다. 사람들은 날씨를 예측할 때면 '명백하다'라느니 '임박했다'라느니 '사료된다'라느니 하면서 말을 던지지만, 정작 중요한 변화가 임박했을 때는 단서를 알아차리지 못하는 사람이 부지기수다.

우리는 그 단서들에 다시금 초점을 맞추고 목소리를 부여해야 한다. 여기에는 실질적인 이유뿐 아니라 심미적인 이유도 존재한다. 비를 예고하는 징후들은 비 자체보다 더 아름답다. 그 징후들을 발견하기 위해서는 특히 '전선(front)'에 주목해야 한다.

우리를 둘러싼 기단이 다른 기단으로 교체될 때면 언제나 의미심장한 변화가 눈앞에 펼쳐진다. '전선'은 서로 다른 두 기단이 만나 지표면에서 이루는 경계선을 일컫는다. 기상예보관이 말하는 "전선이 곧 지나가겠습니다"의 속뜻은 "현재 우리를 둘러싼 기단이 조만간 다른 기단에 밀려나겠고, 날씨가 눈에 띄게 변화하겠습니다" 정도로 풀이할 수 있다.

전선의 이름은 전선이 몰고 오는 공기의 온도에 따라 결정된다. 따뜻한 기단이 차가운 기단 쪽으로 이동할 때 만들어지는 전선은 온난전선이요, 반대의 경우에 형성되는 전선은 한랭전선이다.

징후들은 전선을 앞서기도 하고 동반하기도 하고 뒤서기도 한다. 예보라는 목적만 놓고 보면 전선보다 먼저 도착하는 징후들이 가장 유용하지만, 하나의 전선이 지나가면 또 다른 전선이 따라오게 마련이므로 전선보다 늦게 도착하는 징후들도 다음 전선을 예측하는 데 유용하게 쓰일 수 있다.

따뜻하고 차가운 공기를 실어 나르는 이 방랑객들은 '저기압' 또는 '저압'이라는 이름으로 잘 알려져 있는데, 저기압의 중심부에서는 대기의 압력이 낮아지는 까닭이다. 저기압이 다가올수록 대기의 압력이 눈에 띄게 떨어지는 탓에 기압계는 수 세기 전부

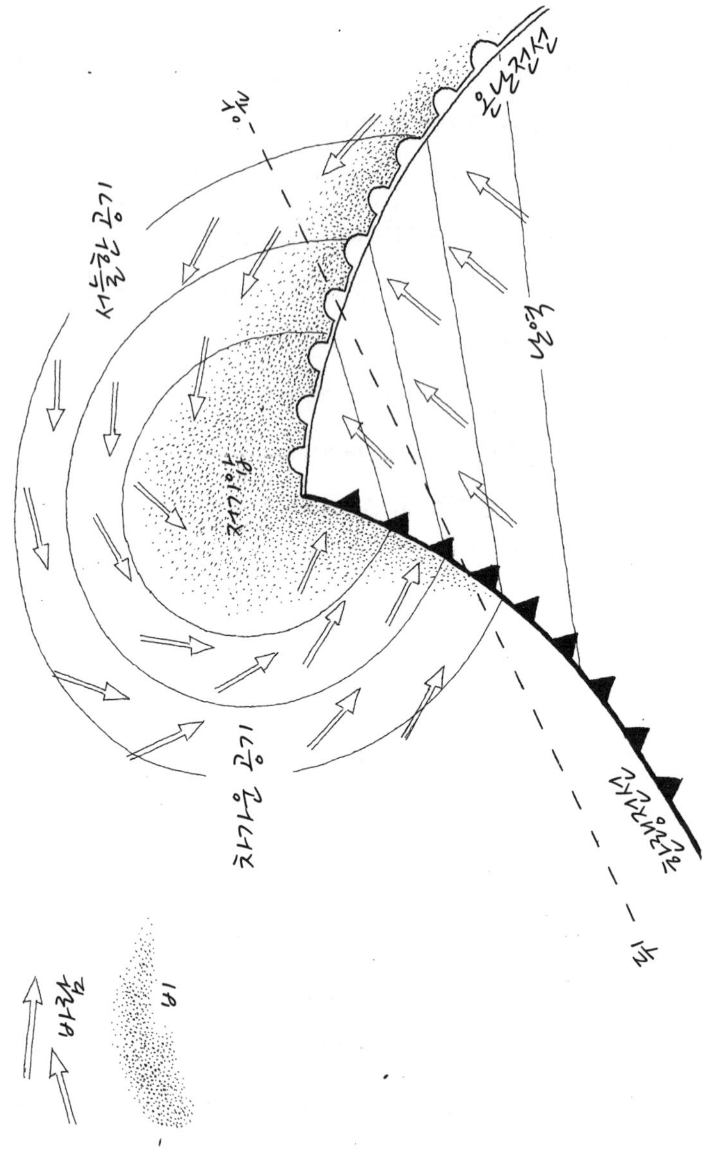

서늘한 공기
앞
온난전선
저기압
난역
차가운 공기
한랭전선
뒤
비
바람

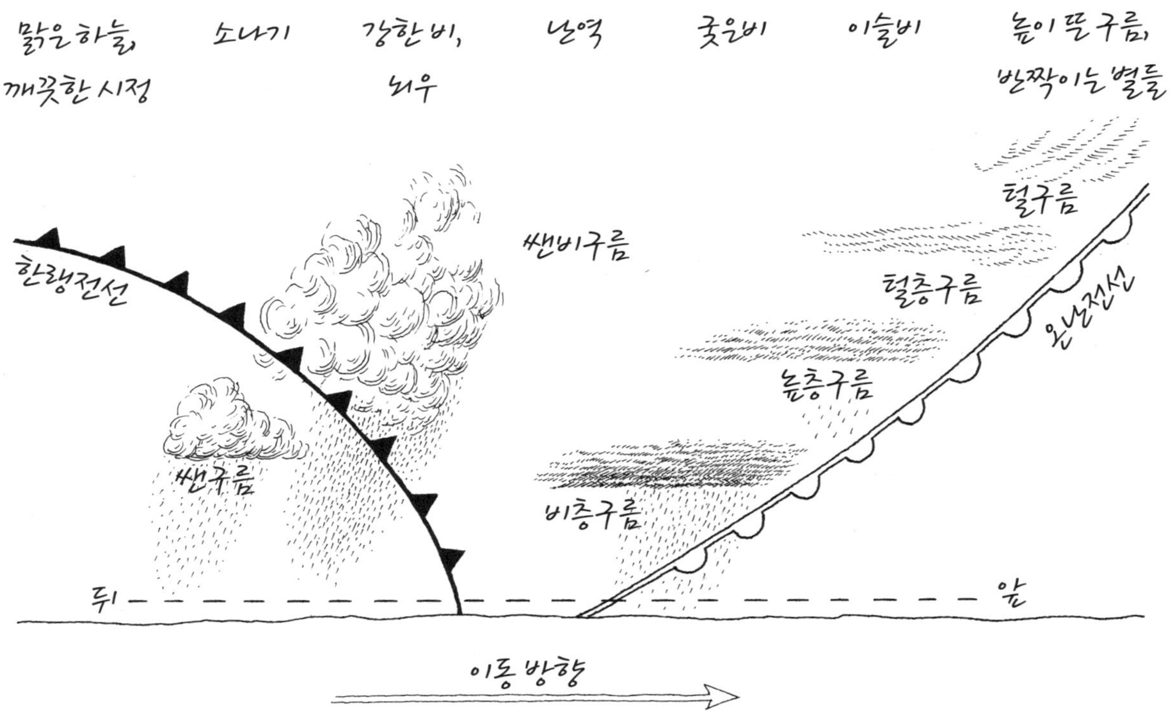
맑은 하늘,
깨끗한 시정
소나기
강한 비,
뇌우
궂은비
이슬비
높이 뜬 구름,
반짝이는 별들
털구름
쌘비구름
털층구름
한랭전선
온난전선
높층구름
쌘구름
비층구름
뒤
앞
이동 방향

터 항해의 필수 장비가 되었다. 우리의 몸은 그러한 기압 변화를 감지할 수 없다. 따라서 우리는 기단이 바뀌는 순간, 즉 전선에 주목해야 한다.

온난전선에 뒤이어 한랭전선이 지나갈 때면 내내 좋던 날씨가 돌변하고는 한다. 온난전선은 공기가 따뜻한 지역, 즉 난역을 데려오고 난역은 한랭전선과 추위를 달고 오는 탓이다. 날씨의 변화는 기온의 변화를 불러온다. 점점 따뜻해지고, 한동안 따뜻한 상태를 유지하다가, 단숨에 추워지는 것이다.

이제부터는 바로 이 세 단계, 즉 온난전선과 난역과 한랭전선을 조금 더 자세히 들여다보자.

온난전선

따뜻한 공기는 차가운 공기보다 밀도가 더 낮아서 이동 중에 차가운 공기를 만나면 떠밀려 위로 올라갔다가, 차가운 공기의 꼭대기를 타고 멀리 미끄러진다. 따뜻한 공기는 위로 밀려나면서 차가워지고, 그로 인해 수증기가 응결되면서 구름을 생성한다. 이는 날씨를 알아차리는 일에 도움이 되는데, 주요한 변화가 일어나기 한참 전부터 맑은 하늘에 몇몇 징후가 나타나기 때문이다.

처음에 하늘은 텅 빈 캔버스처럼 구름 한 점 없이 짙푸르다. 온난전선의 접근을 가장 먼저 알리는 징후 중 하나는 가장 높고 가장 성긴 털구름이다. 얇은 털실을 닮은 이 구름은 기류의 대체적 동향, 즉 서쪽에서 동쪽으로 움직이는 경향을 하늘에 표시하는데, 덕분에 우리는 전선이 다가오는 방향을 추측할 수 있다. 털구름은 새로운 기단의 앞머리가 위치하는 방향과 악천후가 12시간에서 24시간 거리까지 다가왔다는 사실을 우리에게 일러준다. 이 이상으로 정확한 예측은 털구름만으로는 역부족이다. 모든 전선은 저마다 다른 속도로 이동하기 때문이다. 그런데도 선두의 털구름은 여전히 소중한 징후이다. 온난전선의 완만한 기울기는 지면에 닿는 하층부에 비해 상층부가 1500킬로미터쯤 앞서 있을 가능성을 시사한다. 로마와 런던의 거리만큼 멀리 떨어진 곳에서 다가오는 무엇을 알아차리게 해주는 자연의 징후는 그리 흔치 않다.

다들 기억하겠지만, 차가운 공기 위의 따뜻한 공기는 매우 안정하다. 차가운 공기는 따뜻한 공기를 뚫고 올라가지 않기 때문이다. 이 따뜻하고 비교적 습한 공기는 차가운 공기를 타고 활주하다가 그 위를 덮으며 기온의 역전을 일으킨다. 만약 파란 하늘에 높다란 쌘구름이 걸려 있다면 윗부분을 유심히 살펴보자. 따뜻한 공기가 차가운 공기를 깔고 앉은 까닭에 꼭대기가 쪼그라져 보일 것이다.

구름은 점진적 변화를 이어간다. 처음에는 희미한 선들에 불과하던 털구름은 하늘에 선명한 자국을 내다가 우윳빛 털층구름으로 교체되어 높은 하늘을 면사포처럼 뒤덮는다. 해나 달은 여전히 보이지만 윤곽이 흐릿한 데다 햇무리나 달무리에 둘러싸인 경우가 대부분이다. 이제 따뜻한 공기의 뾰족한 앞머리가 우리의 머리 위를 지나고 구름은 고도가 점차 낮아지며 두꺼워진다. 이어 두툼한 높층구름이 해나 달을 가리면, 하늘은 충충해진다. 날씨는 갈수록 나빠진다. 아마도 4시간 뒤에는 비가 내릴 것이다.

바람은 더욱 강해졌고 반전(backing)하였다. 다시 말해 풍향이 처음보다 반시계 방향으로 틀어졌다는 얘기다. 가령 전에는 바람이 대체로 서쪽에서 불어왔다면, 이제는 전보다 남쪽에서 불어올 것이다. 구름의 고도는 더더욱 낮아지고 색은 더욱 어두워진다. 비층구름이 찾아오면, 이윽고 비가 내리기 시작한다. 시정은 더욱 고약해진다. 강우대를 중심으로 큰비가 쏟아지는 와중에 간간이 숨을 고르듯 이슬비가 내릴 것이다.

이제 온난전선이 통과할 차례다. 여전히 비가 내리지만, 풍향은 시계 방향으로 순전(veering)한다. 온난전선이 몰고 오는 비는 꾸준하고 음울하고 완고하고 둔하다. 몇 시간이고 내리는 경우가 다반사지만, 불쾌할지언정 별반 위험하지는 않다. 요컨대 온난전선은 날씨의 점진적 악화와 그로 인한 강우로 귀결된다.

초심자들이 전선의 통과를 쉽게 알아차리는 방법은 기상학자들의 예보와 일기도를 참고하는 것이다. 한동안 굉장히 좋은 날씨를 만끽했다면, 이어지는 일기예보에 주의를 기울여보자. 앞으로 36시간 안에 온난전선이 지나갈 조짐이 귀로든 눈으로든 감지될 때까지. (일기도상에서 온난전선은 빨간 반원형 앞머리와 붉은 선으로 표시된다.)

지금까지 우리는 온난전선의 이런저런 징후에서 발견되는 점진적 변화에 대해 알아보았다. 요컨대 온난전선이 지나갈 때는 다음의 특징들에 주목하자.

- 전선 앞머리의 털구름
- '면사포'를 닮은 털층구름
- 햇무리 혹은 달무리
- 꼭대기가 눌린 쌘구름
- 높층구름이 두꺼워지면서 사라지는 햇빛
- 강해지는 풍속과 보통은 반전하는 쪽으로 바뀌는 풍향
- 고도가 낮아지는 구름
- 먹빛으로 변하는 구름
- 강우대(띠 모양으로 비가 내리는 구역)
- 시정의 악화

난역

온난전선이 지나가고 나면 우리는 두 전선 사이에 샌드위치처럼 끼이게 된다. 이미 다녀간 온난전선과 아직 오지 않은 한랭전선 사이의 난역에 들어앉게 되는 것이다. 하늘은 층구름을 비롯한 여러 구름으로 뒤덮여 있고, 기온은 온난전선의 여파로 더 따뜻해졌다. 비는 오지 않거나, 오더라도 이슬비나 가랑비가 내릴 것이다. 바람은 일정하고, 시정은 불량하며, 안개는 일상을 파고든다.

난역은 두 전선이 벌이는 굵직한 사건들 사이의 눅눅하고 온화한 막간이다.

한랭전선

온난전선은 비교적 쉬운 상대다. 수많은 전조를 드러내는 데다 날씨와 시정이 좋은 시기에 다가오기 때문이다. 한랭전선은 대개 온난전선이 날씨와 시정을 흐려놓은 이후에 도착하기 때문에 추적이 비교적 까다롭다. 하지만 진짜 어려움은 이때부터다.

차가운 공기는 앞서가는 따뜻한 공기의 아래를 스르르 파고든다. 고로 우리는 아득한 전선의 앞머리를 올려다보며 날씨 변화를 예견할 새도 없이 한랭전선을 급작스레 맞이하게 된다. 이는 유감스러운 일이다. 한랭전선은 상대적으로 난폭한 날씨를 몰고 오기 때문이다. 한랭전선은 몰래 다가와 불쑥 모습을 드러낸다. 때로는 쾅 하는 효과음을 동반하기도 한다.

한랭전선이 온난전선에 비해 극적인 날씨를 몰고 오는 이유는, 앞서가는 따뜻한 공기의 아래를 가파른 쐐기 모양으로 미끄러지듯 파고든다는 데 있다. 이로써 따뜻한 공기를 순식간에 위로 밀어 올려 대규모의 급격한 변화를 촉발하는 것이다. 또한 지표면 근처의 날씨와 높은 하늘의 날씨가 거의 동시에 변화하는 탓에, 한랭전선의 접근을 관측할 때는 온난전선의 경우와 달리 높은 구름이 앞서나가는 긴 시간을 활용할 수 없다.

한랭전선이 도착하기 전에는 시정이 탁하여 구름 관측이 어려울 수 있지만, 폭에 비해 키가 큰 구름이 많다는 사실 정도는 눈으로 확인할 수 있다. 이러한 구름은 온난전선이나 난역의 영향권에서는 찾아보기 어렵다. 한랭전선이 다가오는 동안 바람은 현저히 강해지고 방향도 판연히 달라지는데, 통상 전선이 도착하기 전에는 시계 방향으로 급선회하다가 도착하는 즉시 반시계 방향으로 틀어진다. 기온은 갑자기 뚝 떨어진다.

온난전선이 눅눅한 기운과 얌전한 구름을 차근차근 데려온다면, 한랭전선은 난폭한 날씨와 폭풍우를 이따금 동반하는 격변을 단숨에 몰고 온다. 이토록 극적인 변화는 차가운 공기의 가파른 쐐기 모양에 기인한다. 하지만 그 모양은 오히려 한랭전선이 베푸는 소소한 자비의 요인이 되기도 한다. 혼란은 오래가지 않는다. 악천후는 금세 지나가고 시원한 공기와 훨씬 맑아진 하늘, 이른바 '맑은 틈(clear slot)'이 드러난다. 대기는 여전히 불안정하여, 뿔뿔이 흩어진 쌘구름이나 쌘비구름이 보일지 모른다. 간간이 소나기가 내릴 수도 있다. 하지만 시정은 갑자기 한결 깨끗해진다.

한랭전선이 다가오는 낌새가 느껴진다면 다음의 특징들에 주목하자.

- 풍력이 강해지며 순전하다 반전하는 바람
- 기온의 급강하
- 매우 불안정한 날씨, 키가 큰 쌘구름, 폭풍우의 기미
- 직후의 맑은 조각하늘과 서늘한 공기

"매서운 돌풍일수록 빨리 지나간다"라는 옛말이 있다. 18세기 감리교도로 수많은 찬송가를 작사한 찰스 웨슬리(Charles Wesley, 1707~1788)가 남긴 이 말에서, 빠르게 지나가는 한랭전선을 떠올

리는 것은 어쩌면 당연한 일이다.

앞의 징후들은 일반적 한랭전선의 진행에 발맞춰 나타난다. 북온대를 지나는 한랭전선은 모두 이 특징들을 공유하므로 우리가 알아보기에 어렵지 않다. 그러나 모든 한랭전선이 똑같지는 않다. 각 한랭전선은 저마다의 특징을 갖는다. 또한 지역적 경향도 무시할 수 없다. 세계의 어느 구역을 지나는가에 따라 전선은 완연히 색다른 성질을 드러낼 수 있다. 북아메리카 중부에서는 한랭전선이 종종 남풍을 앞세우고 밤중에 세찬 돌개바람을 일으키고는 한다.

알아두지 않으면 자칫 큰 낭패를 부를 수 있는 상황을 하나 더 소개하자면, 한랭전선은 온난전선보다 빠르게 이동하기 때문에 결국 온난전선을 따라잡고 한데 뒤엉켜 '폐색전선'을 형성할 수 있다. 그렇게 되면 앞에서 언급한 온갖 날씨와 징후가 거의 동시에 나타날 수 있다. 우리가 경험하는 악천후의 상당수는 이처럼 뒤죽박죽인 상태로 들이닥치기 때문에 징후를 읽는 작업은 더욱 난감해진다.

하지만 더 세세한 이야기는 미루기로 하자. 우선은 온난전선과 난역, 한랭전선의 대략적 특징을 알아차리는 연습에 집중하자. 모든 징후를 암기할 필요는 없다. 각 징후의 지엽적 특징까지는 굳이 기억할 필요가 없단 얘기다. 이 단계에서는 그저 징후들이 밀려들 때 그 개괄적 형태를 알아보는 정도면 충분하다.

붉은 밤하늘은 양치기의 기쁨을 부르고

붉은 밤하늘은 한 가지 견고한 사실, 서쪽 하늘이 햇빛을 투영할 정도로 맑다는 사실을 일깨운다. 유난히 붉은 하늘은 지는 해의 빛살이 어느새 우리를 지나 동쪽 구름에 반사되었다는 증거다. 날씨가 대체로 서쪽에서 다가온다는 점을 감안할 때, 단기적으로 좋은 날씨가 예상된다.

만약 한랭전선이 오후에 지나갔다면 붉은 저녁 하늘과 더불어 더 시원하고 좋은 날씨를 기대할 수 있다. 한랭전선이 지나갔는지는 앞서 열거한 징후들의 통과 여부를 살펴 확인할 수 있을 것이다.

붉은 아침 하늘은 양치기의 경고를 부른다

날씨가 내내 좋았지만 전선이 가까워진 아침에는, 동쪽의 해가 서쪽에서 다가오는 구름을 밝히는 광경을 보게 될 수 있다. 날씨는 나빠질 것이다. 더 확실히 알고 싶다면 구름을 살펴보자. 만약 털층구름이 떠 있던 하늘에 더 낮고 두꺼운 높층구름이 걸려 있다면, 양치기의 경고를 신뢰해도 좋을 것이다.

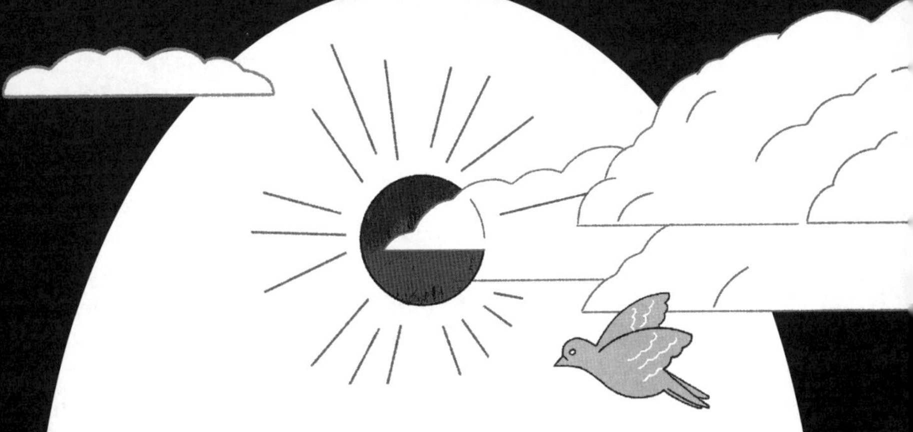

5장

바람을 느끼는 법

속삭이는 일기예보 | 바람의 춤 | 서늘하고 좋은 산들바람 | 바늘과 게이지 | 바늘과 게이지 알아가기 | 서서히 틀어지는 바람 | 부드럽거나 혹은 사납거나? | 쌘구름은 돌풍이다 | 모래와 샌드위치 | 여름날 도시의 돌풍 | 지면풍 사이에서

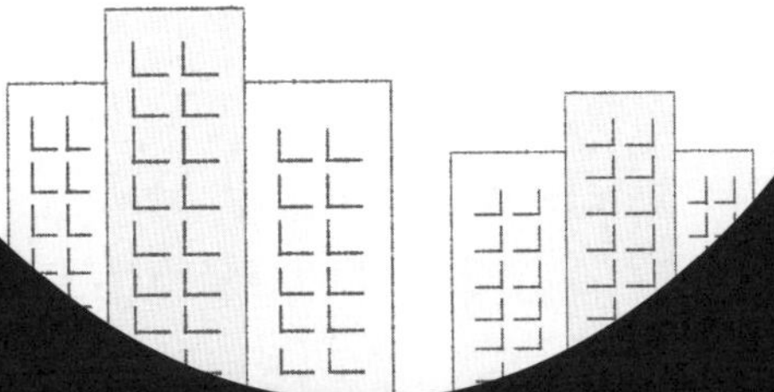

물웅덩이 속 패턴들이 내 발길을 붙들었다. 돌풍에 얕은 물이 일렁이다 잠잠해질 때마다 나는 수면에 비친 다채로운 경관을 감상할 수 있었다. 그 반사된 경관에는 바람 지도가 있었다.

푸른 하늘에 드문드문 걸린 쌘구름들 사이로 높은 털구름들이 눈에 들어왔다. 웅덩이 건너편, 구름보다 한참 아래쪽에는 잎이 진 자작나무 두 그루가 서 있었다. 웅덩이 옆에서 나는 가만히 바람을 느꼈다. 바람은 다섯 고도에서 불고 있었다. 높은 구름은 바람에 실려 북서쪽에서 남동쪽으로 움직였고, 아래의 쌘구름은 서쪽에서 동쪽으로 이동 중이었다. 자작나무 꼭대기에서도 비슷한 바람이 가지를 흔들었다. 얼굴 높이에서는 몇 분 동안 실바람이 적어도 두 방향에서 피부를 간질였고, 아래쪽 웅덩이에서는 이따금 돌풍이 지나며 잔물결을 일으켰다. 가끔은 다른 방향에서 부는 바람이 얼굴을 스치거나 구름을 밀어내기도 했다. 자, 이때 풍향은 어느 쪽일까?

단순하게 접근해보자. 바람을 딱 세 고도로, 그러니까 고풍(high wind)과 주풍(main wind), 지면풍(ground wind)으로 나눠 살펴보는 것이다.

고풍은 우리의 경관과 우리가 평소에 느끼는 날씨보다 높은 곳을 지나간다. 고풍을 감지하는 방법은 주로 털구름처럼 가장 높은 고도의 구름을 관찰하는 것이다.

주풍은 아래 경관의 영향을 받지만, 그 영향이 절대적이지는 않다. 고도가 높아질수록 주풍의 세기는 강해지고 방향은 땅의 영향에서 상대적으로 자유로워진다. 주풍을 감지하는 방법은 나무의 꼭대기부터 고도가 가장 높은 구름의 바로 아래까지, 모든 고도의 징후를 관찰하는 것이다.

지면풍은 지역 경관과의 관계 속에서 빚어지는 경향이 강하다. 우리가 느끼는 바람이 바로 이 지면풍이다. 기상학자들은 대부분 지면풍에 큰 관심을 기울이지 않는다. 지면풍은 너무 국지적인 데다 변덕마저 심해서 지역 일기예보의 근거로 삼기에 부적합하기 때문이다.

바람에 관한 측정과 예보는 거의 지면풍이 아닌 주풍을 대상으로 이뤄진다. 하지만 자기 감각을 통해 주변의 징후들을 이해하고 싶다면, 무엇보다 지면풍에 주의를 기울여야 한다. 우리는 바로 이 지면풍과 더불어 대기의 최저층에서 살고 있기 때문이다. 다행히 지면풍은 하나같이 독특한 개성으로 충만할 뿐 아니라 대개는 반항기까지 갖추고 있다. 지면풍이 속한 영역은 날씨의 은밀한 세계다. 머지않아 우리는 그 바람을 만나게 될 것이다.

우리가 '풍향'을 논할 때 언급하는 바람은 일반적으로 주풍이다. 우리가 땅 위에서 직접 감지하는 바람은 지면풍이다. 그런가 하면 가장 높이 떠 있는 구름과 관련된 바람은 고풍이다.

이제 다시 감각을 섬세하게 조율해보자. 지금부터 다룰 세 가지 징후를 통해 청각과 시각, 촉각을 차근히 가다듬는 것이다.

속삭이는 일기예보

우리는 바람의 소리를 듣는다. 이상하다. 공기는 소리를 내지 않는데 말이다. 바람이 소리를 내는 것은 공기가 이동 중에 다른 무엇과 상호작용할 때뿐이다. 그러므로 바람의 소리가 들릴 때 우리는 그 바람이 무엇과 씨름하고 있기에 소리를 내는가 하는 의문을 가질 수 있다.

원인을 찾기란 그리 어렵지 않다. 하지만 판단을 내리기 전에는 언제나 신중을 기하는 것이 좋다. 바람은 소리로 몇 가지 중요한 비밀을 드러낸다.

바람은 이런저런 물체를 움직이게 한다. 물체는 구르고, 휘고, 맞부딪치고, 나뒹군다. 바람에 휩쓸린 나뭇잎은 돌 표면을 거칠게 혹은 부드럽게 쓸고 지나간다. 버드나무는 강풍이 가지들을 유린할 때면 마치 항변하듯 끼익하는 소리를 낸다. 바람은 사물을 부러뜨리기도 하고 쓰러뜨리기도 한다. 비교적 드물고 극적인 상황이긴 하지만, 더 이상 휘어질 수조차 없을 때 버드나무는 절규하듯 우지끈하는 소리를 낸다. 균열 버드나무(crack willow, 학명은 *Salix fragilis*로, 유럽과 남아시아, 중앙아시아에서는 토종 식물이지만, 미국에서 자라는 것들은 모두 귀화 식물이다)라는 이름의 유래가 바로 여기에 있다.

바람이 소리를 내는 가장 흔한 방법은 마찰로 진동을 유발하는 것이다. 완벽하게 매끄러운 표면에 부는 바람은 소리를 내지 않는다. 하지만 그런 표면은 이론에나 존재하므로, 너무 느리게 불지 않는 한 바람은 스치는 모든 표면과 마찰을 일으키며 소리를 낸다.

휘파람이나 바스락 소리처럼 뚜렷한 음을 듣기 위해서는 모든 조건이 들어맞아야 한다. 하지만 그 드문 기회가 오기만을 기다릴 필요는 없다. 바람의 일상적 소리에 꾸준히 귀를 기울이는 방법도 있다. 희미한 소리라도 들릴 때마다 속으로 두 가지 질문을 던져보자. 첫째, 무엇이 소리를 내고 있는가? 둘째, 어떻게 소리를 내고 있는가? 얼핏 시시하고 허무하게 들리겠지만, 이 소소한 연습에는 분명한 결실이 뒤따른다. 그 연습은 바람의 세기와 방향에 관련된 감각을 향상함으로써 우리에게 다양하고 실질적인 보상을 가져다준다. 초목을 스치는 바람과 모래밭을 지나는 바람은 서로 소리가 굉장히 다르다. 이는 사막에서 오아시스의 소리를 들을 수 있는 이유이기도 하다.

바위나 골짜기, 섬, 숲, 거리를 지나는 바람은 세기나 방향이 달라지면 소리도 함께 달라진다. 풍향의 변화는 종종 앞으로 닥칠 더 큰 날씨 변화를 가장 명확하게 예고한다. 바람의 소리가 음정, 음량, 음색을 비롯한 무엇에서든 달라졌다는 사실에 주목함으로써 우리는 눈으로 미처 파악하지 못한 사실들을 예측할 수 있다. 바람의 소리는 '속삭이는 일기예보'다.

바람의 춤

우리는 바람의 세기에 대체로 무관심하다. 돌풍이나 폭풍을 논하면서도 정작 바람의 미묘한 변화에는 무심한 경우가 다반사다. 바람 한 점 없던 대기에 아주 부드러운 산들바람이 일어 우리가 알아채지 못할 정도로 살며시 얼굴을 간질인다면, 바람의 춤이 이미 시작되었고 우리 주위에서 변화가 진행 중이라는 뜻이다. 연기는 구부러지고, 진딧물은 부유하고, 거미는 땅에서 날아오른다. 얼굴에서 느껴질 정도로 바람이 강해지면, 비로소 우리 귓가에서는 잎들이 바스락거리고 눈앞에는 가벼운 씨앗들이 흩날리기 시작한다. 바람의 촉감이 더 강해지면, 흙먼지가 일고, 나뭇가지가 휘고, 씨앗이 날갯짓을 시작하고, 서멀이 멈추고, 공중을 맴돌던 새들이 자취를 감춘다. 진딧물과 거미는 어느새 땅으로 떨어졌다.

바람이 한 단계 더 빨라지면, 이웃고 옷에서도 바람 소리가 들려온다. 나뭇가지가 흔들리고, 각다귀와 모기는 더 이상 동물을 물지 않는다. 바람이 조금 더 강해지면, 나뭇잎이 떨어지고, 파리는 더 이상 날지 않는다. 그러다 굵은 가지가 눈에 띄게 흔들릴 정도가 되면, 벌이며 나방까지 날개를 접는다. 잔가지가 부러질 때쯤이면, 공기 중에는 파편들이 떠다니고, 사람은 걷기가 힘들어지며, 날짐승은 대부분 대피를 마쳤겠지만…… 어째서인지 잠자리만은 여전히 공중을 배회한다. 마침내 보통 굵기의 가지마저 부러질 때쯤이면, 아이는 바람에 날아가고 곤충은 죄다 땅에 떨어졌겠지만, 칼새만은 여전히 하늘을 비행할 것이다.

이 많은 내용을 모조리 암기할 필요는 없다. 처음에는 그저 잎들이 바람에 대처하는 방식을 눈여겨보자. 크고 작은 나무에 달린 잎과 말라서 땅에 떨어졌거나 공중에 떠다니는 잎의 움직임을 지켜보는 것이다. 그런 다음에는 기다란 풀잎이 바람의 리듬에 몸을 맡긴 채 시시각각 율동을 달리하는 모습을 관찰해보자.

서늘하고 좋은 산들바람

만약 바람이 예상보다 서늘하게 느껴진다면, 공기의 온도와 속도가 영향을 미쳤을 공산이 크다. 습도 또한 일정 부분 작용했을 것이다. 추운 날에는 바람의 습도에 비해 속도의 영향력이 지대하지만, 따뜻한 날에는 바람이 건조할수록 더 차갑게 느껴지는 법이다. 공기가 건조할수록 수분이 증발하기 쉬워지고, 수분이 증발할 때 우리는 더 시원하다고 느끼기 때문이다. 예컨대 땀을 흘릴 때처럼 말이다. 일반적으로 습도가 낮아지면 날씨는 좋아지게 마련이다. 고로 직관에는 다소 어긋나지만, 따뜻한 여름날의 서늘하고 일정한 바람은 맑은 날씨를 예고하는 징후이다.

바늘과 게이지

20대 중반에 도로에서 겪은 일이다. 그때의 기억은 지금까지도 생생하다. 나는 싸구려 고물차를 끌고 비행 훈련차 버크셔 메이든헤드 근처의 이착륙장으로 향하는 길이었다. 조종사들은 'T와 P', 그러니까 엔진의 온도(temperature) 게이지와 압력(pressure) 게이지를 틈틈이 확인해야 한다. 그 같은 습관이 몸에 밴 탓에 나는 자동차를 운전하는 동안에도 무의식적으로 온도 게이지를 확인하곤 했다.

이착륙장을 몇 킬로미터쯤 앞두었을 때였다. 내내 부드럽게 나아가던 차의 온도 게이지가 별안간 상승하는가 싶더니 급기야 눈금을 벗어나버렸다. 길가에 차를 세우고 살펴보니, 헤드 개스킷이 망가져 있었다. 후드 아래에서는 수증기와 유연이 모락모락 피어올랐다. 비록 엔진이 손상되긴 했지만, 온도 게이지의 적절한 경고 덕분에 나는 차량이 빠르게 오가는 도로를 때맞춰 벗어날 수 있었다.

게이지 바늘의 의미심장한 움직임은 모종의 변화를 암시한다. 풍향은 날씨 엔진의 상태를 표시하는 게이지의 바늘이다. 풍향에 주의를 기울이다 보면, 날씨가 변화할 조짐을 사전에 알아차릴 수 있다.

아리스토텔레스의 계승자인 에레소스의 테오프라스토스(Theophrastos, 기원전 371~기원전 287)는 《날씨의 징후에 관하여(On Weather Signs)》라는 흥미로운 책을 썼다. 책에는 비의 징후 여든 가지와 바람의 징후 마흔다섯 가지에 관한 이야기가 담겨 있는데, 고대의 문헌답게 명석한 내용과 허황한 내용이 번갈아 등장한다. 간혹 황당한 결론에 도달하기도 하지만, 풍향과 날씨 변화의 강한 연관성을 주장하는 대목에서는 절로 고개가 끄덕여진다.

풍향 감수성은 우리가 예보에 활용할 수 있는 가장 저평가된 도구이다. 이 도구는 왜, 그리고 어떻게 작동하는 것일까? 이 질문에 답하기 위해서는 앞서 기단을 다룰 때와 마찬가지로, 거대한 시스템과 주요한 변화를 눈여겨봐야 한다.

공기는 언제나 움직인다. 기압이 높은 곳에서 낮은 곳으로 흐르며 언제나 평형을 이루려고 노력한다. 부풀린 풍선의 목을 놓으면, 고압의 공기가 압력이 더 낮은 공간으로 순식간에 흘러나온다.

바람, 즉 공기의 수평적 이동은 이렇듯 평형을 유지하려는 힘으로 인해 이뤄진다. 이동 거리가 짧을 때 바람은 그야말로 간단하게, 공기의 압력이 높은 곳에서 낮은 곳으로 재빨리 이동한다. 하지만 이동 거리가 더 길어지면 바람은 코리올리효과(Coriolis effect)의 영향으로 경로가 구부러진다. 그러니까 지구의 자전으로 인해 바람이 북반구에서는 오른쪽으로, 남반구에서는 왼쪽으로 휘어지는 것이다.

태양의 복사에너지는 예컨대 북극보다는 열대를, 바다보다는 육지를 더 따뜻하게 데운다. 이는 지구 전체의 열적 불균형을 초래한다. 따뜻한 공기는 상승하고 팽창함으로써 압력이 낮아지지만, 차가운 공기는 가라앉고 수축함으로써 압력이 높아진다. 결과적으로 지구의 기압은 지역에 따라 제각각인데, 적도의 공기는 따뜻하고 압력이 낮지만 남극의 공기는 차갑고 압력이 높다.

결국 공기는 압력이 높은 곳에서 낮은 곳으로 흐르는 경향과 코리올리효과로 인해 휘어지는 성질로 말미암아 고기압 주변에서는 시계 방향으로 회전하고 저기압 주변에서는 반시계 방향으로 회전하게 된다. 그러므로 북반구에서 등 뒤로 주풍이 느껴진다면, 왼쪽에 저기압이 존재하거나 오른쪽에 고기압이 존재하거나 두 경우 모두라고 생각할 수 있다.

따라서 풍향의 의미심장한 변화는 언제나 주변 고기압과 저기압의 배치가 달라질 전조로 받아들여야 한다. 기압계는 기단의 움직임을 결정한다. 그러므로 바람의 두드러진 이동은 언제나 의미심장한 변화의 도래를 예고한다. 이는 핵심 중의 핵심이다. 요컨대 주풍의 방향이 바뀌면, 기압계가 이동하고 우리 주위의 기단이 움직이면서 머지않아 중대한 변화가 닥치게 된다.

여름의 습한 몬순, 즉 계절풍은 생기와 더불어 폭우를 몰고 온다고 알려져 있다. 몬순은 계절에 맞춰 북쪽으로 이동하던 태양이 고기압과 저기압의 균형에 변화를 일으키면서 북동쪽의 내륙지방에서 다가오던 건조한 공기가 인도양에서 흘러드는 습한 공기로 대체될 무렵에 불기 시작한다. 몬순은 비를 몰고 올 뿐 아니라 계절에 따라 방향이 달라진다. 이는 중요한 특징이다. 5월과 9월 사이의 몬순은 남서쪽에서 불어오고 10월과 4월 사이의 몬순은 북동쪽에서 불어온다. 풍향과 날씨는 동일한 현상으로 간주해도 무방할 정도로 하나가 바뀌면 다른 하나도 반드시 바뀐다.

가령 미국 남서부처럼 가뭄에 민감한 지역의 주민들은 예로부터 풍향의 변화를 가뭄의 끝을 알리는 신호로 여겨왔다. 그리고 앞서 설명한 바와 같이, 바람의 변화는 전선의 통과가 임박했다는 징후일 수 있다. 풍향의 모든 변화는 그 규모의 다양성과는 별개로 머지않아 다른 기단이 도착하리라는 신호이다.

모름지기 과학은 징후보다 복잡하다. 하지만 이제 우리는 하나의 단순한 징후를 뒷받침하는 과학적 근거까지 알게 되었다. 그러니 다음의 징후를 부디 안심하고 활용하시기를.

> 풍향의 커다란 변화는 날씨의 커다란 변화가 임박했다는 의미이다.

바늘과 게이지 알아가기

바람을 의식하는 사람에게 행운이 따르는 사례는 역사적으로 제법 흔하다. 조지 워싱턴(George Washington, 1732~1799)은 언제나 날씨 일지를 꼼꼼하게 작성했는데, 이 습관 덕분에 역사를 바꿨다고 해도 과언이 아니다. 1777년 1월의 겨울날 포지 계곡 앞에서 워싱턴의 군대는 영국의 대규모 병력에 포위되었다. 그날 오후 바람이 북서쪽에서 불어왔다는 사실에 주목한 그는 밤사이 날씨가 더 추워져 땅이 단단히 얼어붙으리라고 예측했고, 이를 근거로 비교적 온화한 날씨 탓에 몹시 무르고 질척해진 길을 탈출로로 선택하는 위험을 무릅쓸 수 있었다.

세계 어느 지역에서든 바람은 날씨를 몰고 온다. 각 지역의 지형도 영향을 미친다. 영국의 철학자 프랜시스 베이컨(Francis Bacon, 1561~1626)은 "모든 바람은 고유의 날씨를 지닌다"라고 말했다. 바람을 우편물이라고 생각해보자. 알아보기 쉬운 봉투에 소인까지 찍힌 우편물 말이다. 누구든 그 우편물을 받는 사람은 봉투를 뜯기 전에 겉면을 훑어보며 내용물에 관한 단서를 탐색할 것이다. 봉투 겉면의 표시들은 봉투 속 물건의 기원을 드러내는 동시에 그 물건의 성격에 대한 힌트를 제공할 수 있다. 국가나 시에서 발행한 봉투라면 세금이나 벌금 고지서가 담겼을 가능성이 있지만, 친근한 소인 아래 손 글씨가 적힌 봉투라면 흐뭇한 마음으로 서둘러 열어봐도 좋을 것이다. (열일곱 살 때 나는 전교생이 남학생인 기숙학교에 다녔는데, 내가 처음 정식으로 사귄 여자친구의 편지는 약 100미터 거리에서도 알아볼 수 있었다. 이제 그 동일 인물은 손 편지 대신 이메일로 내가 해야 할 일의 목록을 적어 보낸다. 책의 주제와는 어긋나는 내용이지만, 그냥 한번 끼적여보았다.) 풍향은 바람이 실어 오는 것들과 관련된 강력한 단서를 우리에게 제공한다.

북반구에 속한 문화권에서는 차가운 북풍을 언급하는 자료를 대체로 쉽게 찾을 수 있지만, 지역별 전통에 따른 차이가 존재한다. 성경에는 풍향과 관련된 경고가 수없이 등장하는데, 이를테면 구약성서 가운데 욥기와 이사야서, 스가랴서에서는 남풍을 나쁜 징조로 여겨 경계하는 분위기가 엿보인다. "남방 밀실에서 태풍이 밀려오고 북풍은 추위를 몰고 오는데." 욥기 37장 9절의 말씀이다.

이런 이유로 지구 곳곳에서는 비단 풍향의 변화뿐 아니라 특정 구역에 이는 모든 변화에 신경을 곤두세운다. 온갖 변화의 실상을 제대로 파악하려면 바람이 대륙이나 고지대, 바다와 주고받는 영향까지 두루 이해해야 한다. 역사적으로 이러한 관습은 지중해에서 특히 두드러진다. 지중해의 경관은 방향마다 특징이 다르고, 바람은 저마다 개성이 유별하기로 소문이 자자하다. 지중해에서 바람의 이름은 대개 바람이 불어오는 곳의 뚜렷하거나 인상적인 지세와 관련이 깊다. 알프스에서 불어오는 북풍을 가리키는 트라몬타나(tramontana)는 라틴어 'trans montanus'에서 유래한 단어로 '산 너머의'라는 뜻을 담고 있다. 바람의 이름을 따올 만큼 지세가 독특하지 않은 곳에서는 천상의 사물이 역할을 대신한다. 지중해의 동풍을 일컫는 단어 레반터(levanter)는 태양과 관련이 깊고 '들어 올리다'라는 뜻의 라틴어 동사에서 유래했다.

만약 바람이 남풍에서 북풍으로 바뀌었다면, 이는 바람의 방향이 크게 달라졌고 현재는 그 바람이 북쪽에서 불어온다는 뜻이다. 그러나 여기에는 두 가지 중요한 정보, 그러니까 방식과 시기에 관한 내용이 빠져 있다. 피츠로이가 강조한 것처럼, 우리는 바람이 변화하는 방식에 주목해야 한다. "바람의 세기는 방향을 남에서 북미서(北微西), 그러니까 북과 북북서 사이로 돌릴 때 가장 강력해진다." 여기서 그는 남쪽에서 북쪽으로 순전하며 시계 방향으로 움직이는 바람과 동쪽을 지나며 반전하는 바람이 설령 출발지와 종착지는 같을지라도 엄연히 다르다는 사실에 주목한다. 이를 온전히 이해하려면 앞서 전선을 논할 때 다뤘던 내용을 되새겨야 한다. 요컨대 순전하는 바람과 반전하는 바람은 각기 다른 날씨의 도래를 예고한다.•

고로 아래에 소개할 영국의 속담에는 바람이 변화하는 방향에 관한 지역민들의 혜안이 담겨 있다.

> 순전하는 바람은 좋은 날씨를 데려오고,
> 반전하는 바람은 나쁜 날씨를 데려온다.

프로이센의 기상학자 하인리히 빌헬름 도브(Heinrich Wilhelm Dove, 1803~1879)는 여기에 마지막으로 고려할 요소를 추가했다. 우리는 언제나 계절을 염두에 두어야 한다. "만약 바람이 남쪽에서 북쪽으로 이동하는 와중에 서쪽을 지난다면, 겨울에는 눈이

• 그렇지 않아도 복잡한 일이 넘쳐나는 세상에서 바람의 '순전'이니 '반전'이니 하는 용어가 처음부터 분명한 의미로 와 닿기는 어려울 것이다. 약간의 팁을 주자면, 바람은 반전할 때 반시계 방향으로 이동한다는 사실을 기억해두자. 이 조언이 도움이 되었다면 다행이고, 설사 도움이 되지 않았더라도 크게 낙심할 필요는 없다.

내릴 것이고, 봄에는 진눈깨비가 올 것이며, 여름에는 뇌우가 몰아칠 것이다. 또한 이후에는 공기가 더 차가워질 것이다."

이제 우리는 바람의 중요한 변화와 관련된 네 가지 요소, 그러니까 바람이 과거에 불어오던 방향과 현재 불어오는 방향, 바람이 선회하는 방향(순전 또는 반전), 바람이 부는 계절에 대해 살펴보았다.

처음에는 뭐든 가급적 단순하게 접근하는 것이 좋다. 바람의 방향이 바뀌었다는 사실에 주목하는 습관만으로도 우리는 지식 수준이 상승했다고 자부할 자격이 충분하다. 오늘날에는 그러한 습관조차 잃어버린 사람이 태반이니 말이다. 다행히 이 같은 습관은 빠르게 되찾을 수 있고, 요령을 발휘하면 더욱 빠른 회복도 가능하다. 고로 이쯤에서 나는 한 번 더 반칙을 독려해볼 참이다.

훗날 날씨의 중대한 변화를 알리는 예보를 듣게 되거든 반드시 현재의 풍향에 주목하는 한편 이후로 몇 시간 동안 풍향의 동향을 관찰해보자. 설령 바람의 기본 방위(cardinal direction)를 수월하고 익숙하게 파악했다 해도, 예컨대 동풍이 분다는 사실을 알아챘다면 반드시 그 바람에 일종의 시각적 닻(visual anchor)을 부여해야 한다. 멀찍이 떨어져 있는 사물을 고른 뒤 그것을 지표 삼아 바람이 불어오는 방향을 주시하는 것이다. 때마침 펄럭이는 깃발이나 피어나는 연기가 눈에 띈다면, 기꺼이 활용해도 좋다.

시각적 닻은 두 가지 면에서 유용하다. 첫째, 시각적 닻은 우리의 기억을 돕는다. 초심자의 경우 어디가 남서쪽이고 어디가 남동쪽인지조차 헷갈리기 쉬운데, 우리 눈에 실제로 보이는 물체는 이런 상황에서 훌륭한 기준점이 되어준다. 둘째, 시각적 닻은 바람의 일거수일투족을 감시하기 위한 시각적 길잡이가 되어준다. 만약 우리가 바람을 높은 건물이나 언덕의 잡목림 같은 시각적 닻에 매어둔다면, 바람이 우리 몰래 방향을 바꾸기는 훨씬 어려워질 것이다.

익숙한 장소에서 이 같은 습관을 기르다 보면, 머지않아 서로 다른 두 지형지물의 연관성이 보이기 시작할 것이다. 예컨대 교회 첨탑에서 불어오던 바람이 먼 산봉우리에서 불어온다면, 우리는 4시간 뒤에 비가 올 것을 예상할 수 있다. 농부나 삼림관리인은 오랜 세월 같은 땅에서 일하며 그 같은 지식을 자연스레 습득해왔다.

이처럼 자기 지역에 부는 바람의 변화를 관찰하다보면, 그것을 토대로 바람의 기본 방위를 결정하는 일도 얼마든지 가능해진다. 산마루 바람이나 교회 첨탑 바람쯤으로 여기는 단계에서 나아가, 바람에 동서풍이나 북서풍이라는 이름을 붙일 수 있게 된다는 뜻이다. 이는 곧 우리가 그동안 쌓은 지식을 휴대할 수 있게 된다는 뜻이기도 하다. 다양한 바람에 대한 식견으로 무장한 채 특정 지역을 탐색할 역량을 갖추게 되는 것이다.

풍향을 읽는 능력을 더욱 가다듬고 싶다면, 가만히 눈을 감아보자. 시각은 굉장히 강력한 감각일뿐더러 다른 감각들 위에 군림하려 든다. 나는 근처에서 가장 높고 탁 트인 땅을 찾아가 눈을 감은 뒤 얼굴을 돌리고는 두 뺨 위로 똑같은 바람이 느껴질 때를 기다린다. 만약 바람이 제법 강하면, 두 귀로 똑같은 바람 소리가 들릴 때를 기다린다. 그런 다음에는 손을 들었다가 아주 천천히 내리며 허공을 가르는데, 그러다 양쪽에서 똑같은 온도의 바람이 느껴질 때 비로소 눈을 뜨고 멀리서 눈에 띄는 지형지물을 골라낸다.

나의 이 기법은 바람이 불어오는 대략적 방향에 있는 사물을 파악하는 과정에서 눈을 의도적으로 배제한다. 일면 굉장히 간편한 방법이지만, 전적으로 믿을 만한 방법은 아니다. 실제로 우리가 눈을 뜨고 바라봤을 때 바람은 눈에 띄는 지형지물의 한쪽에서 불어올 때가 많다. 그럴 때면 나는 주먹을 쥐고는 큰소리로 이렇게 말한다. "산꼭대기에서 세 손마디만큼 오른쪽." 그러면서 의기양양한 기분으로 괴상한 표정을 짓는 것이다.

이처럼 바람을 의식하는 사람은 바람과 날씨의 대체적 경향을 비교적 쉽게 감시할 수 있다. 이제는 시선을 조금 아래로 이동해보자.

서서히 틀어지는 바람

문득 하늘을 보면 구름이 조금씩 다른 높이에서 비슷하지만 다른 방향으로 떠갈 때가 종종 있다. 이 수상한 그림을 제대로 이해하려면, 먼저 바람이 저기압 둘레를 선회하는 경로와 흐름이

고도에 따라 달라지는 방식에 익숙해져야 한다.

1372미터(약 1500야드)보다 높은 고도에서는 주풍이 지표면의 영향을 별로 받지 않지만, 그보다 낮은 고도에서는 마찰저항 때문에 반전하며 속도를 상실한다. 주풍은 고도가 낮을수록 느려지고 반전할 가능성이 커진다.

싱크대를 생각하면 이해하기 쉽다. 빠르게 흐르는 물은 배수구 주변에 소용돌이를 일으키지만, 마개 따위에 닿아 유속이 느려지면 더 가파르게 배수구를 타고 흘러내린다. 바람은 저기압의 중심부를 반시계 방향으로 선회하지만, 마찰저항 때문에 속도가 느려지면 그 저기압의 '배수관을 타고 흘러내린다.' 바람은 안으로, 왼쪽으로, 중심부를 향해 휘어진다. 바람은 반전한다.

고도가 낮은 구름과 중간인 구름이 제각각 비슷한 듯 다른 방향으로 떠가는 이유가 바로 여기에 있다. 상대적으로 낮은 구름

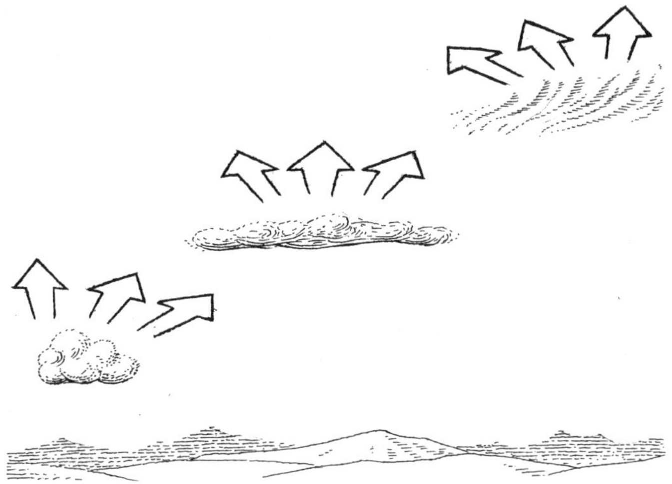

을 실어 나르는 바람은 마찰저항 때문에 더 느려지고 더 휘어졌을 테니 말이다.

부드럽거나 혹은 사납거나?

파도가 해변에서 부서지면 바닷물이 모래 위로 빠르면서도 부드럽고 차분하게 밀려든다. 하지만 가령 자갈과 같은 장애물에 부딪힐 때면, 바닷물은 예의 그 부드러움은 온데간데없이 금세 거칠고 혼란스럽게 물결치고는 한다.

과학자들은 기체와 액체가 흐르는 양상을 크게 층류와 난류 두 가지로 구분한다. 유체가 일정한 방향으로 부드럽게 이동할 때, 그 흐름을 일컬어 층류라 한다. 유체가 어지러이 회전하며 맴돌이(eddy)를 일으킬 때는, 그 흐름을 일컬어 난류라 한다. 바람의 세계에도 이와 비슷한 두 가지 흐름이 존재한다. 나무나 건물보다 훨씬 높은 고도에서 부는 바람은 기압에 순응하며 단순하고 평탄한 경로로 흐른다. 하지만 그보다 낮은 고도에서 부는 바람은 꼬이고 휘어지며 온갖 거친 흐름을 보인다. 요컨대 주풍에서는 층류, 지면풍에서는 난류의 경향이 엿보이는 셈이다.

이와 관련된 이론은 상당히 난해하다. 고로 자세한 검토는 잠시 미루고 다시 우리의 주목적으로 돌아가 알맞은 징후들을 찾아보자. 훗날 도심지나 나무숲에서 하늘 위로 구름 몇 점이 지나는 광경을 보게 되거든, 구름이 다가오는 방향에 유념하는 한편 그 방향이 한동안 변하지 않는 듯 보인다는 사실에 주목하자. 또한 도심의 건물 주변이나 시골의 나무숲 주변을 걷게 되거든, 땅에서 느껴지는 바람의 속도와 방향이 여러 번 바뀐다는 사실에 주목하자. 이때 구름의 고도에서 부는 바람은 층류형이고, 지상의 장애물 사이에서 부는 바람은 난류형이다.

쌘구름은 돌풍이다

이제 보이지 않는 방해물에 부딪힌 바람이 되튀는 광경을 지켜볼 시간이다. 아침에 일어나 보니 날씨가 화창하고 산들바람이 고르게 불고 있다면, 나무숲이나 빌딩 숲이 아니라 넓고 탁 트인 장소를 찾아가보자. 앞에 소개된 기법들을 활용해 바람의 방향을 감지하고 바람의 세기와 성질도 가늠해보자. 바람이 고르게 부는 정도를 감각으로 헤아려보는 것이다. 바람은 속도가 일정한가, 아니면 속도를 바꿔가며 변덕스레 불고 있는가? 오후 중반에도 같은 연습을 시행해보자. 어떤가? 차이가 느껴지는가?

짐작건대 오후의 산들바람은 비교적 돌풍성이 짙을 것이다. 아침에 비해 전반적 세기는 강하지 않을 수 있지만, 일관성이 현저히 떨어져 있으리란 얘기다. 그 이유를 이해하기 위해서는, 다시 대류 이야기로 돌아가야 한다.

아침은 아직 태양이 대지를 가열하기 전이다. 고로 탁 트인 시골에서 아침에 부는 바람은 주로 기압의 차이에 좌우된다. 그러나 오후에는 태양이 대지를 가열하여 서멀을 일으키면서 상승하는 공기의 기둥들이 빌딩 숲과 비슷한 효과를 자아낸다. 산들바람은 더 이상 곧은 방향으로 흐르지 못한다. 상승하는 공기의 기둥이 바람의 경로를 방해하기 때문이다. 결국 바람은 속도와 방향이 들쭉날쭉해진다. 요컨대 돌풍성이 짙어지는 것이다.

이제 우리는 서로가 서로의 징후로 작용하는 두 가지 상관적 관측 결과를 접목하여 판단할 줄 알게 되었다. 서멀은 쎈구름을 차곡차곡 쌓아 올림으로써 바람의 돌풍성이 짙어질 환경을 조성한다. 그러므로 화창한 날의 쎈구름은 바람의 돌풍성이 짙어지리라는 징후이다. 마찬가지로 화창한 날의 돌풍성 바람은 쎈구름의 출현을 암시하는 징후이다.

쎈구름은 서멀의 꼭대기에 자리한다. 그러므로 쎈구름은 풍향이 느낌상 몇 분 단위로 급변하는 와중에도 고르고 곧은 경로를 따라 하늘을 떠다닐 수 있다.

모래와 샌드위치

돌풍성과 더불어 우리가 눈여겨볼 바람의 성질이 있다. 가령 바람이 모래나 먼지, 눈, 가랑잎 부스러기처럼 작은 입자들 위로 불고 있다고 상상해보자. 이때 바람은 그 입자들을 들어 나르기도 하고 얌전히 땅바닥에 내버려두기도 한다. 결정적 요인은 당연히 풍속이다. 속도가 약한 바람은 아무것도 들어 올릴 수 없다. 하지만 돌풍성 역시 중요하다. 약한 돌풍은 더 강한 층류형 바람보다 더 많은 입자를 들어 올릴 수 있다. 나는 도심에서 먼지를, 숲에서는 잎들을, 여름 해변에서는 모래를 관찰하다 이 사실을 알게 되었다. 요컨대 해변에서 샌드위치를 먹다 모래를 씹게 될 확률은 된바람이 불 때보다 더 약한 돌풍이 불 때 오히려 더 높을 수 있다.

이 같은 사실을 알아두면 해변에서 비치타월 펼칠 자리를 고르는 데 도움이 된다. 사람들은 공중에 모래가 떠다니는 이유를 그날의 풍속에서 찾으려 드는 경향이 있다. 그리고 이와 관련하여 인간이 할 수 있는 일은 거의 없다고 지레짐작한다. 그러나 이는 상당 부분 난류의 장난에서 비롯된 것으로, 우리가 자리를 아주 조금만 옮겨도 상황은 달라질 수 있다. 해변의 지형 때문에 맞바람을 피하기 어렵다면, 몇 걸음만 옆으로 이동해보자. 풍속은 같지만 모래가 날리지 않는 장소를 때때로 찾을 수 있을 것이다. 물론 자리를 옮긴다고 해서 샌드위치에서 모래가 씹힐 일이 없으리란 보장은 없다. 하지만 적어도 확률을 줄일 수는 있다. 우리 스스로 더 잔잔한 바람을 찾아 나선다면 말이다.

여름날 도시의 돌풍

우리는 바람의 세기와 방향, 온도, 소리 외에도 난류, 즉 돌풍성을 언제나 고려해야 한다.

도시에서는 화창하고 따뜻한 날에 그리 강하지 않은 바람에서 희한하게 돌풍성이 감지될 때가 있다. 건물이 밀집한 지역에 대류 현상이 발생하면 난류형 미풍이 불기에 이상적인 조건이 만들어진다. 또한 도시에서는 돌풍의 속도가 평균 풍속보다 두 배 이상 빠르다. 여름날 느껴지는 돌풍성은 시가지 바람의 고유한 특징이다. 그와 같은 바람은 오직 도시에서만 만나볼 수 있다.

지면풍 사이에서

몇 주 전에 나는 나무우듬지보다 한참 위에서 구름을 실어 나르는 주풍의 방향 변화를 알아차렸다. 바람은 90도 가까이 반전했고, 이는 전선의 통과가 임박했다는 징후였다. 비가 다가오고 있었다.

이 의미심장한 변화를 알아차린 직후에 나는 내셔널 트러스트(National Trust) 소속의 왕실림 관리원 해나 톰슨과 만났다. 우리는 산책을 나섰고, 해나는 우리 동네와 가까운 웨스트서식스의 야심찬 재삼림화 프로젝트 노스우드 되살리기(Rise of Northwood)의 현황을 내게 보여주었다. 우리는 새로 묘목을 심은 장소를 몇 군데 둘러보았다. 각각 1만 3000그루에 달하는 묘목이 보호대를 두르고 말뚝에 몸을 의지한 채 자리를 지키고 있었다. 그때였다. 해나가 심지어 나도 이전에는 알아차린 적 없는 당연한 사실 하나를 일러주었다. 요컨대 나무를 지지하는 말뚝이 보통은 탁월풍(무역풍, 계절풍 등 특정 시기에 자주 부는 바람—옮긴이)이 불어오는 방향, 영국의 경우 남서쪽 땅에 세워진다는 얘기였다. 여기도 나침반, 저기도 나침반, 곳곳이 나침반 천지였다!

우리는 더 오래된 숲을 양쪽으로 끼고 계속 걷다가 길섶에서 작은 명금류인 검은딱새 한 쌍을 보았다. 등 뒤에서 변덕스러운 바람이 불었고 얼굴에는 돌풍이 느껴졌다. 해나가 사슴이 드나드는 철제문을 열었고, 우리는 산림 조성 사업의 주요 구역으로 걸음을 옮겼다. 황조롱이 한 마리가 쏜살같이 내려오는가 하면 비스듬히 날아다니며 독수리를 쫓아내느라 분주했다. 나무들은 고작 몇 살에 불과했지만, 한 구역을 제외하고는 모두 잘 자라고 있었다.

완만한 언덕을 오르는데 삶을 놓아버린 묘목들이 눈에 띄었다. 다른 땅의 나무들과 달리, 말뚝과 보호대에 둘러싸인 채 시

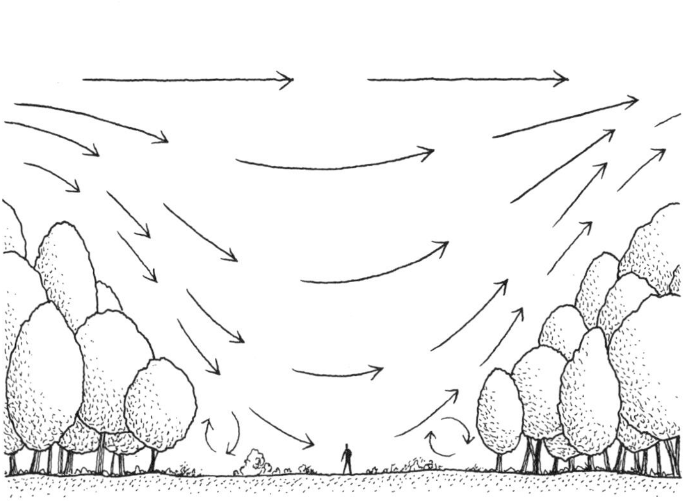

들고 칙칙해진 줄기들이 시선을 붙들었다. 해나의 설명에 따르면, 그 나무들은 돌밭이나 습하고 질척한 땅에는 뿌리를 내리지 않았다. 하지만 그곳은 돌밭도 진흙밭도 아니었다. 바람직한 생육 환경과 별반 다르지 않은 장소임에도 나무들의 상태는 처참했다. 거기서 몇 걸음을 더 옮기자 차가운 바람이 목덜미를 덮치며 내 의문을 멀리 날려버렸다.

해나와 내가 서 있던 자리는 우리가 끼고 걷던 양쪽 숲의 중간 지점이었다. 바람은 이곳에 내려와 지면을 훑은 다음 우리의 북쪽 숲 너머로 도약했다. 시름대며 앓는 어린나무들을 살피려 고개를 숙였을 때 바람에 상한 작은 잎사귀들이 보였고, 나는 문제의 원인을 짐작할 수 있었다. 그 순간 느낀 바람과 땅의 모양, 오래된 숲과 새로운 숲이 하나의 답을 가리키고 있었다.

나중에 바람이 많이 부는 날 두 숲 사이에 자리한 빈터를 찾게 되거든, 아무쪼록 다음의 작은 실험을 시행해보자. 먼저 바람이 한쪽 숲을 넘어 내려오는 영역, 즉 바람의지 사면과 손에 닿을 듯 가까운 지점에 서 있어 보자. 이내 그곳이 제법 훌륭한 바람 대피소라는 사실을 깨닫게 될 것이다. 이번에는 빈터로 나아가 보자. 반대편 숲을 향해 걸음을 옮기며 바람의 속도를 직접 가늠해보자. 몇 걸음 내딛기도 전에 풍향에서 제법 흥미로운 변화가 감지되겠지만 그 내용은 뒤에서 또 다루기로 하고, 우선은 풍속에만 주의를 기울이자. 바람은 두 숲의 중간 지점 근처에서 가장 강하고 일정하게 불다가 반대편 숲이 손에 닿을 듯 가까워질수록 점점 잦아들 것이다. 이곳은 바람이 그 숲의 경사를 따라 올라가는 영역, 즉 바람받이 사면에 자리하는 또 하나의 바람 대피소다. 이를 알아차리는 사람은 극히 드물다. 심지어 상상조차 하지 못하는 사람이 대부분이다. 하지만 이는 모든 경관에서 우리가 경험하는 날씨의 중요한 부분을 차지한다.

나는 그날의 남은 시간 동안 그 언덕땅을 거닐며 노스우드 되살리기에 관해 생각했다. 하늘에서는 구름이 모양을 바꾸며 흘러가고 있었다. 어느새 나는 농로와 교차하는 길을 걷고 있었다. 두 길의 교차점은 추수를 마친 어느 밭의 모퉁이였고, 그곳에는 그 밭으로 들어가는 개방형 출입구가 있었다.

출입구 양쪽의 산울타리는 마치 깔때기처럼 바람을 모아 길 쪽으로 내보냈고, 그 바람은 나를 뒤로 힘껏 밀어냈다. 내 왼쪽으로 몇 발짝 떨어진 위치에서는 방향이 바뀌며 약해진 바람이

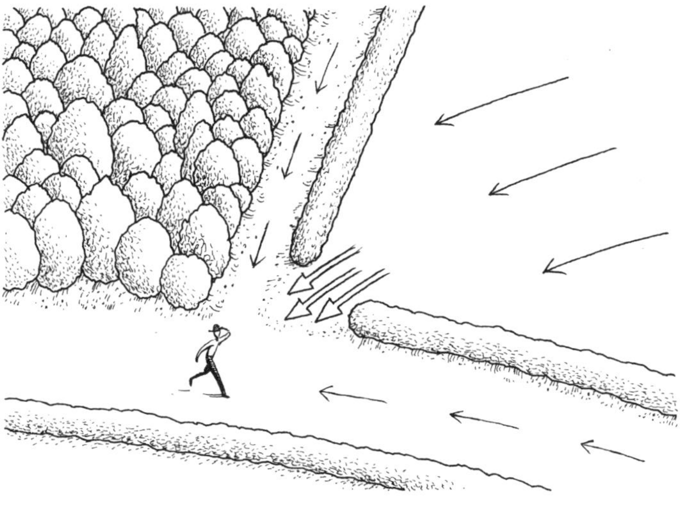

농로를 따라 불어오고 있었다. 내 오른쪽에서도 약해진 바람이 길 양쪽의 높은 산울타리 사이를 낮게 활주하고 있었다. 나는 예의 그 출입구를 지나 밭으로 들어갔다. 바람은 또다시 약해졌고 방향이 바뀌었다.

우리가 느끼는 바람은 우리 주위의 경관으로 빚어진다. 하지만 거꾸로 바람이 경관을 빚어내기도 한다. 노스우드의 시든 묘목이 그 증거다. 이 모든 바람을 몰고 오는 조종사는 바로 상층풍이다. 그 바람의 고도가 높아질수록, 그것을 토대로 예측한 날씨의 굵직한 변화가 실제로 일어날 가능성 또한 높아진다. 그러나 일상 속 더 소소한 변화를 알아차릴 때 우리의 경험은 더욱 풍부해진다.

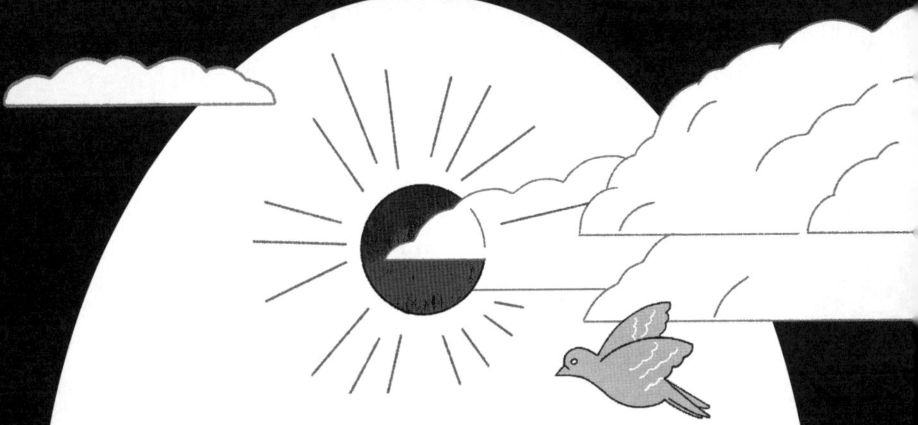

6장

이슬과 서리

이슬 | 서리

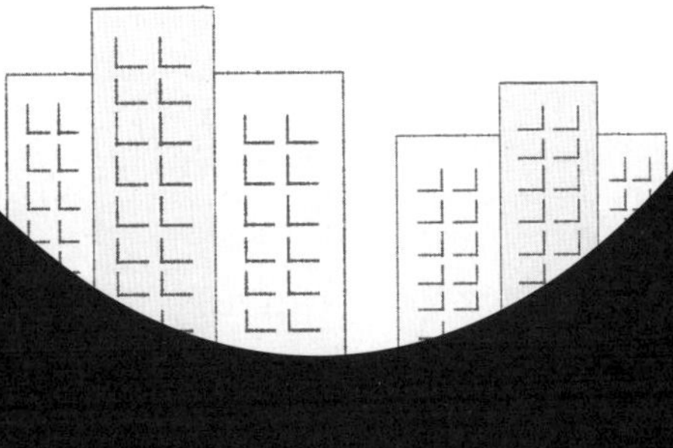

이슬

여러 해 동안 나는 이슬에 대해 모순된 감정을 느껴왔다. 모르긴 해도 다들 마찬가지일 것이다. 맑고 별이 빛나는 밤을 텐트에서 지낸 뒤 동틀 녘에 눈을 떠 보면 천을 통해 비치는 햇살이 두 눈을 자극한다. 우리는 기지개를 켠 다음 즐거운 캠핑의 양대 요건인 온화함과 보송보송함을 기대하며 텐트 지퍼를 열지만, 우리를 반기는 것은 이슬에 흠뻑 젖은 땅이다. 물론 경관은 아름답다. 다만 축축할 뿐이다. 땅 위에 남겨진 모든 것이 흠뻑 젖어 있다. 아, 모든 것이 젖지는 않았다. 개중에는 희한하게 보송보송한 것들도 있다. 이슬을 향한 나의 그 양가감정은 이슬을 읽는 요령을 깨달았을 때 비로소 환희로 바뀌었다.

우리는 이슬을 알면서도 알지 못한다. 모든 사람이 이슬을 알아보지만, 이슬에 담긴 의미까지 알아보는 사람은 매우 드물다. 과학자들은 이슬방울이 맺힐 장소와 시간을 예측하려 무진 애를 쓴다. 하지만 그보다는 특정 장소가 이슬로 뒤덮이는 이유를 이해하는 편이 훨씬 수월하다. 이슬로 뒤덮이는 장소에는 나름의 패턴이 존재한다. 그리고 이 패턴에서 우리는 나름의 의미를 발견한다.

다들 기억하겠지만, '이슬점'은 공기 중의 수증기가 포화하고 응결하여 물로 변하는 온도를 가리킨다. 하층 대기에는 언제나 수증기가 존재한다. 그러므로 땅이 충분히 차갑다면 이슬은 언제고 맺힐 가능성이 있다.

공기 온도가 이슬점까지 떨어지면, 물방울이 맺히면서 안개가 서린다. 하지만 그 전에 땅이 공기보다 빨리 차가워지면서 지표면에 닿는 수증기가 모조리 응결하여 익숙한 물방울을 남기게 된다. 그러므로 이슬은 안개가 곧 서릴 징후이지만, 이슬보다 안개가 먼저 눈에 띌 일은 없다. 다시 말해 안개가 없는데 이슬이 맺히는 일은 가능하지만, 이슬이 없는데 안개가 서리는 일은 불가능하다.

이슬이 맺히는 데 이상적인 조건은 매우 습한 공기와 차가운 땅이다. 하늘이 맑으면 땅은 밤사이에 열을 대부분 상실한다. 이는 가장 먼저 주목할 이상(異常)이자 단서이며 계절적 요인이 강하다. 한데 이 상태에서 이슬이 맺히기 위해서는 지표면과 가까운 공기층에 다량의 수분이 필요하다. 하지만 맑은 하늘은 대기가 건조하다는 징후이다. 이처럼 땅은 차갑고 대기의 최하층은 습한데 위쪽 공기는 건조한 상황은 가을에 흔히 발생한다.

이슬이 맺힐 가능성은 땅이 수분을 다량으로 함유할 때 높아진다. 최근에 비가 오지 않은 건조한 지역에서는 이슬이 맺히는 경우가 드물다. 가을에는 여름철 건조기가 지나고 계절성 강우가 내리면서 땅이 점점 촉촉해진다. 낮에는 기온이 아직 높아서 공기가 다량의 수증기를 실어 나를 수 있고, 밤에는 하늘이 아직 맑아서 다량의 열이 지표면 밖으로 빠져나간다. 맑은 하늘, 습한 하층 대기, 습한 토양, 빠르게 식는 따뜻한 공기, 차가운 땅. 이 모두는 이슬이 맺히기에 더할 나위 없이 완벽한 조건이다.

이슬은 고요한 밤이라는 기상 조건과 관련이 있다. 바람이 많이 부는 밤에는 땅이 식을 가능성이 상당히 줄어들기 때문이다. 바람은 지표면 근처의 공기를 휘젓는다. 한데 이슬이 맺히기 위해서는 땅과 가장 가까운 대기층이 열을 위로 방출할 수 있어야 할뿐더러, 이 차갑고 얇디얇은 층이 무엇에도 교란되지 않아야 한다. 그런데 바람은 차가운 땅에 닿은 적 없는 따뜻한 공기를 문제의 대기층 안으로 실어 나른다.

이슬이 내려앉은 이른 아침이면 나는 손을 이슬에 닿을 듯 낮게 뻗어 그곳 기온을 느껴보고는 한다. 그러다가 머리 위로 손을 올리면, 고도가 조금 높아졌을 뿐인데도 종종 온도의 상승이 느껴지고는 한다.

해가 뜨고 땅이 데워지면 이슬이 증발하면서 냉각 효과가 발생한다. 이슬로 덮인 땅 위의 공기는 이슬이 없는 인근에 비해 더 오래 더 차가운 상태를 유지한다. 때로는 한낮까지도 지표면 근처에서 이처럼 더 차가운 공기를 느낄 수 있다.

아침 해가 거미줄에 맺힌 이슬방울을 비출 때의 아름다운 광경을 눈에 담아본 적이 있는가? 이러한 장면이 연출되는 이유는 여러 이상적 조건이 때마침 맞아떨어졌다는 데 있다. 햇살이 비치는 아침은 하늘이 내내 맑았다는 증거이고, 고요한 날씨 덕분에 거미줄은 튼튼해질 수 있었다. 또한 거미줄에 맺힌 이슬방울은 최근에 돌풍이 불지 않았다는 명증이다.

이슬방울을 유심히 들여다보면, 안에서 밝은 색깔이 보일 때가 있다. 그럴 때면 그 이슬방울을 향해 걷다가 다시 물러나면서 혹시 그 색깔이 달라지는지 확인해보자. 파란색과 초록색, 노란색, 주황색, 빨간색이 연이어 나타날 수 있는데, 이는 무지개의 색깔을 안에서 바깥 방향으로 나열한 것과 흐름이 같다. 이슬방울에서 그 색깔들이 관찰되는 이유는 무지개에서 그것들이 관찰되는 이유와 같다. 물방울은 하얀 햇빛을 받으면 그 빛을 파장에 따라 색깔별로 굴절시키고 분리하여 각기 다른 경로로 내보낸다. 그러므로 이슬방울에 천천히 다가가며 색깔 변화를 관찰하는 일은 빛의 그 작디작은 경로들을 가로지르는 일이나 마찬가지다.

이슬의 놀라운 광학적 효과는 또 있다. 아침 햇살과 이슬은 제법 끈끈한 동반자다. 이슬로 덮인 잔디밭에서 우리의 그림자를 내려다보면, 마치 우리를 축복하듯 머리 주위에서 빛의 테가 관찰될 것이다. 이 상서로운 빛무리는 이슬이 내린 밝은 아침에 우리의 머리 그림자 둘레에서 매우 흔하게 관찰된다. 하일리겐샤인(heiligenschein)이라 불리는 이 효과는 독일어로 빛무리를 뜻한다. 해를 등진 상태에서는 시선을 어느 쪽으로 돌리든 태양의 반사광이 우리 눈으로 들어오지만, 더 극적인 효과를 위해서는 태양의 정반대 쪽을 바라보는 것이 좋다. 이를테면 잔디밭에 드리운 우리의 머리 그림자를 응시할 때처럼.

빛 속으로 한 걸음

잠시 주제를 살짝 벗어나보자. 자연의 보편적 법칙 가운데 비교적 덜 알려졌다고 내가 생각하는 하나가 마침 뇌리를 스쳤기 때문이다. 문제의 법칙은 태양과 관련이 있고, 태양은 우리가 날씨의 징후를 찾아 경관을 훑으며 하는 생각들과 결코 무관하지 않다. 태양의 맞은편은 거의 언제나 주변보다 유난히 밝다. 이는 비단 이슬처럼 작고 가까운 존재뿐 아니라 하늘의 달처럼 크고 먼 존재에까지 굉장히 폭넓게 적용되는 법칙이다. 나는 보름달을 식별하는 요령을 궁리하다가 이 현상을 우연히 발견했다. 달이 차는 시기는 달이 해를 마주 보는 시기이다. 이 시기에 달은 훨씬 더 많은 빛을 반사하므로 밝기가 현격히 강해질 수밖에 없다. 보름달은 바로 전날 혹은 바로 다음 날 뜨는 달에 비해 밝기가 훨씬 강하다. 하지만 꼭 달이 아니어도 달과 이슬 사이의 여러 예기치 않은 장소에서 이 현상은 온갖 경관의 밝기를 끌어올린다.

몇 주 전 나는 스코틀랜드의 하일랜드 지방에 갔다가 난생처음 보는 광경을 맞닥뜨렸다. 나는 여느 때처럼 자연의 사물들을 나침반 삼아 황야를 가로지르려는 참이었다. 내가 있던 장소는 어느 작은 산의 그늘진 북쪽 비탈이었다. 나는 눈앞의 구릉지에 드리운 그림자를 살피며 방향감각을 되찾을 요량으로 북쪽을 내다봤고, 일순 맞은편 산의 삼림지에서 유난히 밝은 구역을 발견했다. 처음에 나는 그것이 나무의 종이 달라서 생긴 현상이라고 여겼지만, 같은 소나무 숲에서도 한 좁은 영역대가 유난히 더 밝았다. 나는 태양의 맞은편을 바라보고 있었고, 그로부터 약 1분 뒤 문제의 밝음이 바로 그것에서 비롯됐다는 사실을 알아차렸다. 양쪽으로 조금만 시선을 옮겨도 나무의 광채는 눈에 띄게 약해졌다. 그 후로도 나는 관련된 실험을 계속해왔고, 그런 현상은 해의 고도가 꽤 낮고 햇빛이 그 울창한 산비탈처럼 가파른 사면에 쏟아질 때 나타난다는 사실을 밝혀냈다. 반평생 코앞에 두고도 알아보지 못하던 단순한 징후를 알아차리는 순간의 기쁨이란!

태양의 맞은편을 바라볼 때는 햇빛이 다시 우리에게 반사되면서 대기마저 더욱 밝아 보인다. 맑은 날 동틀 녘이나 해 질 녘에 우리의 그림자가 향하는 지평선을 바라보면 하늘에서 광휘가 비치는데, 이를 대기산란광(airlight)이라 한다.

기드온의 양털

이슬이 맺힐 정도로 땅이 차가워지려면 지열을 하늘로 내보낼 수 있어야 한다. 그러려면 하늘에 구름이 없어야 하고, 지표면 근처에는 열을 가두는 방해물이 없어야 한다. 이슬이 잘 맺히려면 땅과 우주가 확실히 이어져야 한다. 땅을 덮는 모든 사물은 심지어 소소한 나뭇가지마저도 이슬의 형성을 가로막을 수 있다. 이슬이 함빡 내린 잔디밭에서 가령 가지를 뻗은 나무처럼 지표면을 덮는 사물 쪽으로 시선을 옮기다 보면 이슬이 갈수록 엷어지거나 없어지는 것을 확인할 수 있다. 이슬이 사라진 영역의 공기와 땅은 조금 더 따뜻할 것이다. 이 같은 변화를 몸소 느껴보고 싶다면, 바람 한 점 없는 이른 아침에 바깥으로 나가 바로 그 이슬 경계선을 슬쩍 넘어가보자.

이처럼 이슬은 하늘이 탁 트인 장소에서 눈에 띄기 시작하다가 하늘이 모종의 덮개로 가려진 장소에 이르면 모습을 감춘다. 하지만 해결되지 않은 의문이 있다. 별다른 덮개가 없는 장소에서도 이슬은 돌연 모습을 감추곤 한다. 도대체 무슨 까닭일까? 같은 정원에서도 잔디밭에는 풀잎마다 이슬이 맺혀 있지만, 꽃밭으로 넘어가면 돌연 자취를 감출 때가 있다. 야생의 경관에서도 마찬가지다. 키 작은 식물의 잎사귀에는 이슬이 촘촘히 맺혀 있지만 근처의 흙이나 바위는 깨끗한 경우가 부지기수다. 이유가 무엇일까?

이슬은 우리 주위의 땅에 관해 이야기하려는 것이다. 내용이 궁금하다면, 기드온의 양털을 떠올려보자.

> 기드온이 하느님께 아뢰었다.
>
> "이미 말씀하신 대로 이스라엘을 제 손으로 구하시는 것이 하느님의 뜻이라면, 이렇게 해주십시오. 보십시오. 제가 타작마당에 양털 한 뭉치를 이렇게 펴놓습니다. 만일 이

> 양털 뭉치에만 이슬이 내리고 땅바닥은 말라 있으면, 말씀하신 대로 이스라엘을 제 손으로 구하시려는 줄로 알겠습니다." 정말 그대로 되었다. 기드온이 다음 날 아침 일찍 일어나서 양털 뭉치를 짜보니 한 대접 가득 물이 나왔다.
> (사사기 6장 36절~38절)

기드온이 확인해보니 양털은 이슬에 흠뻑 젖었는데도 주위의 땅은 바싹 말라 있었다. 기드온은 진심으로 신의 계시를 바랐을까? 아니면 이슬이 빚어낼 결과를 빤히 알면서 괜히 투정을 부려본 것일까? 진실이 어느 쪽이든 기드온의 양털은 땅에 대한 이슬의 이야기를 해석할 실마리를 우리에게 제공한다. 알다시피 이슬이 생성되기 위해서는 땅 온도가 이슬점보다 낮아야 한다. 하지만 냉각에는 언제나 두 요소가 작용한다. 첫째는 지표면이 열을 하늘로 내보내는 속도이고, 둘째는 그렇게 상실한 열이 땅속열로 대체되는 방식이다.

지표면은 열을 언제나 위로 방출하지만, 땅속열 또한 계속해서 위로 이동한다. 지표면에 도달하는 땅속열의 총량은 땅이 그 열을 얼마나 잘 전도하느냐에 따라 결정된다. 이를테면 흙이나 모래의 표면은 열전도성이 뛰어나다. 그에 반해 식물의 잎사귀 같은 표면은 열전도성이 떨어진다. 사방이 탁 트인 장소에서는 언제나 땅의 열이 하늘로 방출되지만, 어떤 장소에서는 상실된 온기가 땅속열로 다시 채워지는 반면 어떤 장소에서는 그러지 않는다. 흙은 차가워지는 와중에도 온기를 땅속에서 끌어올린다. 그리고 이 온기는 이슬의 형성을 가로막는다. 풀잎은 열을 다량으로 상실하지만, 이를 보충할 온기를 땅속에서 끌어오지 못한다. 식물 내부는 열의 흐름이 원활하지 않기 때문이다. 결과적으로 식물의 잎사귀 표면은 인근 지표면의 흙보다 훨씬 차가워진다. 이슬점보다 온도가 낮아진 풀잎에는 이슬이 맺히기 시작한다. 주위의 흙은 보송한데 말이다.

기드온의 양털과 주변 땅은 밤사이 열을 상실한다. 지표면의 열은 땅속열로 대체되지만, 양털은 울 섬유의 원료답게 단열 효과가 뛰어나다. 양털로 옷을 지어 입는 이유는 낮은 열전도성 때문이다. 양털은 몸의 열을 가두어 우리를 따뜻하게 한다. 기드온의 양털은 지표면이 열을 올려 보내지 못하도록 가로막는다. 이슬은 양털의 차가운 꼭대기에 생성되었다가 속으로 배어들고 끊임없이 대체되면서 결국 양털을 흠뻑 적셔놓는다.

내 두 아들은 기드온의 양털 실험을 집 정원에서 놀다가 재현하고는 한다. 놀이의 열기에 셔츠를 벗어놓고 깜빡했다가 다음 날 아침이면 잔디밭에서 흠씬 젖은 옷가지를 집어 오곤 하는 것이다. 심지어 밤사이 비가 전혀 내리지 않은 날에도 말이다.

낭만적 설화

제법 유명한 날씨 속설에 따르면, 이슬은 연못을 채우고 식물을 해갈하기에 충분한 물을 땅에 내릴 수 있다. 비가 그러듯이 말이다. 하지만 그러기에는 최하층 대기가 머금은 수분의 양이 지나치게 적다. 물론 사막 식물이나 지의류, 몇몇 소나무처럼 특수한 일부 생물은 이슬 덕분에 생명을 유지하기도 한다. 하지만 온대 식물에 있어 이슬의 역할은 그야말로 미미한 수준이다.

사우스다운스 지역에는 '이슬 연못(dew pond)'이라는 것이 있다. 건조한 석회질 언덕땅에서 양에게 물을 먹이기 위해 농부들이 직접 구덩이를 파고 안에 진흙을 발라서 만든 일종의 인공 연못이다. 밤사이 내린 이슬을 양들이 마신다는 낭만적 의미를 담고 있지만, 사실 그 이름의 유래는 미신에 가깝다. 이슬은 이슬 연못을 채울 수 없다. 오직 빗물만이 채울 수 있다.

습기와 살인

이슬이 내린 잔디밭 위를 걷고도 발자국을 남기지 않을 사람이 있을까? 단언컨대 억만금을 준다 해도 그런 사람은 찾아내지 못할 것이다. 용의자가 현장에 감히 발을 딛기도 전에 자연이 이슬이라는 지문 채취용 분말을 뿌려놓았으니까.

동물의 자취를 유달리 세세하게 담아내는 표면들이 있다. 눈밭은 새가 날아오른 자리를 기억한다. 최근에 나는 왜가리의 자취를 좇으며 행복한 15분을 보냈는데, 축축한 모래밭에 남은 발자국 덕분에 나는 그 새의 이런저런 행동을 유추할 수 있었다. 그에 비하면 이슬은 결코 친절하지 않다. 마치 크리스마스에 셰리를 실컷 들이켠 아주머니처럼 이슬은 모든 것을 기억하지만 세세한 부분까지는 기억하지 못한다. 송골송골한 이슬방울과 밝고 낮은 태양은 무엇이 땅을 건드렸다는 사실은 반드시 드러내면서도 정작 범인의 정체에 대해서는 거의 드러내지 않는다. 이슬이 들려주는 이야기는 아리송하고 때때로 짓궂지만, 아주 가끔 살인 사건의 단서가 되기도 한다.

1986년 8월의 어느 아침, 펜실베이니아 경찰은 당황한 기색이 역력한 남자의 전화를 받았다. 경찰이 월시퍼 부부의 집에 도착했을 때, 아내 베티는 안방에서 누군가에게 맞아 숨이 끊어진 상태였다. 남편 글렌은 집에 괴한이 침입했고 침입자가 뒤에서 공격하는 바람에 자신도 부상을 입었다고 말했다.

경찰은 집 밖에서 사다리를 하나 발견했다. 글렌은 미지의 침입자가 그 사다리를 딛고 2층 창문을 통해 집 안으로 들어온 것 같다고 말했다. 경찰관은 글렌의 몇몇 진술에 의문을 품었고, 그 중 두 가지는 이슬과 관련이 있었다. 그날 밤은 춥고 날씨가 맑은 데다 지붕에 이슬이 두껍게 내려 있었다. 정황상 침입자가 2층 창문에 닿으려면 그 지붕을 기어올랐어야 했지만, 지붕에는 발자국이 하나도 남아 있지 않았다. 그뿐만 아니라 진입로에는 부부의 승용차 두 대가 서 있었는데, 유독 한 대만 이슬로 덮여 있었다.

베티의 차였다. 이를 근거로 경찰은 그 차가 밤새 같은 자리에 서 있었다는 사실을 간파했다. 글렌의 진술에 따르면, 그는 밤에 외출했다가 새벽 2시 30분에 귀가했고 이후로는 외출하지 않았다. 하지만 그의 차는 이슬로 덮여 있지 않았다. 경찰은 과학수사대 소속 기상학자에게 의견을 구했고, 그 결과 글렌이 차에 이슬이 내려앉은 뒤로도 새벽 2시 30분이 훌쩍 넘은 시각까지 외출해 있었다는 대답을 얻어냈다. 엔진의 온기와 맑은 기류가 차량의 물기를 날려버린 것이었다.

글렌은 아내 몰래, 그것도 동시에 여러 사람과 바람을 피우고 있었고 이 사실은 그의 결백을 입증하는 데 불리하게 작용했다. 그는 살인으로 유죄 판결을 받고 교도소에 수감되었다. 이 사건을 다룬 범죄 실화 다큐멘터리의 제목은 〈이슬 소송(Dew Press)〉이다.

서리

이슬에게는 서리(frost)라는 차가운 사촌이 있다. 우리가 보는 서리의 대부분은 이슬과 흡사한 방식으로 생성되지만, 공기가 충분히 차가우면 수증기가 동결되어 얼음 결정으로 변하는데, 이러한 유형의 서리를 일컬어 흰서리(hoar frost)라 한다.

흰서리는 얼어붙은 이슬이지만, 중요한 것은 이슬이 어는 타이밍이다. 만약 이슬이 내려앉으면서 얼어붙으면 서리는 잎을 비롯한 사물의 표면에 흰 얼음 결정으로 이뤄진 익숙하고 뾰족뾰족한 형태의 피막을 남길 것이다. 하지만 만약 이슬이 내려앉은 이후에야 온도가 떨어지면서 물방울이 얼어붙으면 패턴이 미묘하게 다른 서리가 만들어진다. 그 서리의 얼음은 상대적으로 흰빛이 흐릿하여 잘 보이지 않는 경우가 더러 있다. 이 느림보 서리는 창문처럼 평평한 표면을 양치류 문양으로 아름답게 장식한다.

흰서리는 이슬과 같은 방식으로 생성되는 까닭에, 이슬과 비슷한 조건에서 가장 흔히 발견된다. 다시 말해 흰서리는 맑고 바람이 잔잔한 밤이 지난 뒤에 주로 발견된다. 사방이 트이고 열전도성이 매우 낮은 표면에서 눈에 띄었다가도, 나뭇가지나 지붕 따위로 덮인 장소에서는 자취를 감출 것이다. 나무 그늘에서 흙 위를 지나 풀밭으로 걸음을 옮겨보라. 나무 그늘에서는 보이지 않던 서리가 흙 위에서는 점점이 눈에 띄다가 풀밭을 넓게 뒤덮고 엉겅퀴를 두껍게 감싸는 풍경이 종종 관찰될 것이다.

무빙

일반적으로 서리는 지물에 얼음이 들러붙는 착빙 현상의 결과이지만, 서리라고 다 같은 방식으로 형성되지는 않는다. 무빙(霧氷, rime ice)은 매우 차가운 물방울이 공기 중을 떠다니다가 바람에 날려 매우 차가운 표면에 닿으면서 얼어붙을 때 생성된다. 무빙은 바람이 불 때 형성되는 까닭에 비대칭적인 모습이 뚜렷하다. 또한 어떤 물체의 표면에 형성되든 맞바람 쪽이 더 두껍고 무겁다. 이렇듯 바람이 불어온 방향으로 튀어나온 형상은 정교한 얼음 조각이나 단검 혹은 깃털을 연상시킨다. 경우에 따라서는 과도한 두께와 무게 탓에 불상사를 일으키기도 한다. 일례로 1946년에 박물학자 W. P. 호지킨슨(W. P. hodgkinson)은 다음과 같은 글을 남겼다.

> 잎과 풀, 잔가지 들이 얼음의 원기둥에 에워싸였다. 나무

들은 잔바람에도 흔들리며 마치 수많은 유리 샹들리에가 흔들리듯 미세하게 짤랑거리는 소리를 냈다. 그 효과는 잊을 수 없을 만큼 환상적이었다. 많은 나무가 얼음의 엄청난 무게를 지탱하지 못하고 가지들을 땅바닥에 떨구었다.

무빙을 생성하는 바람은 굉장히 차갑고 습해서 보통은 안개 낀 공기를 실어 나른다. 무빙은 넓은 곳에서도 일정한 방향을 가리키기 때문에 길잡이로 제법 유용하다. 산책길에 시정이 좋지 않으면 나는 무빙의 도움을 받고는 했다. 나뭇가지에 달린 수백 개의 차갑고 하얀 얼음 손가락이 길을 가르쳐주었다.

우빙

물이 지표면에서 응결하면 얇고 반투명한 얼음판이 만들어질 수 있다. 이 얼음판은 눈에 잘 보이지 않고, 도로 위에 생겼을 때는 '블랙 아이스(black ice)'라고 부른다. 하지만 실제로 검은 얼음이 생기는 것은 아니다. 도로의 색깔 때문에 검게 보이는 것이고 얼음의 색깔은 투명에 가깝다. 이 얼음판의 이름은 '우빙(雨氷, glazed ice)' 또는 '비얼음'이다.

흰서리 지도

무빙은 종종 그림처럼 아름답다. 실제로 모든 서리에는 예술적 측면이 존재한다. 하지만 우리는 흰서리를 집중적으로 들여다볼 것이다. 가장 흥미로운 징후들이 바로 흰서리 속에 담겨 있기 때문이다. 구름이 없는 하늘과 고요한 대기는 이슬과 서리의 생성을 부추긴다. 그리고 이러한 기상 조건은 대개 한여름을 한참 벗어난 시기에 고기압의 영향으로 만들어진다.

흰서리는 지표면에 친숙한 지도를 그린다. 흰서리가 생성되려면 땅속열의 흐름이 너무 자유롭지 않아야 한다. 흰서리가 무자비하게 일대를 점령한 2월의 어느 아침, 나는 인버네스라는 스코틀랜드 소도시 주변을 걷고 있었다. 네스강을 따라 도시 외곽을 향해 걸음을 옮기던 나는 건너편 공장에서 피어오르는 증기를 더 자세히 살피고픈 마음에 이런저런 경기장을 씩씩하게 가로질렀다.

증기는 투명천장에 닿은 뒤 옆으로 180미터 남짓 미끄러지더니 차츰 흐려지다가 사라져버렸다. 기온역전의 전형적 모습이었다. 증기는 위의 따뜻한 공기와 아래의 차가운 공기가 접하는 경계면인 투명천장에 이르자 옆으로 퍼져나갔다. 밤사이 지표면에서 열을 굉장히 많이 방출하는 바람에 이제 지표면 근처의 대기층은 비교적 높은 대기층보다 훨씬 더 차가운 상태였다. 만약 춥고 맑은 아침에 이런 기미가 감지되거든 손을 아래로 뻗어 지표면 근처의 기온을 느낀 다음 그 손을 다시 위로 들어보자. 무려 18도의 온도차가 느껴질 수도 있다!

아이러니하게도 이 같은 혹한기의 기온역전층은 대단히 견고해서 과수 재배 농민들은 때때로 그것을 온실 지붕처럼 이용하기도 한다. 나무들 사이사이에 작은 난로를 놓으면 열이 상승하지만, 그 열은 이내 기온역전층에 부딪히는데, 혹한기의 기온역전층은 고도가 지면으로부터 9미터 남짓에 불과하다. 열은 이 보이지 않는 층 아래에 갇힌 채 과일 주위의 기온을 어는점보다 높게 유지시킨다.

한 요양원 앞 보도의 모퉁이에는 도로용 자갈 주위로 풀이며 이끼가 돋아 있었다. 식물들은 흰옷을 입었지만, 돌들은 땅속열이 전도되어 건조하고 깨끗했다.

어느 운동장을 지나면서 보니, 아마도 불법이겠지만 최근에 안쪽에서 모닥불을 피운 흔적이 있었다. 숯이 된 재목과 검게 변한 조임쇠 따위로 보아 잡다한 목재를 모아서 불태운 모양이었다. 나는 잠시 그곳에 머물며 그 우중충한 쓰레기와 잿더미를 단서로 태워진 물체의 정체를 추측해봤지만 내 빈약한 공업적 지식으로는 무리였다. 하지만 그 시간은 결코 헛되지 않았다. 추리하느라 꽤 오랫동안 한곳에 머문 덕분에 나는 일대의 풀밭을 뒤덮은 서리가 품은 여러 메시지를 알아차릴 수 있었다.

검은 맨땅에는 서리가 내리지 않았다. 땅속열이 그만큼 순조롭게 지표면으로 올라왔다는 뜻이었다. 잎들과 목재 조각의 맨 위쪽은 얼음 막이 입혀졌지만, 지표면과 가까운 아래쪽은 깨끗했다. 심지어 물푸레나무의 익과(껍질에 헬리콥터처럼 날개가 달려 바람을 타고 씨앗처럼 퍼져나가는 열매)마저도 맨 위에 서리를 얹고 있었다. 반면에 조임쇠 쪽은 거의 깨끗했다. 꺼진 모닥불을 살피며 집중력을 한껏 끌어올린 참이라, 이제는 어디로 시선을 돌리든 작은 패턴들이 눈에 들어왔다. 곁을 보니 개암나무의 도르르 말린 갈색 잎사귀 위로 서리가 내려 있었다. 하지만 아래의 풀밭은 서리가 내리지 않아 밝은 녹색으로 따뜻해 보였다. 가랑잎이 마치 담요처럼 그 작은 풀밭을 덮어준 덕분이었다.

이런 것들에 주의를 기울이다 보면, 불과 하루 전에도 보이지 않던 패턴들이 갑자기 두드러져 보이기 시작한다. 물론 새로운 발견은 아니다. 세상에는 일찍이 그러한 섭리에 눈뜬 이들이 있고, 우리는 그들의 대열에 이제 막 합류했을 뿐이다. 이 선구적 관측자의 상당수는 이미 오래전에 세상을 떠났다. 길버트 화이트의 고전《셀본의 자연사(The Natural History of Selborne)》에는 이런 대목이 있다.

> 겨울 아침 습지에서는 주변에 비해 길게 내린 흰서리를 단서로 나무들이 숨겨진 자리를 찾아낸다고 노인들은 내게 힘주어 말했다. 나는 그 이야기가 비현실적이라고는 생각하지 않고 오히려 자연철학에 철저히 부합한다고 여긴다. 헤일스 박사 가라사대 "해빙을 유발하는 요인은 비단 온화해진 날씨만이 아니다. 땅속 깊은 곳의 온기 또한 해빙에 영향을 미친다. 일례로 지난 1731년 11월 29일에는 밤사이 적은 눈이 내렸고, 그 눈은 다음 날 오전 11시 무렵이 되자 지표면에서 거의 다 녹아 없어졌지만, 부시파크에서 흙 아래 배수로가 묻혀 있는 몇몇 장소에는 배수관에 물이 차 있는지와 관계없이 눈이 여전히 남아 있었다. 느릅나무 배수관이 묻힌 장소도 마찬가지였다. 이는 그 배수로들이 땅속 깊은 곳의 온기를 차단했다는 명백한 증거였다. 그렇지 않

고서야 배수로 위에 덮인 흙의 두께가 4피트(약 1.2미터) 이상인 장소에만 눈이 남아 있을 이유가 없지 않은가! 이에 더하여 지붕의 이엉과 기와, 벽 위에도 눈이 남아 있었다."

이 같은 관측 결과는 가정집 주변에서 오래전에 흔적이 사라진 배수관이나 우물을 찾아내거나, 고대 로마의 유적지에서 포장도로와 목욕탕, 무덤을 비롯한 여러 신비로운 유물을 발굴하는 데 유용하게 쓰일 가능성이 있다.

태양 아래 새로운 것은 없고, 시간을 내어 그중 무엇이라도 살펴보려는 사람은 거의 없다.

서리가 내리는 양상은 지형에 따라 다르다. 풀밭은 수풀이 없는 들판에 비해 훨씬 더 춥고 서리가 많이 내린다. 그중에서도 히스 서식지나 건조한 갈대밭, 물 빠진 토탄 지대는 밤 기온이 몹시 낮기로 악명이 높아서, 근처에 비해 기온이 5도 이상 낮은 경우가 다반사다.

또한 서리는 고도에 매우 민감하다. 이는 조금만 시간을 내어 살펴보면 쉽게 확인되는 사실이다. 한 식물에서도 땅 위로 약 60센티미터 이상 올라온 부분에는 서리가 내리지 않았지만, 가장 아래쪽에 돋은 잎은 서리로 온통 하얗게 덮인 경우가 종종 발견된다. 여기에서 중요한 요인은 각도이다. 가령 기다란 풀잎을 보자. 누운 잎에는 서리가 있지만 곧추선 잎에는 서리가 없는 때도 있다. 납작 엎드린 풀잎은 열을 더 효과적으로 위로 방출한다. 서리를 두른 채 조금은 거만하게 서 있던 풀잎들은 아침 햇살이 닿는 순간 곧바로 몸이 풀리며 얼음 결정을 이슬로 바꿔버린다. 그에 비해 아래쪽에 돋은 풀잎들은 해가 더 높이 떠오를 때까지 서리를 붙들어둔다. 이처럼 얼음 때문에 옴짝달싹 못하던 풀잎들은 따뜻한 햇볕에 얼음이 녹으면서 튀어 오른다. 만약 풀밭에서 이 '서리 반동(frost bounce)'을 보게 되거든, 서리 관찰 명소를 제대로 찾아왔노라고 자부해도 좋다.

하얀 등고선

이슬과 흰서리가 선호하는 장소는 좁은 범위에서는 같지만, 시야를 조금만 넓혀보면 서리만의 독특한 경향이 눈에 들어온다. 가을에 이슬이 자주 관찰되는 장소 가운데 몇 군데에서는 겨울에 단단한 서리가 종종 내리지만, 근처의 다른 곳에서는 전혀 관찰되지 않는다. 서로 이웃한 장소끼리는 하늘은 물론 토양과 식물까지 공유할 가능성이 있지만, 설령 그렇다고 해도 서리 지도상으로는 크나큰 차이가 존재한다. 원인은 땅의 모양에 있다.

땅은 결코 완벽하게 평평하지 않고, 서리는 땅의 모양에 따라 크나큰 차이를 보인다. 가령 언덕처럼 지세가 볼록한 장소에는 서리가 잘 내리지 않지만, 골짜기처럼 지세가 오목한 장소에는 서리가 곧잘 내린다. 이유는 크게 두 가지다. 첫째, 언덕은 바람에 노출된 탓에 땅이 건조하고 비교적 따뜻한 위쪽 공기와 아래의 차디찬 공기가 뒤섞이는 곳이라 여간해서는 서리가 내리지 않는다. 둘째, 차가운 공기는 따뜻한 공기보다 밀도가 높아서 마치 퇴적물처럼 비탈을 타고 기슭 쪽으로 흘러내린다. 이 중 두 번째 이유는 특히 중요하다.

상상해보자. 서로 이웃한 언덕과 골짜기가 있다. 몹시 춥고 별이 빛나는 밤이다. 열을 방출하는 방식은 두 지형이 서로 비슷하다. 한데 가만히 살펴보니 언덕 꼭대기와 골짜기의 바로 위쪽에 각각 차디찬 공기층이 존재한다. 중력은 그 차갑고 밀도 높은 공기를 비탈의 아래쪽으로 끌어당긴다. 골짜기 바로 위의 차가운 공기는 내려갈 공간이 없어 그 자리에 머문다. 그러나 언덕 꼭대기 바로 위의 차가운 공기는 골짜기 쪽으로 흘러내린다. 이는 두 가지 효과로 이어진다. 언덕 꼭대기에는 비교적 따뜻한 공기가 남고, 골짜기에는 별도의 차가운 공기층이 더해지는 것이다. 그런 장소에는 당연히 심한 서리가 내릴 수밖에 없는데, 이처럼 서리 친화적인 저지대를 일컬어 상혈(frost hollow) 또는 서리주머니(frost pocket)라 한다. 맑은 밤이 지나고 동이 틀 무렵이면 언덕 꼭대기가 골짜기 바닥보다 훨씬 따뜻한 이유도 바로 이 서리주머니에서 찾을 수 있다. 놀랍게도 골짜기 바닥은 약 3050미터 상공보다도 기온이 낮을 가능성이 있는데, 이러한 상식을 알아두면 생존을 위협하는 상황을 피하는 데 도움이 된다.

춥고 맑은 밤이 지나면 언덕을 오르며 기온 상승을 감지하는 야릇한 즐거움에 탐닉해 보자. 단, 목숨이 위태롭지 않다는 전제하에서 말이다.

서리에 대해 많은 것을 알고 싶다면 극과 극의 환경을 들여다보자. 먼저 서리가 절대적으로 꺼리는 장소들부터 살펴보자. 작은 섬이나 해안 지역은 바다의 영향으로 공기가 따뜻해지는 까닭에 서리가 거의 내리지 않는다. 이러한 경향은 비교적 작은 범위에서도 확인할 수 있다. 예를 들어 강가에는 좁고 기다란 무상대가 존재한다. 나는 인버네스의 강기슭을 걷다가 길이가 167센티미터쯤 되는 녹색 풀밭에만 이슬이 덮여 있다는 사실을 발견했다. 주변에는 온통 하얀 서리가 내려 있는데 말이다.

또한 모든 지역에는 저마다 극한의 서리주머니가 존재한다. 그런 장소들은 기온이 기록적으로 낮고, 세계 어디에 있든 일반적으로 내륙과 골짜기 바닥이라는 특징을 공유한다. 런던에서 북서쪽으로 약 1시간 거리에 자리하는 칠턴 구릉지대에는 유명한 서리주머니가 존재한다. 가장 높은 언덕의 고도가 300미터에도 한참 못 미치는 보통의 구릉지에 말이다. 하지만 이 뜻밖의 서리 명소에서도 우리는 많은 것을 배울 수 있다.

칠턴 구릉지대의 서리주머니는 리크먼즈워스라는 내륙 지방의 어느 골짜기에 자리한다. 비록 일대에서 가장 낮은 장소는 아니지만, 이곳에는 별난 부분이 있다. 언덕 위의 차가운 공기가 골짜기 바닥으로 흘러 내려가는 여정이 골짜기 건너편의 철도 제방에 막혀 중단된다는 점이다. 다시 말해 차가운 공기가 작은 장벽에 갇혀 첩첩이 쌓인다는 얘기다.

이런 현상은 훨씬 더 작은 범위에서도 나타난다. 나는 서리가 대지를 뒤덮은 아침에 이 책의 집필 장소인 숲속 오두막으로 향하던 길에 그것을 맞닥뜨렸다. 농지의 완만한 구렁에는 둔덕에 비해 더 많은 서리가 내렸지만, 내 발치에는 어렴풋한 흔적만이 남아 있었다. 잎이 옆으로 넓게 퍼진 엉겅퀴에는 서리가 두껍게

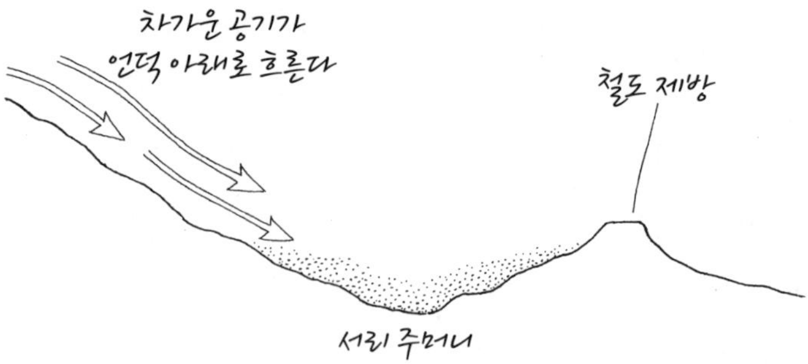

내려앉았고, 나는 그 까끌까끌한 식물이 기드온의 양털 역할을 수행했다는 사실을 알아차렸다. 지면에 납작이 붙은 이파리들이 땅속열을 차단했던 것이다. 그에 비해 근처의 흙바닥에 내린 서리는 마치 눈가루를 드문드문 뿌려놓은 듯했다.

우리 집 잔디밭에는 완만한 기복이 있는데, 그 좁은 땅에서도 서리는 높은 곳을 철저히 기피하고 가장자리의 낮은 풀밭을 선호했다. 잔디밭은 너비가 20미터쯤 되고 고도차는 1미터 안짝이지만, 이런 곳에서도 서리는 좋고 싫음을 분명하게 드러내고 있었다. 풀밭과 집 사이에는 포석을 깔아둔 곳이 있는데, 그곳 역시 완벽하게 평평하지는 않다. 납작한 포석이 얕게 파인 자리에서는 언젠가 내린 비가 고여 밤사이에 꽁꽁 얼어붙었다. 처음에 나는 그것이 얕은 물웅덩이인 줄로 알았다. 빗물이 너무 맑게 얼어붙은 탓에 얼음이 아닌 물처럼 보였던 것이다. 나는 시험 삼아 그 웅덩이에 부츠 앞코를 디뎠고, 발끝이 미끄러진 뒤에야 비로소 그것이 단단하고 투명한 블랙 아이스, 그러니까 우빙이라는 사실을 깨달았다.

이쯤에서 의문이 생길 수 있다. 그토록 작은 범위에서 나타나는 변화를 과연 우리는 알아볼 수 있을까? 의문을 해소하려면 우리 눈으로 확인해보는 수밖에 없다. 소규모의 통제된 표본을 관찰함으로써 의문을 더 굳건한 확신으로 바꿔보는 것이다. 과학적 실험 결과에 의하면, 겨우 1×1미터짜리 폴리스티렌 상자마저도 놀랍도록 판이한 미기후를 만들어낸다. 열흘 밤을 관찰한 결과, 상자 내부의 평균 온도는 외부 기온에 비해 6.7도가 낮았다. 상자가 초소형 골짜기이자 땅속열의 차단재로 작용한 것이다. 계절에 빗대어 보자면, 동틀 녘에 그 상자 속으로 들어가는 것은 겨우 몇 걸음 만에 6월에서 11월로 넘어가는 것이나 마찬가지다. 기상학자들이 각종 기기의 설치 장소를 결정할 때 서리주머니를 극구 배제하는 이유가 여기에도 있을 것이다. 하지만 아무리 이치에 합당하더라도, 기상학계의 이 같은 풍토는 우리를 둘러싼 날씨의 넘치는 다양성을 일정 부분 감추는 결과를 유발한다.

서리가 식물에 미치는 영향은 대단히 파괴적이다. 그래서 농부들은 서리의 습성을 상당히 빠르게 파악한다. 일부 지역에서는 서리가 분란을 부채질하기도 한다. 파푸아뉴기니의 월라족 원주민들은 이웃 부족과 때때로 갈등을 빚어왔고, 이는 양쪽에 극심한 경쟁 문화를 촉발시켰다. 어쩌다 적대하는 부족이 악명 높은 서리주머니로 밀려나기라도 하면, 경쟁자의 불운을 자축하며 노래까지 부를 정도다. 이처럼 서리로 인한 타 부족의 불행을 고소해하는 월라족의 풍습은 리와카이(liywakay)라는 이름까지

붙어 있을 만큼 상당히 고질적이다. 얼핏 영국의 문화와는 동떨어져 보이지만, 꼭 그렇지만은 않다. 예컨대 영국의 어느 마을에서도 품평회 입상을 노리던 채소 경작인이 유력한 경쟁자가 서리 탓에 그해 농사를 망쳤다는 소식을 듣고는 신이 나서 춤을 출 가능성이 있다는 얘기다.

서리주머니는 자그마한 언덕의 꼭대기에서 자라는 식물이 기슭에서 자라는 식물보다 더 빨리 잎을 틔우는 이유를 설명해주기도 한다. 얼핏 이는 직관에 어긋나는 듯 보이지만, 꼭대기의 식물은 높은 고도 덕분에 오히려 늦서리를 모면한다는 사실을 깨닫고 나면 자연스레 고개가 끄덕여진다. 서리주머니라는 혹독한 환경에서는 새싹들이 그야말로 몰살당할 수 있다. 춥고 별이 총총한 밤에 야영할 때 매서운 추위를 피하고 싶다면, 서리주머니를 피해 그보다 몇 발짝 높은 땅에서 잠을 청하는 편이 현명할 것이다.

해빙

서리는 빛과 떼어놓고 생각할 수 없다. 맑은 밤하늘이 대지의 열을 식히면, 곧이어 햇빛이 하얀 서리를 밝게 비추고, 우리의 눈앞에는 다양한 패턴들이 새롭게 펼쳐진다. 그중 대부분은 우리의 예측과 기대를 충족하지만, 개중에는 다소 튀는 것들도 일부 존재한다. 서리는 당연히 그늘받이에 더 오래 머무른다. 태양이 대지 대부분을 색으로 채우는 와중에도 구릉지와 나무, 건물의 서쪽에서는 서리가 제법 늦은 오전까지, 북쪽에서는 어쩌면 종일토록 머무를 것이다.

모든 표면은 따뜻한 햇살을 각기 다른 방식으로 각기 다른 양만큼 반사한다. 서리는 빛을 멋지게 반사하고, 이는 당연하게도 수려한 해돋이 풍경을 빚어낸다. 그러나 대지의 거뭇한 부분을 기점으로 온도가 상승하고 서리가 녹기 시작하면서, 우리 눈에 보이는 패턴들 또한 시시각각 달라지기 시작한다.

그렇다고 모든 가능성을 조합하여 분석할 필요는 없다. 그보다는 서리가 가장 먼저 사라지는 장소와 가장 오래 머무는 장소의 특성을 파악한 뒤, 이러한 장소들을 다양한 범위에서 제대로 살피는 편이 낫다. 서리는 골짜기 바닥에 끈질기게 머무르지만, 설령 고도가 조금 높더라도 나무와 바위의 북쪽 땅에서는 오후 늦게까지 관찰될 때가 많다. 서리가 마치 부스러기처럼 간신히 남아 있는 곳들을 가까이 살피다 보면, 자잘한 서리의 섬들이 그 땅의 윤곽과 색깔은 물론 고도나 태양의 이동 경로와 방향, 바람에 관한 것들을 우리에게 다 같이 일러주고 있음을 깨닫게 된다.

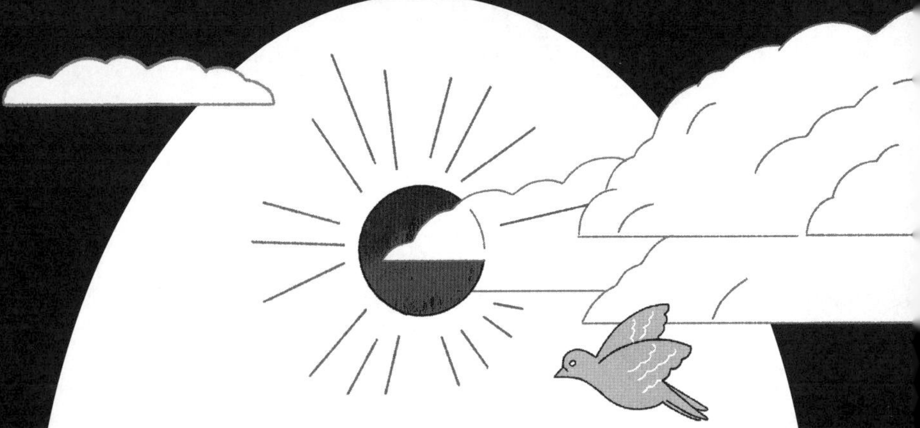

7장
비

비를 내리는 새 | 모양, 패턴, 시간 | 우둘투둘한 밑면 | 비를 다스리는 유령 | 지속성 강수와 소낙성 강수 | 지형성 강우 | 편법적 기술 | 두 언덕의 비 | 그늘과 푄 바람 | 땅과 바다 | 계절적 상념 | 빗방울의 해부학 | 도심, 숲, 절벽의 소나기

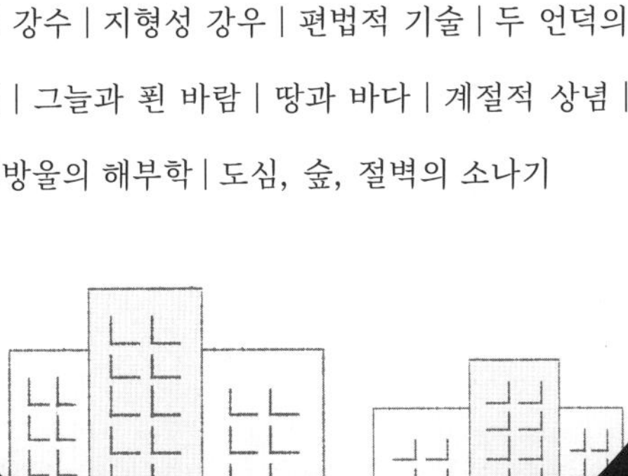

많은 책에서 비는 영웅과는 거리가 멀다. 하지만 이 책에서는 악당도 아니다. 우리가 무엇을 찾아야 하는지를 알고 있을 때, 비는 우리의 촉감뿐 아니라 호기심까지 자극할 수 있다. 우리는 비를 크고 명확한 두 유형으로 나누는 한편, 작고 미묘한 여러 유형에 대해서도 살펴본다. 그 전에 먼저 감각을 버려보자.

우리가 보는 빗방울은 더 긴 여정의 끝을 의미한다. 비는 대개 우리의 위치보다 훨씬 높은 하늘에서 눈이나 얼음의 형태로 생성되기 시작한다. 빗물은 아래로 내려오는 길에 공기 중의 입자들을 끌어모으고, 그로 인해 특유의 맛을 갖게 된다. 다만 모든 비가 똑같은 맛을 내진 않는다. 고대 그리스 철학자 테오프라스토스는 그리스의 해안에서 내리는 비는 짠맛이 강하고, 이러한 특징은 남풍이 불 때 더욱 두드러진다고 말했다. 콜로라도를 지나는 로키산맥에서 실시한 어느 연구에 따르면, 빗물 표본의

90퍼센트는 안타깝게도 미세플라스틱을 함유하고 있었다. 심지어 산맥의 높은 곳에서 채취한 빗물도 예외는 아니었다. 오랜 건기가 지나면 비는 익숙하고도 독특한 냄새를 풍긴다. 페트리코(petrichor)라고 알려진 그 악취에는 땅 위의 기름과 흙 속의 박테리아 냄새가 뒤섞여 있다.

빗소리는 비가 떨어지는 지면의 성질에 따라 달라진다. 이끼에 내리는 비는 바위에 내리는 비와 다른 소리를 내지만, 둘 다 물웅덩이에 내리는 빗소리에 비하면 굉장히 조용한 편이다. 백악처럼 무른 암석에 내리는 비는 화강암처럼 단단한 암석에 내리는 비보다 부드러운 소리를 낸다. 빗소리는 경사도에 따라서도 달라지는데, 사면이 가파를수록 조용하지만 개울이 형성되면 이내 요란해진다. 강우가 계속될수록 빗소리는 진화한다. 폭우가 내릴 때 가만히 들어보면, 마른 땅에 떨어지는 빗소리가 불과 몇 분 만에 달라지는 것을 느낄 수 있다.

나무의 종에 따라서도 빗소리는 달라진다. 또한 이 경우에도 시간이 흐르면서 소리가 달라진다. 낙엽수에 떨어지는 빗소리는 계절에 따라, 그리고 소나기가 내리기 시작한 때인지 잦아드는 때인지에 따라 매우 달라진다. 침엽수에 내리는 빗소리는 비교적 조용하지만, 활엽수에 내리는 빗소리는 상대적으로 요란하다.

외따로 서 있는 나무 곁에서는 빗소리를 더 세밀하게 감상할 수 있다. 이를테면 나는 주목처럼 넓고 굵은 침엽수 아래 서 있다가 비가 내리기 시작할 때 빗소리에 귀 기울이기를 좋아한다. 나무는 비와 소리의 우산이 되어 우리의 어깨나 옷 위로 떨어지는 빗소리를 차단함으로써, 주위에 후두두 떨어지는 빗소리를 더 명료하게 만들어준다. 우리 집 근처 숲에 가보면 갈색 가랑잎이 깔린 바닥 곳곳에 초록색 고사리와 검은딸기나무, 담쟁이의 잎들이 흩어져 있다. 마른 잎에 굵은 빗방울이 떨어지면 마치 타악기처럼 요란한 소리가 난다. 그에 비하면 고사리에 떨어지는 빗소리는 힘없는 속삭임에 불과하다.

잎의 경사도 역시 지면의 경사도와 마찬가지로 빗소리에 영향을 미친다. 검은딸기나무의 잎은 아래를 가리키며 부드럽게 늘어져 있는데, 이를 반영하듯 빗소리도 굉장히 희미해서 우리가 숨을 내쉬며 입술을 뗄 때 나는 소리에 비견할 정도다. 숲 바닥에 깔린 담쟁이 잎은 수평에 가깝고 질기고 견고하다. 비교하자면 너도밤나무 가랑잎과 검은딸기나무 잎의 중간 정도랄까. 빗방울이 너도밤나무의 가랑잎을 두드릴 때면, 마치 열심히 읽어 부드러워진 신문을 연필 끝으로 톡톡 두드리는 듯한 소리가 난다. 숲 바닥에 깔린 담쟁이 잎이 비를 맞으면, 마치 반들반들한 책 표지를 손끝으로 두드리는 듯한 소리가 난다.

나는 서로 다른 것들이 매시간 다르게 공존하는 장소를 찾아가 눈을 감은 채, 그리고 다시 뜬 채로 빗소리에 귀를 기울이고는 한다. 눈이 이해하는 것들을 귀가 똑같이 이해할 때까지. 그러고는 다시 걷다가 소리 우산으로 적당한 침엽수를 발견하면 그 아래에서 같은 연습을 반복한다. 이때 역시 곧바로 눈을 감는다. 그리고 다시 눈을 떴을 때 눈 앞에 펼쳐질 경관을 귀가 눈에게 일러주도록 내버려둔다.

비를 내리는 새

비가 갠 뒤에 숲속을 걸으면 언제나 이차 소나기가 쏟아진다. 숲 지붕(임관〔林冠〕)이 머금고 있던 빗물이 바람에 후두두 떨어지는 것이다. 문제의 바람이 나무우듬지를 흔드는 소리를 우리는 들을 수 있다. 하지만 훨씬 얌전한 이차 소나기도 있다. 그 빗물은 소리도 느낌도 달라서 우리는 과감히 위를 올려다보게 된다.

비가 멈추면, 나무우듬지에 남은 빗물은 한동안 위태로운 평형을 유지한다. 짧은 시간 동안 딱 알맞은 양의 빗물이 일부는 이파리 위에 앉아 있고 일부는 이파리 끝에 매달려 있다. 방해받지 않는 한 빗물은 말라 없어질 때까지 그 자리에 머무르겠지만, 워낙 아슬아슬하게 균형이 맞춰진 탓에 살짝만 건드려도 그만 후두두 떨어져 내릴 것이다.

새의 비상으로 인한 이차 소나기를 내가 의식하기 시작한 것은 산비둘기가 요란하게 퍼덕거리며 날아오르는 바람에 굵은 빗방울이 내 머리 위로 떨어졌을 때부터였다. 그리고 이 수선스러운 새들이 내는 떠들썩한 빗소리를 알아차린 이후로 나는 더 가볍고 미묘한 이차 소나기도 감지할 줄 알게 되었다. 바람의 짓이라기엔 지나치게 좁고 한정된 장소에 섬세한 빗방울이 흩날리기에 고개를 들어보니, 딱따구리며 까마귀며 작은 명금류들이 눈앞에서 내려앉거나 날아오르고 있었다.

모양, 패턴, 시간

활엽수 곁을 지나갈 때는 그 넓적한 잎의 끄트머리를 눈여겨보자. 혹시 알고 있을지 모르겠지만, 비가 많이 오는 지역일수록 활엽수의 잎끝이 더 뾰족하다. 끝이 유난히 뾰족한 잎사귀들은 주맥과 잎끝을 거쳐 빗물을 더 효율적으로 흘려보낸다. 열대 우림에 가면 이렇듯 뾰족한 잎끝을 곳곳에서 찾아볼 수 있다.

진흙이나 모래, 실트, 눈밭처럼 몹시 부드러운 지면에 떨어지는 빗방울들은 바닥에 익숙한 마맛자국을 남긴다. 그 자국들은 비의 성격을, 장대비인지 보슬비인지 혹은 짧게 내리는 비인지 오래 내리는 비인지를 일러준다. 부드러운 진흙이나 모래 위에서는 비가 남긴 비교적 얕고 낯익은 자국과 이차 소나기가 남긴 비교적 깊고 낯선 자국의 차이를 눈여겨보자. 이 불완전하고 투박한 빗자국들은 산들바람이나 새가 굵직한 빗방울을 떨어낸 장소를 우리에게 보여준다. 한 시간 전에 까마귀 한 마리가 약 15미터 높이의 나뭇가지에서 날아올랐다는 사실을 우리는 발치에 여전히 생생하게 남은 빗자국을 통해 짐작할 수 있다.

빗자국은 각 이야기가 전개된 시간을 암시하는 단서가 될 수 있다. 최근에 내린 비의 자취를 꾸준히 더듬어나가다 보면, 이를 토대로 동물이나 인간의 자취를 확인할 수 있다. 비가 남긴 발자국들은 비가 오기 전에 그곳을 지나간 동물의 발자국을 덮고 비가 갠 뒤에 그곳을 지나간 동물의 발자국으로 지워진다.

동물의 발자국이 시야에서 사라지면 더는 추적이 불가능하다고 생각하기 쉽지만, 울창한 숲속에서는 동물들이 비를 피하다 숲지붕을 벗어났을 법한 장소, 그러니까 나무들의 가장자리에 있는 더 부드럽고 빗자국으로 움푹움푹한 진흙 위에서 그네들의 발자국을 찾아낼 수 있다.

비가 들려주는 이야기는 대체로 덧없고 짤막하다. 하지만 일전에 나는 비의 이야기 덕분에 짜릿한 시간 여행을 만끽한 경험이 있다. 슈롭셔에 있는 슈루즈버리 박물관(Shrewsbury Museum)에서 작은 화석들을 관찰할 때였다. 그 단단한 돌 표면에 남은 마맛자국은 무려 200만여 년 전에 빗방울이 그 자리로 어떻게 떨어졌는지를 여실히 드러내고 있었다. 고작 몇 분 전에 인연을 맺은 빗자국들이 수백만 년 전의 이야기를 내게 들려주고 있었다. 머리가 기분 좋게 아찔해지는 시간이었다.

우둘투둘한 밑면

비가 올까요? 이 평범한 질문에 대한 장기적 예보의 핵심은 이전 장들에서 살펴본 구름과 전선을 제대로 이해하는 것이다. 하지만 꼭 그래야 할까? 그냥 눈앞의 구름을 보고 비가 곧 쏟아질지를 판단할 수는 없을까?

작은 쌘구름이 비를 뿌리는 경우는 드물고, 키에 비해 폭이 큰 쌘구름이 비를 뿌릴 가능성은 굉장히 낮다. 하지만 좀 더 과학적인 접근도 가능하다. 그러니까 쌘구름의 밑면을 유심히 살피는 것이다. 이제 다들 알다시피 모든 구름의 밑면은 이슬점의 고도, 즉 대기 중의 수증기가 응결할 만큼 기온이 충분히 낮은 고도를 표시한다. 이 고도는 대체로 일정해서 구름의 밑면도 대체로는 평평한 형태를 띠게 된다. 그러므로 밑면이 우둘투둘한 구름은 우리에게 들려줄 이야기가 있다.

우리는 모두 구름이 비를 내린다는 개념에 익숙하다. 한데 비가 구름을 만든다는 사실을 아는 사람은 그리 많지 않다. 떨어지는 빗방울은 구름의 바로 아래쪽 공기를 차갑게 한다. 이는 더 많은 수증기의 응결로 이어지고, 본래 있던 구름의 바로 아래쪽에는 곳곳이 삐죽삐죽한 구름, 즉 겉모습이 구깃구깃하고 울퉁불퉁한 구름이 새롭게 만들어진다. 따라서 쌘구름의 매끄러운 밑면은 비가 내리지 않을 징조로, 우둘투둘한 밑면은 비가 내릴 징조로 해석할 수 있다. 이 울퉁불퉁하고 고르지 않은 구름 조각의 공식적 이름은 '토막구름(편난운, pannus)'으로, 기상학계에서는 일종의 '부속구름(accessory cloud)'으로 분류한다. 토막구름은 비의 발자국이다. 비를 내리는 모든 구름의 아래에서는 토막구름이 관찰된다.

구름의 빛깔이 아무리 어두워도 밑면이 단정하고 평평하며 아래 시정이 깨끗하다면, 그 구름이 우리에게 비를 내릴 가능성은 굉장히 낮다.

비를 다스리는 유령

이따금 구름 밑면에 끈처럼 늘어진 얇은 구름이 보일 때가 있다. 꼬리구름(미류운, virga)이라는 이름의 이 구름은 비가 미처 땅에 닿기 전에 증발하는 과정에서 만들어진다. 때로 우리는 그 비를 볼 수 있지만 결코 피부로 느낄 수는 없다. 꼬리구름을 구성하는 물방울이나 얼음 결정은 빗방울이 되어 떨어질 정도로 크지만 아래의 더 건조한 대기를 통과해 지표면까지 여정을 이어갈 정도로 튼실하지는 않다. 구름의 고도에서 강한 바람이 불 때면 구름 뒤로 꼬리구름 가닥이 늘어지는 모습이 관찰되기도 하는데, 구름에서 떨어진 빗방울이 아래쪽의 더 느린 바람에 실리면서 나타나는 현상이다. 꼬리구름이 가장 흔히 출현하는 곳은 덥고 매우 건조한 지역이지만, 그렇지 않은 지역의 구름 밑면에서도 얼마든지 관찰될 수 있다.

꼬리구름은 다소 애매한 징후이다. 비가 오기에 제법 적합한 기상 조건이지만 아직 대기 중의 수분이 그만큼 충분하지 않다는 의미이기 때문이다. 날씨의 숱한 징후와 마찬가지로, 꼬리구름 역시 일종의 경향을 파악하는 데 가장 유용하다. 장대비 이후에 흔히 나타나는 꼬리구름은 날씨가 좋아지고 있음을 시사한다면, 맑았던 하늘에 나타나는 꼬리구름은 비가 가까이 다가와 있음을 암시한다.

모체구름을 졸졸 따라다니는 비의 모습은 내게 하반신을 질질 끌고 떠다니는 만화 속 유령의 모습을 상기시킨다. 더욱이 꼬리구름은 비를 내리기도 하고 내리지 않기도 한다. 마치 비를 다스리는 유령처럼 말이다.

지속성 강수와 소낙성 강수

이슬비, 는개, 안개비. 비를 가리키는 낱말은 많고 많지만, 그중 대부분은 빗방울의 크기나 시정을 토대로 붙여진 이름들이다. 이슬비는 빗방울의 굵기가 0.51밀리미터 미만인 비를 일컫는다. 또한 시정에 따라 강한 비, 보통 비, 약한 비 등으로 분류될 수도 있다.

이러한 정의는 전문적 보고서를 작성할 때나 뭔가 있어 보이는 어휘를 쓰고 싶을 때 요긴하게 사용될 수 있지만, 조금 다른 용어를 사용한다고 해서 비의 모습이나 의미가 달라지지는 않는다. 징후를 읽는 사람답게 우리는 비의 이름에 집착하기보다는 상황을 단순하게 바라봐야 한다. 그러니까 우리가 주로 다룰 핵심적 사실은 이것이다. 비에는 오직 두 가지 유형이 존재한다. 하나는 지속성 강수이고, 나머지 하나는 소낙성 강수이다. 이 두 낱말 중 어느 쪽도 각자 가리키는 비의 의미를 정확히 담아냈다고는 보기 어렵다. 하지만 이 둘 사이에는 중요한 차이가 있다. 지속성 강수는 넓은 영역에서 비교적 오랫동안 내리지만, 소낙성 강수는 잠시 내리다 그쳐버린다.

두 낱말 모두 비의 강도를 가리키지는 않는다. '소낙성 강수'는 일상에서의 약한 비를 가리키기도 하지만, 사실 정확한 의미는 따로 있다. 즉 경우를 막론하고 금세 그치는 비를 의미한다. 소낙성 강수는 한꺼번에 엄청난 양이 쏟아질 수도 있고, 자동차 앞 유리에 자잘한 점무늬만 남길 정도로 적은 양만 흩뿌릴 수도 있다. 다만 1시간 이상 내리는 비는 소낙성 강수가 아니다.

한데 지속성 강수와 소낙성 강수의 차이가 왜 그리 중요한 것일까? 잠시 기억을 돌이켜 층구름과 쌘구름 가족을 떠올려보자. 층구름은 담요를 두른 듯 넓고 두텁게 덮인 구름이고 쌘구름은 대류의 힘으로 수북이 쌓인 구름이다. 그리고 다들 짐작하겠지만, 두 구름 가족은 각각 지속성 강수와 소낙성 강수의 주된 원인이다. 고로 두 비의 유형과 각각의 모체구름을 파악하고 나면, 우리는 비의 생성 과정과 내력을 더 폭넓게 이해함으로써 짧은 시간 안에 더 많은 내용을 추론하고 예측할 수 있다.

비를 단순히 지속성 강수와 소낙성 강수로만 나누는 것은 서로 다른 두 종을 이해하고 인지하는 과정과 비슷하다. 그도 그럴 것이, 가령 내가 동네 숲에 사는 사슴에 대해 잘 알지 못한다고 치자. 만약 그 상태로 내가 멀리서 뛰어가는 갈색 네발짐승을 발견한다면, 내 반응은 기껏해야 사슴을 알아보고 반가워하는 정도에 그칠 것이다. 하지만 그 숲에 노루와 다마사슴이 산다는 사실을 알고 둘을 구분하는 간단한 요령을 두어 가지 배워둔다면, 다마사슴을 알아보고는 어딘가에 있을 패거리를 찾아 사방을 두리번거리게 될 것이다. 다마사슴은 무리 지어 사는 사교적 동물이라 한 마리만 발견되는 경우가 드물다. 따라서 이러한 습성을 알아둔 상태로 다마사슴을 맞닥뜨리면, 자연스레 다른 사슴들의 행방까지 궁금해지는 것이다. 비구름에도 이와 같은 접근법을 적용할 수 있다.

비가 임박했다는 사실을 보거나 느끼거나 짐작하거나 알게 되는 순간, 우리가 해야 할 일은 단지 그것이 지속성 강수인지 소낙성 강수인지를 판단하는 것이다. 만약 지속성 강수라면, 그 비는 오랫동안 약하게, 혹은 보통의 강도로 내릴 것이다. 만약 소낙성 강수라면 그 비는 곧 그칠 것이고 강도는 약한 수준부터 매우 강한 수준까지 실로 다양할 것이다. 만약 하늘에 층구름이 넓게 퍼져 있으면 지속성 강수가 내릴 가능성이 크고, 쌘구름 사이로 파란 조각하늘이 군데군데 보이면 소낙성 강수가 내릴 가능성이 크다. 두 경우 모두에서 구름의 깊이와 색깔은 더 구체적인 예측을 도울 것이다.

만약 어느 지역에 소낙성 강수가 내릴 조짐이 느껴진다면, 쌘구름을 면밀히 살펴보자. 구름의 수와 모양, 크기가 빠르게 변화하는 와중에 우리가 눈여겨볼 부분은 구름이 하늘에서 차지하는 면적이다. 일반적으로는 푸른 하늘이 쌘구름에 더 많이 가려질수록 소낙성 강수가 내릴 가능성이 커진다.

이제 층구름의 경우를 살펴보자. 비를 함유한 층구름은 도착하고부터 꾸준히 고도를 낮추다가 급기야 다른 대부분 구름을 시야에서 가려버린다. 이때 층구름의 색깔과 질감이 점차 달라지는 와중에 우리가 눈여겨볼 부분은 바람의 방향이다. 또한 전선이 불러올 더 광범위하고 점진적인 변화에도 주의를 기울여야 한다.

요전에 나는 소규모의 촬영 팀과 함께 구릉지로 나간 적이 있다. 코로나19 봉쇄 기간에 진행할 온라인 강의를 촬영하기 위해서였다. 온종일 고도를 높이는 쌘구름을 주의 깊게 지켜본 덕분에 나는 그날 오후의 날씨가 전개될 양상을 대강 짐작하고 있었다. 예상대로 어느 언덕마루에 거의 다다랐을 무렵 세찬 장대비가 쏟아지기 시작했다. 말라 있던 웅덩이에 물이 고이고, 빗소리는 시시각각 달라져갔다.

촬영기사는 당연히 장비의 고장을 걱정했고 우리는 최선을 다해 장비에 우산을 씌웠지만, 어느덧 사나워진 비는 돌풍의 기세에 힘입어 우산 둘레로 빗물을 휘갈기고 있었다. 우산은 결국 망가졌고 촬영기사는 얼굴을 찌푸렸다. 하지만 기억하자. 강한 소낙성 강수는 언제나 굉장히 국지적이다.

모두의 본능을 거스르며 나는 그들을 이끌고 가던 길을 계속 걸었고, 채 1분도 지나지 않아 우리는 소낙성 강수가 내리는 영역을 빠져나왔다. 햇살 아래서 우리는 조금 전까지 우리가 서 있던 땅이 빗물에 잠기는 광경을 바라보았다. 소낙성 강수가 내리는 곳은 마치 선을 그린 듯 경계가 명확해서, 한 손으로 비를 맞으며 한 손으로 햇볕을 쬐는 일도 충분히 가능할 듯했다.

지형성 강우

이제 우리는 비를 지속성 강수 혹은 소낙성 강수로 분류할 수 있게 되었고, 그로써 비가 올 때마다 지속시간과 강도를 예측하는 즐거움을 누릴 수 있게 되었다. 지금부터는 이 지식을 우리의 경관에 적절히 대입해보자.

강우에 가장 큰 영향을 미치는 경관은 땅의 모양, 즉 지형이다. 습한 공기가 더 높은 지대 위로 밀려 올라가면 팽창하고 차가워지면서 수증기가 응결하여 물방울이 생성된다. 이러한 과정을 통해 내리는 비를 일컬어 '지형성 강우(산악비, relief rain)'라 한다.

포화 상태에 가까운 공기는 그저 작은 둔덕만 있어도 그 위에서 구름을 형성한다. 물론 공기가 아주 많이 건조하다면 산다운 산이 필요하겠지만 말이다. 어쨌든 모든 공기는 얼마간의 수증기를 포함하므로, 높은 지대가 비구름을 만들어낼 가능성은 언제나 존재한다.

물리학은 세계 어디에서나 똑같이 적용되고, 우리는 지구 어디에서나 비슷한 패턴들을 맞닥뜨릴 수 있다. 커다란 언덕의 꼭대기나 바람받이 쪽 비탈에는 바람의지 쪽 비탈에 비해 더 많은 비가 내린다. 스코틀랜드 하일랜드 지방의 일부 고원과 산지의 경우 바람이 불어오는 서쪽 비탈은 바람이 불어가는 동쪽 비탈에 비해 강수량이 여섯 배에 달한다.

어제 오후 나는 작은 쌘구름들이 볼록하니 부풀어 오르는 광경을 바라보며 즐거운 한때를 보냈다. 그사이 바람은 그 구름들을 서식스의 언덕땅 위로 들어 올리더니 이내 바람의지 쪽으로 물러나며 소멸되었다. 구름들은 점점 더 부풀어 오르다가 가장 높은 땅을 지나자 다시 쪼그라졌다. 몇 분 동안 나는 구름의 모양이 바뀌는 과정을 지켜보았다. 대기의 습도가 부족한 탓이었을까? 아니면 땅의 고도가 충분히 높지 않은 탓이었을까? 비는 아직 내리기 전이었지만, 그리 멀리 있지는 않았다. 언덕이 150미터쯤 더 높았거나 공기가 살짝 더 습했더라면 빗방울이 진즉에 떨어졌을 법한, 그런 날씨였다.

편법적 기술

지형성 강우를 더 잘 이해하기 위해서는 다소 편법적인 기술을 활용할 수도 있다. 온라인으로 편하게 세계 곳곳의 기상레이더를 둘러보는 것이다. 각 웹 사이트에 들어가보면, 비를 포함한 여러 기상현상이 거의 5분 단위로 업데이트되는 지도 위에서 역동적으로 펼쳐진다. 비는 레이더 에너지를 잘 반사하기 때문에 강우의 강도에 따라 지도 위에 각기 다른 색깔로 나타난다.

내가 사용하는 어느 기상레이더 시스템의 경우 시간당 0.5밀리미터 이하의 매우 약한 비가 오는 지역은 파란색 픽셀로, 시간당 2에서 8밀리미터의 비가 오는 지역은 노란색과 주황색 픽셀로, 시간당 16에서 32밀리미터 이상의 비가 오는 지역은 밝은 자주색 픽셀로 표시한다. 비를 함유한 구름이 구릉지 위를 지날 때면 연하던 색깔이 등성이 부근에서 진해졌다가 다시 무척 연해지는 현상을 관찰할 수 있다. 이 방법으로 우리는 건조하고 따뜻한 장소에 있을 때도 비를 알아가는 즐거움을 간접적으로나마 누릴 수 있다. 이 글을 쓰는 지금도 나는 비 한 방울 내리지 않는 내 오두막에서 서머싯에 자리한 멘딥구릉의 한 곳이 비에 흠뻑 젖는 장면을 조금 전에 지켜본 참이다. 바람이 불어오는 남서쪽 비탈은 기상레이더상에서 주황색이었지만, 북동쪽 비탈에는 파란색 점이 자잘하게 뿌려져 있을 뿐이었다.

이러한 연습을 몇 달 동안 몇 번만 시행해도 우리는 이들 강우 지도상에서 높은 지대가 미치는 영향이 때로는 굉장히 압도적이지만 때로는 지극히 미미하다는 사실을 비로소 깨닫게 될 것이다. 물론 비를 부르는 효과는 큰 산이 완만한 언덕에 비해 탁월하다. 하지만 습도가 충분히 높다면 비는 어디에서나 내릴 수 있다.

두 언덕의 비

이제 우리는 주요한 퍼즐조각을 맞출 수 있게 되었다. 그러니 다시 비의 두 유형, 즉 지속성 강수와 소낙성 강수 이야기로 돌아가자. 층구름과 층구름이 몰고 오는 비의 형태는 전반적 대기 조건과 종종 수백 킬로미터에 걸쳐 널찍이 펼쳐지는 전선에 따라 결정된다. 쌘구름은 국지적 현상이다. 가까운 장소 간의 이런저런 차이로 인해 형태가 결정되고, 고작 수백 미터에 걸친 경관 내의 이런저런 변화를 반영한다.

지속성 강수는 마치 거대한 빗자루처럼 지상을 넓게 훑으며 이동한다. 이 거대한 시스템 안에서 고작 몇백 피트 높은 땅이 미치는 영향은 대단치 않다. 물론 바람받이 쪽 비탈에는 더 많은 비가 내리겠지만, 그 영향은 대개 제한적이다. 비가 조금 더 강하게, 어쩌면 조금 더 오래 내리겠지만, 그 차이가 광범위하지는 않을 것이다.

하지만 소낙성 강수가 예상되는 상황에서는 높은 지대가 미치는 영향이 훨씬 뚜렷하고 중요해질 공산이 크다. 쌘구름은 언제나 대기의 불안정성을 암시한다. 그때 대기는 일촉즉발의 상태다. 조그만 자극에도 곧바로 터져버릴 폭탄처럼 말이다. 앞서 살펴본 바와 같이 지표면의 국지적 가열은 탑구름의 형성을 촉발하고, 고지대 위를 지나는 공기 또한 같은 효과를 유발한다.

키가 큰 구름은 언덕에 다가가면서 가뜩이나 큰 키가 급격히 자라기 시작한다. 고지대에서는 강한 소낙비나 폭풍우가 쏟아질 가능성이 상대적으로 훨씬 높다는 얘기다. 소낙성 강수에는 경관의 모든 요소가 뚜렷한 영향을 미친다. 그에 비해 지속성 강수에는 가령 산맥처럼 거대한 요소만이 주요한 영향을 미친다.

비구름이 한 언덕의 등성이를 지나는 모습을 규칙적으로 관찰하다보면, 높은 지대에 내리는 소낙성 강수와 지속성 강수의 차이를 빠르게 이해할 수 있다. 언덕 근처에 소낙성 강수를 내리는 구름에서는 거의 언제나 변화가 관찰되겠지만, 지속성 강수를 내리는 구름에서는 좀처럼 변화가 발견되지 않을 것이다.

연습을 하다보면 언젠가는 완만한 언덕땅을 지나는 층구름의 색깔 변화는 물론 질감과 형태의 변화까지도 눈에 들어올 것이다. 그런가 하면 소나기구름이 고지대의 바람받이쪽 비탈과 등성이 위에서 수와 크기를 늘려나가는 모습은 심지어 그리 높지 않은 언덕에서도 훨씬 더 일찍 알아차릴 수 있을 것이다. 또한 자세히 들여다보면 구름의 밑면이 언덕마루 근처에서 가장 어두워 보일 것이고, 그 현상은 숲이 우거진 언덕에서 특히 뚜렷할 것이다. 구름의 아래쪽에서 징후를 탐색하기에는 더할 나위 없이 좋은 순간이다. 구름 밑면이 우둘투둘해지다가 토막구름과 꼬리구름이 연이어 나타난다면, 머지않아 비가 내릴 것이다.

그늘과 푄 바람

산의 바람의지 쪽보다 바람받이 쪽에 훨씬 더 많은 비가 내리면, 그에 따른 부작용이 발생한다. 이처럼 극심한 차이는 비가 훨씬 더 적게 내리는 바람의지 쪽에 '비 그늘(rain shadow)'이라는 영역을 조성함으로써 국지적 자연 현상에 영향을 미친다. 많은 경우 비 그늘은 산맥의 오른쪽 비탈에 자리하는데, 그 대표적 예로는 영국의 페나인산맥과 유럽의 알프스산맥, 북아메리카의 로키산맥과 시에라네바다산맥이 있다.

비록 이 장의 주제는 비이지만, 여기서는 지형성 강우와 밀접한 어느 바람에 관해 이야기하려 한다. 산에 비가 내리고 나면 공기는 바람의지 쪽에서 전보다 훨씬 건조한 상태로 가라앉는다. 내려앉는 과정에서 공기는 기압의 상승으로 인해 압축되고 그로 인해 더욱 따뜻해진다. 이 따뜻하고 건조한 공기는 낮은 지대 위로 낮게 퍼지며 비 그늘을 형성한다. 바람의지 쪽에서 이동하는 이 따뜻하고 건조한 공기를 일컬어 '푄 바람(foehn wind)'이라 한다. 또한 푄현상이 두드러지는 지역에서는 그곳만의 이름으로 그 바람을 지칭한다. 가령 로키산맥 동쪽에서는 푄 바람을 치누크(chinook)라고 부르지만, 리비아에서는 기블리(ghibli), 안데스산맥에서는 존다(zonda)라고 부른다. 잉글랜드의 컴브리아에서는 푄에 유일하게 헬름바람(helm wind)이라는 이름을 붙여주었다.

푄 바람 속 공기는 언덕의 바람받이 쪽 공기에 비해 지나치게 건조해서, 심지어 하늘이 잔뜩 흐려질 법한 날씨에도 구름을 흩어버릴 수 있다. 그로 인해 언덕마루의 바람의지 쪽 잿빛 하늘에 파란색 틈이 생기는데, 이를 일컬어 '푄 공백(foehn gap)'이라 한다.

만약 지형성 강우가 소낙성으로 쏟아지기에 완벽해 보이는 기상 조건인데도 빗줄기가 보이지 않는다면, 혹시 바람이 불어오는 쪽에 커다란 언덕이 있는지 찾아보자. 만약 있다면, 따뜻하고 건조한 푄 바람이 내려오면서 '푄 공백'을 만들어 소낙성 강수의 가능성을 떨어뜨렸을 공산이 크다.

푄 바람은 의외로 꽤 강렬한 족적을 남기기도 한다. 유럽 대륙의 수많은 야생화가 푄 현상이 만든 기상 조건 속에서 생장하고, 기록상 미국에서 24시간 사이에 일어난 가장 격렬했던 기온 변화의 숨은 원인도 다름 아닌 푄 현상이었다. 1972년 1월 15일 몬태나의 기온은 영하 48도에서 영상 9도로 급상승했다!

땅과 바다

국지성 비구름의 주요한 생성 요인 두 가지는 특정 지역을 다른 지역보다 뜨겁게 덥히는 태양과 습한 공기를 위로 밀어 올리는 대지이다. 육지는 언제나 바다보다 더 빨리 따뜻해지고 더 높은 고도에 위치한다. 이는 가장 중대하고도 단순한 날씨의 징후로 이어진다. 즉, 비는 바다보다 육지에 더 많이 내린다.

지중해에 소나기가 내리는 경우는 매우 드물지만, 바다에 면해 있는 육지에는 소나기가 상대적으로 훨씬 자주 내린다. 우리 가족이 사는 서식스의 해변에서는 와이트섬과 헤일링섬은 물론이고 우리가 준비한 바비큐 위로 소나기가 쏟아지는 와중에도 바다에서 햇살 속에 요트가 떠다니는 광경을 흔히 목격할 수 있다.

계절적 상념

비에는 계절적 측면도 존재한다. 꽤 많은 지역에서 강수량은 여름보다 겨울에 조금 더 높지만 소나기는 겨울보다 여름에 더 많이 내리는데, 여름에는 태양열이 상대적으로 강하고 겨울에는 대기가 상대적으로 차가워 더 적은 수증기를 함유하는 까닭이다. 겨울의 소나기구름은 비교적 얇은 데다 물을 더 적게 함유하지만, 여름의 소나기구름은 비교적 두꺼운 데다 탑처럼 높이 키가 자란다.

비의 계절적 특징을 결정하는 숨은 요인은 대개 소낙성 강수와 지속성 강수의 차이에 있다. 다시 말해 '비가 많이 오는' 지역을 추단할 때 월별 강수량을 기준으로 삼는 것에 신중해야 한다는 뜻이다. 예컨대 A라는 장소의 8월 강수량이 B라는 장소의 절반이었다고 하자. 그럴 경우 우리는 휴가 장소를 정할 때 A가 더 나은 선택지라고 생각하기 쉽다. 하지만 만약 B의 강수일수가 A의 절반이라면 어떨까? 이슬비가 몇 시간을 줄기차게 내려야 겨우 채울까 말까 한 강수량을 장대비는 단 5분 만에도 채울 수 있다. 몇몇 고원이나 수목이 울창한 언덕, 해안 도시는 이슬비가 끈질기게 내리기로 악명이 자자하지만, 총 강우량이라는 수치적 지표는 현실을 호도하기 쉽다. 마이애미의 강우량은 시애틀에 비해 50퍼센트 더 많지만, 일조시간은 시애틀에 비해 약 50퍼센트 더 길다.

열대지방은 이러한 대비가 극심하기로 특히 악명이 높아, 우기의 언저리가 여행하기에 곤란한 시기라는 사실은 여행업계에서 상식 중의 상식이다. 만약 하루에 한두 시간은 습하더라도 나머지 시간 동안 햇빛이 쨍쨍한 정도로 만족하는 사람이라면, 타협의 여지는 항상 존재한다. 설령 비에 관한 통계적 수치가 몹시 불길하더라도 경험적 사실은 완전히 다를 수도 있으니 말이다.

빗방울의 해부학

층구름과 쌘구름이 걸린 하늘에서 더 강한 비가 내리려면 구름이 더 두꺼워야 한다. 비는 이 두 유형의 구름 안에서 각기 다른 경로를 거쳐 형성된다. 층구름 안에서는 '따뜻한 비'가 만들어진다. 수백만 개의 작은 물방울이 서로 충돌하면서 그럴듯한 빗방울을 형성하는 것이다. 그러므로 더 굵은 빗방울을 형성하려면 더 두꺼운 구름이 필요하다. 한편 쌘비구름처럼 키가 큰 쌘구름 안에서는 물방울이 얼어붙으면서 '찬 비'가 만들어진다. 수많은 물방울이 얼음 알갱이 주위에서 급속도로 응결하는 것이다.

가장 강한 비를 내리는 구름은 쌘비구름이다. 쌘비구름은 물방울이 얼어붙는 고도에 도달할 만큼 키가 충분히 크다. 일단 높은 하늘에 얼음이 생성되고 나면 중심의 얼음 알갱이, 그러니까 응결핵을 중심으로 주위에 굵은 빗방울이 형성된다. 가장 크고 무거운 빗방울이 놀랍도록 차갑게 느껴지는 이유가 바로 여기에 있다. 떨어지기 직전에도 얼음이었으니 차디찰 수밖에 없지 않은가. 어쨌든 열대지방 이외의 장소에서는 키가 큰 착빙성 구름이 없으면 매우 강한 비가 내릴 가능성이 희박하다.

세계 어느 지역에서든 빗방울에는 최대 크기라는 것이 존재한다. 굳이 없어도 우리가 사는 데는 지장이 없을 정도로 지나치게 복잡한 공식을 사용하여 과학자들은 빗방울의 반지름이 약 6.2밀리미터보다 커지면 그 빗방울은 부서진다는 사실을 증명해냈다. 비교적 덜 과학적이기는 하지만 내 경우에는 빗방울 크기의 범위를 '이마를 식힐' 정도에서 '콧등을 타고 흘러내릴' 정도 사이로 한정한다.

강한 비는 실제로도 비교적 강하게 우리를 두드린다. 물리학 법칙에 따라 무게 대 마찰저항 비율이 증가하면 종단속도(물체가 유체 속에서 낙하하며 속도가 빨라지다가 일정한 속도로 안정될 때의 속도—옮긴이)도 증가할 수밖에 없다. 보다 쉽게 설명하자면, 만약 크기가 같은 대리석과 고무공을 한 건물에서 떨어뜨릴 경우 대리석은 점점 속도가 빨라지다가 결국 고무공보다 빠르게 떨어질 것이다. 빗방울이 커질수록 무게 대 마찰저항 비율은 증가하므로 빗방울이 내려오는 속도는 빨라진다. 다시 말해 여느 빗방울보다 두 배로 큰 빗방울은 훨씬 더 빠른 속도로 우리를 때린다는 얘기다. 빗방울을 맞는 느낌은 더 묵직하면서도 강렬하겠고, 낙하 속도가 빨라짐에 따라 그 같은 효과는 더욱 심화될 것이다. 빗방울이 커질수록 모든 면에서 더욱 강력한 펀치가 우리에게 가해지는 셈이다.

도심, 숲, 절벽의 소나기: 더 좋은 기법을 찾아서

지금까지는 비를 크게 두 유형으로 나누고 비와 고지대의 관련성을 살펴봤다면, 이제부터는 야외의 다양한 생태 조건과 관련된 소나기에 대해서 살펴보자. 소나기는 탁 트인 농지보다는 도심이나 삼림지의 바람의지 쪽 하늘에서 더 자주 발생한다.

공기가 습하고 불안정한 상태에서 도심과 삼림지에 가해지는 태양열의 지역별 차이는 소나기구름의 형성을 촉발할 가능성이 충분하다. 바람이 거의 불지 않는 상태에서는 비가 도시나 숲의 바로 위에서 내리겠지만, 산들바람이 조금 부는 상태에서는 도시나 숲의 바람의지 쪽으로 살짝 밀려날 것이다.

도시의 소나기는 삼림지의 소나기와 비슷하면서도 다르다. 태양은 도시의 아스팔트를 주변의 시골보다 더 뜨겁게 가열하지만, 생활에서 발생하는 열의 효과도 무시할 수 없다. 그로 인해 도시에서는 기온이 주변 지역보다 높아지면서 이른바 '도시열섬' 현상이 유발되는데, 여기에는 태양의 가열 작용 외에도 여러 요인이 두루 영향을 미친다. 이에 관한 내용은 17장에서 다시금 다룰 것이다.

방위는 도시에서도 삼림지에서도 소나기에 영향을 미칠 수 있다. 소나기가 내리기 위해서는 태양이 대류 현상을 촉발하여 따뜻한 공기가 상승해야 한다. 그러므로 소나기가 내릴 가능성은 오후에, 태양이 시간을 갖고 대지를 충분히 가열한 이후에 더욱 높아진다. 이는 곧 언덕이 많은 지역의 경우 남서쪽을 바라보는 비탈, 그러니까 오후 동안 햇볕이 충만하게 내리쬐는 비탈 위에서 소나기가 내릴 가능성이 상대적으로 높다는 뜻이다. 삼림지와 도시의 오래된 구름이 쇠하며 사라진 뒤에는 새로운 구름이 그 자리를 대신한다.

이따금 소나기는 절벽 위에서 형성되기도 한다. 깎아지른 절벽은 완만한 언덕 비탈과 달리 바람을 점잖게 들어 올리지 않는

다. 절벽은 바람의 다리를 걸고, 바람은 수직적 맴돌이에 휘말린다. 이 같은 순환이 정점에 달하면, 구름이 형성되고 소나기가 발생할 수 있다. 때때로 바람은 깔때기처럼 좁은 길목에 모여들었다가, 절벽 틈이나 시스택(sea stack), 아치 등을 통해 위쪽으로 밀려 올라간다. 해안선은 저마다 고유한 형태를 지니고 특정한 장소에서 구름과 소나기를 만들어낸다.

위 기술들을 사용하면, 전에는 한 번도 마주한 적 없는 경관을 둘러보며 소나기를 그럴듯하게 예보하는 일이 가능해진다. 예측은 들어맞을 때도 있고, 이를테면 습도처럼 우리가 완벽히 감지할 수 없는 여러 변수의 작용으로 빗나갈 때도 있을 것이다. 예보의 수준을 한 단계 높이고 싶다면 동일한 경관을 꾸준히 관찰하며 상황이 돌아가는 방식을 눈여겨보자.

만약 이 기법을 더욱 연마하고 싶다면, 주변에서 적당한 둔덕

태양이 공항의 아스팔트를 가열하여 강한 서멀과 쌘구름을 발생시켰다. 구름 밑면의 낮은 고도는 공기가 습하다는 사실을, 구름의 형태는 공기가 불안정하다는 사실을 드러낸다. 그로부터 얼마 지나지 않아 비가 내렸다.

을 찾아 규칙적으로 살펴보기를 권한다. 또한 연습의 효과를 극대화하고 싶다면, 시야가 사방으로 탁 트인 장소를 선택하도록 하자. 예컨대 헬네이커 풍차는 거의 모든 방향으로 20킬로미터 거리까지 시야가 트인 데다 언덕부터 도시, 숲, 섬, 해안선에 이르기까지 주위의 경관 역시 상당히 다채롭다. 이 한 장소에서 나는 다른 여러 장소에서보다 구름과 소나기의 형성 과정에 대해 더 많은 것을 배울 수 있었다.

땅의 모양과 특징, 바람, 기온, 대기의 느낌을 토대로 혼자서 날씨를 예측해보자. 그런 다음에는 펼쳐지는 상황을 느긋하게 지켜보자. 매우 습하고 더운 산들바람이 특정한 방향에서 불어올 때마다 소나기가 발생하는 장소들이 보일 것이다. 그런가 하면 훨씬 드물기는 하지만 도통 종잡을 수 없는 장소들도 눈에 들어올 것이다. 우리는 소나기의 비밀을 듣게 될 것이다. 만약 소나기가 특정한 장소에서 발생한다면, 비슷한 조건의 다른 장소에서도 소나기는 매우 높은 확률로 발생할 것이다.

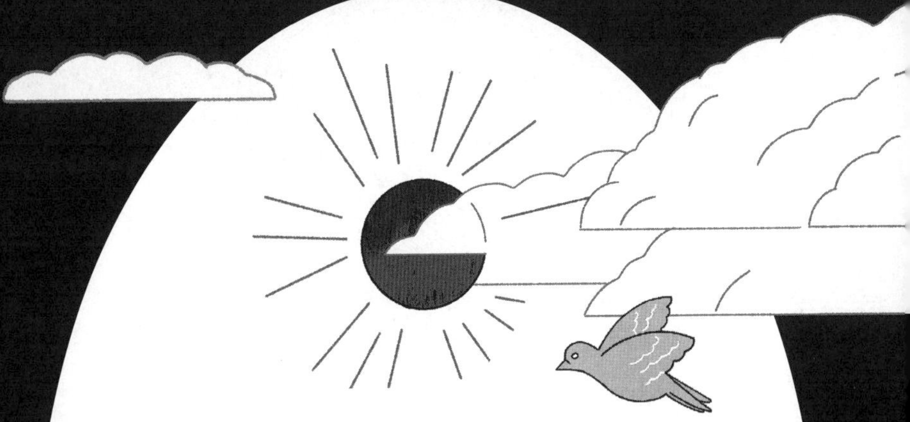

8장

숲속의 블러드하운드

야생에 관한 진실의 집 | 숲지붕의 산들바람 | 블러드하운드 | 연기의 여섯 가지 모양

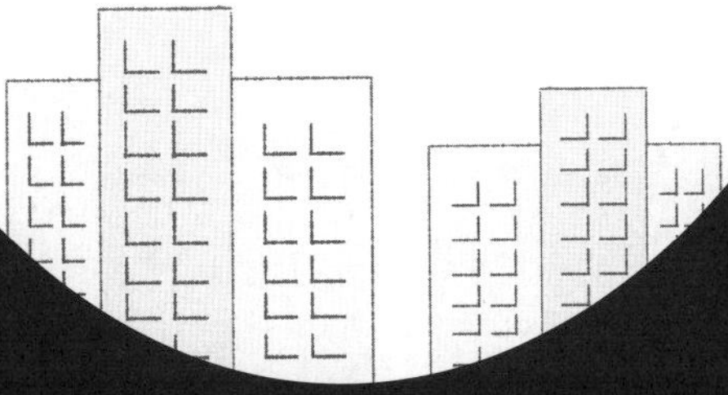

언덕 기슭에서 존 라이더와 만났다. 야생동물 추적 전문가인 그는 숲에서 부는 바람의 습성에 관한 정보를 교환하고 싶어 했다. 그에게는 풀고 싶은 수수께끼가 있었다.

우리는 사우스다운스 언덕땅의 삼림지에 들어섰다. 존이 야생동물 추적 강습 장소로 사용하는 곳이었다. 존은 두 언덕마루 중 한 곳에 다마사슴이 누워 있을 거라고 말하며 그 사실을 알게 된 경위를 설명해주었다. 그는 다마사슴이 그곳에서 잠자리로 선호하는 장소들을 알아냈지만, 녀석들이 매번 그 장소들을 선택하는 이유는 아직 알아가는 과정이었고, 바람이 모종의 역할을 담당한다는 심증을 거의 굳힌 상태였다.

우중충한 잿빛 층구름이 하늘을 뒤덮었고, 바람은 가벼웠다. 세계 어디에서든 잿빛 하늘 아래 실바람이 부는 삼림지대는 자연 항법을 사용하기에 녹록한 곳이 아니다. 따라서 그런 장소에서는 더 명료한 단서들에 주의를 기울여야 한다. 나는 걸음을 멈추고 방향을 가늠해보았다. 나무의 색깔은 훌륭한 나침반이었다. 우리는 너도밤나무 숲에 서 있었다. 수령이 고작 15년쯤 되는 어린 나무들의 성긴 가지 사이로 쏟아지는 햇빛은 내 북쪽에 서 있는 나무와 남쪽에 서 있는 나무의 색깔을 확연히 달라 보이게 만들었다.

나를 기준으로 남쪽에서 보이는 나무들은 더 진한 초록빛이었고 북쪽에서 보이는 나무들은 더 '깨끗하게' 보였다. 나무의 줄기가 남쪽에서 드는 햇빛을 차단하여, 한낮에도 비교적 축축한 상태를 유지해온 나무의 북쪽 면에 조류(藻類)가 번성한 까닭이었다. 나무의 북쪽 면은 조류의 번성으로 초록빛이 진해졌고, 남쪽 면은 지의류가 엷고 드문드문하여 상대적으로 깨끗하게 보였던 것이다.•

믿을 만한 나침반을 확보하자마자 나는 숲지붕에 난 틈으로 하늘을 올려다보았다. 잿빛 층구름은 얼핏 균일해 보여도 유심히 들여다보면 실상은 균일하지 않고 언제나 작은 차이들이 존재한다. 얼핏 다 같은 잿빛 같지만 고르지 않은 경계선을 중심으로 양쪽의 색조가 다를 수도 있고, 아랫부분의 색깔이 바로 위쪽의 색깔과 다를 수도 있다. 그리고 이러한 패턴들은 구름의 이동 방향과 관련하여 충분한 단서를 우리에게 제공한다.

• 혹시 모를 혼란에 대비해 부연하자면, 우리의 남쪽에서 보이는 나무의 표면은 나무의 북쪽 면이고, 북쪽에서 보이는 나무의 표면은 나무의 남쪽 면이다.

나는 구름 곳곳의 삐죽삐죽한 가장자리에 주목했다. 이는 구름의 밑면이 평탄하지도 고르지도 않다는, 그러므로 비를 뿌릴 가능성이 크다는 징후였다. 모든 방향에서 연회색을 띤다는 것은 비가 오더라도 약한 이슬비에 그치리라는 암시였다. 나는 구름의 고도를 가늠해보았다. 어떤 경향이든 포착하기 위해서였다. 숲속에서는 어려운 일이었지만, 너무 깊은 숲에 발을 들이기 전에 나는 구름의 밑면이 저쪽 언덕땅의 완만한 능선 위에 간신히 걸려 있다는 사실을 확인할 수 있었다.

숲길은 더 깊은 나무숲 속으로 우리를 이끌었다. 폭풍에 쓰러진 나무 한 그루가 길을 가로막은 탓에 우리는 그 장애물을 기어 넘어야 했다. 최근 강풍에 넘어진 나무는 훌륭한 나침반이었다. 일대에서 쓰러진 여느 나무처럼 그 나무 역시 뿌리는 남서쪽을, 꼭대기는 북동쪽을 가리키고 있었다. 잉글랜드에서는 폭풍이 대개 남서쪽에서 다가와 북동쪽으로 불어가기 때문이다. 길은 굽은 데다 끝이 갈라져 있었다. 나는 주기적으로 뒤를 돌아보았다. 오솔길이 구부러질 때는 언제나 뒤를 돌아보는 것이 좋다. 지나온 길을 새로운 관점에서 바라보면, 상황을 체계적으로 판단하는 데 도움이 된다. 과학적인 이유를 대거나 설명하기는 어렵지만 내가 확실히 말할 수 있는 한 가지는, 이러한 습관이 뇌의 전혀 다른 부분으로 하여금 돌아가는 상황을 명확히 인식하게 한다는 것이다. 어쩌면 실제로 뇌는 나아갈 길과 지나온 길, 미래와 과거를 분리하여 생각하는지도 모른다. 현인들은 종종 말한다. 삶이라는 여정에서는 과거가 아니라 현재와 미래가 중요하다고. 그러나 자연 항법에서는 과거를 단단히 붙들어야 한다. 그래야 보다 희망적인 미래로 나아갈 수 있다.

야생에 관한 진실의 집

우리는 그 길을 벗어나 언덕의 가파른 구역을 올랐다. 그리고 오래지 않아 '야생에 관한 진실의 집'이라고 내가 종종 우스갯소리처럼 말하는 무엇과 맞닥뜨렸다. 여러 방향을 훑던 나의 시선은 나뭇가지들의 모양에 고정되었다. 유심히 바라보니 너도밤나무의 윗가지들은 남쪽을 가리키며 아래로 구부러진 반면, 밑가지들은 그렇지 않았다. 범상치 않은 그 가지들은 땅이 빛을 다루는 방식을 유쾌하게 드러내고 있었다. 우리가 서 있던 자리는 가파르고 높은 북쪽 사면의 나무숲이었다. 그곳의 키가 큰 나무들은 우듬지가 남쪽의 햇빛에 온전히 노출되었고, 남쪽 지평선을 향해 아래로 굽은 윗가지들은 그러한 사실을 반영하고 있었다. 반면에 같은 나무의 그늘진 밑가지들은 그 같은 경향을 드러내지 않았다.

줄곧 나의 시선은 마치 오랑우탄처럼 나무들의 높은 가지 사이를 바삐 옮겨 다녔고, 그사이 존의 시선은 우리의 발치에 머물렀다. 그는 오소리 한 마리가 먹이를 찾느라 잎들을 치우고 진흙을 헤집어놓은 장소를 가리켰다. 그리고 이 야단스러운 징후의 근처에는 더 귀여운 징후들이 존재했다. 존이 몸을 숙이며 한 곳을 가리켰다. 숲 바닥 색깔이 아주 살짝 바뀌어 있었다. 너도밤나무의 연갈색 가랑잎들이 떨어진 자리에서 자두보다 크지 않은 한 곳이 주변보다 어두운색으로 변해 있었다. 사슴 발자국이었다. 근처에 남은 또 다른 발자국들은 녀석이 어떤 길을 따라 비탈을 내려갔는지를 우리에게 드러내고 있었다.

그리 새삼스러운 일은 아니지만, 나는 높은 가지와 구름 사이에서 벌어지는 일들에 정신이 팔린 나머지 이 명확한 징후를 하마터면 놓치고 지나갈 뻔했다. 부드러운 진흙에 사슴이 남긴 발자국들은 너무나 뚜렷해서 발견하지 못하는 것이 오히려 이상할 정도였지만, 존이 보여주기 전까지 나는 그것에 전혀 주의를 기울이지 않고 있었다. 사슴처럼 몸무게가 무겁고 발바닥이 좁은 짐승이 밟고 지나간 나뭇잎들은 가장자리가 위쪽으로 접혀 올라가게 마련이다. 그러므로 사슴이 지나간 길에 남은 나뭇잎들은 하늘을 가리킬 테고, 그 남다른 모양새는 나뭇잎에 중력 외의 힘이 작용했다는 증거가 된다. 낙엽은 결코 모로 눕지 않는다. 이런 유의 단서들이 대개 그렇듯 논리는 단순하고도 명쾌하다. 이제 그 징후는 주위의 낙엽들 사이에서 내게 존재감을 뽐내고 있었다. 마치 사슴이 발에 분홍 물감을 묻힌 채 그곳을 지나간 것처럼.

몇 분 동안 존과 나는 각자의 취향에 따라, 똑같이 중요하지만 성격이 상이한 징후들에 주의를 집중했다. 다른 분야의 전문가와 걸을 때면 종종 그렇게 하는데, 그때마다 나는 들뜬 기분과 복잡한 감정을 동시에 느끼곤 한다. 우리가 감지하고 의미를 밝혀낼 대상이 생각보다 훨씬 많다는 사실에서 크나큰 기쁨을 느끼면서도, 내가 실로 많은 것들을 놓치고 있었다는 사실에서 엄청난 두려움을 느끼는 것이다!

이 양면적 감정 사이에서 나는 '야생에 관한 진실의 집'이라는 사고실험을 고안해냈다. 야생에 관한 지식과 진실이 어느 웅장한 저택 안의 거대한 테이블 위에 펼쳐져 있다고 생각하는 것이다. 우리는 저택에 들어가 테이블에 접근할 권한이 없다. 매번 우리는 건물 밖에서 테이블 위를 기웃거린다. 집으로 살금살금 다가가 창문을 찾아낸 다음 안을 훔쳐보는 것이다. 테이블은 꽤 멀리 있지만, 이쪽에 놓인 것들은 식별할 수 있다. 이제 뒤로 물러났다가 슬며시 다음 창문으로 이동해 안을 들여다보자. 앞서 보았던 것 중 일부를 다른 각도에서 살피는 한편 새로운 것도 몇 가지 발견하게 될 것이다. 그 어떤 창문에서도 문제의 테이블이 온전히 보이지는 않는다. 하지만 각 시점에서 우리는 조금씩 무엇이든 배워나가며 테이블 위의 퍼즐 조각들이 서로 맞물리는 방식을 차근차근 이해하게 된다. 마치 거대한 삼차원 직소 퍼즐을 맞춰가는 것처럼 말이다. 운이 좋으면 점차 다양한 퍼즐 조각을 보게 될 수도 있다. 그것들을 머릿속으로 하나하나 맞춰가다 보면 완성된 그림이 조금씩 윤곽을 드러낸다.

요컨대 존과 나는 두 개의 창문을 통해 빛, 바람, 구름, 나무의 모양, 잎들의 각도, 오소리와 사슴의 행동 등등의 퍼즐 조각을 보고 있었던 셈이다.

숲지붕의 산들바람

언덕의 바람의지 쪽 기슭에서 우리는 잠시 미약한 산들바람조차 느껴지지 않는 고요한 한때를 보냈다. 사실 대기는 잔잔하지 않았다. 그저 우리가 산들바람을 감지하지 못했을 따름이었다. 만약 우리가 과학수사대나 사바나의 추적자들처럼 가루나 재를 날려가며 대기의 지극히 작은 움직임조차 추적하려 애썼더라면 우리는 당연한 진실, 그러니까 대기는 언제나 이동 중이라는 사실을 눈으로 확인할 수 있었을 것이다.

존과 함께 언덕을 오르며 어둡고 위협적인 형상의 늙은 주목들 사이를 지나가는데, 갑자기 아주 가벼운 산들바람이 느껴졌다. 언제 느껴도 늘 반가운 바람이었다. 구름이 두껍게 덮인 숲에 일정하게 부는 바람은 자연 항법사의 어깨에 다정히 팔을 올리고는, 잠시 걸음을 멈추고 깊이 느껴보라고 속삭인다. 그리고 우리가 권유를 받아들이면, 바람은 또 다른 팔을 다정히 내밀어 기다란 손가락으로 길을 가르쳐준다.

산들바람을 느꼈느냐는 나의 물음에 존은 고개를 끄덕였다. 우리는 둘 다 바람에 예민했다. 바람은 우리의 머릿속 지도에서 각각 중요한 부분을 차지하고 있었다. 나는 그 바람의 원인을 알아내기 위해 언덕을 반복적으로 천천히 오르내리며 바람의 방향과 성질, 세기를 평가했다.

우리의 상식으로는 언덕을 더 높이 올라갈수록 바람에 대한 마찰저항은 더 약해지고 바람의 세기는 더 강해져야 했다. 하지만 산들바람의 느낌이 갑자기 달라지는 방식에서 나는 그 바람에 고도 외의 요인이 작용하고 있다는 확신을 하게 되었다. 단서는 경관에 있었다. 문제의 산들바람이 정확히 어디서 오는지를 알아내기 위해 나는 눈을 들어 바람이 그려놓은 지도를 바라보았다. 이제 우리는 숲의 중심부보다 높이 올라와 있었다. 바람이 불어오는 북동쪽을 바라보며 나는 우리가 아직 주목과 너도밤나무 숲을 완전히 빠져나오지는 못했어도 숲 중심부의 나무우듬지보다는 높이 올라왔다는 사실을 알 수 있었다. 그리고 덕분에 그 바람은 우리에게 닿을 기회를 잡을 수 있었다. 이유 없는 현상이란 없다. 그 산들바람은 우리가 새로운 바람의 영역에 들어섰다는 강력한 징후였다.

그리 오래지 않아 우리는 첫 번째 사슴을 발견했다. 제법 커다란 무리였다. 수십 마리의 다마사슴이 간발의 차로 우리를 먼저

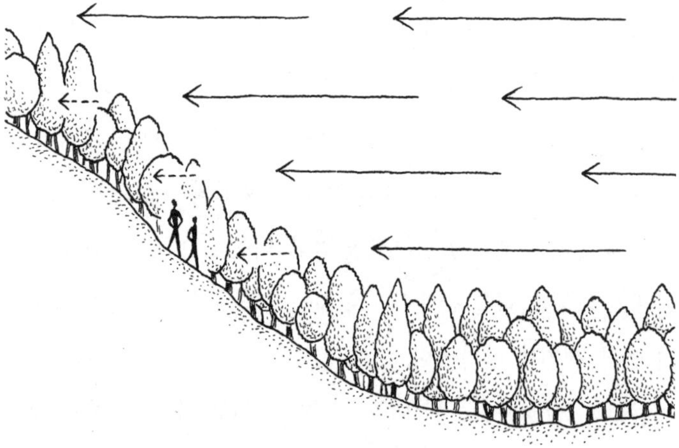

숲지붕의 산들바람

발견하고는 덤불을 헤쳐나가며 발굽으로 잔가지를 지끈지끈 부러뜨리고 있었다. 커다란 수사슴 한 마리가 자리를 지킨 채 우리 쪽을 몇 분간 뚫어져라 바라보았다. 우리가 굳은 자세를 풀자, 비로소 사슴은 주목들 아래로 모습을 감추었다.

우리는 사슴이 풀을 뜯던 자리로 걸어갔다. 녀석들이 그 언덕마루에서 굳이 그 장소를 선택한 이유를 드러낼 작은 단서라도 찾아보기 위해서였다. 다마사슴이 굉장히 좋아하는 검은딸기나무가 곳곳이 야금야금 뜯긴 몰골로 우리를 맞았다. 검은딸기나무들이 무성한 자리는 햇볕이 잘 드는 빈터였고, 골고사리도 수십 포기가 함께 자라고 있었다. 골고사리는 일대에서 자라는 양치식물 가운데 유일하게 잎이 한 갈래로 뭉쳐서 난다. 반면 고사리와 같은 여느 양치식물의 잎은 하나같이 더 작고 수백 갈래로 갈라져 있다. 너도밤나무 숲에 둘러싸인 백악 언덕의 등성이에서 골고사리는 다소 낯선 식물이었다. 골고사리는 습한 흙을 선호하고, 아주 오래된 삼림지를 나타내는 지표종이다. 한데 그 언덕마루는 그중 단 하나의 요건도 충족하지 않았다. 영문 모를 일이었지만, 나는 그 골고사리가 자연 항법에 활용될 수 있다는 점에서 약간의 위안을 얻었다. 이 특별한 양치식물은 그늘받이에서는 색이 짙어지고, 밝은 볕받이에서는 연한 황녹색에 가까워진다. 다시 말해 북쪽에 면한 비탈에서는 더 어두운색을, 남쪽에 면한 비탈에서는 더 밝은색을 띤다는 얘기다.

지끈 소리가 또다시 들리는가 싶더니 빈터 저쪽에서 다마사슴 대여섯 마리가 모습을 드러냈다. 보아하니 우리가 끼어들어 무리를 갈라놓은 듯했다. 사슴들은 우리를 우회하여 무리에 합류할 공산이 컸다. 유일한 의문이라면, 과연 어느 경로로 우회할까 하는 부분이었다. 그때 갑자기 사슴들이 바람 속으로 내달렸다.

우리는 예의 그 양치식물과 검은딸기 덤불 틈에 서서, 사슴이 그 장소를 택한 이유를 이리저리 짜 맞춰보았다. 주된 요인들은 모두 제자리에 있었다. 그 언덕마루의 빈터에는 훌륭한 식량 공급원이 있었고 주위는 아직 나무로 빽빽했다. 하지만 여기까지는 이미 출발 전에 존이 확인해준 부분이었다. 관건은 왜 하필이 언덕인가 하는 점이었다. 내가 떠올린 유일한 가설은, 우리가 있는 곳이 어느 주차장의 바람의지 쪽이라 인간과 개의 활동이 빈번하고 산들바람이 그 냄새를 빈터에 실어 나를 법한 고도에 위치한다는 것이었다. 그러니까 사슴은 위협적 존재인 인간과 개들이 다가왔을 때 냄새로 위험을 알아채기에 적합한 고도에 자리를 잡은 셈이었다. 하지만 우리 둘 다 이것이 진짜 원인이라고는 확신하지 못했다. 언제나 그렇듯 우리는 더 많은 창문을 들여다볼 필요가 있었다.

블러드하운드

존과 나는 인간과 개의 냄새가 땅 위를 지나 사슴에게 도달하는 경로에 관해 이야기를 나눴고, 대화는 자연스레 수색 구조대원과 그들의 뛰어난 냄새 추적견이 사용하는 기술들에 관한 이야기로 이어졌다. 존의 이야기는 어딘지 친숙하고도 낯설게 들렸다. 개의 훈련과 날씨의 징후는 수많은 지점에서 교차한다.

수색 구조견 전문 조련사는 가장 섬세한 바람과 날씨의 징후에 주의를 기울여야 한다. 구름과 희미한 산들바람을 읽어내느냐 마느냐에 따라 누군가의 목숨을 구할 수도 있고 잃을 수도 있기 때문이다. 이 특별한 동물이 밟을 법한 경로들을 탐색하다보면, 산들바람이나 연기를 보는 시각이 이전과는 확연히 달라질 수밖에 없다.

개 조련사가 경관을 읽는 기법은 이제껏 우리가 살펴본 것들, 이를테면 복사라든가 가열, 냉각, 역전, 층류, 난기류, 서멀, 맴돌이 따위에 적잖은 기반을 두고 있다. 수색 구조견의 감수성과 숙련된 솜씨는 인간의 능력을 훌쩍 뛰어넘는 수준이어서, 녀석들의 자취를 쫓는 과정은 상당히 까다로울 수 있지만 일단 가장 기초적인 기술, 즉 우리 인간처럼 후각이 부실한 동물도 특정 조건에서는 모방이 가능한 기술을 사용해 추적을 시작해보자.

우선 조난자가 있다고 상상해보자. 어느 언덕 비탈에 의식을 잃은 사람이 쓰러져 있다고 가정하는 것이다. 만약 산들바람이 꾸준히 불고 있다면, 수색견은 조난자에게서 바람이 불어가는 쪽에 있어야 그 사람의 냄새를 포착할 수 있을 것이다. 문제는 수색견도 조련사도 조난자의 바람의지 쪽을 정확히 알 리가 없다는 점이다. 바람을 따라 이동하는 것은 무의미하다. 바람에 맞서 이동하는 것도 현명한 방법은 아니다. 정작 냄새는 포착하지 못한 채 냄새와 평행하게 멀어지는 꼴이니 말이다. 유일하게 논리적인 방법은 바람을 가로질러, 그러니까 풍향과 수직선을 그리며 걷는 것이다.

사막은 건조하고 메마른 환경이다. 따라서 냄새의 기준선이 굉장히 낮다. 조금이라도 강한 냄새는 인간에게도 강하게 감지된다. 또한 누구라도 사막에서 충분히 오랫동안 바람을 가로질러 걷다 보면, 결국에는 연기의 냄새를 포착하게 된다. 이때 바람이 불어오는 쪽으로 발길을 돌려 냄새를 따라가다 보면, 모닥불 주위에 둘러앉은 사람들을 발견할 수 있다.

여기까지는 대체로 순조롭다. 하지만 더할 나위 없이 알맞은 위치에서도 개는 사람 냄새를 쉽게 포착할 때가 있는가 하면 전혀 그러지 못할 때도 있다. 인간은 1분마다 무려 4만 개의 미세한 박편을 떨어낸다. 그중 일부는 땅에 내려앉지만, 대부분은 공기에 실려 떠다닌다. 그러니 혹시라도 개의 후각을 지닌 사람이 있다면 그 입자들의 수상쩍은 냄새를 감지할 것이다. 그 냄새는 상당히 독특해서, 후각이 몹시 예민한 개들은 일란성 쌍둥이를 냄새로 분간할 수 있고, 인간이 병에 걸렸다는 사실을 환자 자신보다 먼저 알아차릴 수도 있다.

이 냄새를 실은 공기가 개의 콧구멍을 지나가는 순간 녀석의 활약은 비로소 시작된다. 냄새는 개의 뇌 속에 환하게 네온사인을 켜고 조난자가 쓰러져 있는 방향을 가리킨다. 하지만 만약 그 공기가 개를 지나쳐버리면, 단서를 찾을 길은 요원해진다. 그러므로 모름지기 수색견이라면 반드시 바람을 가로질러, 냄새를 포착할 때까지 추적을 이어가야 한다.

이쯤에서 한 가지 짚고 넘어갈 부분이 있다. 냄새는 땅을 타고 개의 코에 도달할 때도 있지만, 개의 위쪽으로 전부 넘어갈 때도 있다는 사실이다. 개가 냄새를 포착하고 추적까지 완벽하게 해낸다 해도, 그 냄새가 갑자기 사라졌다가 나타나기를 반복할 수도 있다는 얘기다. 조련사는 이 모든 경우의 수를 예측함으로써 개를 올바른 방향으로 인도할 능력을 갖춰야 한다.

이들이 해와 땅, 구름, 바람을 읽는 기술은 가히 예술의 경지라 할 만하다. 그 기술을 이해하고 모방하기 위해서는 개의 후각뿐 아니라 인간의 가장 강력한 감각인 시각을 제대로 활용해야 한다. 마침맞게도 연기는 인간의 피부 박편을 비롯해 공기로 운반되는 여느 입자들과 행동 양식이 동일하며, 공기의 지극히 느린 방향 전환까지 우리 눈으로 추적할 수 있게 해주는 시각적 지표 역할을 한다.

연기의 여섯 가지 모양

가장 단순하고 직관적인 패턴에서 시작해보자. 매우 가벼운 산들바람이 불고 있을 뿐, 대기는 주목할 만한 현상이라곤 없이 잠잠하다. 연기는 바람의지 쪽으로 흐르며 모든 방향으로 고르게, '원추형(coning)'이라는 패턴으로 퍼져나갈 것이다. 원추형 연기가 보인다는 것은 무엇을 의미할까? 원추형 연기는 반드시 대기가 안정할 때에만 나타나고, 알다시피 이는 서멀도 국지적 가열도 발생하지 않았다는 것을 의미한다. 또한 밤사이 복사열이 별달리 냉각되지 않았다는 것을 의미하기도 한다. 원추형 연기는 구름이 짙게 드리운 하늘 아래서 나타날 가능성이 가장 크다. 수색견의 입장에서는 최적의 기상 조건이다.

이제 구름이 걷히고 해가 고개를 내민다고 상상해보자. 다음에 벌어질 일을 우리는 알고 있다. 요컨대 국지적 가열과 서멀, 불안정성이 뒤따를 것이다. 땅 위의 공기는 좁은 간격으로 들쭉날쭉하게 상승하고, 또 하강한다. 그로 인해 연기는 마치 롤러코스터처럼 '파상형(looping)'으로 요동치며 퍼져나간다.

때때로 대기는 극도로 차분해지는데, 이는 기온역전, 즉 따뜻한 공기가 차가운 공기 위에 자리하는 현상과 관련이 있다. 이때 연기는 상승하지도 하강하지도 못한 채 얇은 삼각형 모양으로 퍼져나간다. 마치 원추형 연기를 가로로 얇게 저며 놓은 것처럼. 이러한 연기의 패턴을 '부채형(fanning)'이라 한다. 부채형 연기는 하늘이 맑았던 밤의 다음 날 이른 아침에 나타날 가능성이 가장 높다. 부채형 연기의 냄새는 그보다 아래쪽에 있는 모든 개의 머리 위로 지나가버릴 것이다.

하루가 시작될 무렵에 나타나는 기온역전은 일반적으로 그리 오래 지속되지 않는다. 태양이 땅을 가열하고 대류가 시작되고 바람이 더 강해지고 공기층이 뒤섞일 때면 종종 파상형 연기에 적합한 조건이 만들어진다. 하지만 부채형에서 파상형으로 넘어가는 사이에 해가 떠오르면서 다소 흥미로운 현상이 발생할 수 있다. 낮게 걸린 태양은 땅을 약하게 가열하고, 이는 지표

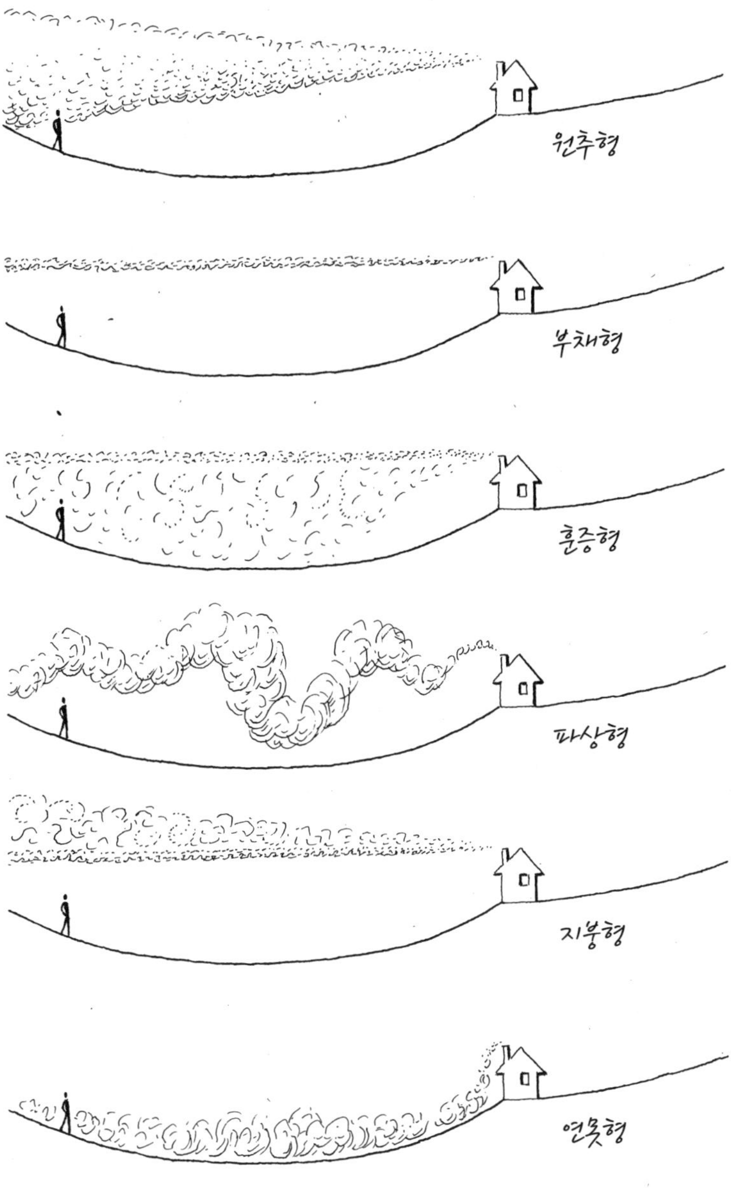
원추형
부채형
훈증형
파상형
지붕형
연못형

면과 가까운 공기층에 약간의 불안정성을 유발하지만, 그보다 높은 공기층에는 아무런 영향도 미치지 않는다. 이로써 가장 낮은 공기층의 일부가 가볍게 뒤섞인다. 연기는 상승할 수 없지만, 지표면 근처로 가라앉아 뒤섞인다. 연기는 '투명천장', 즉 기온 역전층의 꼭대기와 지표면 사이에 끼인 상태로 가라앉아 그 공기층 안에서 고르게 퍼져나간다. 이러한 연기의 패턴을 '훈증형(fumigating)'이라 한다. 연기가 이런 식으로 퍼지면 개가 냄새를 알아채기는 쉬워지지만, 입자들이 너무 많이 뒤섞이고 퍼져버린 탓에 냄새의 근원을 집어내기는 더 어려워진다.

맑은 날 해가 진 뒤에는 열이 지표면 밖으로 방출되면서 지표면 근처에 차갑고 안정한 공기층이 형성되지만, 바로 위의 따뜻한 상승기류는 그대로 유지된다. 그로 인해 나타나는 연기의 패턴을 '지붕형(lofting)'이라 하는데, 훈증형과는 정반대라고 생각할 수 있다. 연기는 상승하고 널리 퍼져나가지만, 특정한 높이의 투명 바닥 아래로는 가라앉지 않는다. 이러한 기상 조건에서 개들이 냄새를 알아챌 유일한 방법은 높은 지대에서 점차 아래로 이동하는 것이다.

구름이 거의 없는 날에 태양이 서멀을 촉발하면, 대기는 매우 안정한 상태에서 난기류로 차츰 바뀌게 된다. 또한 대기의 이러한 변화에 발맞춰 연기의 패턴도 부채형에서 훈증형과 파상형을 거쳐 지붕형으로 차츰 진화한다.

산들바람조차 거의 불지 않는 날에는 연기가 일대에서 가장 낮은 지점까지 내려갈 수 있다. 이러한 연기의 패턴을 '연못형

(pooling)'이라 한다. 이 같은 패턴은 냄새 추적에 도움이 되지 않다. 설령 개가 문제의 냄새 연못을 찾아낸다 해도 바람이 불지 않으면 냄새의 근원으로 이어지는 선이 끊겨버리기 때문이다.

또한 대기는 연기의 패턴에 당연히 국지적으로도 영향을 미친다. 가령 바람이 모종의 장벽을 통과할 때면, 연기는 나무나 건물 따위의 장애물 위로 상승하다가 강한 서멀을 만나는 순간 세차게 솟구칠 것이다.

존과 내가 숲속을 탐사한 날의 대기 조건은 원추형 연기가 피어나기에 알맞았다. 그리고 사슴은 풀을 뜯을 장소로 주차장에서 바람이 불어가는 언덕마루를 선택한 덕분에 우리의 냄새를 어렵지 않게 알아챌 수 있었다. 하지만 때로는 우리가 바람이 불어오는 방향에 있는데도 사슴이 우리의 냄새를 좀처럼 알아채지 못하는 날들도 있었다. 그런 날이면 우리는 사슴들에게 손에 닿을 듯 가까이 다가가는 즐거움을 맛보곤 했다.

우리는 오른쪽 뺨에 닿는 바람을 느끼며, 언덕의 아래쪽에 주차해 놓은 차를 타러 내려갔다. 자, 이제 자기 안의 블러드하운드를 불러내보자. 그래서 냄새나 연기를 닥치는 대로 추적해보자.

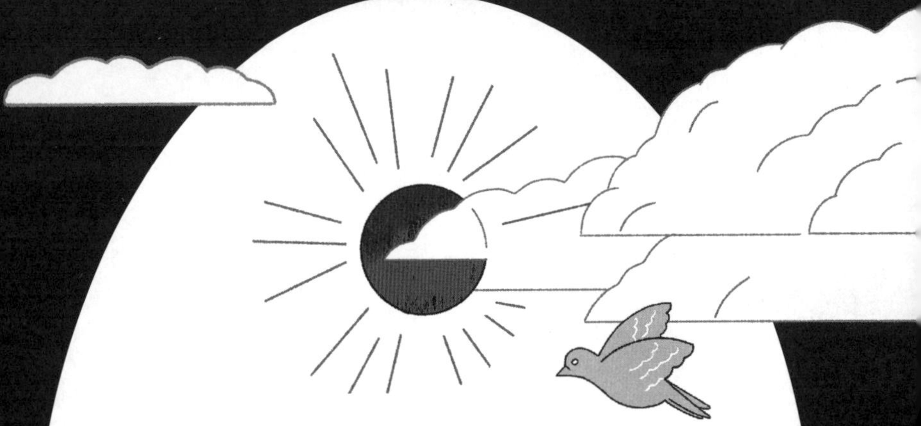

9장

우박과 눈

돌풍이 지나간 뒤 | 푸른 하늘에서 내리는 눈 | 눈송이 | 장담 | 따뜻한 징후 | 집적의 법칙 | 역류언덕 | 설선

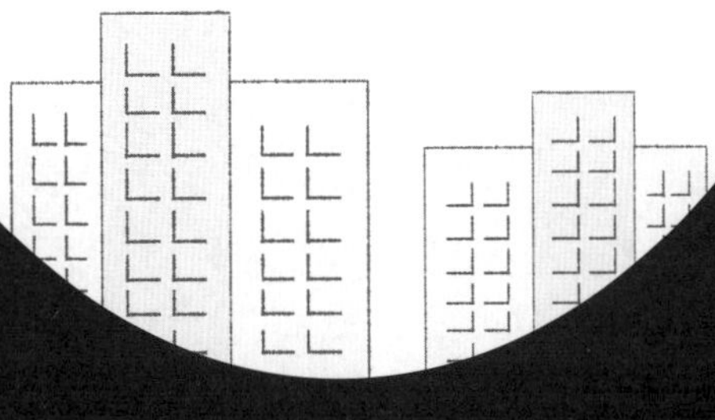

하늘에서 내리는 비며 눈이며 진눈깨비며 우박은 언제나 우리에게 각자의 이야기를 애써 들려주려 한다. 그중에서도 우박의 메시지는 가장 명확하다. 모든 우박은 쌘비구름에서 쏟아지고, 쌘비구름은 폭풍우를 불러오니 말이다. 우박이 보이거나 느껴진다는 것은 곧 하늘에 먹구름이 떠 있고, 대기는 매우 불안정하며, 번개가 칠 가능성이 있다는 뜻이다.

우박은 상승하던 물방울이 위쪽의 차가운 공기를 만나 얼어붙으면서 생성된다. 처음의 작은 얼음 알갱이들은 점점 무거워지다 끝내 중력을 이기지 못하고 아래로 떨어진다. 중간에 방해물을 만나지 않으면 계속 떨어지다가 녹아서 다시 물의 형태로 천천히 지표면에 내리겠지만, 쌘비구름 속 얼음 알갱이는 상승기류에 부딪혀 하강을 멈추고 다시 더 높은 하늘로 밀려 올라갔다가 그곳에서 더 많은 얼음과 결합해 더 큰 얼음 알갱이를 형성한다. 비로소 작고 어린 우박덩이(hailstone)가 생겨나는 것이다. 이 우박덩이 역시 중력을 이기지 못하고 전보다 조금 무거워진 상태로 하강하는데, 이때 상승기류가 얼마나 강력한지에 따라 아주 작은 우박덩이인 채로 떨어질 수도 있고 한 번 더 상승하여 몸집을 불린 다음 또다시 하강할 수도 있다.

그러므로 우박덩이의 크기는 우박이 들려주는 이야기에서 중요한 부분을 차지한다. 우박덩이가 크다는 것은 곧 쌘비구름에 대한 상승기류가 강하고, 대기가 불안정하며, 폭풍우의 가능성이 크다는 뜻이다. 우박덩이는 무게로 치면 1킬로그램까지, 직경으로 치면 20센티미터까지 커질 수 있는데, 한껏 몸집을 불린 우박덩이는 어마어마하게 강력한 폭풍우구름의 징후이다. 혹시나 그런 크기의 우박을 보고도 여유를 부리는 사람이 있다면, 장담컨대 곧이어 닥쳐올 폭풍우를 피하느라 허둥거리게 될 것이다.

우박덩이의 색깔은 우박의 메시지를 품고 있다. 우박은 쌘비구름의 매우 차가운 꼭대기에서 비교적 따뜻한 밑면까지 내려왔다가 다시 상승하기를 반복한다. 구름의 꼭대기 근처에서는 자잘한 공기 주머니를 품은 얼음이 주위에 들러붙는 까닭에 우박덩이의 외층이 불투명한 흰색을 띤다. 그런가 하면 구름의 밑면 근처에서는 우박덩이 주위로 물방울이 맺혔다가 이내 얼어붙는 까닭에 외층이 상대적으로 훨씬 투명하다. 이렇듯 물과 얼음 막을 번갈아 입혀가며 몸집을 불리는 과정은 모든 큼직한 우박덩이에 일종의 '양파껍질 효과(onion-layer effect)'를 일으킨다. 각각의 껍질이 우박덩이의 여정을 담은 기록지 역할을 하게 되는 것이다.

우박덩이의 모양은 대체로 고른 편이지만, 지표면에 떨어진 우박 무더기를 찬찬히 살피다 보면 기기묘묘한 모양이 이따금 눈에 들어올 것이다. 그것들을 더욱 가까이 들여다보면, 두세 개의 우박덩이가 융합하여 독특하고 때로는 괴이한 모양을 형성했다는 사실을 알게 될 것이다.

돌풍이 지나간 뒤

얼마 전 나는 한 크리켓 경기의 조직 과정에 참여했다. 부연하자면 '아들들 대 아빠들', 그러니까 내 작은아들과 아이의 친구들 대 나와 다른 아버지들 간의 시합이었다. 늦은 8월이었다. 일기예보는 심각한 악천후의 도래를 예고했고, 경기를 취소해야 한다는 의견이 주를 이뤘다. 하지만 우리는 경기를 취소하는 대신 장소를 전에 예약해둔 경기장에서 해변으로 수정하기로 했다.

우리는 세 시간 동안 차가운 돌풍 속에서 몇 차례 우박을 맞으며 크리켓 경기를 치렀다. 우박이 모래밭으로 투두둑 쏟아질 때마다, 소년들과 아버지들은 누구든 경기를 중단하자고 나서주길 기대하며 주위를 둘러보았다. 그때마다 나의 의견은 한결같았다. "금방 그칠 겁니다."

물론 나도 번개 걱정에 경계 태세를 유지하긴 했지만, 적어도 우박이 너무 오래 쏟아져 우리가 결국 대피하게 되는 상황은 오지 않으리라는 확신이 있었다.

고맙게도 우리는 경기를 중단 없이 마무리할 수 있었다. 우박은 우리의 재미난 하루를 망치지 못했다. 하지만 더 중요하게는, 이날 아들들의 나이는 열세 살이었고 아빠들은 그날이 지나면 자신들이 크리켓 경기에서 자식들을 이길 기회가 영영 오지 않으리라는 사실을 모두 알고 있었다.

알다시피 모든 우박은 고립된 쌘구름에서 쏟아진다. 이는 곧 우박을 동반한 폭풍은 오래 지속되지 않는다는 것을 의미한다. 지속성 우박이란 없다. 투두둑 쏟아지는 얼음덩이에 우리가 벌어진 입을 다물기도 전에 우박은 거짓말처럼 그쳐버린다. 뒤이어 우박 섞인 소나기가 내릴 가능성을 배제할 순 없지만, 이는 다음 쌘비구름이 도착한 이후에나 가능한 일이다. 고로 우박이 쏟아질 때는 바깥으로 급하게 뛰쳐나가기보다는 안전한 장소에서 몇 분 더 지켜보며 상황이 나아지기를 기다리는 편이 낫다.

쌘비구름과 쌘비구름의 간격은 우박이 쏟아질 때마다 범상치 않은 기상 변화를 유발한다. 먹빛 탑구름이 우리의 머리 위를 스르르 지나갈 때면, 빛은 밝기가 낮아지고, 바람은 돌풍성이 짙어지고, 시정은 돌연 나빠질 수 있다. 하지만 대략 20분만 지나면 우리는 주위의 땅이 온통 우박으로 뒤덮인 가운데 햇살 속에 우두커니 서서, 그 외롭고 거대한 먹빛 구름이 순풍을 타고 차가운 화물을 실어 나르는 광경을 지켜보게 된다. 우박은 그만큼 극적이다.

떠나는 구름의 뒷모습을 실컷 감상한 뒤에는 그 반대편을 찬찬히 들여다보자. 우박을 머금은 쌘비구름이 하나 지나간 하늘에는 비슷한 구름이 또 나타날 가능성이 농후하기 때문이다. 오직 이 공백기에만 우리는 이후의 날씨를 조금이라도 정확히 헤아릴 수 있다. 키 큰 구름과 키 큰 구름 사이의 이 공백기는, 만약 기상 조건이 충분히 안전하다면, 우리가 상황을 살피고 또 다른 괴물의 접근을 알아차릴 유일한 기회이다.

푸른 하늘에서 내리는 눈

푸른 하늘에서 내리는 눈을 바라보며 의아히 여겨본 경험이 다들 있을 것이다. 그럴 때 고개를 살짝 들어보면, 먼 하늘에는 구름이 걸려 있지만, 머리 위 하늘은 구름 한 장 없이 맑다. 그런데도 우리 주위로는 눈이 부슬부슬 내려앉는다.

굵은 빗방울은 가는 빗방울보다 종단속도가 높아서 상대적으로 빠르게 떨어진다. 다시 말해 무게 대 마찰저항 비율이 상대적으로 높다는 얘기다. 반면에 눈송이의 무게 대 마찰저항 비율은 지독히도 낮다. 눈송이는 무게가 몹시 가볍고 심한 마찰저항을 견뎌야 한다는 뜻이다. 눈송이는 마치 추락하는 깃털과 같다. 눈송이가 지상으로 떨어지는 속도는 상당히 느려서, 우리에게 내려앉을 무렵이면 모체구름은 이미 순풍을 타고 우리의 머리 위를 벗어난 상태일 수 있다.

또한 바람은 모체구름에서 멀리 떨어진 곳까지 눈송이를 실어 나를 수 있다. 산악지역의 고풍 속에서 눈송이의 이동 거리는 3킬로미터 남짓까지 늘어나기도 한다. 개중에는 눈송이가 지상에 닿기도 전에 흩어져 사라지는 눈구름도 있을 것이다. 눈은 결코 푸른 하늘**에서**는 내리지 않는다. 그러나 푸른 하늘 아래서 우리에게 내려앉을 수는 있다. 모체구름은 현장을 벗어났다.

눈송이

비처럼 눈 역시 층구름에서 지속성으로 내릴 수도 있고 쌘구름에서 소낙성으로 내릴 수도 있다. 소나기눈의 모체구름은 거의 언제나 쌘비구름이다. 그러므로 소나기눈이 강하게 쏟아지는 와중에도 군데군데 맑은 하늘이 눈에 띌 수 있다.

눈송이의 크기는 기온에 관한 단서이다. 대략적 법칙을 적어보자면, 눈송이가 크면 클수록 공기는 더욱 따뜻하다. 이유는 물리학적으로 명확하다. 몹시 차가운 대기에서 생성되는 눈송이는 전체가 그리 끈끈하지 않은 얼음 결정들로 이루어진다. 그에 비해 물로 얇게 코팅된 얼음 결정은 상대적으로 훨씬 끈끈하다. 만약 기온이 따뜻하여 눈송이 주위로 액체 상태의 물이 존재한다면, 얼음 결정들은 일종의 접착제에 뒤덮인 꼴이 되고, 그로 인해 수많은 얼음 결정이 겹겹이 달라붙으며 눈송이의 몸집은 갈수록 불어날 것이다.

한편 갈수록 작아지는 눈송이들은 갈수록 낮아지는 기온의 징후이다. 몸집이 커지는 눈송이들은 기온이 따뜻해지고 있다는 신호이자 눈이 머지않아 그칠 수 있다는 암시이다. 다만 지속성 강설의 경우 이는 대체로 사실이지만, 소낙성 강설의 경우에는 눈여겨볼 예외가 존재한다. 하나의 쌘비구름에서 만들어진 눈송이들도 중력의 영향으로 내려오는 속도가 저마다 달라진다. 또한 빗방울처럼 눈송이도 몸집이 클수록 무게 대 마찰저항 비율이 높아, 더 빨리 땅으로 내려온다. 고로 소나기눈은 눈송이가 점점 작아지다가 뚝 그치는 경우가 대부분이다.

눈송이의 정확한 모양을 맨눈으로 알아보기는 어렵지만, 그 안에는 아름다운 질서가 있다. 나는 여기서 그 부분에 대해 간략하게 언급하려 한다. 이유는 단 하나, 날씨의 패턴과 의미를 이왕이면 미시적 세계까지 포함하여 모든 범위에서 밝혀두고 싶어서다.

눈송이의 모양을 좌우하는 핵심적 요인은 공기의 온도와 습도다. 만약 온도와 습도가 달라지면, 얼음 결정의 형성 방식이 달라지면서 눈송이의 모양도 확연히 달라진다. 가령 온도는 그대로인데 습도가 올라갈 경우 얼음 결정은 육각기둥형에서 육각원통형(속이 파인 육각기둥 형태—옮긴이)을 거쳐 막대형(바늘처럼 길고 뾰족한 형태—옮긴이)으로 변화한다. 반대로 습도는 그대로인데 온도가 내려갈 경우에는 막대형에서 별모양(나뭇가지처럼 여러 가닥으로 뻗어나가는 형태—옮긴이)으로 변화한다.

가장 복잡하고 정교하며 아름다운 얼음 결정이 형성되는 습도와 온도의 범위는 상당히 좁다. 하지만 구름의 한쪽에서 단순한 모양의 얼음 결정이 형성되었다가 이 결정이 구름의 다른 쪽, 그러니까 기상 조건이 다른 영역으로 이동하면서 새로운 모양의 얼음 결정이 추가되는 경우도 많다. 얇은 기둥들의 양 끝에는 챙 넓은 '모자'가 씌워진다. 이론상으로는, 추운 방에서 좋은 현미경으로 눈송이의 온갖 얼음 결정을 관찰하고는 그 눈송이가 구름 속에서 펼쳤을 법한 여정을 이야기로 써낼 수도 있을 것이다.

장담

당연히 눈은 여름보다 겨울에 내릴 가능성이 크다. 하지만 많은 지역에서 눈은 한겨울보다 초봄에 더 자주 내린다. 여기에는 두 가지 이유가 있다. 첫째, 바다와 육지는 한겨울보다 늦겨울과 이른 봄에 더 춥다. 둘째, 눈은 계절만큼이나 기단에 좌우되는데, 공기가 혹한의 대륙들을 가로질러 도착하는 시점은 많은 지역에서 이른 봄인 경우가 대부분이다. 차가운 기단은 6월에도 눈을 몰고 올 수 있지만, 따뜻한 기단은 연중 그 어떤 시기에도 눈을 실어 오지 않는다.

눈이 내릴 시점을 정확히 예측하기란 무척 까다롭다. 비가 내리는 데 필요한 조건에 더하여 굉장히 구체적인 온도 조건까지 충족해야 하기 때문이다. 실제로 눈은 온도에 지나치게 민감하다. 기온이 2도만 변해도 눈이 올 가능성과 눈의 양 및 형태가 달라진다. 이는 곧 고도가 몇백 피트만 변해도 상황이 완전히 달라질 수 있다는 뜻이다. 인정하건대, 때때로 우리가 할 수 있는 최선은 지속성 눈과 소낙성 눈을 구분하는 정도일 것이다. 그리고 당연하게도 지속성 눈은 오랫동안 내리고, 소낙성 눈은 단속적으로 이따금 강하게 내린다. 둘 다 비와 마찬가지로 눈구름이 산맥을 넘으며 지나온 과정에 지대한 영향을 받는다.

기온에 대한 눈의 민감성은 다른 방식으로도 확인할 수 있다. 대부분의 지형 조건에서는 위치에 따라 기온이 다소 지나치게 높거나 낮을 수 있어서 특정 장소에 눈이 내릴지를 예측하기가 쉽지 않다. 하지만 산에서라면 얘기가 전혀 달라진다. 산악 지방에서는 기온이 고도에 따라 점차적으로 변화한다. 만약 우리가 있는 장소가 눈이 오기에는 지나치게 따뜻하다면 당연히 비가 오겠지만 그보다 몇백 피트쯤 높은 장소에서는 눈이 오겠고, 조건이 뒤바뀌면 반대의 상황이 펼쳐질 것이다. 저지대에서는 눈이 올 가능성을 판단하기 위해 모든 변수를 낱낱이 고려해야 한다. 그러나 높은 산에서는 강수의 조짐만 제대로 읽어도 눈이 올 것을 예측할 수 있다. 관건은 단연코 고도이다.

따뜻한 징후

혹한과 눈은 함께 오는 경우가 드물다. 앞서 살펴본 것처럼 기온이 가장 낮아지는 때는 대개 고기압의 영향으로 하늘이 맑은 밤이고, 구름 한 장 없이 맑은 하늘에서는 눈이 내리지 않는다.

겨울에 한바탕 강추위가 닥친 뒤에 기온이 상승하면, 눈이 내릴 가능성 또한 높아진다. 마침 여기에 딱 맞는 속담이 있다. "얼음장 같던 바람이 따뜻해지면, 눈보라가 몰아치기에 십상이다." 얼핏 이는 직관에 어긋나는 듯 보인다. 하지만 여러 사실을 하나하나 짚어가다 보면 이내 원리를 깨닫게 된다. 기온이 높아지는 시기에는 구름이 대지를 뒤덮는다. 맑은 하늘에 끼는 구름은 전선의 접근을 알리는 신호다. 전선은 눈을 몰고 온다. 추운 겨울철에는 그로 인해 눈이 올 가능성이 커진다. 여느 전선의 경우와 마찬가지로 구름 유형의 점진적 변화와 바람의 이동 양상을 살피다 보면 전체 그림이 눈에 들어올 것이다.

집적의 법칙

눈은 일단 쌓이고 나면 새로운 삶을 시작한다. 그리고 다양한 패턴의 세계가 우리의 눈앞에 펼쳐진다. 하지만 눈은 모든 장소에 고르게 쌓이지 않는다. 눈이 엉겨 붙으려면 땅이 차가워야 하는데, 앞서 살펴본 것처럼 땅은 태양열과 땅속열을 비롯한 여러 경로를 통해 따뜻해질 수 있기 때문이다. 눈은 온도에 민감하고 이 점에서는 여러모로 서리와 유사하지만, 습성 면에서는 겹치는 부분이 그리 많지 않다.

눈은 흙바닥보다 풀밭에 쌓일 가능성이 크다. 흙은 열을 더 잘 전도할 뿐 아니라, 땅속열을 더 많이 끌어내기 때문이다. 포장도로는 훨씬 더 많은 열을 전도하므로 눈이 쌓일 가능성이 훨씬 더 낮다. 다리와 고가도로에는 근처의 낮은 도로보다 먼저 눈이 쌓이는데, 다리는 공중에 걸려 있어 땅속열을 전도하지 못하기 때문이다. 또한 종종 표지판에서 보듯 "다리가 도로보다 먼저 결빙"되는 이유도 거기서 찾을 수 있다. 일반적으로 고가도로에는 강에 걸린 다리에 비해 많은 눈이 쌓이는데, 강 위의 공기가 물로 인해 따뜻해져 다리로 올라가기 때문이다.

도로의 검은 표면은 풀밭이나 흙바닥에 비해 태양의 복사열을 (심지어 흐린 날에도) 더 많이 흡수한다. 여기에 자동차들까지 가세하여 온기를 더한다. 그런고로 눈은 차도에 쌓이기 전에 상대적으로 색이 밝은 보도에 엉겨 붙고, 다리 위의 보도에는 그보다 더 많이 쌓이게 된다. 요컨대 눈이 엉겨 붙는 순서는 장소에 따라 다르고, 도로에 눈이 쌓일 무렵이면 길가에는 눈이 더 두껍게 쌓였을 공산이 크다.

눈송이는 크기에 따라 지표면에 내려앉은 이후의 행동 방식이 달라진다. 큰 눈송이는 대체로 (주위를 둘러싼 물 때문에) 끈끈해서 땅 위의 다른 눈송이들과 결합하고, 지표면이 차가우면 서로 엉겨 붙는다. 작은 눈송이는 비교적 건조해서 서로 엉겨 붙지 않고, 지표면에 내려앉은 이후에도 바람에 날릴 수 있다. 이렇듯 건조한 눈송이가 가벼운 바람에도 마치 스티로폼 부스러기처럼 흩날리는 광경을 다들 한 번쯤은 본 적이 있을 것이다.

역류언덕

바람이 많이 불고 마른눈이 충분히 내린 날에는 경관에서 새로운 패턴이 나타나기 시작한다. 마른눈은 바람에 실려 날아다니다가 장벽에 부딪히면 비로소 이동을 멈추고 그 자리에 소복이 쌓인다.

이렇듯 바람에 날려 쌓인 눈 더미를 읽는 기법이 있다. 그리고 이 기법은 눈여겨볼 모양을 몇 가지 알아두면 더 쉽게 이해할 수 있다. 내 전작들을 읽은 독자라면 그중 특히 한 가지 모양과 친숙할 것이다. 바람은 파도와 모래와 눈을 비슷한 모양으로 조각한다. 다시 말해 바람이 빚어내는 파도와 모래와 눈의 언덕은 각각 완만한 사면과 가파른 사면을 동시에 갖는다. 완만한 사면은 바람받이 쪽에 형성되고, 가파른 사면은 바람의지 쪽에 형성된다. 모래나 눈으로 뒤덮인 환경에서는 이런 언덕들의 높이가 고작 몇 센티미터부터 몇백 미터에 이르기까지 다양할 뿐 아니라 때로는 몇천 개씩 발견되기도 한다.

일단 몇 개를 발견한 뒤에는 되도록 덜 알려진 모양을 자세히 들여다보자. 내가 '역류언덕(rebel dune)'이라 일컫는 모래와 눈 더미들은, 예컨대 담장이나 산울타리처럼 짧고 수직적인 바람 장벽이 있는 곳에서 주로 발견된다.

바람은 경관을 가로질러 이동하는데, 예의 그 법칙에 따라 바람받이 쪽 사면은 완만하고, 바람의지 쪽 사면은 더 가파르다. 그러다 담장을 비롯한 장벽에 부딪히면, 급격히 위쪽으로 방향

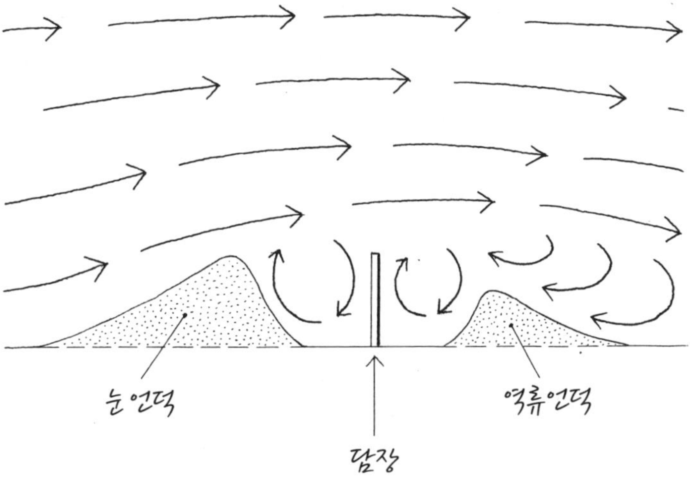

을 튼다. 장벽의 바람의지 쪽에서는 맴돌이가 형성되고, 바람은 둥그렇게 감겨 내려가다 급기야 '엉뚱한' 방향으로, 그러니까 주풍에 맞서 다시 장벽을 향해 불기 시작한다. 이렇듯 역류하는 바람은 성긴 눈을 들어 올려 새로운 눈 언덕을 쌓기 시작한다. 이것이 바로 역류언덕이다. 역류언덕은 '엉뚱한 방향'을 가리킨다. 처음에는 커다란 언덕만 몇 개쯤 눈에 띄지만, 역류언덕의 개념을 이해하고 탐색하다보면 어느 순간부터 굉장히 작은 눈 더미도 시야에 쏙쏙 들어올 것이다. 내 경우 작은 돌멩이와 고랑은 물론이고 꽁꽁 언 말똥 거름의 바람의지 쪽 사면에서도 작디작은 역류언덕들을 발견한 적이 있다.

산에서 눈은 언제나 이동 중이다. 산과 골짜기의 가파른 비탈에는 비바람에 노출된 영역과 비바람과 격리된 영역이 공존한다. 바람은 비바람에 노출된 영역에서 눈을 실어다가 비바람과 격리된 영역에 내려놓고, 이때 운반 방향은 대체로 비탈의 아래쪽이다. 심지어 눈이 녹았다가 다시 얼고 그 얼음이 골짜기에 매달려 빙하가 되는 와중에도, 눈은 여전히 이동 중이다.

겨울 산의 노출된 영역에서 바람이 실어온 눈은 암석과 바위턱, 수풀의 바람의지 쪽에 쌓인다. 봄이 되어 그 눈이 녹으면, 땅은 더 습해진다. 산악지역은 대부분 매우 건조하고, 그처럼 습하고 움푹한 자리는 눈이 사라진 뒤 목마름에 힘겨워하던 봄꽃을 비롯한 여러 식물에 안식처가 되어준다.

설선

설선은 쌓인 눈이 녹으며 그 밑의 땅이 환하게 드러나기 시작하는 지점을 이은 경계선으로, 각 산을 빙 둘러 물결무늬를 그린다. 설선은 방향과 계절, 기후에 따라 모양이 다르고, 남쪽 비탈에서 상대적으로 높은 곳에 자리하며, 열대지방에서는 온대지방에 비해 수천 피트 더 높은 곳에 자리한다. 남극에 가면 바다에서부터 눈을 밟을 수 있지만, 열대지방에 가면 몇 날 며칠을 등반해야 발견할까 말까 한 정도다. 또한 설선은 미기후에 따라서도 달라진다. 따뜻한 국지성 바람은 고지대의 위와 둘레로 모여들고, 바람이 눈을 쓸어간 자리마다 설선이 위로 오목하게 파이며 맨땅이 모습을 드러낸다.

가령 라플란드 지역의 소나무처럼, 눈이 많이 내리고 비바람이 들이치는 기후에서 자라는 나무들은 가지에서 독특한 패턴이 관찰된다. 눈과의 특별한 관계 때문이다. 겨우내 눈 밑에 파묻혀 지내는 가지는 눈 위로 드러나 있는 가지보다 사실 상황이 훨씬 낫다. 그도 그럴 것이 높은 쪽의 가지들은 겨울바람과 그것이 실어 온 얼음 결정에 쓸려 상처를 입기 때문이다. 이로 인해 나무에는 일종의 층이 생기는데, 여름 나무의 튼튼하고 건강한 밑가지들은 겨울에 쌓였던 눈의 높이를 드러내는 단서이다.

많은 지역에서 나무껍질과 바위에 서식하는 유기체들은 겨울에 내린 눈의 높이에 관한 단서를 제공한다. 산악지역 거주민들은 수 세기에 걸친 관찰을 토대로, 나무줄기에서 자라는 지의류가 설선보다 높은 부분에서는 곧잘 눈에 띄지만 그 아래, 그러니까 겨우내 눈에 파묻혀 있던 부분부터는 일제히 자취를 감춘다는 사실을 간파했다. 설선의 지표로서 가장 많이 알려진 지의류는 밤매화지의(parmelia olivacea)이다. 밤매화지의는 산지 자작나무의 껍질에서 자란다. 과학자들은 거의 한 세기 전부터, 그리고 산사람들은 그보다 훨씬 오래전부터 밤매화지의를 활용하고 주목해왔다.

수많은 산지식물에게 쌓인 눈은 담요처럼 고마운 존재다. 눈은 열이 복사작용으로 빠져나가지 못하도록 막고 그 열을 표면 근처에 가둬둔다. 러시아인들의 표현을 빌리자면, "눈에 덮인 옥수수는 털 망토를 두른 노인처럼 편안하다." 폴란드의 거대한 야생 원시림 바이알로비에자(Bialowieza) 숲에서는 나무줄기에서 자라는 담쟁이를 보고 눈이 쌓일 수 있는 최고 높이를 대략적으로 확인할 수 있다. 뇌조나 산토끼 같은 동물들—그리고 몇몇 대담한 인간들—은 생존을 위해 눈을 따뜻한 담요로 사용하기도 한다.

한편 눈 담요는 예기치 않게 아슬아슬한 상황을 유발하기도 한다. 연못이나 호수의 수면이 걸어서 건너도 될 만큼 두껍게 얼어 있다면, 군데군데 눈이 쌓인 자리를 조심하자. 눈 덮인 얼음은 표면이 드러난 주변의 얼음보다 빨리 녹고 먼저 위험해질 수 있다.

모든 식물은 전문가다. 그리고 산에서 자라는 식물에는 눈과의 색다른 관계가 저마다 반영되어 있다. 가장 낮은 비탈에서 자라는 몇몇 식물은 눈이 조금이라도 많이 내리면 죽어버리고 만다. 훨씬 더 높은 비탈에서 자라는 몇몇 이끼는, 겨우 3주를 제외하고 눈이 내리는 환경에서도 죽지 않고 꿋꿋이 버텨낸다. 빙하미나리아재비(glacier buttercup)를 비롯한 몇몇 식물은 눈을 뚫고 솟아날 만큼 강인하게 진화했다.

이처럼 비바람에 노출된 장소에서 자라는 모든 식물은 그곳에 눈이 내리는 기간을 나타내는 단서로 활용될 수 있다. 식물이 자라기 위해서는 적어도 일정 기간은 눈이 내리지 않아야 하고, 그 기간은 식물의 종에 따라 달라지기 때문이다. 예를 들어 난장이버들(dwarf willow)은 일대에 해마다 적어도 두 달은 눈이 내리지 않는다는 징후이다.

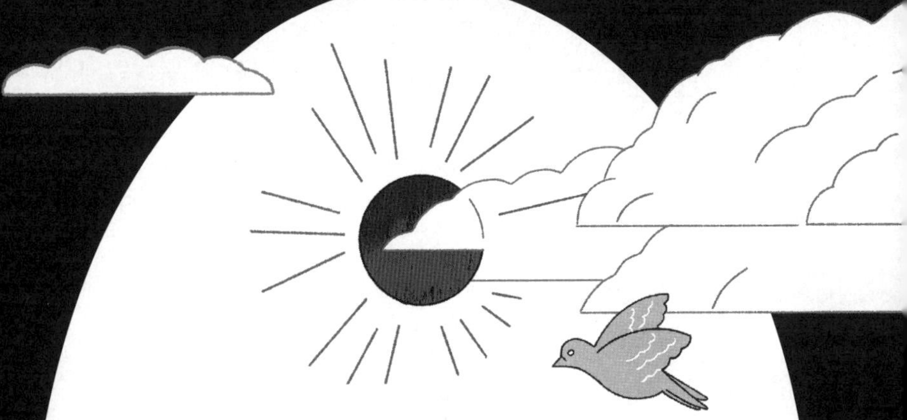

10장

안개

가까운 것과 먼 것을 감각하기 | 두 개의 큰 줄기 | 이슬을 찾아서 | 물 지도 | 안개는 날씨를 예고한다 | 이류안개 | 활승안개 | 증기안개 | 연무 | 전선과 시정

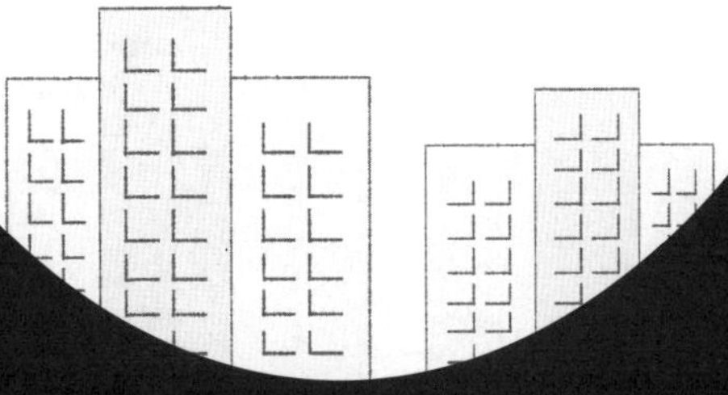

1990년 12월 11일, 경찰이 테네시 칼훈 근처에서 I-75 고속도로를 따라 순찰차를 몰았다. 길게 뻗은 그 구간은 안개가 자욱하기로 악명이 높았지만, 그는 대수롭지 않게 여겼고, 그래서 운전자들이 고약한 시정에 대비할 수 있도록 점멸등을 켜는 조치를 취하지 않았다.

한 시간 남짓 지났을 때 추돌사고가 발생했다. 차량 한 대가 짙은 안개 때문에 속도를 늦췄지만 뒤따르던 차량은 늦추지 않았고, 결국 뒤차가 앞차를 들이받은 것이다. 요행히도 두 운전자 모두 무사한 상태로 손상 정도를 파악하기 위해 차에서 내렸다. 하지만 몇 초 뒤에 다른 차가 뒤차의 후미를 들이받으면서, 갑자기 솟구친 불길이 사고 차량 세 대를 전부 태워버렸다.

도로 반대편에서도 승용차 한 대가 짙은 안개 속으로 진입하며 속도를 늦췄지만, 그 뒤를 따르던 차는 속도를 줄이지 않은 채

앞차의 후미를 들이받았다. 이어서 다른 차량 세 대가 사고 차량에 연달아 부딪혔고, 그중에는 픽업트럭도 한 대 끼어 있었다.

그날 아침 테네시에서는 도합 99대의 차량이 충돌했다. 12명이 죽었고, 15명이 다쳤다. 참으로 끔찍한 사고였지만, 한 가지 긍정적인 결과도 있었다. 다수의 사상자를 낸 사고 뒤에는 철저한 조사가 이뤄지게 마련이니까. 비슷한 사고의 재발을 방지하기 위해 당국은 반드시 원인을 밝혀내야 했다. 왜 그날 그토록 많은 사람이 사망했을까?

퍼즐의 핵심적 단서가 안개라는 사실은 조사관들도 알고 있었다. 하지만 그 도로는 원래부터 안개가 빈발하는 구간이었고, 전에는 그와 같은 대규모의 사고가 발생한 적이 없었다. 그러던 중 근처의 제지공장에 부분적 책임이 있다는 의혹이 제기되었다. 공장의 폐수처리 연못 중 하나가 마침 사고 지점과 가까운 고속도로에 걸쳐 있었기 때문이다.

이내 철저한 조사가 실시되었다. 모든 관찰 결과와 가용 자료가 동원되었고, 전문가들은 컴퓨터 모델과 최신 과학기술을 활용해 유달리 농밀했던 그날 안개의 원인을 파악하려 했다. 소송 끝에 제지공장은 폐수처리 연못 가운데 한 곳을 폐쇄하기로 결정했다. 실상 그 연못들은 "그날의 안개에 유의미한 원인"을 제공하지 않았다는 한 조사관의 의견이 있었음에도 말이다.

여느 기상현상과 마찬가지로 안개의 내막 역시 복잡하고 난해하다. 하지만 당시의 사고 기록을 살펴보면 몇 가지 명확한 사실이 눈에 들어온다. 사고 현장은 문제의 주간 고속도로 내에서 워낙 안개가 자주 끼는 구간이었고, 그 구간에서 이미 1974년과 1979년에도 6건의 심각한 사고가 발생했으며, 그중 3건은 치명적이었다. 그 모든 사고에는 공통점이 있었다. 각 사고의 원인이었던 안개는 하나같이 물이 많은 지역에서 따뜻한 며칠과 맑은 하룻밤에 뒤이은 고요하고 서늘한 아침, 해가 떠오른 직후에 피어났다는 점이었다. 공기와 물과 열이라는 익숙한 재료가 독특한 방식으로 조합하면서 치명적 안개를 발생시킨 것이다.

가까운 것과 먼 것을 감각하기

우리는 모두 자욱한 안개를 인지할 수 있다. 그러나 안개의 짙고 옅음에는 완벽한 시정에서 시야상실까지 여러 단계가 존재한다. 우리는 각 단계에 대한 감수성을 벼릴 수 있다. 그러기 위해서는 안개가 자주 끼기로 유명한 몇 곳을 가까이에서, 혹은 멀리서 규칙적으로 찾아다니며 감각을 길러야 한다.

만약 운 좋게 시야가 탁 트인 장소에 접근이 가능하다면, 다양한 영역에서 몇몇 주요 지형지물을 고른 다음 그것들이 깨끗하게 보일 때와 희미하게 보일 때, 전혀 보이지 않을 때를 각각 기억해두자. 도시에서 좋은 시야를 확보하고 싶다면 주변에 비해 높은 건물로 올라가도 좋고 다리의 가운데 지점을 찾아가도 좋다. 그런 장소를 찾기가 어렵다면, 적당한 거리에서 세부적 특징이 풍부한 대상을 찾아 훈련을 시작해보자. 예를 들어 긴 도로 끝에 있는 사람들의 얼굴이나 옷 색깔이 식별되는지를 근거로 시정을 가늠해보는 것이다.

이쯤에서 다시 편법을 권유하자면, 맑고 화창한 날씨가 조만간 끝날 조짐이 보이거든 멀리 있는 주요 지형지물을 유심히 지켜보자. 세부적 특징들이 점차 희미해지는 광경이 눈에 들어올 것이다.

두 개의 큰 줄기

공기가 더 이상 수증기를 머금을 수 없을 때, 대기는 포화된다. 만약 여기에 수분이 더해지거나 온도가 떨어지면, 수증기가 응결하면서 자잘한 물방울이 공기 중에 떠다니게 된다. 물방울들은 빛을 산란시키고, 시정은 모든 방향에서 감소하며, 공기는 뿌옇게 흐려진다. 이렇듯 사위가 뿌예지면서 시정이 감소하는 현상의 두 가지 대표적 예가 박무와 안개이다.

박무와 안개는 동일한 현상이다. 안개는 단지 심한 박무에 불과하고, 박무는 그저 엷은 안개일 뿐이다. 지금부터 나는 박무든 안개든 모두 안개로 지칭할 것이다. 굳이 용어를 나눠가며 학자연할 필요성을 느끼지 못하기 때문이다.

눈비의 경우와 마찬가지로 안개에도 다양한 이름과 미묘한 차이가 제법 존재한다. 또한 지역에 따라서도 여러모로 특징이 조금씩 다르다. 하지만 일단 두 개의 큰 줄기를 알고 있으면, 안개에 관해 알아둘 내용의 대부분을 이해했다고 볼 수 있다. 그 두 가지란 바로 복사안개(radiation fog)와 이류안개(advection fog)이다. 간단히 설명하자면, 복사안개는 땅 위에 발생하고, 이류안개는 바다 위에 발생한다. 여기에 유용한 판별법을 덧붙이자면 이른 아침에 보이는 안개는 복사안개일 가능성이 크고, 낮에 보이는 안개는 이류안개일 공산이 크다. 일단 어느 쪽으로든 심증을 굳힌 뒤에는, 눈앞의 안개가 풍경 깊숙이 스며드는 모습을 지켜보며 다른 유용한 결론들을 도출해보자.

이슬을 찾아서

복사안개는 우리가 직접 목격할 가능성이 가장 큰 안개다. 워낙 흔한 종류이기도 하고, 우리가 대부분 시간을 보내는 육지에서 더 자주 발생하기 때문이다. 복사안개는 이슬과 비슷한 기상 조건에서 비슷한 방식으로 형성되며, 복사안개를 찾아다닐 때는 이러한 부분을 가장 먼저 염두에 두어야 한다.

이슬은 언제나 복사안개와 함께한다. 이슬처럼 복사안개도 땅이 열을 방출할 때 생성된다. 땅이 지표면에 닿는 공기층을 식히면서 온도가 이슬점 아래로 내려가는 것이다. 이러한 현상은 대체로 밤에, 맑은 하늘 아래서, 바람이 약하게 불거나 전혀 불지 않을 때 일어난다. 다시 말해 전형적 고기압 상태에서 일어난다는 얘기다. 또한 그런 현상은 가을에 가장 흔하다. 자, 복사안개는 이슬의 생성에 뒤이어 발생한다. 하지만 안개는 이슬보다 더 많은 대기 수분을 필요로 한다. 공기가 굉장히 습해야만 안개가 발생한다는 뜻이다. 그러므로 안개를 보고 우리가 가장 먼저 가질 의문은 이것이다. "공기가 왜 이렇게 습해졌을까?"

습기가 나올 만한 장소는 두 곳뿐이다. 다른 어딘가에서 바람에 실려 왔거나, 지표면에서 위로 올라왔거나. 하지만 이제 알다시피 복사안개는 잔잔한 대기에서 피어난다. 고로 바람이 습기를 실어 왔을 가능성은 없다. 습기는 필연코 지표면에서 올라왔을 것이다.

물 지도

복사안개는 땅이 유달리 축축할 때, 특히 강한 비의 여파로 흠뻑 젖어 있을 때 매우 흔하게 발생한다. 몇 시간 동안 전선성 강우가 내렸고 이후로 맑은 밤이 이어졌다면, 십중팔구 복사안개가 서릴 것이다. 하지만 땅이 비에 흠뻑 젖지 않았을 때의 이야기가 오히려 더 흥미롭다. 그 많은 습기의 원천이 비가 아니라는 뜻이기 때문이다. 복사안개는 강과 호수, 범람원에 관한 지리적 정보를 드러낼 수 있다. 만약 날씨가 며칠 동안 건조했는데 이른 아침 여행지에서 느닷없이 안개와 마주친다면, 넓은 수역(水域)이 매우 가까이 있다고 생각해도 좋다.

나는 정기적으로 기차를 타고 서식스의 소도시 어런들을 떠나 런던을 방문한다. 대개의 선로와 마찬가지로 그 철길 역시 정확한 균형 조절이 필수적이다. 고지대를 넘어갈 일은 없지만, 골짜기를 껴안고 나아가야 할 뿐 아니라 강의 범람에도 굳건히 버틸 수 있어야 한다. 제방을 따라 구불구불 이어진 철길은 때때로 금방이라도 강물에 닿을 듯하다. 복사안개가 낀 아침이면, 두툼하고 구불거리는 안개가 그 아래 강물의 위치적 정보를 드러낸다. 열차가 굽은 안개의 둑을 드나들 때마다 하얀 장막이 걷히고 드리워지는 광경을 나는 즐거이 지켜보곤 한다.

안개는 날씨를 예고한다

복사안개는 보기에 습하고, 느끼기에 습하고, 실제로도 습하다. 따라서 복사안개는 직감적으로 나쁜 날씨의 징후처럼 여겨질 수 있다. 그러나 복사안개는 맑은 하늘 아래서 발생하므로 실제로는 좋은 날씨의 징후이다. 이제 우리에게 익숙한 그리스 철학자 테오프라스토스의 글을 빌리자면, "안개 낀 날에는 언제나 비가 거의 혹은 전혀 내리지 않는다."

아침 안개 속으로 걸어갈 때는 태양이 여전히 따뜻하고 밝게 빛난다는 사실과 우리의 머리보다 고작 몇 미터쯤 높은 하늘이 맑을 가능성을 상상하기 어려울 수 있다. 그사이 햇빛은 내내 물기를 날려 없애고, 안개는 마치 가장자리부터 타들어가는 종잇조각처럼 밖에서 안으로 쪼그라든다. 태양이 더 높이 떠오를수록 안개의 둑은 점점 더 얕아진다. 우리가 반드시 위를 올려다봐야 하는 이유다.

안개가 곧 걷히리라는 첫 징후는 푸른 하늘이 우리의 바로 위에서 보이는 것이다. 훗날 골짜기를 내려다보다 두꺼운 안개를 발견하거든 잠시 자신이 그 안개 속에 있다고 상상해보자. 얼굴과 목에 닿는 태양의 온기를 느끼며, 저 아래 골짜기 사람들이 서로를 알아보지도 못하고 비틀거리는 와중에 느낄 법한 한기를 함께 느껴보는 것이다.

계절은 복사안개의 습성에 큰 영향을 미친다. 태양은 안개를 몰아낸다. 고로 여름에는 안개가 빨리 걷히지만, 태양의 고도가 훨씬 낮고 볕이 약한 겨울에는 상대적으로 오랫동안 유지된다. 마침 여기에 딱 들어맞는 두 옛말이 있다. "여름 안개는 좋은 날씨를 불러온다"와 "겨울 안개에 개가 얼어붙는다"인데, 개인적으로는 두 번째가 더 오싹하면서도 재미있다.

안개가 햇빛을 받아서 엷어지면, 더 많은 빛줄기가 내려와 땅에도 열을 가하기 시작한다. 지표면 바로 위의 공기는 가열되고 팽창하며 상승하기 시작하고, 그 과정에서 박무도 함께 거둬간다. 박무의 상승은 좋은 징후이다. 오래지 않아 태양열을 온전히 느낄 수 있으리란 뜻이니 말이다.

'골안개(valley fog)'는 복사안개의 특정한 유형으로, 서리주머니와 관련이 깊다. 차가운 공기가 골짜기로 내려앉으면 이슬과 서리, 안개에 적합한 기상 조건이 만들어진다.

아침 안개를 볼 때는 언제나 두 가지 징후라고 생각하자. 요컨대 가까운 과거에 날씨가 좋았고, 가까운 미래에도 날씨가 좋으리라는 암시로 받아들이자는 얘기다. 간밤에 하늘이 맑았다면, 그날 날씨는 차차 좋아질 것이다. 그런 다음에는 안개를 일으킨 수원을 찾아내보자. 최근에 강한 비가 내린 적이 있는가? 만약 없다면, 근처에 적당한 수역이 있는지 확인해보자.

이류안개

만약 안개가 낮 동안에 발생하고 바람이 부는 게 느껴진다면, 원인은 이류안개일 가능성이 매우 크다. (여기서 이류[移流]는 열의 수평 이동을 뜻한다.) 복사안개처럼 이류안개도 기온이 이슬점까지 떨어질 때 형성되지만, 복사안개가 고요한 대기에서 형성되는 것과 달리 이류안개는 매우 습한 공기를 실은 바람이 차가운 표면 위로 지나갈 때 형성된다.

두 해류가 만나는 장소를 상상해보자. 하나는 매우 따뜻하고 하나는 매우 차갑다. 만약 바람이 따뜻한 해류에서 차가운 해류 쪽으로 불고 있다면, 따뜻하고 매우 습한 공기가 차가운 해류의 차가운 표면 위로 실려 가, 수증기가 응결하면서 크고 농밀한 안개의 둑이 형성될 것이다. 차가운 오야시오해류(쿠릴해류)가 상대적으로 훨씬 따뜻한 쿠로시오해류와 만나는 일본의 동쪽 바다와, 따뜻한 멕시코만류가 차가운 래브라도해류와 충돌하는 뉴펀들랜드 앞바다에서는 두꺼운 안개가 자주 발생한다.

따뜻한 해양성 기단이 차가운 물 위를 지날 때도 정확히 같은 현상이 발생한다. 나는 프랑스 앞바다의 채널제도 근처에서 그 같은 상황을 마주친 적이 있다. 이상하리만치 따뜻하고 습하던 8월의 기단은 바다에 닿으며 서늘해졌고, 우리는 강한 바람과 두꺼운 안개를 뚫고 항해 중이었다. 한 치 앞을 내다보기 힘든 상황이었다. 친구는 얼결에 자신의 각인 반지를 깊은 물속에 빠뜨렸고, 그 뒤로 다시는 그것을 보지 못했다. 그때 나는 너무 분주해서 반지에 대해 깊이 생각하지도 친구를 위로하지도 못했다. 몇 년 뒤 다시 생각해보니 혹시 날씨의 신이 공물을 요구하고 취한 것은 아닐까 싶기도 했다. 우리는 험한 암초 지대 근처를 항해하며 빠른 해류와 강한 바람, 고약한 시정에 맞서 분전 중이었다. 요컨대 금방이라도 위태로워질 수 있는 상황이었다. 만약 그의 반지를 제물로 바치지 않았더라면, 무슨 대가를 치러야 했을지 모를 일이었다.

향안풍은 바다안개를 육지로 실어 온다. 바다안개는 가령 잉글랜드 북동부나 미국 태평양 연안의 해무(haar)처럼 세계 여러 곳에서 이미 잘 알려진 자연 현상이다. 바다안개는 내륙 깊숙한 곳까지 들어가지 않지만, 몇몇 건조한 해안 지역에 고마운 습기를 제공함으로써 이들 건조 지대에 갖가지 생물이 살게 해준다. 매우 습한 공기와 매우 건조한 육지가 만나면 독특한 생태계가 조성되는데, 그 극단적 예가 바로 '안개 사막(fog desert)'이다. 나미브사막과 아타카마사막, 바하칼리포르니아사막 같은 해안사막이 모두 여기에 속한다.

아마도 다들 알고 있겠지만, 심지어 온대지방에서도 안개는 땅에 다량의 습기를 공급할 수 있다. '안개 방울(fog drip)'은 나뭇잎에 모여든 안개가 물방울로 맺혀서 숲 바닥에 떨어지는 것을 일컫는다.

나무는 안개를 바꾼다. 숲은 마치 안개 포집 장치(fog catcher)처럼 안개를 모아 물로 바꾼다. 일본처럼 바다안개가 해안 지역에 문제를 일으키는 곳에서는 일부러 숲을 조성하기도 한다. 이 특별한 안개 포집 장치는 물기를 거두는 와중에 미세한 부유분진(airborne particle)까지 가둠으로써 안개의 응결을 부추긴다. 적당한 산들바람이 불 때는 삼림지의 바람의지 쪽에서 안개가 없는 곳들이 발견될 수 있다. 그런가 하면 바람이 불지 않을 때는 삼림지의 바깥쪽보다 서늘한 안쪽에서 안개가 더 오랫동안 머물 수 있다.

활승안개

바람이 습한 공기를 언덕 위로 멀리 실어 나르면, 그 공기가 응결하면서 안개가 만들어진다. 기상 조건이 알맞으면 안개는 모든 산의 바람받이 쪽 비탈에서 발생하여, 습하고 화창한 어느 날 위험에 대한 마음의 준비라고는 없이 산행에 나선 사람들을 놀래주고는 한다. 그러고는 마치 동화 속 괴물처럼 느닷없이 산비탈 위로 기어올라 탐욕스레 우리를 삼켜버리는 것이다.

이 과정은 바람받이 쪽 비탈과 언덕마루에서 구름이 생성되는 과정과 흡사하며, 여기서 중요한 것은 시점이다. 만약 우리가 높은 산비탈에 있는데 바람이 하얀 담요로 우리를 감싼다면, 그 담요는 안개일 것이다. 한데 만약 우리가 그 하얀 담요보다 아래쪽에 자리한다면 그 담요는 구름이겠지만, 만약 위쪽에 자리한다면 그 담요는 안개이거나 구름일 것이다.

산에 오를 때 우리는 지금껏 살펴본 모든 징후에 주의를 기울여야 한다. 그리고 여기에는 구름의 7대 패턴도 포함된다. 구름의 고도가 낮아지면, 습도가 올라가면서 안개가 피어날 가능성이 커진다. 어쩌면 높은 하늘의 구름이 내려와 우리를 감싸기 한참 전에, 우리 발아래에 있던 안개가 우리를 삼켜버릴지도 모른다.

증기안개

매우 차갑고 건조한 공기가 따뜻한 바다를 덮으면, 바다에서 수증기가 증발하여 바로 위의 차가운 공기와 섞인 뒤 곧바로 응결하면서 김으로 변화한다. 이때 연기처럼 구불구불 피어오르는 안개를 증기안개(steam fog)라 하고, 그래서 얻은 별명이 북극바다 김안개(arctic sea smoke)이다. 만약 문제의 차가운 공기가 건조하지 않고 습하다면 이류안개가 형성되겠지만, 공기가 건조한 까닭에 안개는 금세 흩어져 사라질 것이다.

파도에 일렁이는 배 안에서 사방의 바다 위로 연기가 피어오르는 광경을 바라보는 기분은 언제나 으스스하다. 하지만 그 같은 광경은 굳이 바다로 나가지 않아도 목격할 수 있다. 연못에서든 호수에서든 강에서든 김이 수면에서 모락모락 피어오르는 장면을 지켜보면 된다. 특히 공기가 물보다 먼저 열을 상실하는 가을에는 이런 현상을 더 쉽게 마주할 수 있다. 추운 날 찻잔에서 김이 피어오르는 것도 결국은 같은 현상이다.

연무

'연무(haze)'는 혼탁하다. 이에 대한 해석은 사람마다 다를 수 있다. 가장 일반적인 해석은 대기 중에 건조한 입자들이 떠다니는 탓에 시정이 탁하다는 것이다. 입자들의 출처는 연기부터 추수철 먼지, 나무에 이르기까지 종류가 실로 다양하다. 연무는 경관의 색을 흐리고 바꿔놓는데, 대개는 공기에 갈색이나 파란색, 노란색 기운을 가미한다. 연무의 정확한 효과는 입자의 성질과 환경, 우리가 바라보는 사물과 태양의 상대적 위치에 따라 달라진다. 보통 여름에 생기는 현상으로 따뜻한 날 실바람이 불 때 관찰되며, 기온역전의 징후일 수 있다.

전선과 시정

온난전선이 다가올 때면 구름은 밑면 고도가 점차 낮아지면서 대기에 비를 내린다. 공기는 포화되겠고, 비와 안개와 바람이 찾아들 것이다.

굳이 안개를 앞세우지 않고도 전선은 언제나 시정에 급격한 변화를 일으킨다. 변화의 표준적 단계는 다음과 같다.

단계	시정
온난전선이 다가올 때	처음에는 양호하다가 점차 악화된다
온난전선에서	불량하다
난역에서	매우 불량하며 안개를 동반한다
한랭전선에서	불량하다
한랭전선이 지나간 뒤	훌륭하다

한랭전선이 지나간 이후의 맑고 투명한 공기는 상쾌한 기분과 더불어 거대한 탑구름과 뇌운이 우리의 바람의지 쪽 땅에 암운을 드리우는 과정을 경탄하며 지켜볼 기회를 제공한다.

비가 내리면 언제나 시정은 악화하지만, 비가 그친 뒤에는 오히려 나아질 때가 많다. 비는 공기 중에 떠다니는 먼지와 오염물질을 비롯해 다양한 입자들을 청소한다. 그 효과가 가장 두드러지는 시기는 강한 소나기가 열파를 끊고 공기를 씻어내는 늦여름의 따뜻하고 후텁지근한 날들이다. 한데 만약 비가 그친 뒤에도 시정이 고약하다면, 아직 올 것이 남았다는 뜻이다.

안개는 종종 위의 과정들이 뒤섞인 결과로 나타난다. 이를테면 골짜기에서 만들어진 복사안개가 산들바람에 밀려 언덕마루로 솟아오를 수도 있다. 서식스의 시골에서는 이처럼 장소를 옮겨 다니며 상승하는 안개를 한때 '벨보이(call boy)'라 일컬었지만, 나는 나름대로 '엑스레이 안개(X-ray fog)'라는 별명을 붙여보았다. 우리 동네 언덕땅에서는 그런 안개가 난데없이 나타나 마치 표지판처럼 고지대 저편의 골짜기를 가리키곤 한다.

이다음에 안개를 보게 되거든 그것의 주요 원인이 복사인지 이류인지 전선인지를 곰곰이 따져보자. 그런 다음에는 계절, 바람, 지형, 고도에 대해 숙고해보자. 이 연습을 통해 우리는 경험을 채워나가는 한편, 앞으로 닥칠 상황을 스스로 예측하는 힘을 기르게 될 것이다.

우리가 안개를 느끼는 방식은 우리가 움직이는 속도와 관련이 깊다. 가만히 서 있을 때 우리는 위의 기술들을 활용해 안개라는 퍼즐을 능숙하게 풀어낼 수 있다. 하지만 산을 오르거나 차를 타고 여행 중일 때는 각별한 주의가 필요하다. 이제 안개를 만나면 잠시 멈춰서 감각을 가다듬은 다음 소소한 추리를 시작해보자. 모든 안개는 그럴 가치가 충분하다.

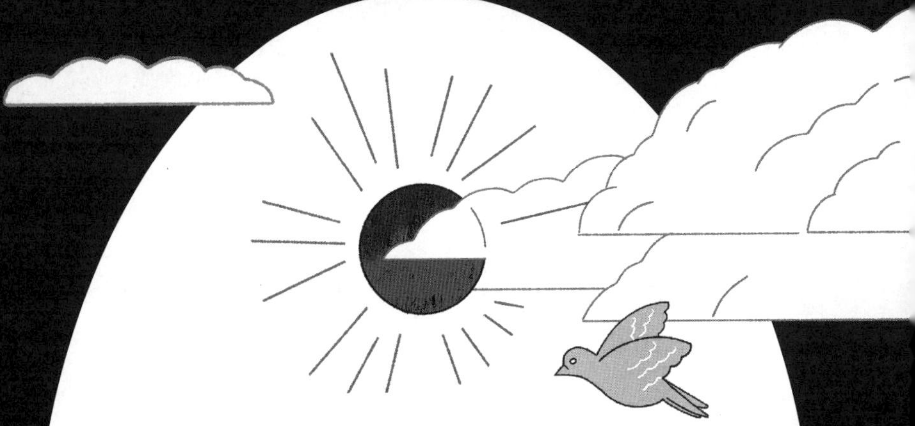

11장

구름의 비밀

털구름을 본다는 것 | 콤마형 털구름 | 말꼬리구름 | 제트기류 로프 | 크로스해칭 | 한랭전선 털구름 | 결정적 실마리 | 털구름과 친구들 | 비행운 | 소산운 | 구름구멍 | 고등어구름 | 구름줄 | 렌즈구름 | 두루마리구름 | 깃발구름 | 구름 수프 | 구름장 무더기, 층쌘구름

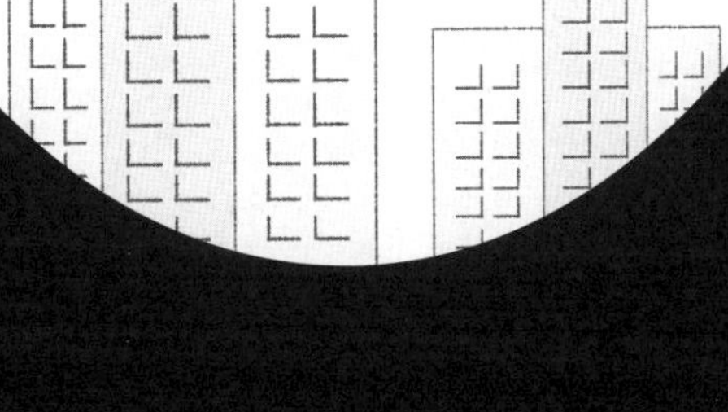

2019년 6월에 나는 운 좋게 노팅엄셔 이스트리크에 있는 국립재활센터(National Rehabilitation Centre)를 둘러볼 기회가 있었다. 실로 훌륭한 시설이었다. 부상 군인의 회복을 돕는 가상현실 모의장치와 최신 최첨단 장비가 완벽하게 갖춰져 있었다.

그 빨간 벽돌 건물의 거대한 외형은 가히 압도적이었다. 나를 안내한 영국 공군 소속의 루크 위그먼은 5년 전 아프가니스탄에서 사제폭탄을 밟는 바람에 한쪽 다리를 잃었다. 솔직히 나는 트라우마며 회복이며 기술에 관한 설명을 몰아서 듣는 일이 조금은 힘에 부쳤다. 물론 그 시설의 우수성이라든가 안에 있는 사람들의 용기와 헌신에 대해서는 조금도 의심하지 않았다. 나를 힘들게 한 부분은 그곳이 의료기관이라는 점이었다. 내방객으로서 병원을 둘러보자니 마음이 내내 무거웠다.

이윽고 우리는 건물을 빠져나왔다. 나는 길을 벗어나 잘 다듬어진 잔디밭 위로 걸음을 옮겼다. 그러고는 탁 트인 녹지가 정신 건강과 회복에 중요한 역할을 하느냐고 물었다. 물론 호기심에서 비롯된 질문이었지만, 동시에 나는 내가 속한 영역으로 돌아와 뜰을 거니는 즐거움을 만끽하고 있었다. 나는 시골이라는 환경의 이점을 설명하는 루크의 목소리에 잠자코 귀를 기울였다. 그러다가 먼 하늘에서 구름 한 점을 보았다. 이내 마음이 편해지면서 빙긋 웃음이 새어나왔다. 구름이 떠 있는 쪽에 혹시 도시가 있느냐고 나는 루크에게 물었다.

"러프버러가 저쪽에 있긴 합니다만." 이렇게 답하며 조금 어리둥절한 표정을 짓는 그에게 나는 크고 고립된 쌘구름이 같은 자리에 떠 있고 상대적으로 작은 여느 구름들과 달리 바람에도 꿈쩍하지 않는다는 것은 그 구름 아래에 강력한 열원이 자리한다는 방증이라고 설명해주었다. 여름날의 이른 오후였고, 우리는 인구가 제법 많은 지역의 녹색 들판에 둘러싸여 있었다. 원인을 지목하기란 식은 죽 먹기였다.

루크는 정중하게 흥미를 드러냈지만, 내가 기대한 것은 그의 관심이 아니었다. 그가 관심을 보이고 말고는 내게 중요하지 않았다. 나는 그저 잠깐이라도 더 오래 바깥에 머물고 싶었고, 그러기 위해 내가 짜낼 수 있는 전략이라곤 구름에 관해 이야기하는 것뿐이었다.

털구름을 본다는 것

이제 우리는 구름의 모양에 익숙해졌다. 구름은 크게 딱 세 가지 유형으로 묘사할 수 있다. 쌘구름 가족은 수북이 쌓인 모양이고, 층구름 가족은 겹겹이 층진 모양이며, 털구름 가족은 성기게 흩어진 모양이다. 모든 구름은 이 세 범주에 개별적으로든 공통적으로든 들어맞는다.

층구름 가족에 속하는 구름은 이런저런 징후를 실어 나른다. 하지만 무엇보다 하늘을 넓게 뒤덮는다는 점에서 층구름 가족은 현재의 날씨가 오랫동안 유지되거나 변화가 몹시 더디게 진행되리라는 사실을 거의 언제나 우리에게 일러준다.

구름에서 징후 발견하기의 진정한 기쁨은 쌘구름과 털구름 가족을 잘 알아가는 과정에서 온다. 쌘구름의 특징에 대해서는 지금까지 중요하게 다뤄왔고, 앞으로도 여러 번 언급할 것이다. 하지만 이 장에서는 털구름 가족에 대해 중점적으로 다루려 한다.

상상해보자. 세 사람이 산책을 마치고 집으로 돌아왔다. 모두 같은 길을 따라왔지만, 같은 경험을 하지는 않았다. 첫 번째 사람은 강을 따라 구불구불 이어지는 길을 걸으며 즐거워했다. 두 번째 사람은 밝은 햇살 속에 거칠게 일렁이던 물결이 깊은 곳에서 돌연 잔잔해지는 광경을 목격하고는 더운 날 다시 돌아와 그곳에서 수영을 하기로 마음먹었다.

세 번째 사람은 구름이 해 앞으로 지나가는 상황을 감지하고는, 공중에 떠다니던 곤충들이 수면으로 낙하할 가능성을 알아차렸다. 그들이 바라본 강물은 바위들 위로 빠르게 흐르다 예의 그 깊은 물 근처에서 느려지더니 어느 튀어나온 바위를 적당한 속도로 감아 흘렀다. 거품들이 모여드는 이곳은 낙하한 곤충들이 모여드는 장소이기도 했다. 또한 그곳은 송어들이 먹이의 존재를 직감하고는 수면으로 올라와 배를 채우는 장소였다! 송어가 곤충을 취하느라 수면에 '입 맞출' 때마다 작고 동그랗게 물결이 일었다. 우리는 같은 풍경을 저마다의 시선으로 본다.

우리는 모두 하늘을 본다. 우리 중 일부는 헤싱헤싱한 구름이 하늘에 낸 생채기를 알아차린다. 우리는 세 번째 사람의 시선으로 풍경을 바라볼 것이다. 털구름은 송어와 푸른 하늘의 입맞춤이다. 더 풍성한 이야기를 드러내는 복잡한 자취이다.

콤마형 털구름

털구름은 마치 수면에 이는 잔물결처럼 모양과 패턴이 무척 다양해서, 불규칙한 시각적 잡음으로 치부하고픈 마음을 불러일으킨다. 하지만 털구름이라고 규칙이 없을 리 없다. 털구름의 모든 가닥과 모양에는 나름의 숨은 원리가 존재한다.

여느 구름과 마찬가지로 털구름은 바다보다 육지에서 더 흔하다. 논리적으로 이는 6000여 미터 상공에 걸린 그 가늘고 성긴 털실 뭉치의 모양에 경관이 어떤 식으로는 영향을 미친다는 의미이다. 하지만 상대적으로 낮게 걸리는 쌘구름과 달리, 개개의 털구름은 경관의 각 특징과 좀처럼 명확하게 연결되지 않는다. 산꼭대기 위에서 비교적 흔히 나타나긴 하지만, 털구름을 이용해 지형을 분석하려 애쓰느니 우리의 초점을 변경하는 편이 낫다. 차라리 털구름의 높은 고도를 활용해 습도나 바람의 동향에 관한 단서를 수집하는 편이 훨씬 생산적이란 뜻이다. 그러기 위해서는 털구름의 모든 줄기와 가닥을 한 줄 한 줄의 메시지로 받아들여야 한다. 털구름의 이야기를 읽고 싶다면 우선 가장 단순한 모양, 즉 '콤마형' 털구름(cirrus commas)부터 들여다보자.

털구름은 언제나 얼음 결정들로 만들어진다. 또한 액체 상태의 물이 존재하기에는 너무 높고 차가운 하늘에 떠 있다. 털구름은 '머리'부터 만들어진다. 윗부분에서 생겨난 씨앗이 수백만 개의 얼음 결정으로 불어나면서 어엿한 털구름이 형성되는 것이다. 일단 생성된 얼음 결정들은 곧바로 하강하며 자취를 남기기 시작한다. 그리고 이 머리와 자취는 얼핏 하늘에 얇고 하얀 '콤마'를 그려놓은 듯 보인다. 콤마는 짓눌리거나 꼬이거나 뒤집혀 있을 수 있다. 다시 말해 구두점의 완성도는 콤마형 털구름의 관심사가 아니란 얘기다.

콤마형 털구름은 갈퀴권운이라고도 하는데, 학명은 '*Cirrus uncinus*'이다. 풀이하면 '갈고리 모양' 털구름이라는 뜻이다. 갈퀴권운을 알아보는 열쇠는 비교적 두껍고 치밀한 구름 다발 밑으로 더 얇은 가닥들이 흘러내리는 형태에 있다. 털구름을 몇 주에 걸쳐 꾸준히 관찰하다보면, 그러한 콤마들을 스스로 충분히 찾고 알아볼 수 있다. 콤마형 털구름은 일단 찾는 요령을 터득한 뒤에는 누구나 알아보기 쉽고 흔하다.

만약 하늘에서 문제의 콤마를 발견했다면, 이제 그 안에서 징후를 찾아낼 차례다. 얼음 결정들은 구름머리의 아래쪽 공기를 뚫고 내려가다가 지표면에 닿기 한참 전에 증발하지만, 사라지기에 앞서 우리가 볼 수 있는 선들을 남긴다. 이 하얀 자취를 일컬어 꼬리구름(fallstreak)이라 한다.

만약 그 털구름의 머리 부분에 있는 얼음 결정과 아래쪽 공기의 이동 속도가 같고 경로마저 정확히 일치한다면, 하늘에는 완벽하게 곧은 연직선 형태의 꼬리구름이 나타날 것이다. 그러나 이러한 경우는 매우 드물다. 바람의 속도와 방향은 고도별로 거의 언제나 다르기 때문이다. 그러므로 꼬리구름은 구름의 가장 윗부분인 머리와 그 아래의 공기 사이에 존재하는 풍속과 풍향의 차이를 시각적으로 드러낸다고 볼 수 있다.

이다음에 콤마형 털구름을 보게 되거든 그 점에 유의하면서 주요 부분인 구름머리와 꼬리구름을 살피고 기상 상태를 스스로 가늠해보자.

콤마형 털구름은 상층바람이 부는 경로를 우리에게 보여준다. 이 정보는 여러모로 유용하다. 가령 깊고 울창한 골짜기처럼 상층구름 외에는 해를 비롯하여 그 어떤 지표도 보이지 않는 곳에서, 상층바람은 비록 정확하지는 않아도 그럭저럭 쓸 만한 길잡이가 되어줄 수 있다. 비록 부정확한 나침반일지라도 하층바람이나 하층구름에 비하면 본래의 방향을 훨씬 더 오랫동안 유지하기 때문이다. 만약 아침에 상층구름이 서쪽에서 동쪽으로 이동한다

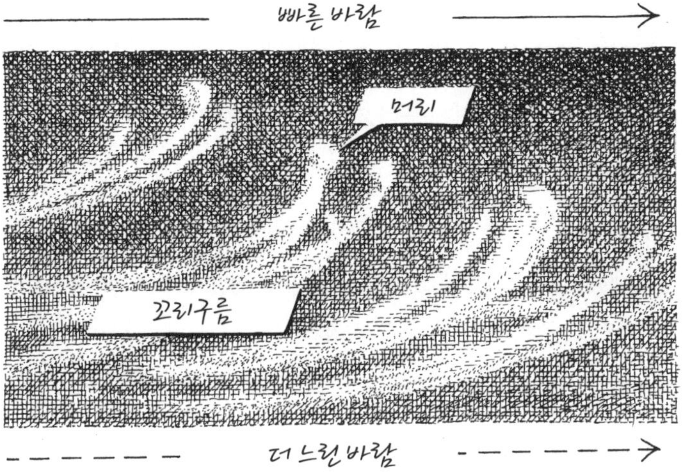

면, 그 구름은 저녁에도 십중팔구 같은 경로로 이동할 것이다.

말꼬리구름

콤마형 털구름은 매우 단순한 예보 방법을 제시하기도 한다. 앞서 살펴본 바와 같이 꼬리구름이 연직에 가까우면 가까울수록, 고도에 따른 풍속과 풍향의 차이는 미미해진다. 만약 꼬리구름이 구름머리와 같은 방향으로 이동 중이고 직선에 가까우면, 그 털구름은 좋은 날씨가 이어질 징후이다.

반면에 급하게 굽어 있는 꼬리구름은 구름머리 바로 밑에서 풍속과 풍향이 그만큼 급격히 달라진다는 증거이다. 이처럼 급격한 변화는 윈드시어(wind shear, 바람의 세기나 방향이 짧은 거리에 걸쳐 급격하게 바뀌는 현상—옮긴이)의 전형이자 악천후의 강력한 징후이다. 이렇듯 급한 곡선을 그리는 털구름의 별칭은 '말꼬리구름(mares' tail)'이다. 예로부터 사람들은 말꼬리구름이 기상 악화의 전조라고 믿었다.

또한 콤마형 털구름은 구름의 고도에서 부는 바람과 그보다 낮은 대기에서 부는 바람의 방향을 비교하는 척도로 쓰일 수 있다. 만약 고풍이 아래의 주풍과 같은 방향으로 불고 있다면 좋은 날씨가 계속되겠지만, 고풍과 주풍이 확연히 다른 방향에서 불어온다면 날씨는 조만간 달라질 것이다.

하나의 콤마형 털구름으로 우리가 가늠할 수 있는 것이라고는 국지바람의 상태뿐일지도 모른다. 하지만 다수의 콤마형 털구름이 뒤틀려 있고 시간이 지날수록 수가 늘어난다면 우리는 상층대기의 습도 상승과 윈드시어까지 추측할 수 있을 것이다. 이는 저기압의 접근을 알리는 징후이다. 열여섯 시간쯤 뒤에는 악천후가 닥칠 것이다.

제트기류 로프

1947년 8월, 여객기가 아직 고유의 이름으로 불리던 시절에 스타더스트(Star Dust)라는 이름의 항공기가 아르헨티나 부에노스아이레스 공항에서 칠레 산티아고를 향해 날아올랐다. 산티아고에 도착하기 위해서는 우선 안데스산맥을 넘고 능선의 반대편,

즉 칠레 영토인 비탈을 지나 하강해야 했다.

GPS가 등장하기 이전에는 추측항법(dead reckoning)이 조종사는 물론이고 항해사와 도보 여행자에게도 굉장히 중요했다. 추측항법의 원리는 단순하다. 만약 우리가 자신의 여행 속도와 방향 및 시간을 알고 있다면, 출발지에 대한 우리의 상대적 위치를 파악할 수 있다. 더 단순하게는, 만약 우리가 집에서 출발해 시간당 5킬로미터씩 북쪽으로 걸어간다면, 1시간 뒤에 우리는 집에서 5킬로미터 떨어진 장소에 도착해 있을 것이다.

천 년이 넘는 시간 동안 이 단순한 기술은 주요 지형지물이 없는 지역에서 모든 항법에 적용되어왔다. 만약 우리가 아일랜드에서 서쪽을 향해 5노트의 속도로 항해한다면, 3주 뒤에는 아메리카 대륙에 가까워져 있을 것이다. 출발점, 방향, 속도, 시간 중 잘못될 수 있는 것은 무엇일까? 사소해 보이는 하나라도 잘못 판단할 경우 우리는 자칫 낯선 해류에 휘말릴 수 있다. 가령 우리가 대서양을 횡단한다고 치자. 고작 1노트로 이동하는 해류도 우리의 항로를 10도 넘게 틀어서 우리를 예상 위치보다 800여 킬로미터 남쪽으로 데려다 놓을 수 있다.

비행에도 같은 원리가 적용된다. 다만 이 경우에는 해류의 역할을 '바람'이 대신한다. 스타더스트 여객기의 조종사들은 굉장히 숙련된 인력이었다. 세 명 모두 제2차 세계대전 당시에 전투기를 몰았고, 직업 조종사답게 비행 전에 필요한 점검을 모두 끝마친 상태였다. 그들은 바람에 관한 예보를 참작하여 비행의 방향과 속도, 시간을 계획한 다음 여객기를 이륙시켰다.

몇 시간 뒤 스타더스트는 온데간데없이 사라졌고 수십 년 동안 아무것도 발견되지 않았다. 음모론자들은 기다렸다는 듯 갖가지 괴담을 퍼뜨렸다. 그들은 이 괴이한 실종의 배후에 악마가 존재한다고 확신했다.

문제의 실종사건 이후로 반세기가 넘게 지난 1998년 어느 날, 아르헨티나의 두 등반가가 안데스산맥을 오르던 중에 약 4572미터 고도의 빙하에서 얼음 위로 튀어나온 항공기 엔진의 파편들을 발견했다. 스타더스트 여객기의 잔해였다. 음모론자들은 오히려 바쁘게 입을 놀렸고, 안데스의 봉우리들을 주제로 사고의 원인에 관한 각종 설화가 난무했다. 하지만 현재는 1947년 그날의 진상에 대해 한 가지 공감대가 형성된 상태다. 즉, 스타더스트를 비극적 결말로 몰아넣은 원인은 다름 아닌 바람이었다. 승무원들조차 생소하게 여긴 그 바람의 정체는 바로 제트기류였다.

스타더스트 여객기가 이륙할 당시에는 제트기류에 관한 과학적 연구가 걸음마 단계에 불과했고, 조종사들은 비행 시 제트기류를 고려하지 않았다. 스타더스트는 조종사들의 예상보다 훨씬 강한 역풍을 맞닥뜨렸다. 구름양이 많아 눈으로는 그곳이 어딘지 정확히 알 수 없었지만, 그런 상황에 익숙했던 조종사들은 추측항법을 이용해 자신들의 위치를 파악하기로 했다. 전에도 수백 번은 사용해본 방법이었다. 계산 결과에 따르면, 비행기는 안데스산맥의 능선을 안전하게 넘어온 상태였다. 조종사들은 산티아고를 향해 강하를 시작했다. 그러나 안타깝게도 비행기는 강한 제트기류 탓에 조종사들의 생각만큼 멀리 날아가지 못한 상태였다. 스타더스트는 능선을 넘지 못한 채로 강하하다가 끝내 안데스산맥의 아르헨티나 쪽 등성이를 들이받았다.

제트기류는 높은 고도에서 고속으로 굽이치는 바람이다. 흔히 서쪽에서 동쪽으로 흐르는 그 공기의 강은 넓고, 얕고, 가장자리보다 가운데에서 물살이 빠르다. 제트기류는 매우 차가운 기단과 따뜻한 기단의 경계부에서 형성된다. 북반구에서 발달하는 제트기류는 두 가지, 즉 아열대 제트기류와 한대 제트기류이다.

제트기류는 구조와 습성이 복잡하지만, 굳이 깊게 연구하지 않아도 그 바람이 드러내는 징후를 읽는 데는 아무 문제가 없다. 사실 제트기류에 관한 연구는 아직 초보적 단계이고, 기상학자들 사이에서는 세세한 내용들을 놓고 여전히 논쟁이 분분하다. 달이 유의미한 영향을 미친다는 얘기도 있긴 하지만, 일단은 여기까지. 복잡한 논쟁은 학자들의 몫으로 남겨두자. 기본적인 사실들은 이제 웬만큼 파악된 상태고, 우리에게 필요한 정보는 그만하면 충분하다.

제트기류의 위치는 들쭉날쭉하다. 서쪽에서 동쪽으로 흐르는 와중에 북쪽이나 남쪽으로도 움직일 수 있다. 또한 제트기류는 뱀처럼 구불거리며 이동한다. 남남동에서 북북서로 흐르거나 남남서에서 북북동으로 흐르기도 하지만, 기본적으로는 서쪽에서 동쪽으로 흐르는 경향이 두드러진다.

북반구에서 제트기류의 위치는 언제나 앞으로의 날씨에 관한 정보를 우리에게 제공한다. 제트기류는 날씨가 다른 두 지대 사이로 선을 그리며 나아간다. 그러므로 만약 이 선이 우리의 머리 위를 지나간다면, 우리는 날씨가 다른 두 지대의 경계선 아래에 자리하는 셈이다. 차분한 날씨를 기대하기는 어렵다. 고로 제트기류의 징후들을 알아차리면 그 바람에 실려 다가오는 저기압과 악천후의 단서를 초기에, 그것도 매우 초기에 알아차릴 수 있다.

제트기류는 우리의 위치보다 몇 킬로미터 이상 높은 하늘에서 부는 바람이다. 또한 다른 모든 바람과 마찬가지로 제트기류는 눈에 보이지 않는다. 하지만 자취를 남긴다. 우리는 그 자취를 상층구름에서 확인할 수 있다. 제트기류는 고유의 털구름을 빚어낸다. 개개의 작은 털구름들은 제각기 바람의 방향을 드러낼 뿐 아니라, 앞서 나온 콤마형 털구름과 마찬가지로 풍속과 풍향의 위치별 변화 양상까지 시각적으로 드러낼 수 있다. 한데 제트기류가 우리의 머리 위를 통과할 때는 털구름의 모습이 극적으로 변화하면서 하늘에 기다란 선형의 털구름이 나타나기 시작한다. 그러한 털구름을 나는 '제트기류 로프(jet-stream rope)'라고 부른다. 제트기류 로프는 일단 찾는 법을 알고 나면 발견하기가 굉장히 쉽지만, 놓치기도 그만큼 쉽다. 털구름은 언제나 매우 높은 하늘에 매우 얇게 걸린다. 그러므로 털구름은 하늘 곳곳을 넓게 뒤덮으면서도 결코 하늘을 가리거나 그늘을 드리우지 않는다.

만약 하늘을 한쪽 지평선에서 반대쪽 지평선까지 가로지를 듯이 기다란 털구름이 걸려 있다면, 그게 바로 제트기류성 털구름이다. 그러한 털구름은 기본적 선형에 온갖 모양이 첨가된 형태로 나타나는데, 개인적으로 특히 좋아하는 형태는 물고기 등

뼈에서 가시들이 뻗어나가는 모양이다. 가끔은 굵고 견고한 척추 모양이나 몇 가닥의 두꺼운 띠 모양, 수십 가닥의 가느다란 선 모양이 나타나기도 한다. 하지만 부차적 형태가 무엇이든, 제트기류 로프의 가장 핵심적인 특징은 하늘을 아주 드넓게 가로지른다는 점이다.

머리부터 형성되는 까닭에 마치 늘어질 대로 늘어진 콤마형 털구름처럼 보일 수도 있지만, 제트기류 로프는 상대적으로 훨씬 넓은 하늘을 뒤덮는다. 콤마형 털구름의 각거리는 주먹을 쭉 내밀었을 때의 각거리(약 10도)보다 많이 크지는 않다. 반면에 제트기류 로프는 하늘의 반 이상을 가로지를 정도까지 늘어지는 경우가 다반사다. 제트기류 로프가 그리는 선들은 완벽하게 평행을 이루지는 않지만, 높은 하늘에서 빠르게 부는 하나의 바람에 실려 다 같이 한 방향으로 나아가는 경향이 뚜렷하다. 보통은 바람을 따라 서쪽에서 동쪽으로 이동하지만, 경우에 따라서는 기본 경로를 제법 멀리 벗어나기도 한다.

속도 역시 유심히 살펴볼 부분이지만, 고도가 워낙 높다 보니 착시를 일으키기 쉽다. 먼 산비탈의 도로를 달리는 자동차는 시속 160킬로미터로 달려도 속도가 느려 보이기 마련이다. 모든 털구름은 고층대기에서 부는 강풍의 속도로 이동하지만, 그런 바람은 속도가 일정하지 않은 데다 제트기류가 도시를 지나갈 때면 눈에 띄게 빨라지기도 한다.

고로 털구름의 속도를 측정할 때는 비교할 만한 정적인 물체가 필요하다. 털구름은 투명에 가깝다. 그러므로 털구름의 앞쪽

뿐 아니라 뒤쪽에 보이는 물체도 움직이지만 않으면 충분히 비교 대상으로 활용할 수 있다. 이를테면 달이나 별처럼 말이다. 다만 해는 지나치게 밝아서 활용이 거의 불가능하다. 높게 뻗은 나뭇가지(흔들리는 나뭇잎이나 잔가지가 아니라 두꺼운 가지)나 송전선도 좋고, 대도시 고층건물의 모퉁이도 종종 유용하다. 여기서 핵심은 구름의 특정 부분을 집중적으로 관찰하는 것이다. 커다란 구름의 전반적 움직임을 측정하려 애쓰기보다는 특징적인 한 곳을 선택한 다음 꾸준히 지켜보자. 정확도를 높이기 위해서는 그 방법밖에 없다.

처음에는 거의 모든 털구름이 콤마형 털구름처럼 일정한 방향으로 천천히 이동하는 듯 보일 것이다. 하지만 일단 그 느릿한 속도에 익숙해진 뒤에는, 제트기류 로프가 꾸물대거나 미적대지 않는다는 사실을 금세 알아차리게 될 것이다. 오히려 제트기류 로프는 그 어떤 구름보다 이동 속도가 빠르다. 비록 먼 산에서 달리는 자동차에 비유하긴 했지만, 이 별난 털구름이 모종의 지표를 지나 이동하는 광경은 제트기류의 엔진이 포효하고 있음을 담담히 우리에게 상기시킨다.

제트기류 로프는 제트기류가 우리의 상공에 다가와 있음을 암시한다. 앞으로 12시간 뒤면 바람은 점차 강해지겠고, 그 뒤를 저기압과 전선들이 바짝 따라올 것이다. 온난전선은 24시간 안에 도착할 공산이 크다. 제트기류 로프의 배열이 북서쪽에서 남동쪽으로 이어질 때 그 징후는 더욱 뚜렷해진다.

쌘구름이 와이트섬의 지리적 정보를 드러내고, 털구름이 전선의 도착을 예고하고 있다.

잔풀과 낙엽 위에는 흰서리가 내렸지만, 길 위나 식물의 곧추선 줄기 위, 목재 난간 아래에는 내리지 않았다.

잔디에 비해 엉겅퀴는 땅속열이 올라오지 못하도록 차단하는 능력이 뛰어나 훨씬 더 차갑다.

차가운 북풍이 안개를 실어오자 무빙이 생성되었다. 우리가 바라보는 방향은 서쪽이다.

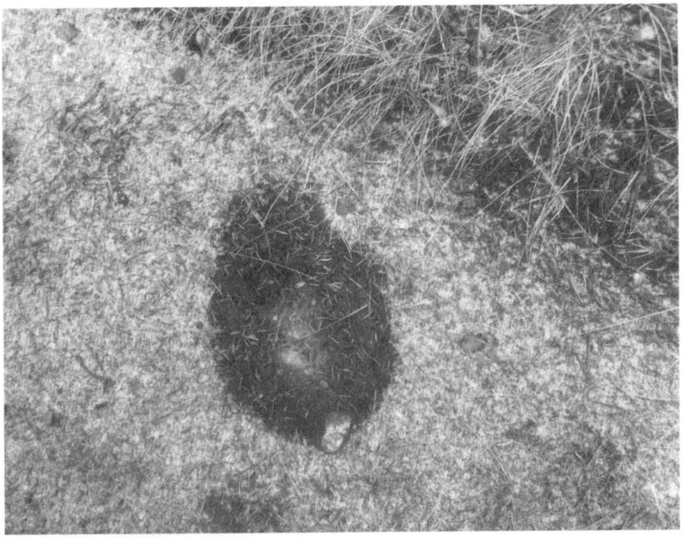

바위가 땅속열을 전도하여 눈을 녹였다.

언덕의 짙은 숲 위에 소나기구름이 생성되었다. 토막구름은 소나기가 내리기 시작했다는 표시다.

와이트섬의 절벽 위에서 형성된 구름.

기온역전을 틈타 마을 위에 부채형 연기와 박무가 서렸다. 이 선을 경계로 위와 아래에서 상이한 날씨가 느껴졌다.

해가 남쪽에서 비치는 까닭에 유독 한쪽 경사면만 눈이 녹아 있다. 우리가 바라보는 방향은 서쪽이다.

복사안개는 맑은 하늘 아래서 생성되지만, 구름이나 나무 밑으로는 서리지 않는다.

안개비. 안개는 숨겨진 강의 지리적 정보를 드러낸다.

남다른 모양의 쌘구름이, 숨겨진 소도시 러프버러의 위치를 드러내고 있다.

브라이튼 하늘에 콤마형 털구름의 일종인 '말꼬리구름'이 떠 있다. 이튿날 아침, 전선이 도착했다.

제트기류 로프와 희미한 햇무리가 보인다. 12시간이 지나자 비가 내리기 시작했다.

층구름 위로 보이는 털구름은, 숨겨진 폭풍우를 드러내는 '텔'이다.

런던 하늘에 비행운이 넓게 펼쳐져 있다. 좋은 날씨는 다음 날로 끝이 났다.

크로스해칭

한동안 털구름의 이동을 주시하며 속도를 측정하다보면, 이내 하늘에서 두 층의 털구름이 눈에 들어올 것이다. 이는 소중한 기회다. 그러니까 두 대기층을 지나는 바람을 읽기에 알맞은 기회란 뜻이다.

앞의 방법들을 사용해 각 층에 속한 구름을 하나하나 관찰하다보면, 바람의 층별 이동 양상 또한 시나브로 머릿속에 그려질 것이다. 하지만 보는 즉시 확인이 가능한 단편적 정보도 있다. 구름들이 서로 평행선을 그리는지 교차선을 그리는지는 눈으로 보자마자 알 수 있다. 이 즉각적 단서는 두 대기층에 부는 바람의 방향이 서로 확연히 다르다는 사실을 드러낸다. 풍향 차이가 뚜렷할 때의 교차선은 크로스해칭이라는 동판화 기법을 연상시킨다.

여기에 숨겨진 날씨의 징후는 콤마형 털구름에 비해 쉽고도 명확하다. 만약 두 대기층의 바람이 같은 방향으로 불고 있다면, 좋은 날씨가 지속될 것이다. 반면에 서로 확연히 다른 방향으로 불고 있다면, 날씨는 십중팔구 악화될 것이다. '크로스해칭은 어서 해치를 닫으라는 신호'이다.

한랭전선 털구름

폭풍우구름의 꼭대기는 얼음으로 이뤄져 있다. 막강한 쌘비구름이 성장했다가 흩어질 때면, 그 얼음 꼭대기도 산산이 흩어지면서 독립적인 털구름 층이 형성된다. 솜사탕을 빼닮은 이 털구름들은 여느 털구름에 비해 치밀하고, 모체인 폭풍우구름보다 오랫동안 살아남을 수 있다. 대개는 모체구름이 소멸한 뒤에도 한참 동안 흩어지지 않고 폭풍이 불어가는 쪽으로 멀리멀리 흘러간다.

한랭전선은 성질이 사납고 불안정하기로 악명이 높다. 설령 폭풍을 일으키지 않더라도, 키 큰 구름이 생성되는 데 적합한 환경을 조성한다. 구름은 키가 클수록 빙결고도에 도달할 가능성이 높아진다. 한랭전선이 지나간 뒤에 털구름 층이 흔하게 나타나는 이유다.

한랭전선과 폭풍우가 지나간 자리에 털구름 층이 남는다는 사실은 기억해둘 만하다. 그 구름층을 앞으로 닥칠 날씨의 전조로 오해하기 쉽지만, 사실 더 크고 오래된 구름의 잔해이자 지나간 날씨의 흔적일 뿐 다가올 폭풍우의 전조는 아니다. 한랭전선이 지나간 자리에 남은 털구름들은 기실 더 맑고 시원한 날씨의 전조이다.

결정적 실마리

흔히들 게임을 할 때는 솔직한 마음을 표현하며 즐거워한다. 특히 게임이 잘 풀릴수록 더 그렇다. 모노폴리에서 호텔의 새 주인이 의기양양하게 보드에 빨간 플라스틱 건물을 올리는 장면을 떠올려보라. 하지만 포커에서는 다르다. 노련한 참가자는 좋은 패를 쉽사리 드러내지 않는다. 상대의 베팅을 유도하려면 자신이 특별한 패를 가졌다는 사실을 숨겨야 한다. 하지만 제아무리 뛰어난 포커 선수도 결국 인간이다. 그리고 모든 인간은 강렬한 감정을 좀처럼 숨기지 못한다. 우리가 아무리 애써도, 강렬한 감정은 예컨대 불수의운동이나 틱, 버릇 등의 형태로 끝내 모습을 드러낸다. 전문 포커꾼은 일반 참가자들의 틱을 상황별로 환히 꿰고 있다. 칩을 지나치게 무심히 던지는 행동은 오히려 끝내주는 패를 잡았다는 증거이다. 이처럼 침착한 표정 뒤에 숨은 진실을 드러내는 습관들을 포커에서는 '텔(tell)'이라고 한다.

비층구름이 두껍게 덮인 하늘에서는 십중팔구 몇 시간 동안 계속 비가 내린다. 비층구름은 푸른 하늘에서 관찰되는 경우가 드물고, 대개는 다른 구름들이 지나간 하늘에 뒤이어 나타난다. 하지만 만약 하늘에서 먹빛 비층구름이 다가오는데 그 위로 희고 성긴 털구름이 눈에 띈다면, 두꺼운 비층구름이 키 크고 불안정한 폭풍우구름을 숨기고 있을 가능성에 유의하자! 비층구름은 궂은비의 전조일 뿐 광포한 날씨와는 무관하지만, 꼭대기에서 포착된 털구름이 은연중에 텔을 통해 진짜 패를 드러냈으니 말이다. 매우 강한 비와 세찬 바람의 가능성은 몹시 낮아졌고 뇌우와 우박의 가능성은 제법 커졌다.

털구름과 친구들

털구름에서 보이는 모양과 패턴이 날씨를 완벽하게 예보하지는 않는다. 하지만 털구름은 앞으로 닥칠 날씨에 대한 배경지식과 강력한 단서를 우리에게 제공한다. 털구름은 전령이다. 말꼬리구름이나 제트기류성 털구름은 저기압이 다가온다는 암시이자, 앞으로 몇 시간 동안 새롭게 등장할 구름의 유형과 바람의 변화를 낱낱이 검토하라는 계시이다. 앞서 살펴본 바와 같이 털층구름에 뒤이은 털구름은 온난전선의 전조일 수 있다.

새로운 유형의 구름이 나타나기 전에는 언제나 털구름에서 이런저런 경향이 관찰된다. 여느 구름처럼 털구름도 날씨가 나빠질수록 더 넓은 하늘을 뒤덮으며 두꺼워진다. 고도가 낮아질 수도 있지만, 상층 대류권에 존재하는 구름이다 보니 고도의 변화는 크기나 모양의 변화에 비해 알아보기 어려울 것이다.

비행운

여객기는 털구름이 보이는 위치, 즉 상층 대류권을 비행한다. 여객기 제트엔진의 배기가스에는 다량의 수증기와 수증기의 응결핵으로 작용할 수 있는 미립자가 함께 들어 있다. 구름이 생성되기에는 이상적인 성분 조합이다.

높은 하늘에 제트기가 지나갈 때면 그 모습을 유심히 지켜보

자. 때로는 꽁무니에 곧고 하얀 선을 길게 늘어뜨리겠지만, 때로는 그러지 않을 것이다. 그 길고 하얀 선이 바로 제트기가 만드는 구름, 즉 비행운(constrail)이다.

비행운은 'condensation trail(응결 자취)'의 줄임말이다. 그 이름에는 중요한 단서가 담겨 있다. 비행기가 날아다니는 고도에서는 비행운이 언제든 생성될 수 있고, 그러므로 비행운이 어느 때는 나타나고 어느 때는 나타나지 않는다는 사실은 그 고도에 속한 대기의 습도와 바람에 관한 모종의 정보를 드러낸다.

비행운을 분석하는 가장 좋은 방법은 비행운의 생성 여부가 아니라 비행운의 지속 시간에 주목하는 것이다. 항공기가 지나간 자리에서는 비행운이 형성되었다가 곧바로 사라질 수도 있고 오래 유지될 수도 있다. 비행운이 오랫동안 유지된다면 공기가 습하다는 뜻이고, 곧바로 사라진다면 공기가 건조하다는 뜻이다. 마냥 푸르기만 하던 하늘에 비행운이 나타나 곳곳에 길고 하얀 선을 그리기 시작했다면, 이는 대기의 습도가 상승하고 있다는 분명한 징후이다. 그리고 알다시피 이는 온난전선의 접근을 알리는 징후이기도 하다. 털구름이 하늘을 뒤덮고 나면 온난전선이 찾아오게 마련이니까. 제트기의 배기가스는 촉매, 즉 자극제 역할을 한다.

만약 기상 조건이 완벽하다면, 비행운은 거뜬히 30분은 유지될 수 있다. 비행운 중에는 그저 오래 살아남는 정도가 아니라 마치 성장하듯 넓게 퍼지는 것들도 있다. 이러한 비행운들은 대기가 거의 포화되었다는 확실한 징후이자 습한 날씨의 접근을 알리는 유력한 단서이다. 만약 하늘 전체를 가로지르는 비행운이 곳곳에서 관찰된다면, 자연적 털구름에 나타나는 경향을 눈여겨보자. 그때쯤이면 찾기가 어렵지는 않을 것이다. 이들 털구름의 수가 제법 많아져 하늘을 거의 다 뒤덮은 뒤에는, 털층구름의 엷고 흰 면사포가 자리를 물려받을 공산이 크다. 조만간 비가 내릴 것이다.

초심자들은 대개 단서를 이원적으로, 그러니까 푸른 하늘에 비행운이 떠 있는지 아닌지를 기준으로 해석하려는 경향이 있다. 하지만 나는 여기서 더 깊이 들어가라고 권하고 싶다. 비행기 뒤에서 매우 짧은 비행운이 발견될 때마다 시간을 내어 길이를 측정해보는 것이다. 하늘을 향해 주먹을 쭉 내밀어보자. 만약 비행운들이 한 시간 동안 주먹 한 개에서 두 개, 급기야 세 개와 맞먹는 크기까지 자라난다면, 이는 대기 조건이 바뀌고 있다는 방증이므로 한참 뒤에는 누가 봐도 뚜렷하고 하얀 선들이 나타날 것이다.

통통한 비행운은 전선의 도착을 하루 전부터 예고하기도 한다. 비행운의 길이 변화를 눈여겨보는 습관은 대기 습도에 대한 우리의 감수성을 높임으로써 예고의 시점을 36시간 전으로까지 앞당길 수도 있다.

비행운의 모양도 좋은 공부거리다. 세상에 똑같은 비행운은 존재하지 않는다. 갓 생성된 비행운은 하얀 두 줄로 나타날 때가 많은데, 그 이유는 비행기의 엔진이 두 개여서가 아니다. 비행기의 양쪽 날개 끝이 지나간 자리를 중심으로 공기가 소용돌이를 일으킨 까닭이다. 양쪽의 그 소용돌이 탓에 비행운은 분리된 두 줄로 나타났다가 곧바로 하나로 합쳐진다.

처음에 비행운이 그리는 선은 마치 파란 도화지에 자를 대고 흰 연필로 그린 듯 매우 반듯하고 대칭적이지만, 그렇게 정돈된 형태는 오래지 않아 사라지고 만다. 처음에 직선 형태로 생성되는 구름은 아주 조금만 선을 벗어나도 쉽게 눈에 띈다는 점에서 굉장히 유용하다. 심지어 직선 형태를 유지하는 동안에도 비행운은 상층대기의 온갖 자잘한 난기류를 거울처럼 반영한다. 비행기의 양 날개 끝에서 회전하는 소용돌이는 비행운이 그리는 선들을 물결 모양으로 주름지게 만들 수 있다.

군 항공기 설계자들은 비행운을 좋아하지 않는다. 적들을 속이기 위해 최신 레이더며 온도계며 위성이며 스텔스 기술이며 온갖 신기를 시험하는 그들에게는, 무려 10억 달러짜리 제트기가 하늘을 가로지르며 남기는 굵고 하얀 선이 조금은 원망스러울 것이다.

소산운

구름은 섬세하다. 기상 상태가 적절해야만 생성될 뿐 아니라, 그 적절한 상태가 유지되어야만 살아남는다. 제트기가 구름을 통과할 때면, 구름의 유형과 관계없이 주위의 모든 것이 곧바로 혼란에 휩싸인다. 공기는 빠르고 사납게 소용돌이치고 엔진은 엄청난 열기를 분사한다. 대개의 구름은 이 대혼란에서 벗어나지만, 상층구름은 지나치게 섬세하고 취약한 나머지 그만 부서져버리는 경우가 많다. 흔히 소산운(distrail)으로 알려진 이 반(反)비행운은 구름 사이로 실선처럼 드러나는 푸른 하늘을 일컫는다. 비행운처럼 소산운도 언제나 비행기로 인해, 비행기가 지나간 자리에 만들어진다.

만약 항공기의 비행 고도가 일정하다면, 소산운은 그것이 가르는 구름층의 길이만큼 길어질 수 있다. 하지만 비행기가 구름층을 뚫고 상승하게 되면, 마치 담뱃불로 비단을 지진 듯 구름층 한복판에 구멍이 생길 수도 있다.

구름구멍

이따금 구름에 구멍이 뚫리면 부서진 조각들이 다시 모여서 새로운 구름을 형성하기도 한다. 예컨대 높쌘구름처럼 얼기 직전의 과냉각된 물방울로 이뤄진 구름층을 비행기가 통과할 때면, 그 비행기가 지나가는 부분의 온도가 낮아지면서 물방울이 얼음 알갱이로 변하고, 무거워진 얼음 알갱이가 비나 눈의 형태로 땅에 떨어지면서 본래의 구름층에는 구멍(fallstreak hole)이 생길 수 있다. 이 현상은 실로 아름다운 광경을 빚어낸다. 구름층이 뚫리며 파랗게 드러난 조각하늘 안에 깃털을 닮은 털구름이 섬처럼 떠 있을 것이다.

고등어구름

"하늘에 고등어구름(mackerel sky, 비늘구름)이 보이면 오랫동안 습할 일도 오랫동안 건조할 일도 없다." 날씨에 관한 이 속설은 모호하기가 이를 데 없다. 모름지기 날씨의 징후라면 날씨가 앞으로 좋아질지 나빠질지를 일러줘야 마땅한데 말이다. 그러지 않으면 날씨의 징후가 대관절 무슨 소용이겠는가?

이제부터 우리는 고등어구름이 날씨의 징후로서 갖는 의미를 근본적으로, 두 가지 각도에서 짚어볼 것이다. 먼저 쉽고 무난하고 통상적인 의미부터 훑어보자면, 높은 하늘에 나타나는 고등어구름은 날씨가 머지않아 바뀔 가능성을 암시한다.

이제 그 의미를 본격적으로 정밀하게 파헤쳐보자. 그러기 위해서는, 각자 생각하는 고등어의 생김새에 따라 서로 완전히 다른 두 구름층이 모두 고등어구름으로 묘사될 수 있다는 사실을 인지해야 한다. 사실 두 구름층은 유형이 서로 달라서, 내포하는 의미 또한 서로 다르다.

'고등어구름'이라고 하면 사람들은 흔히 두 가지 이미지를 떠올린다. 누군가는 얼룩말의 유려한 줄무늬를 연상시키는, 평행에 가까운 견고한 선들을 떠올릴 것이고, 누군가는 자잘한 점무늬를 떠올릴 것이다. 두 이미지 모두 더할 나위 없이 정확하다. 고등어는 여러 종이 존재하고 몸통의 패턴도 다양하기 때문이다. 그러므로 고등어구름이 갖는 의미를 제대로 파악하려면, 그것의 두 유형을 알아볼 줄 알아야 한다.

고등어구름, 그러니까 털쌘구름은 여러 점의 자잘하고 볼록볼록한 대류구름(쌘구름의 특징)으로 구성된 상층구름(털구름의 특징)이다. 개개의 털쌘구름은 쭉 뻗은 손가락 끝보다 작아서, 마치 하늘에 촘촘히 점을 찍어놓은 듯 보이기도 한다. 털구름처럼 털쌘구름도 하층구름보다 훨씬 위쪽에 자리하기 때문에, 우리가 일부러 찾지 않는 한 여간해서는 눈에 들어오지 않는다. 또한 털구름처럼 털쌘구름도 패턴이 다양하지만, 우리가 관심을 가질 패턴은 물결무늬이다. 요컨대 우리가 찾는 구름은 넓은 하늘에 물결무늬와 점무늬를 그리는 상층구름이다. 이런 유형의 털쌘구름은 대략 열두 시간 뒤면 전선이 도착하리라는 징후이다.

악천후가 닥치기 전에는 털쌘구름이 놀랍도록 빼어난 일출 및 일몰 풍경을 빚어낼 수 있다.

때로는 훨씬 견고해 보이는 구름들이 물결무늬를 그리기도 한다. 대개는 높쌘구름(양떼구름)으로, 이 구름들이 그리는 흰색과 파란색의 줄무늬 역시 고등어의 몸통을 연상시키지만 털쌘구름의 그것과는 모습에서 확연한 차이가 있다. 둘을 구별하기 위해서는 각 구름의 크기와 모양을 살펴야 한다. 높쌘구름은 비교적 튼실하다. 다시 말해 더 크고 견고하고 치밀해 보이는 구름이다. 그림자 테스트도 둘을 구별하는 데 도움이 될 수 있다. 만약 구름에서 물결무늬가 보이면, 그 구름이 그림자를 드리우거나 태양 앞을 지나며 햇빛을 가릴 가능성을 가늠해보자. 만약 가능성이 없다면, 그 구름은 십중팔구 털쌘구름일 것이다. 가능성이 있다면, 높쌘구름일 공산이 크다.

높쌘구름의 물결무늬는 윈드시어의 존재를 암시한다. 이는 언제나 날씨의 변화로 이어지지만, 그 변화는 좋은 쪽으로도 나쁜 쪽으로도 진행될 수 있다. 높쌘구름만으로는 상황이 어느 쪽으로 기울지 판단할 수 없다. 답을 구하기 위해서는 털구름을 비롯한 여러 구름에 도움을 청해야 한다. 그리고 바람을 주시해야 한다.

구름줄

구름줄(cloud street)은 쌘구름이 평행하게 줄지어 떠 있는 모습을 일컫는 용어로, 고등어구름과는 다르다. 감별법은 어렵지 않다. 쌘구름은 털쌘구름에 비해 고도가 훨씬 낮기 때문이다. 그래도 헷갈린다면 구름줄은 풍향과 평행하게 형성되지만, 고등어구름의 물결무늬는 마치 바다에 이는 파도처럼 풍향과 수직으로 형성된다는 사실을 기억하자.

구름줄은 쌘구름을 쌓아올리는 따뜻한 상승기류와 서늘한 하강기류의 매우 규칙적인 협업으로 만들어진다. 따뜻한 영역에 속한 바람이 불어가는 쪽에서는 구름이, 차가운 영역에 속한 바람이 불어가는 쪽에서는 푸른 하늘이 교대로 뚜렷한 줄무늬를 형성하는 것이다. 구름줄은 가뜩이나 서늘한 영역 위로 구름들이 그림자를 드리울 때 형성될 가능성이 가장 크다. 그 그림자로 인해 상대적으로 서늘하던 표면은 더 차가워지고 따뜻하던 표면은 더 따뜻해지기 때문이다.

이다음에 하늘에서 구름줄을 보거든 선들이 시작되는 방향, 즉 구름줄의 고도에서 바람이 불어오는 방향에 무엇이 자리하는지 살펴보라. 선들이 가리키는 곳에서 해안선을 비롯해 공기를 덥힐 만한 요인들이 흥미를 자극할 것이다.

구름줄의 간격은 보통 높이의 두세 배이다.

렌즈구름

언젠가 나는 스페인 남부에서 건물들의 뒤편을 마치 투시하듯 꿰뚫어 본 적이 있다. 당시 우리는 그곳에서 가족을 만나 타리파라는 해안도시를 둘러볼 예정이었다. 타리파는 바람으로 유명한 지역이다. 전 세계의 카이트 서퍼들이 기꺼이 그곳에 몰려와 알록달록한 카이트로 하늘에 형형색색의 점을 찍는다. 그들이 타는 바람을 나는 얼굴로 느꼈고, 그 원인에 대해서는 조금 뒤에 다룰 것이다. 하지만 타리파를 생각할 때 내가 떠올리는 것은 바로 구름이다. 해변을 따라 걷다가 고개를 돌렸을 때였다. 모래색 리조트 건물들 위로 윤곽이 뚜렷하고 구부러진 채로 층을 이룬 구름이 보였다. 나는 그 구름을 곧바로 알아보았다. 마치 오랜 친구와 마주친 기분이었다. 그 순간 리조트 건물들이 사라지면서 뒤편의 언덕땅이 눈앞에 그려졌다.

고지대에 부는 바람은 언제나 험난한 여정을 거친다. 산마루를 뛰어넘는가 하면, 산허리를 우회하고, 다 같이 모여 좁은 골짜기를 지나기도 한다. 공기가 상승하여 산을 넘고 반대쪽 비탈로 내려갈 때마다, 산악파(mountain wave)라는 이름의 롤러코스터 효과가 바람에 발생한다. 물론 산악파는 눈에 보이지 않지만 위로 밀려 올라가는 공기는 언제나 차가워지므로, 그로 인해 구름이 형성될 가능성이 커진다.

산악파 롤러코스터의 꼭대기는 공기의 냉각이 가장 심한 곳이자 이른바 렌즈구름(lens cloud, *altocumulus lenticularis*)의 형성 가능성이 가장 큰 곳이다. 렌즈구름은 대체로 렌즈처럼 생겼지만 가끔은 접시나 비행접시처럼 보이기도 한다. 누가 무엇이라 부르든, 렌즈구름은 언제나 매끈하고 얕은 돔 형태를 띤다. 또한 렌즈구름은 그것의 생성을 유발한 고지대의 존재를 알리는 뚜렷한 징후이다. 개인적으로 나는 세 가지 이유에서 렌즈구름을 특히 좋아한다. 첫째, 렌즈구름은 알아보기 쉽다. 둘째, 렌즈구름은 선명하고 명확한 징후를 제공한다. 셋째, 렌즈구름은 아름답다.

렌즈구름은 근원지인 봉우리의 바람의지 쪽에서 형성된다. 바람 때문에 생성되지만 바람과 함께 흐르지는 않는다. 렌즈구름을 만드는 바람인 산악파가 다름 아닌 '정상파(standing wave)'이기 때문이다. 공기가 빠른 속도로 봉우리를 넘어가는 동안에도 그 공기가 만든 파형은 이동하지 않는다. 자연에서는 매우 흔한 현상이다. 그러므로 잠시 샛길로 빠져 그 내용을 조금 더 들여다봐도 좋겠다.

바닥에 자갈이 깔린 얕은 개울을 상상해보자. 그 돌바닥을 갓

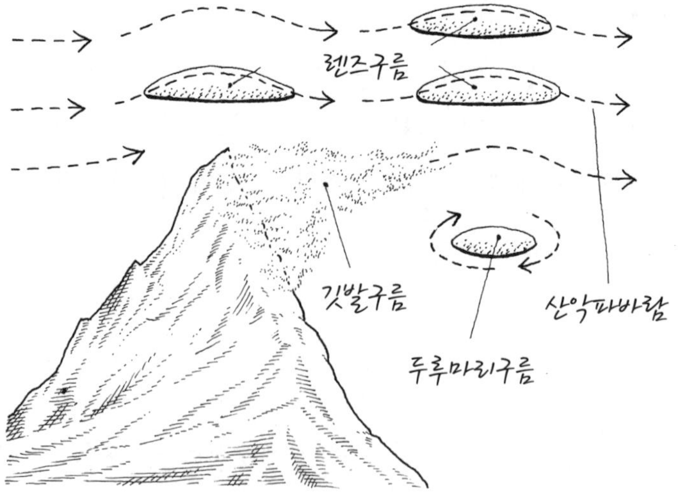

지난 아랫물에서는 자잘한 파동들이 여기저기 관찰될 것이다. 만약 물의 흐름이 일정하게 유지된다면, 그 작은 파동들의 위치와 형태도 유지되겠지만, 그렇다고 물이 하류를 향한 여정을 멈추지는 않을 것이다.

상상을 계속 이어가보자. 우리는 지금 그 작은 개울 양쪽에 두 발을 하나씩 걸치고 서서, 이 작고 정적인 파동 가운데 하나를 골라 지켜보는 중이다. 이제 그 개울물, 정확히는 그 작은 파동에 닿기 직전의 윗물에 빨간 식용 염료를 몇 방울 떨어뜨려 보자. 빨간색 물은 자갈 바닥을 넘어 문제의 파동에 합류한 뒤에도 멈추지 않고 하류를 향해 흘러갈 것이다. 물은 파동을 **통과한** 뒤에도 흐름을 멈추지 않는다. 파동은 계속 한자리에 머물러 있는데도 말이다.

하지만 만약 우리가 지켜보던 자갈과 파동의 윗물에 돌덩이를 내려놓아 물의 흐름을 늦추면, 파동은 순식간에 부서질 것이다. 흐름은 교란되었다. 그리고 정상파는 바로 이 흐름으로 인해 만들어진다. 그런데 이 사실이 렌즈구름을 관찰하는 데 중요한 이유는 무엇일까? 그것은 바로 렌즈구름이 바람의 파동을 반영하고 흐름과 관련된 온갖 변화에 그만큼 민감하기 때문이다. 날씨에 유의미한 변화가 나타나려면 바람(의 흐름)이 바뀌어야 하고, 같은 맥락에서 렌즈구름 역시 바뀌거나 사라져야 할 것이다.

한 줄로 떠 있는 렌즈구름들은 그 아래에 늘어선 봉우리들의 반영물일 수 있지만, 언제나 그렇지는 않다. 하나의 봉우리가 바람에 물결모양의 파동을 일으키면서 각 파의 정점에서 구름이 형성될 수도 있다.

얕은 돔 형태의 렌즈구름들이 여러 층으로 쌓이는 현상도 제법 흔한데, 그렇다고 그 아래에 산들이 여러 층으로 쌓여 있을 리는 만무하다. 층층이 쌓인 렌즈구름은 습한 공기층과 건조한 공기층이 번갈아가며 존재한다는 징후이다. 습한 공기층이 렌즈구름을 생성하면 건조한 공기층이 그 위에 틈을 만드는 과정이 반복되며 생긴 현상이니까. 드물기는 하지만, 대여섯 접시가 쌓이는 일도 불가능하지는 않다. 마침 프랑스어로는 이런 현상을 필 다시에트(pile d'assiettes), 즉 접시 더미라고 일컫는다.

렌즈구름이 생성되기 위해서는 대기가 안정해야 하고 바람은 제법 강하면서도 일정해야 한다. 고로 렌즈구름이 떠 있는 산에서는 바람이 많이 불어도 좋은 날씨를 기대할 수 있다. 물론 렌즈구름이 엄청나게 크다면 약한 눈이나 비 정도는 내릴 수도 있겠지만, 심각한 악천후가 들이닥치기 한참 전에 렌즈구름은 확연히 달라지거나 사라질 것이다.

기상 조건이 적당하면 렌즈구름은 전 세계 모든 지역의 산 위에서 발견될 수 있다.

두루마리구름

유체가 장애물을 통과할 때면 언제나 난류(亂流)가 발생한다. 나무의 잔가지가 개울에 잠길 때, 증기가 주전자 주둥이를 통과할 때, 구름이 산의 바람의지 쪽에 생성될 때 난류는 관찰될 수 있다. 우리는 이미 9장에서 역류언덕을 다룰 때 그 같은 난류를 만나본 적이 있다.

두루마리구름(rotor cloud)은 난기류로 인해 바람이 다시 산을 향해 불어갈 때 형성된다. 이름에서 짐작하듯이, 두루마리구름은 고지대의 바람의지 쪽에서 바람이 일으키는 소용돌이를 시각적으로 반영한다. 그로 인해 두루마리구름은 마치 쌘구름을 구부려놓은 듯 보일 때가 많지만, 회전하는 바람의 어느 부분이 수증기를 응결시킬 정도로 차가워졌느냐에 따라 생각지도 못한 모양과 형태로 발달할 수도 있다.

만약 산악 지역에서 묘하게 생긴 구름을 발견하거든, 바람이 불어오는 방향으로 시선을 옮겨보자. 문제의 바람을 회전시킨 봉우리가 틀림없이 그쪽에 있을 것이다. 모름지기 조종사라면

이 두루마리구름을 알아볼 줄 알아야 한다. 항공기 운항에 위험한 바람이 불고 있다는 징후이기 때문이다.

깃발구름

산이 많은 고장에서는 산봉우리의 오직 한쪽에서만 흘러나오는 구름과 마주칠 수도 있다. 깃발구름(banner cloud)이다. 내가 처음으로 깃발구름을 맞닥뜨린 곳은 알프스였다. 눈으로 보면서도 도무지 봉우리와 구름이라고는 생각되지 않았다. 그보다는 마치 암석으로 된 증기 기관차처럼 보였다.

습한 공기가 바람에 실려 산봉우리에 닿는 것은 벽에 부딪치는 꼴이나 마찬가지다. 공기는 곧바로 탈출하지 못하고 가던 길을 잠시 멈추지만, 바람은 이후로도 꾸준히 새로운 공기를 실어 보낸다. 이는 공기의 압축과 기압의 상승으로 이어지고, 압축된 공기는 언제나 그렇듯 따뜻해진다.

더불어 이는 산마루와 인접한 바람의지 쪽에, 바람이 불어가고 있지만 그것을 대체할 바람은 그만큼 빠르게 불어오지 않는 영역이 존재한다는 뜻이기도 하다. 이는 기압의 하강과 공기의 팽창으로 이어지고, 그로 인해 공기는 차가워진다. 이로써 봉우리의 바람받이 쪽 공기는 상대적으로 조금 따뜻하고 바람의지 쪽 공기는 조금 차가운 환경이 조성된다. 구름은 공기가 비교적 차가운 바람의지 쪽에서 생성될 가능성이 훨씬 더 크다. 바람이 이

구름을 계속 끌어당기면서 구름은 흡사 깃발이 나부끼는 듯한 모양새를 띠게 된다. 그래서 붙여진 이름이 바로 깃발구름이다.

깃발구름이 크면 클수록 봉우리의 인상은 더욱 강렬해진다. 잘 알려진 예로는 스위스의 마테호른산이 있고, 당연히 에베레스트산도 빼놓을 수 없다. 완만한 구릉지의 바람의지 쪽에서는 깃발구름이 형성되지 않는다.

깃발구름은 그것이 자리하는 고도의 공기가 거의 포화상태에 이르렀음을 시사한다. 하지만 그 구름의 주된 임무는 깃발을 나부끼며 바람의 방향을 드러내는 것이다. 단순한 의미를 품은 단순한 구름이랄까.

구름 수프

대기권의 최하층은 지구의 표면을 데우는 태양의 복사열이 유독 강하게 작용하는 영역이다. 그리고 지표면과 접촉하는 부분이 가장 강한 영향을 받는다. 이 부분은 위쪽 부분과는 움직이는 양상이 다르다. 이렇듯 낮은 대기층을 일컬어 대기경계층(planetary boundary layer)이라 하는데, 이 영역에서는 온도와 습도, 국지바람의 성격이 하루가 다르게 변화한다.

가스버너에 올린 수프 냄비를 떠올려보자. 일부러 젓지 않아도 냄비 바닥에서는 수프에 격렬한 변화가 일어난다. 온도가 급상승하며 거품이 보글보글 일어나다가, 심지어 아직 수프의 윗면은 평평하고 잠잠한 와중에도, 난류가 형성되는 것이다. 여기서 가스버너는 매일 지구의 표면을 데우는 태양열에 해당한다. 대류권의 최하층은 마치 냄비 바닥에 닿은 수프처럼 마구 뒤섞이지만, 상층부는 마치 수프의 윗면처럼 거의 섞이지 않는다. 또한 그 최하층에서는 밤사이에 땅이 복사로 열을 상실하면서 가장 극단적인 냉각이 발생한다. 예의 그 수프 냄비가 저녁마다 가스버너 위에서 얼음 위로 옮겨지는 셈이다.

왜 이것을 알아야 할까? 매일 낮과 밤, 지표면과 가까운 대기층은 별도의 규칙에 따라 움직인다. 온도와 습도, 바람이 조금 더 높은 공기층과 다른 양상을 보이는 것이다. 대기경계층은 낮 동안 점점 더 두꺼워지다가 저녁이 되면 다시금 얇아진다. 추운 밤의 끝에는 100미터까지 얇아질 수 있고, 더운 낮의 끝에는 2킬로미터까지 두꺼워질 수 있다. 지역의 기온이 높아질수록 대기경계층의 두께도 늘어난다. 열대지방의 대기경계층 두께는 약 2킬로미터에 달하지만, 북극지방의 경우에는 고작 50미터에 불과하다. 대기경계층의 상단은 눈에 보이지 않는다. 하지만 특정 사물들을 통해 간접적으로 알아차릴 수는 있다. 일반적으로 저층구름의 밑면은 대기경계층의 꼭대기를 표시한다. 만약 꼭대기가 둥글고 밑면은 평평한 쌘구름들이 낮은 하늘을 지나간다면, 그 밋밋한 밑면의 자취를 따라 눈으로 선을 그려보자. 그것이 바로 대기경계층의 윗면이다.

이 경계층에서는 종종 기온의 점차적 변화로 공기가 따뜻해지는데, 알다시피 차가운 공기 위의 따뜻한 공기는 안정하므로 이른바 덮개역전층(capping inversion)이 형성된다. 그리고 이는 연기와 먼지, 습기가 아래 공기층에 갇히는 결과로 이어진다. 만약 고지대에서 아래를 내려다보는데 먼지와 연기, 안개가 유독 자욱한 공기층이 땅을 뒤덮었다면, 대기경계층을 보고 있다고 생각하라. 이제 그 공기층 아래로 내려가보자. 날씨만 놓고 보면, 마치 다른 고장에 방문한 듯이 느껴질 것이다. 덮개역전층은 아침에 가장 흔히 나타난다. 땅의 열이 복사를 통해 방출되면서 대기경계층의 온도가 급격히 떨어져 있는 까닭이다.

틈틈이 하층구름의 밑면이나 안개와 연기, 먼지로 자욱한 대기층 꼭대기의 고도를 확인하는 한편 이곳 수프의 윗면을 경계로 위아래의 날씨가 달라진다는 점에 주목하는 습관을 들여보자. 또한 가장 낮은 구름을 대기경계층 안에서 올려다보며, 그 구름이 우리가 지표면 가까이에서 느끼는 바람과 비슷하고도 살짝 다른 방향으로 이동한다는 사실을 확인해보자.

구름장 무더기, 층쌘구름

이 장에서 마지막으로 만나볼 구름은 층쌘구름(stratocumulus, 층적운)이다. 층쌘구름은 하늘에서 가장 흔한 구름이지만, 앞에서는 다루지 않았다. 조금 따분하면서도 상당히 단조로운 징후이기 때문이다.

층쌘구름은 흰색과 회색의 큼직한 덩어리들로 이뤄진 하층구름이다. 또한 이름에서 엿보이듯이, 군데군데 쌘구름이 섞인 층구름이다. 층쌘구름은 짙게 드리운 층구름 덩이가 부서지거나 쌘구름들이 떼 지어 피어오르다 매우 안정한 공기층과 만날 때 형성된다. 상승하는 구름들은 대개 훨씬 건조한 공기층이나 기온역전층을 만나 같은 고도에서 상승을 멈추게 된다. 층쌘구름은 종종 하늘을 반 이상 뒤덮고, 바다에서 매우 흔하게 관찰된다.

층쌘구름은 살짝 성가신 구름이다. 층구름의 특징에도 쌘구름의 특징에도 깔끔하게 들어맞지 않는다. 층쌘구름은 굉장히 흔하지만, 가장 큰 이유는 이름이 워낙 포괄적이라 비슷한 형태의 다양한 구름을 아우른다는 데 있다. 대기권의 최하층에는 확실히 불안정한 공기가 존재하지만, 그 공기층은 매우 안정한 공기로 뒤덮여 있다. 층쌘구름과 관련된 날씨의 징후는 단순하다. 두꺼운 층구름은 안정한 대기와 안정한 날씨를 예고한다. 고로 날씨는 향후 12시간 동안 지속될 가능성이 크다. 강수의 가능성은 희박하다. 바람은 온화할 것이다.

층쌘구름과 친숙해지는 방법은 그 구름이 무엇으로 이뤄졌든, 심지어 동글동글한 덩어리들이 뭉쳐 있어도 결국은 두꺼운 층구름이라는 사실을 기억하는 것이다. 층구름은 결코 갑작스러운 변화를 일으키지 않는다.

모든 층쌘구름은 온도에 뚜렷한 효과를 일으킨다. 마치 모직 담요처럼 밤이나 겨울에는 온기를 가두고 여름에는 열기를 차단한다. 층쌘구름은 날씨를 누그러뜨린다. 층쌘구름이 두껍게 덮인 지역에서는 서리나 열파가 발생할 가능성이 희박하다.

만약 층쌘구름으로 뒤덮인 하늘 아래서 누군가 날씨의 전망을 물어 온다면, "별일은 없을 것"이라고 자신 있게 대답해도 좋다.

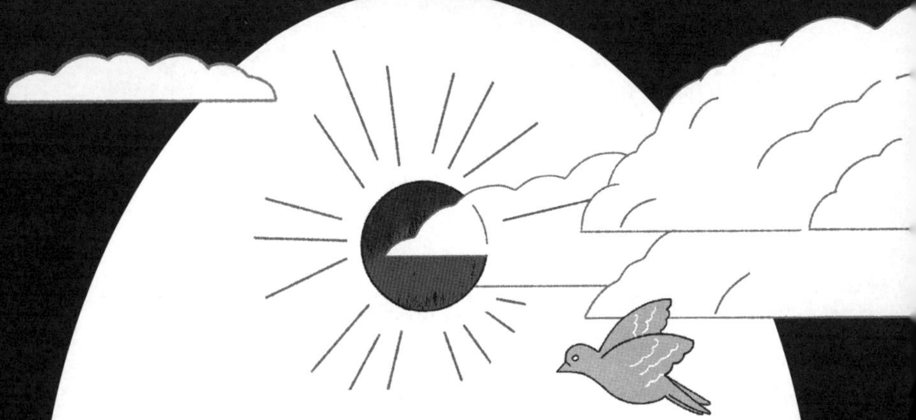

12장

징후를 찾아서: 막간

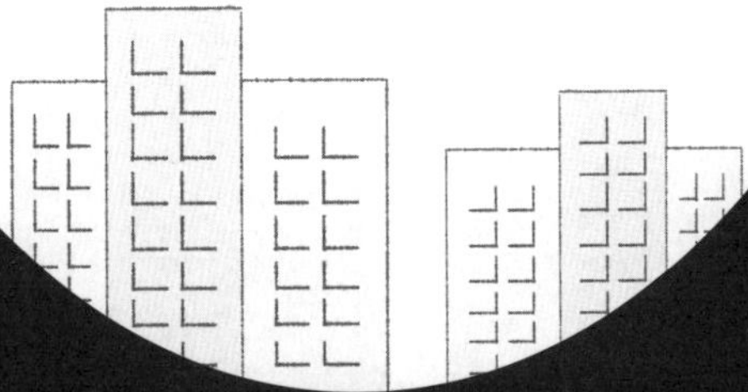

2019년 5월, 아랍에미리트공화국의 샤르자사막에서 나는 세찬 돌풍과 얼굴을 할퀴는 모래를 피해 거뭇한 바위들 사이에 자리를 잡았다. 그러고는 어느 깎아지른 듯 가파른 바위의 아래쪽을 힐끔 내려다보았다. 내 위치보다 약 30미터쯤 낮은 곳에서는 내 친구의 친구 압둘이 현명하게도 에어컨이 설치된 랜드크루저 안에서 모래 돌풍을 피하고 있었다. 나는 바위틈으로 몸을 밀어 넣었다. 바람을 피하기 위해서가 아니었다. 압둘에게서 몸을 숨기기 위해서였다.

그의 시야를 벗어났다는 확신이 들자, 나는 곧바로 보온병을 꺼내 물을 벌컥벌컥 들이마셨다. 라마단이었다. 압둘은 새벽부터 황혼까지 그 어떤 음식도, 심지어 물조차도 입에 넣으려 하지 않았다. 존중의 의미로 나는 기꺼이, 적어도 우리가 함께 있는 낮 시간에는 그의 금식에 동참하기로 했다. 사실 뜨거운 사막에서는 오히려 그것이 자연스럽게 느껴졌다. 하지만 물은 예외였다. 목마름은 도저히 참아낼 수 없었다.

라마단 기간에는 낮 동안에 충분한 휴식을 취하는 것이 바람직하다. 물도 음식도 섭취하지 못하는 상황에서 공연히 힘을 뺄 필요는 없을 것이다. 친절하게도 압둘은 직접 차를 운전해 나를 원하는 장소까지 태워다주는 호의를 베풀었지만, 그 와중에도 몸의 수분은 지켜야 했으므로 최대한 수고를 줄이고 열기를 피하려 했다. 사실 그는 이런 말은커녕 불평 비슷한 발언도 하지 않았지만, 지각 있는 사람이라면 누구나 알 만한 상식이었다.

내가 그 짧은 사막 여행 중에 하려던 일은 에너지를 어지간히 소모하지 않고는 불가능했다. 우리는 나름의 규칙을 정했다. 내가 에어컨이 설치된 랜드크루저 조수석에서 조사 대상을 발견하면, 압둘은 내가 부탁한 자리에 차를 세웠다. 그러면 나는 차에서 내려 타는 듯한 열기를 뚫고 저 멀리 목표 대상을 향해 저벅저벅 나아가는 것이었다. 일단 그의 시야에서 벗어나면 나는 물부터 꿀꺽꿀꺽 들이켠 다음, 공책을 꺼내 작업에 착수했다.

이번에 내가 내린 이유는 바위들에서 범상치 않은 패턴을 발견했기 때문이었다. 거뭇한 돌의 결을 따라 흰색 줄무늬가 나 있었다. 흔하다면 흔한 패턴이었지만, 흰색 줄무늬와 그것들이 새겨진 방식에는, 사막 저편에서도 시선을 사로잡고 나를 끌어당길 정도로 빛나는 울림이 있었다. 가까이서 보니 더욱 눈을 떼기가 어려웠다. 마치 잭슨 폴록(Jackson Pollock, 1912~1956)이 그날의 첫 잔을 마시기 전에 그린 그림을 보는 듯한 기분이었다. 그것은 무질서의 탈을 쓴 완벽한 질서였다. 그리고 말할 수 없이 매혹적이었다. 나는 사진을 찍고, 스케치를 하고, 물을 조금 더 마신 다음, 바람이 잠잠해지기를 기다렸다.

내가 그곳에서 폴록을 떠올린 데는 그럴 만한 이유가 있었다. 폴록의 그림을 처음 본 사람들은 대부분 작품의 구조나 의미를 알아보지 못하고 무시해버린다. 나 역시 다르지 않았다. 여전히 나는 고매하신 이들의 주장에 회의적이지만, 폴록의 그림이 프랙털이란 얘기를 들은 이후로는 견해가 바뀌었다. 폴록의 그림을 크기에 상관없이 어느 부분이든 확대해서 들여다보면, 하나같이 똑같은 형태들이 눈앞에 나타난다. 언젠가 나는 뉴욕 현대미술관에서 열의 넘치는 관객들 사이를 비집고 그의 그림을 가까이에서 들여다본 적이 있지만, 스스로도 그 이론이 맞는다거나 틀렸다고 자신할 수는 없다. 만약 사실이라면, 그의 작품에는 질서와 의미가 그저 있는 정도가 아니라 곳곳에 속속들이 배어 있다고 생각할 수 있다. 그리고 이런 현상은 자연에서도 매우 흔하게 발견된다. 바람이 불면 나무는 얼핏 형체가 모호한 녹색의 혼돈처럼 여겨질 수 있다. 그러나 가까이에서 들여다보면 얘기가 달라진다. 숲지붕의 모양부터 가지의 패턴, 잔가지, 잎, 잎의 톱니 모양, 잎맥, 색깔, 그리고 심지어는 소리에서까지 비로소 질서가 느껴지는 것이다

바위들의 패턴을 보고 잔뜩 흥분한 나는 그 패턴들의 의미를 파헤치기로 결심했다. 그러면서도 아래에 남겨진 압둘을 생각하니 죄책감이 들었다. 나는 이런 유의 심적 갈등을 종종 느꼈고,

그럴 때마다 마음이 불편해지곤 했다. 내 별난 호기심 탓에 왜 내가 아닌 타인이 더 심한 갈증에 시달려야 하는가?

그때였다. 동쪽의 푸자이라 토후국에 자리한 산맥 너머에서 굉장히 특이한 패턴들이 눈에 들어왔다. 이번에는 하늘에서였다. 전부터 나는 그 징후를 보고 싶어 했지만, 실제로 보게 되리라고는 기대하지 않은 터였다.

나는 허둥지둥 바위 밑으로 내려가 다시 모래언덕을 밟은 다음 팔다리를 애처롭게 휘저으며 차를 향해 내달렸다. 그러고는 소용돌이치는 모래가 따라 들어오지 않도록 차 문을 아주 조금만 연 다음 조심스레 안으로 들어가 압둘을 향해 이렇게 말했다.

"지금이에요. 갑시다."

"어디로요?"

"비를 찾아서!"

그 지역은 비가 오는 날이 연중 5일에 불과한 데다가 5월에 내릴 가능성은 제로에 가까웠다. 하지만 나는 확신이 있었다. 물리치기에는 너무도 강력한 징후였다.

며칠 전에 소나기가 올 거라는 얘기가 돌기는 했다. 그때 나는 두바이에서 일하고 있었다. 흐릿한 창문 너머로 도시를 내다보았다. 해변 쪽 하늘에 걸린 구름의 키가 자라나는 와중에 꼭대기는 땅을 향해 굽어 있었다. 습한 기단이 바다에서 다가오고 있다는 일련의 보도들에 신뢰성을 더하는 광경이었다. 나는 이 사람 저 사람을 상대로 과거에 비가 내렸던 장소를 아는 사람을 수소문했지만, 돌아오는 반응이라고는 멀뚱하고 무관심한 눈빛이 전부였다. 물론 나도 이론적 지식은 웬만큼 갖춘 상태였다. 하지만 지역에 관한 지식의 정도에 따라 탐사 결과는 빈손일 수도 대박일 수도 있었다. 나는 그 지역의 땅과 하늘을 여전히 잘 아는 사람과 대화를 나누고 싶었다.

사람들은 종종 내게 원주민들의 지혜를 접하는 방식에 관해 묻고는 한다. 많은 사람이 그러고 싶어 하지만, 안내 책자는 물론 인터넷에도 나오지 않는 정보를 찾는 과정을 그들은 막연한 도전이라고 여긴다. 내 방식은 언제나 디딤돌을 밟아나가는 과정과 흡사하다. "여섯 다리만 건너면 다 아는 사이"라는 말이 있다. 인간관계에서는 여섯 다리만 건너면 아는 사람을 만나게 되어 있다는 뜻이다. 단, 여기서 아는 사람이란 온라인에서 '좋아요'를 눌러주는 정도가 아니라 실제로 알고 지내는 이들을 의미한다. 세계 각지에서 옛 방식에 정통한 사람들을 만나는 일에도 비슷한 법칙이 적용된다.

우리가 처음으로 말을 건네는 사람은 우리가 찾는 것을 알지 못하거나 질문의 본질을 이해하지 못할 가능성이 있다. 하지만 그런 이들도 우리가 묻는 내용을 이해할 법한 누군가를 소개해 줄 수는 있다. 그 사람은 답을 모르지만, 알 만한 다른 사람을 알고는 있다. 그 다른 사람 역시 답을 모르더라도, 그 사람이 아는 누군가 혹은 그 누군가가 아는 또 다른 누군가는 답을 알고 있을 여지가 있다. 이 고지식하지만 효과적인 과정을 통해 나는 사막에서 모하메드라는 베두인 원로와 만나기로 약속을 잡아둔 터였다. 계획은 모호하기 그지없었다. 사막으로 간다. 비를 찾아다닌다. 그리고 탐색에 성공하든 실패하든 그날의 끝 무렵에는 모하메드와 만난다. 압둘은 친절하게도 나의 이 막연한 계획을 선뜻 돕겠다고 나서 주었다.

우리는 도시를 벗어나 산맥을 바라보며 나아갔다. 아직 이른 시각임에도 랜드크루저 온도계에 표시된 바깥 기온은 무려 35도였다. 압둘의 설명에 따르면, 해안과 내륙의 온도 차가 극명한 만큼, 고도에 따른 온도 차도 뚜렷하다고 했다. 오만과 접하는 국경에 자리한 제벨하피트산('텅 빈 산'이라는 뜻)의 꼭대기는 아래쪽보다 기온이 25도가량 더 낮을 수 있었다. 제벨하피트의 높이는 고작 1200미터 남짓에 불과했다. 그런데도 이렇듯 극명한 온도 차가 나타나는 이유는 태양이 가열한 저지대 근처의 공기가 데워지기 때문으로 설명할 수 있었다.

물이 존재하는 몇 안 되는 사막에서, 미기후는 보기 드문 효과를 만들어낸다. 물은 모래보다 차갑다. 그러므로 물 위와 주변의 공기도 모래 위와 주변의 공기보다 차갑다. 또한 물은 식물을 자라게 하고 식물은 모래보다 차갑다. 물과 녹색식물, 비교적 시원한 공기는 동물을 끌어들인다. 사막에 존재하는 소량의 물은 기온과 삶에 연쇄적 효과를 일으킨다. 두바이 시가지의 사막 쪽에는 두 개의 인공 호수가 자리한다. 그리고 지역민들은 더 시원한 공기를 찾아 두 호수 주변으로 모여든다. 두바이 특유의 정취가 은근하게 배어 있는 두 호수는 하트 모양으로 만들어졌고 사랑의 호수라고 불린다.

우리는 빠른 속도로 낙타 병원과 경주장을 지나쳤다. 압둘의 설명에 따르면, 가장 빠른 낙타는 시속 65킬로미터로 달릴 수 있고 소유권의 매매가격은 수백만 달러가 넘는다고 했다. 빠르거나 강한 동물을 놓고 이런저런 내기를 하는 문화는 내가 아는 한 세계 어디에나 있고, 지구의 이쪽에서는 경마보다 낙타 경주가 보편적이었다. 약 10년 전에 나는 아즈만 토후국의 사막에서 경주마 훈련 시설을 방문한 적이 있었다. 말을 위한 수영장까지 완비된, 초현실적이면서도 매우 현대적인 아라비아의 한 단면이었다.

오래지 않아 우리는 사막에 들어섰다. 도로 양쪽으로 관목들이 늘어서 있었고, 관목들 양쪽으로 모래 색깔이 서로 달랐다. 압둘은 내 추측을 확신으로 바꿔주었다. 관목은 의도적으로 심은 것이었고 1년 내내 물을 공급받으며 방풍림으로 쓰이고 있었다. 위도가 높은 지역에서는 도로가 눈 더미에 취약하기 때문에, 바람에 날린 눈이 쌓이지 않도록 방풍림을 세운다. 캐나다와 같은 곳에서는 방풍림의 위치 설정이 곧 예술이고 과학이다. 방풍림을 엉뚱한 자리에 심으면 문제가 오히려 악화된다. 엉뚱한 장소에 바람 그늘을 형성함으로써, 눈 더미의 여러 유형 가운데서도 하필 역류언덕이 도로에 생기는 결과를 초래하는 것이다. 나는 사막에서 그 예술적 행위의 실제적 결과물을 확인하는 기쁨을 누렸고, 푸른 잎 사이사이로 역류언덕을 슬쩍슬쩍 훔쳐보았다.

길가의 관목들은 방풍림답게 공기의 흐름을 방해했고, 이는 모래 색깔의 변화를 가져왔다. 무겁고 붉은 모래는 관목들의 바람받이 쪽에 떨어졌고, 가볍고 밝은 모래는 바람의지 쪽에 떨어졌다. 이는 비단 사막이 아니어도, 바람이 모래와 만나는 곳이면 세계 어디에서나 관찰되는 경향이다. 일찍이 나는 아프리카와 아시아, 아메리카, 오스트레일리아, 그리고 내가 사는 서식스의 해변에 있는 도로와 바위의 양쪽에서 그런 경향을 포착한 적이 있다. 밝은 모래는 무게가 가벼워 장애물의 바람의지 쪽 바닥에 떨어진다. 가벼운 색채의 모래가 무게도 적게 나가는 셈이다.

기온은 36도까지 올라갔다. 압둘의 설명에 따르면 그날은 이슬람 달력상으로 보름이었다. 나는 혼란스러웠다. 보름달은 이미 이틀 전에 떠올랐으니까. 하지만 굳이 따지려 들지는 않았다. 내 옆에 앉아 있는 남자는 오직 나를 위해서 음식도 물도 없이 사막으로 들어가고 있었다. 그가 보름이라고 말한 이상 그날은 보름이었다. 우리는 어느 마을을 지나다가 속도를 늦추었다. 수척한 그림자 하나가 길을 건너고 있었다. 야윈 남자의 손에는 종려나무 잎사귀가 들려 있었다. 짐작건대 부채나 양산 대용으로 지니고 다니는 듯했다. 그때였다. 남자가 손을 위로 뻗더니 문제의 잎사귀로 나무들을 살살 건드리기 시작했다. 압둘의 설명에 따르면, 남자는 도롯가에 늘어선 종려나무들의 꽃가루받이에 한창이었다.

얼마 뒤 압둘이 차를 세웠다. 어느 작은 고원을 자세히 살펴보고 싶다는 나의 부탁을 들어주기 위해서였다. 나는 차에서 내려 바위투성이 땅을 딛고 사방을 빙 둘러보았다. 시정은 아직 양호했고, 덕분에 저 멀리 알아인과 샤르자 토후국은 물론 남동쪽의 오만까지 눈에 들어왔다. 하지만 이는 여전히 대기가 무척 건조하다는 뜻이었고, 내가 비를 보게 될 가능성이 별달리 커지지 않았다는 뜻이기도 했다.

해는 어느새 높이 떠올라 강한 빛을 내뿜고 있었다. 내 공책의 검은색 표지는 너무 뜨거워진 나머지 손으로 잡기도 어려울 지경이었다. 나는 땅바닥에 막대기를 꽂은 뒤 그림자의 끝을 표시했다. 이는 나의 오래된 습관이었고, 덕분에 나는 언제나 얇은 그림자 이상의 무엇을 얻어낼 수 있었다. 나는 땅바닥에서 시선을 거두고는 눈이 빛에 적응하기를 기다렸다. 마냥 희고 밝게만 보이던 대지에서 점차 다양한 음영이 드러나고 있었다. 그러다 어느 순간 꽃 한 송이가 눈에 들어왔다. 그 꽃에서 이어지는 녹색 줄기들을 따라가다 보니 어느새 나는 초록빛 잎과 노란 잔꽃이 융단처럼 깔린 자그마한 꽃밭에 서 있었다. 나는 꽃자루 하나를 꺾어 들고 차를 향해 부리나케 달려갔다. 한시라도 빨리 압둘의 의견을 듣고 그의 수고를 덜어주고 싶었다.

"비가 왔군요." 그는 이렇게 말했다.

"정말요? 언젭니까?" 나는 좀처럼 흥분을 감출 수 없었다. 압둘은 근처에서 똑같은 꽃들이 피어 있는 자리로 걸어가 고개를 숙이고는 찬찬히 들여다보았다. 내가 못 보고 지나친 자리였다. "길어야 이틀쯤 전이겠네요."

이쯤 되자 나는 마음이 급해졌다. 그도 그럴 것이 압둘이 앞서 가고 있었다. 그는 꽃의 종속을 확인하는 과정을 건너뛰고 곧바로 비의 징후를 읽어냈다. 사실 이런 경우는 드물었다. 대개 나는 뭔가 색다르거나 비대칭적이거나 흥미로운 대상을 발견하면, 먼저 그것의 종속을 확인하고는 추가 질문이나 추후 조사를 이어감으로써 그 의미를 파헤치는 편이었다. 나는 개인적 기쁨을 억누른 채, 조사의 방향을 통상적 궤도로 되돌려 놓았다. "무슨 꽃이죠? 혹시 이름을 아십니까?"

"이름은 여러 가지예요. 내가 아는 이름은 빈디 꽃이고요."

나중에 내가 확인한 바로는 그 꽃의 정식 명칭은 남가새(*tribulus terrestris*)였고, 세계 곳곳의 건조한 지역에서 건기가 끝나고 첫비가 내리면 피는 꽃으로 잘 알려져 있었다. 그 꽃들 때문이었을까? 문득 나는 공기가 이른 아침보다 더 습해졌다고 느꼈고, 실제로도 그러했으리라고 생각한다.

우리는 다시 차를 타고 여정을 이어갔다. 어느덧 사막 깊숙이 들어와 있었다. 모래를 가두려는 그 어떤 형태의 울타리도 더는 보이지 않았다. 빨간색 경고 표지판이 나타났다. 도로에 모래 언덕이 쌓일 수 있으니 주의하라는 내용이 아랍어와 영어로 쓰여 있었다. 우리는 오아시스와 인접한 어느 마을에 들러 차에 기름을 넣었다. 그곳에는 나무들이, 그리고 우리가 두어 시간 동안 듣지 못한 새소리가 있었다. 심지어 마을의 가게들조차 물과 생명, 생명의 소산을 찬미하는 듯했다. 벌꿀과 꿀벌을 파는 가게도 있었다. 이제 그림자는 매우 짧아져 있었다. 온도는 37도였다.

얼마 뒤에 압둘은 내 부탁으로 다시 차를 세웠다. 나는 탁 트인 고지로 올라가 경관을 둘러보았다. 내게는 반갑게도 모든 방향에서 시야가 흐릿했다. 이제 하늘은 다양한 쌘구름으로 뒤덮여 있었다. 공기는 후텁지근했고 습기와 먼지로 자욱했다. 북쪽의 산들은 예의 그 선명함을 잃은 채 점점 희미해지고 있었다. 나는 능선이 북북서에서 남남동으로 이어지고, 바위들의 경사와 각도가 북서에서 남동으로 하강한다는 사실에 주목했다. 그러고는 또다시 막대기를 꽂아 그림자 끝을 표시하는 한편, 모래의 꼬리가 남긴 패턴들을 사진에 담았다. 내가 바위들에 관심을 보이자 압둘이 들려준 이야기에 따르면, 그 지역에는 지진이 자주 발생하는데 바위가 많은 장소에서는 진동이 느껴지지만 주변의 다른 장소에서는 모래가 진동을 흡수하는 탓에 느껴지지 않는다고 했다.

우리는 사막을 가로질러 더 높고 바위가 많은 땅을 향해 차를 몰았다. 그런 다음에는 다시 아래로 내려가 어느 모래언덕의 등성이에 진입했고, 그곳에서 차를 세운 다음 타이어의 바람을 뺐다. 타이어의 공기압을 낮추면 접지면이 넓어져, 바퀴가 모래에 빠지는 난국을 미연에 방지할 수 있다. 이어서 나는 거의 한 시간 동안, 타는 듯한 갈증을 느끼며 모래언덕 지대의 안쪽으로 걸어 들어갔다. 그런 다음에는 빙 둘러서 원래의 위치로 돌아왔다. 마침 독특한 형태의 바위가 있어 지표로 활용할 수 있었다. 이 시각적 닻 주위에서 나는 몸이 흔들리는 것을 느꼈다. 눈앞에는 수많은 모래 나침반들이, 그곳을 쓸고 간 바람의 규모에 따라 제각기 다채로운 패턴으로 배열돼 있었다. 높이가 15미터 남짓 되는 모래언덕마다 크고 작은 물결무늬가 새겨져 있었고, 작고 드문드문한 바윗돌 주위로는 모래가 여기저기 꼬리를 남겨 놓았다. 버려진 플라스틱 병의 목 부분에도 모래의 꼬리가 길고 희미하게 늘어져 있었다. 슬프지만 낯설지 않은 장면이었다.

몇몇 나무들은 마치 일부러 손질한 것처럼 정돈된 인상을 주었는데, 알고 보니 낙타들이 밑가지의 나뭇잎은 모조리 뜯어 먹고 윗가지의 나뭇잎은 별수 없이 남겨두면서 그렇게 친숙하고도 기묘한 형태를 띠게 된 것이었다. 나는 물병들을 감춘 뒤 마지막 모래언덕의 꼭대기로 걸음을 옮겼다. 그러고는 다시 차로 돌아가 좀 전에 한쪽에서 발견한 나무들에 관해 압둘에게 물었다.

"사막 삼나무예요. 수액은 독성이 있지만 모래랑 섞으면 낙타가 다쳤을 때 소독약으로 요긴하게 쓰이죠."

나는 다시 랜드크루저에 올랐다. 어느새 39도였다. 우리는 차를 몰고 여정을 이어갔다. 그리고 마침내 나는 예의 그 흰 줄무늬가 새겨진 거뭇한 바위들을 발견했다.

멀리서 쎈구름들이 시시각각 모양을 바꿔가며 뭉게뭉게 피어올랐다. 내가 이때 보았던 쎈구름들이 바로 나를 그 독특한 패턴의 바위들 틈으로 숨어들게 만든 모래돌풍의 근원이었다. 이 연쇄적 사건들이 펼쳐진 경위를 나는 멀리서 눈으로 확인할 수 있었다.

일찍이 바다를 떠나 육지로 들어온 따뜻하고 습한 공기가 사막의 평원 위를 지나는 와중이었다. 낮고 평평한 땅에서는 그런 공기가 가져오는 효과라야, 살짝 후텁지근한 기운을 불어넣고 시정을 감소시키는 정도가 전부였다.

이른 오후 무렵 태양이 지표면을 충분히 달구면서 국지성 대류 현상과 대기의 불안정성이 나타났고, 이는 쌘구름 덩이가 사막 하늘에 드문드문 피어오르는 결과로 이어졌다. 만약 이 모든 요인이 일정하게 유지됐다면 날씨 또한 일정하게 유지됐겠지만, 기상 조건은 날씨의 더 극적인 변화를 예고하고 있었다. 대기는 에너지로 충만했고, 그것을 과시할 준비를 마친 상태였다. 약간의 국지적 가열이 고만고만한 쌘구름의 생성에는 도움이 되겠지만, 그 구름이 높다란 비구름으로 성장하려면 더 강력한 기폭제가 필요할 터였다. 그리고 그 기폭제는 다름 아닌 산이었다.

산은 습하고 불안정한 공기를 위로 밀어 올렸다. 공기는 팽창하며 차가워졌고, 수증기는 응결되었으며, 더 많은 열이 방출되었다. 햇볕에 달궈진 모래가 발산한 그리 강하지 않은 열은 약

쌘구름의 키가 폭에 비해 크게 자라는 것은 습한 공기와 서멀, 불안정성을 가리키는 신호이다.

한 대류 현상을 촉발했고, 이후에 상황이 다시 안정되면서 솜털 같은 쎈구름이 만들어졌다. 하지만 고지대가 다시 판세를 뒤집었다. 모든 폭탄은 기폭장치가, 적절한 연쇄 반응을 일으키기에 딱 알맞은 정도의 작은 폭발이 필요하다. 그리고 산비탈의 경사로는 바로 그 기폭장치였다. 나는 해를 보고 구름과 산의 방향을 헤아렸다.

"이곳으로 갈 수 있을까요?" 나는 자동차 후드 위에 지도를 펼치고 손가락으로 선을 그리며 방향을 가늠한 다음, 그 산의 바람받이 쪽에 있는 어느 지점을 가리켰다.

"그럼요."

모래언덕 지대의 가장자리에 다다랐을 때 우리는 잠시 차를 세우고 타이어에 다시 바람을 채웠다. 그러고는 내가 가리킨 지점, 그러니까 해양성 공기가 산비탈과 충돌할 법한 장소를 향해 빠르게 나아갔다. 차는 오르막을 지나 산지로 들어갔다. 어느새 우리는 아랍에미리트의 또 다른 토후국 라스알카이마의 남부로 넘어가고 있었다. 하지만 행정 경계선은 우리의 진로를 막아서지 않는 한 나의 관심거리가 아니었다.

오래지 않아 우리는 해발 300여 미터 높이까지 올라와 있었다. 도로 양쪽으로 나무가 울창했고, 이는 좋은 징후였다. 물이 하늘에서든 높은 곳의 수원지에서든 제때제때 공급된다는 뜻이었으니까. 다만 차 안에서 확인할 수 있는 부분은 딱 거기까지였다. 그때였다. 갑자기 주변 하늘이 달라지기 시작했다. 나는 압둘에게 부탁해 차를 세운 다음, 도로를 벗어나 바위들 사이로 걸어

내려갔다. 우리의 양쪽은 산들로 막혀 있었고, 나는 시야가 더 좋은 곳에서 하늘을 살펴보고 싶었다.

돌연 찬 공기가 매섭게 밀려들었다. 며칠 만에 바깥에서 느끼는 서늘함이었다. 나는 어느 넓고 완만한 도랑 바닥에서 하늘을 올려다보았다. 이제 구름은 내가 따라가기 힘들 정도로 빠르게 변하고 있었고, 사위는 급격히 어두워졌다. 바위들 틈에서 가랑잎이 바스락거리는 소리가 났다. 고개를 돌려 보니 마른 잎 하나가 붕 떠올라 소용돌이치며 하늘로 솟구치고 있었다. 메모를 하는데 손등 위로 첫 빗방울이 떨어지는 게 느껴졌다. 나는 모자를 벗고 하늘을 올려다보았다. 곧이어 얼굴 위로 빗방울들이 연이어 떨어졌다. 1분쯤 지나자 한바탕 폭우가 내리는가 싶더니 산 위에서 천둥소리가 들려왔다. 구름은 아래의 바람과는 완전히 다른 방향으로 이동하고 있었다. 바람은 위로 솟구치는가 싶더니 느닷없이 반시계 방향으로 몸을 틀었다. 공책을 배낭에 챙겨 넣는데 콧물이 흘러나왔다. 몸이 오슬오슬 떨렸다. 등줄기를 타고 차가운 빗물이 흘러내렸다.

나는 자축의 의미로 모자를 하늘에 대고 흔든 다음 다시 도로를 지나, 조금 더 높지만 너무 높지는 않은 땅으로 달려갔다. 봉우리는 위험했다. 꼭대기 근처에는 벼락의 위험이 도사리고 있었다. 하지만 건조한 지역에서 비가 오는데 굳이 도랑에 머물고 싶지도 않았다. 그러기에는 끔찍한 이야기가 너무 많았다. 사막에서 드물게 폭풍우가 닥치면, 와디(마른강)나 협곡, 도랑을 따라 물이 흐르고, 순식간에 수위가 높아진다. 지역민들은 갑작스런 홍수에 대한 경고를 워낙 많이 들어 스스로 알아서 조심하지만, 여행자들은 사막에서 큰물에 휩쓸려 목숨을 잃게 되리라고는 상상조차 하지 못한다. 스위스의 탐험가이자 경험 많은 사막 여행자였던 이자벨 에버하트(Isabelle Eberhardt, 1877~1904)는 1904년 알제리 쪽 사하라 사막에서 갑작스레 불어난 물에 휩쓸려 사망했다.

차로 돌아가는 길에 내가 지나친 나무들은 소량의 빗물만으로는 살아갈 수 없어 땅속 깊이 내려둔 뿌리로, 갑작스런 홍수에 불어난 지하수를 마시며 갈증을 해소하고 있었다. 랜드크루저로 돌아가 온도계를 보니, 기온은 31도로 8도나 떨어진 상태였다.

우리는 차를 몰고 산맥을 가로질러 동쪽으로 이동했다. 그사이 도로는 약 3킬로미터 간격으로 검게 젖었다가 건조해지기를 반복했다. 변덕스럽고 불안정한 대기 탓에 산발적 폭우가 와르르 쏟아져 내린 까닭이었다. 해안에 가까워졌을 때 나는 유순해 보이는 쌘구름 안에서 조용히 움트는 폭풍우구름을 관찰할 수 있었다.

그날 저녁에는 예정대로 사막의 어느 부락 근처에서 모하메드를 만났다. 우리는 압둘의 차 뒷좌석에서 매트를 하나 꺼내 모랫바닥에 깐 다음 그 위에 앉았다. 압둘은 두 시간 뒤에 다시 오겠다는 약속을 남긴 채 차를 몰고 자리를 비켜주었다. 타이어가 부드러운 모래를 힘겹게 헤치며 나아갔다. 해는 이미 졌고 그날의 금식은 끝난 상태였다. 우리는 보온병에 담긴 커피를 마시고 대추야자를 먹으며 하늘에서 마지막 빛이 스러지는 동안 함께 대화를 나누었다.

나는 모하메드에게 고마움을 표하고는, 그와의 만남에 내가 그토록 기뻐하는 이유를 설명하기 시작했다. 하지만 내가 문장을 채 끝마치기도 전에 모하메드는 내 말을 가로채더니, 만약 룹알할리사막을 가로지를 계획이라면 낙타의 마릿수를 내 생각보다 두 배로 늘리라는 충고를 건넸다. "만약 낙타가 열 마리쯤 필요할 것 같으면, 스무 마리를 데려가야 해요. 몇 마리는 틀림없이 죽을 테니까." 그는 몸은 가만히 둔 채 두 손을 앞으로 내밀어 가볍게 움직였다. "그리고 사막 물고기도 맛을 봐야지. 도마뱀 말이오. 녀석은 모래 속에서 헤엄을 치거든."

몇 번의 시도 끝에 나는 내 목적이 그보다 소박하다는 사실을 단계적으로 설명할 수 있었다. 첫 단계는 별들을 가리키며, 내가 그 별들에게 붙여준 이름과 나라는 탐험가에게 그 별들이 어떤 의미인지 설명하는 것이었다. 모하메드는 내 설명을 알아듣고는 표정이 바뀌더니, 그 별들에게 자신이 붙여준 이름과 그 별들을 보며 베두인이 방향을 헤아리는 방식을 설명해주었다. 그가 들려준 방식은 이름만 서로 다를 뿐 사실 전 세계적으로 두루 쓰이는 것들이었다. 두 번째 단계로 나는 날씨에 관한 옛말을 대화의 주제로 꺼내들었다. "붉은 밤하늘은 양치기의 기쁨"이라는 말이 날씨의 징후로서 그에게 울림을 주리라고는 기대하지 않았다. 다만 나는 양치기라든가 날씨, 지혜와 관련된 옛말이 비슷한 맥락의 뭔가를 그에게 연상시킬지도 모른다고 생각했다. 기쁘게도 나의 예상은 적중했다.

"하, 그럼 이건 어떻소?" 그가 손가락을 까딱거리며 말했다. "남풍이 나흘 동안 불 때는 와디에서 잠들지 마라. 곧 큰비가 쏟아질 터이니!"

이로써 나는 소기의 목적을 달성했다. 모하메드도 내 들뜬 표정에 고무된 듯했다. 그는 이야기를 자세히 풀어가기 시작했다. 그의 설명에 따르면 몇 시간 동안 부는 남풍은 대수롭지 않게 여겨도 무방하지만, 나흘 동안 내리 부는 남풍은 폭우를 몰고 오기 때문에 주의가 필요했다. 그런 시기에 와디에 머무는 것은 누구에게나 위험을 자초하는 짓이었다. 몇 달 동안 말라버린 강바닥에 폭풍우가 닥치면 순식간에 강줄기를 따라 급류가 흐르게 될 테니까. 그는 이야기를 더 깊이 이어나갔다. 하지만 그의 노력이 무색하게도 나는, 아버지가 알려지지 않은 사람은 절대 신뢰하지 말라는 베두인의 믿음과 그 징후가 연결되는 이유를 그가 설명하던 무렵부터 이야기를 따라가지 못했다. 혹시 그는 바람이 날씨의 아버지라는 사실을 내게 일깨우고 싶었던 것일까?

다른 이야기도 들려달라는 내 부탁에 그는 주제를 바꿔 북풍에 대해 말하기 시작했다. 모하메드는 억양이 강하긴 해도 제법 훌륭한 영어를 구사했다. 하지만 몇몇 내용은 알아듣기 어려웠는데, 대부분은 그 바람의 아랍식 이름이 내게 낯설다는 데 이유가 있었다. 고로 우리는 방향을 설명할 때마다 별들을 가리키곤 했는데, 별들은 우리의 통역사 역할을 훌륭히 수행해주었다. 북풍은 겨울이 다가온다는 징후인 동시에 마스크를 쓰라는 신호였다. 모하메드는 북풍이 질병의 도래가 임박했음을 암시한다고

했다.•

내가 최근 며칠 동안 느꼈던 동풍은 구름을, 때로는 비를 몰고 오는 바람이었다. 모하메드의 설명에 따르면, 예로부터 베두인은 며칠 동안 계속되는 동풍을 남풍의 경우와 달리, 큰비가 아니라 지나가는 비에 연관시킨다고 했다. 놀라웠다. 그들의 이 경험적 지식에는 과학적 타당성이 다분했으니까. 동풍은 따뜻하고 습한 공기와 짧고 강한 대류성 강우를 데려오지만, 남풍은 기단의 계절적 이동에 따른 전선성 강우를 몰고 오는 경향이 있었다.

"산들은 비를 끌어당기는 자석입니다. 그래서 곳곳이 푸르른 거예요. 비가 내리는 곳에는 녹음이 우거지잖아요." 모하메드의 목소리에서는 이제 여유와 자신감이 묻어났고, 그의 시적인 표현들은 나의 마음을 사로잡았다. 자석 산에 대면 지형성 강우 같은 용어는 한없이 남루하게만 느껴졌다.

내가 동물과 날씨에 대해 묻자 그는 한 거미, 정확히는 거미과에 대한 이야기를 들려주었다. 문제의 거미는 곧 비가 올 양이면 검정색에서 빨간색으로 변한다고 했다. 이름은, 내가 들은 대로 옮기자면, 쿰파시르였다. 나는 더 자세한 정보들을 끌어내보려 했지만 모하메드 역시 그 거미를 직접 보지는 못한 듯했다. 이후로도 나는 참고자료를 뒤적여 가며 그 동물의 정체를 밝혀보려

• 이때는 코로나19에 관한 첫 번째 기사가 뉴스에 등장하기 몇 달 전이었지만, 이후로 나는 우리도 조만간 그 전통을 따르게 되지 않을까 하고 종종 생각하곤 했다. 차가운 겨울 바람은 우리에게 마스크를 쓰라고 권한다. 정치인이나 과학자가 마스크 쓰기를 의무화하기 전부터 말이다.

했지만 검색만 끝없이 이어질 뿐 결과는 실패로 돌아갔다.

뱃속에 커피와 대추야자가 들어가니 둘 다 힘이 났다. 그날의 할 일은 끝났고, 대화는 더 폭넓게 이어졌다. 가끔은 우스갯소리를 주고받기도 했다. 모하메드는 낙타유가 남자의 성 기능을 강화시킨다고 내게 귀띔했다.

랜드크루저의 불빛이 모래언덕 너머에서 이쪽을 비추었다. 그것은 요행한 만남이었고, 앞뒤가 바뀌었다는 점에서 기이한 만남이기도 했다. 일반적으로 나는 지역민의 지식에서 도움을 얻은 다음 내가 찾고자 하는 대상을 찾아내고는 했지만, 이번에는 순서가 달랐다. 그날 나는 순전히 운이 좋았고, 이후에 모하메드를 만나 이런저런 이야기를 들으며 내가 진종일 겪었던 일들의 의미를 차분히 되새길 수 있었다. 낮에 곳곳에서 날씨의 징후들을 맞닥뜨린 일도, 밤에 베두인 원로를 만나 지혜를 빌린 일도, 내게는 모두 행운이었다. 모든 여행자는 행운을, 그것이 어떤 순서로 찾아오든 기꺼이 받아들여야 한다.

귀한 시간과 폭넓은 지혜를 내어준 모하메드에게 나는 고맙다는 인사를 건넸다. 그러고는 압둘에게 아침에 같은 자리에서 만날 수 있겠느냐고 물은 뒤 두 사람을 떠나보냈다. 이윽고 그들이 시야에서 사라졌을 때 나는 배낭에서 빵을 꺼내 게걸스레 먹어치웠다. 가만히 앉아 있기가 힘이 들었다. 나는 별빛 아래 두어 시간을 거닐며 커피 기운을 떨쳐 낸 다음, 매트 위에 누워 작은 구름들이 더 작아지는 모습을 바라보다가 스르르 잠이 들었다.

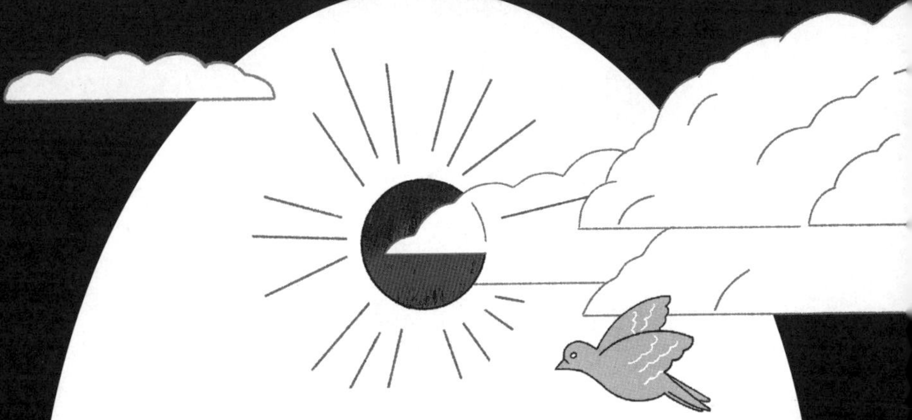

13장

국지바람

틈새바람 | 물길바람 | 갈래바람 | 역류바람 | 마루바람 | 산악파바람 | 바닷바람 | 뭍바람 | 산바람, 골바람, 호수바람 | 합류 | 바람의 이름 | 옆바람 법칙

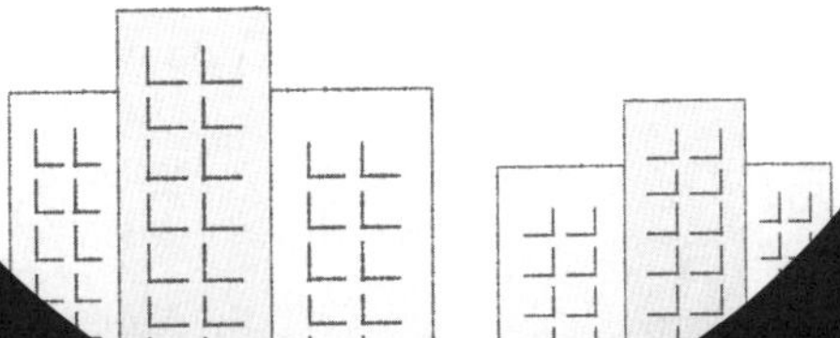

이 장에서는 우리가 탐색할 만한 국지바람의 여러 유형에 대해 알아볼 것이다. 국지바람은 크게 두 가지, 즉 땅이 빚어내는 바람과 온도 차가 만들어내는 바람으로 나눌 수 있다.

우리는 각 바람을 원형, 그러니까 핵심적 원리를 중심으로 살펴볼 것이다. 그리고 이를 줄기 삼아 부수적 유형까지 제법 상세히 들여다볼 것이다. 바람을 이해하려면 이 기본적 개념에 익숙해져야 한다. 고로 나는 잠시 비슷한 영역으로 눈길을 돌려 그것의 중요성을 강조하는 한편, 내가 국지바람의 유형에 대해 지금처럼 생각하고 접근하게 된 이유를 설명하려 한다.

태평양제도의 항해자들은 작은 섬 사이를 누비고 드넓은 바다를 가로지르며 그들만의 항로를 개척해왔고, 나는 수십 년 동안 그들의 항법에 매료되었다. 그들은 다양한 방법을 사용했지만, 그중에서도 특히 한 가지는 우리가 눈여겨볼 만하다. 섬에 부딪친 파도는 되튀고, 휘어지고, 부채꼴로 펼쳐진다. 물결은 반사하고, 굴절하고, 회절한다. 이 과정에는 자연의 법칙들이 작용하므로 물결은 항해자가 의지할 만한 패턴들을 만들어낸다. 태평양제도의 뱃사람들은 카누가 움직일 때마다 파도에서 변칙적인 패턴들을 포착해냈다. 그 범상치 않은 패턴들은 육지가 가까이에 있다는 사실과 그곳에 닿기 위해 나아가야 할 방향을 넌지시 일러주었다.

서식스의 우리 집 근처 연못에서 그 같은 패턴들을 발견했을 때 나는 감동한 나머지 《물을 읽는 법(How to Read Water)》을 집필하기에 이르렀다(국내에는 《산책자를 위한 자연수업 2》라는 제목으로 출간되었다—옮긴이). 불현듯 나는 그 법칙들이 전 세계적으로, 내가 상상한 것보다 훨씬 다양한 범위에 걸쳐 작용한다는 사실을 깨달았다. 문제의 패턴들이 관찰되는 영역은 비단 태평양을 비롯한 바다에만 국한되지 않았다. 세계 각지의 연못에서도 소소한 잔물결의 형태로 관찰될 수 있었다.

이러한 통찰은 물에 관한 책을 쓰도록 나를 이끌었고, 이 책에 담긴 몇몇 개념에 다가가는 길을 보여주었으며, 바람을 읽는 데 있어 가장 강력한 지침이 되었다. 바람의 패턴은 물의 패턴과 다르지만, 기저에 깔린 법칙들이 전 세계적으로 매우 다양한 범위에서 작용한다는 점에서는 별반 다르지 않다. 그러므로 물의 패턴들을 익혀두면 땅에서도 그 패턴들을 모든 장소와 범위에서 찾아볼 수 있다. 레반터는 서부 지중해에서 유명한 바람이다. 레반터는 수천 킬로미터를 이동하며 수백만 사람에게 영향을 미칠 만큼 강한 지중해의 동풍이지만, 우리가 두 건물 사이에서 느끼는 산들바람의 가까운 친척이기도 하다. 그 내용에 대해서는 뒤에서 자세하게 다룰 것이다.

모든 경관은 저마다 바람과 관련이 있다. 경관은 바람의 모양을 빚어내지만, 바람으로 인해 모양이 빚어지기도 한다. 땅은 그것의 물리적 형태인 지형과 그것만의 독특한 열 지문을 통해 바람에 영향을 미친다.

우리가 가장 먼저 만나볼 유형들은 지형과 관계된 바람, 즉 기압 차로 인해 지역에 부는 주풍이 특정한 지형들과 마주칠 때 발생하는 국지바람이다.

바람이 드러낼 수 있는 사실을 모조리 드러내게 하려면, 우리는 단순한 사실 세 가지를 늘 염두에 두어야 한다.

첫째, 공기는 결코 완전히 정지하지 않는다.
둘째, 공기가 하는 일에는 나름의 이유가 있다.
셋째, 우리는 그 이유를 감지하고 이해할 수 있다.

이 세 가지 사실을 유념할 때 비로소 우리는 바람의 가장 소소한 징후에서도 의미를 발견하게 될 것이다.

틈새바람

나는 2007년에 혼자 배를 타고 대서양 횡단에 나선 일이 있다. 이 여행에 대해서는 글을 쓰기는커녕 말한 적도 많지 않은데, 거기에는 몇 가지 이유가 있다. 우선 그 여행은 대체로 계획적으로 진행되었다. 주요한 도전이라야 출항 전에 세부적 계획을 세우고 출항 후에는 열기와 권태, 외로움과 싸우는 정도가 전부였고, 그중 무엇도 훌륭한 여행기의 필수적 요소는 아니었다. 만약 모든 상황이 재난으로 치달았음에도 내가 살아남았더라면 비교적 긴 이야기로 풀어낼 만한 소재가 나왔을지도 모른다. 하지만 내가 볼 때 그 여행에서 되새길 만한 부분은 기껏해야 세 가지였고, 그마저도 지극히 개인적인 내용이었다.

첫째, 그 여행은 수년의 연구와 훈련, 준비, 노력이 집적된 결과였고, 이를 계기로 나는 전통적 항법에 대한 식견을 넓힘으로써 자연 항법에 더욱 온전히 집중할 수 있었다.

둘째, 그 여행은 방식이 남달랐다. 혼자서 배를 타고 대서양을 횡단하는 사례는 생각보다 드물지 않다. 그러나 이 여행이 남달랐던 이유는 온전히 혼자서 해냈다는 사실에 있었다. 대부분의 장거리 단독 항해는 경주라든가 조직적 행사의 일환이다. 한 사람이 조직적 도움이나 지원도 없이 혼자 힘으로 배를 타고 바다를 건너는 사례는 드물다. 내 배가 카나리아제도의 란사로테섬을 출발할 때 반경 1600여 킬로미터 이내에서 그 여정에 대해 알고 있던 사람은 가족을 포함하여 단 한 명도 없었다고 나는 생각한다. 그리고 이런 상태는 스무엿새 뒤, 그러니까 내가 카리브해에 거의 다다를 때까지 유지되었다.

셋째, 횡단을 시작하고 처음 이틀 동안 나는 소소하고도 흥미로운 지옥을 맛보았다. 내가 출발지로 란사로테섬을 선택한 배경에는 어리석지만 용납할 만한, 매우 인간적인 이유가 있었다. 나는 그 섬에 익숙했다. 과거에 그 섬을 거닐고 앞바다를 항해한 적이 있었다. 모험을 시작할 때는 모르는 것이 적을수록 좋다고 나는 판단했다. 그러나 한 가지 문제가 있었다. 란사로테섬은 카나리아제도의 북동쪽 가장자리에 위치하는데, 내 배가 나아갈 방향은 남서쪽이었다. 이는 곧 대서양의 탁 트인 바다에 도착하기까지 열도를 요리조리 헤쳐나가야 한다는 뜻이었다.

가뜩이나 위험천만한 항로를 나는 무모하게도 혼자서 배를 타고 통과해야 했다. 많은 범선이 눈앞을 지나갔지만 신경이 더 쓰이는 쪽은 상선이었고, 난폭하고 부주의한 어선은 특히 위협적이었다. 하지만 그중 가장 아슬아슬한 난관은 바로 '가속 구간'이었다. 바람이 카나리아제도에 도착하면, 화산섬의 뾰족한 봉우리들 틈을 비집고 나오느라 성질이 바뀌어버린다. 바람은 순식간에 순한 미풍에서 풍력 7 또는 8 정도의 격한 돌풍으로 급변한다. 돛을 활짝 편 요트를 쓰러뜨리기에는 충분한 세기다. 돌변한 바람은 육체적으로나 정신적으로나 버거운 상대였다. 나는 해수면에서 눈길을 떼지 않은 채 바람의 궤적에 신경을 곤두세웠다. 여기저기서 일렁이는 물결을 단서로 몇 분 뒤의 상황을 예측해야 했다. 낮에는 힘겨운 도전이었고, 밤에는 불가능한 도전이었다. 그때 이후로 '틈새바람(gap wind)'은 나의 머릿속에 깊이 각인되었다.

좁은 틈을 비집고 지날 때마다 바람은 속도가 빨라진다. 이는 모든 유체, 즉 기체와 액체에 공히 적용되는 사실이다(호스의 입구를 엄지손가락으로 막으면 물줄기는 더 멀리 뻗어나간다). 강물이 섬의 양쪽을 지나는 동안 좁아진 두 물줄기는 이후에 다시 합류한 물줄기보다 유속이 더 빠르다.

틈새를 지날 때 바람의 속도가 빨라진다는 사실은 수천 년 전부터 인류의 관심거리였다. 앞서 등장한 그리스의 학자 테오프라스토스는 2300년 전에 바람의 가속과 물의 유사성에 주목한 바 있다. "틈새를 통과하는 바람은 물살의 경우와 마찬가지로 언제나 더 강하고 격렬하다. 줄기가 한데 모이면서 내뿜는 힘이 더욱 세어지는 것이다. 그런고로 사위가 고요한 와중에도 좁은 통로에는 언제나 바람이 존재한다."

테오프라스토스의 이 마지막 문장에는 틈새바람의 재미있는 습성 하나가 드러나 있다. 우리는 종종 바람이 난데없이 부는 것처럼 느낀다. 그 원인은 십중팔구 틈새바람이다. 예를 들어 매우 가벼운 산들바람이 불고 우리의 감각은 그것을 알아차릴 만큼 예민하지 않을 때, 종종 틈새바람을 통해 그 바람을 처음으로 알아차리고는 한다.

그때 우리는 '바람이 강해졌다'고 느낀다. 그리고 이는 어느 정도 일리가 있다. 바람의 속도가 빨라진 것은 사실이니 말이다. 그런가 하면 '바람이 다시 잦아들었다'고 느끼는 것은, 가볍고

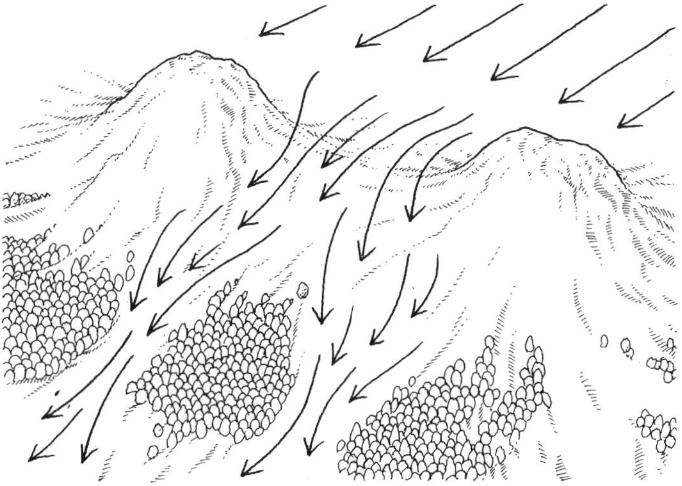

틈새바람

일정한 주풍이 불어오는 틈새를 우리가 어느 겨를에 지나왔기 때문일 수 있다.

미스트랄(mistral)은 유명한 틈새바람이다. 이 광대한 북풍은 남프랑스를 거쳐 지중해 쪽으로 불어간다. 다른 모든 바람과 마찬가지로 미스트랄 역시 기압 차, 대개는 북서쪽 비스케이만의 고기압과 남쪽 지중해의 저기압 간 차이로 인해 불기 시작한다. 미스트랄은 알프스와 세벤산맥을 거쳐야 한다. 이 두 산맥에 속한 산들은 호스를 막은 엄지나 마찬가지다. 그리고 바람은 골짜기들을 지나는 동안 속도가 무섭게 빨라진다. 고대 그리스의 지리학자 스트라본(Strabon, 기원전 64?~23?)에 따르면, 미스트랄은 장정을 전차에서 떨어뜨릴 정도로 기세가 대단했다고 한다. 미스트랄은 스트라본이 살던 시대 이후로도 별반 달라지지 않았다. 비교적 가까운 과거에는 작가 닉 헌트(Nick Hunt)가 미스트랄을 만나러 그 지역으로 여행을 갔다가 자신의 기대에 부응하는 장면과 맞닥뜨렸다.

> 마치 공격을 받는 듯한 기분이었다. 나는 시린 손으로 두 눈을 가려가며 방어 자세로 거리를 건넜다. (…) 건물들 위에 걸린 삼색기들은 깃대에서 떨어져나가려 안간힘을 썼고, 사람들은 허리를 45도쯤 굽힌 자세로 걸었으며, 그들의 머리카락은 남쪽으로 쏠려 있었다.

대부분의 틈새바람과 마찬가지로, 미스트랄도 겨울에 가장 많이 분다. 부분적으로 이는 계절적 요인이 기압 차를 유발하기 때문이지만, 틈새바람은 공기가 차가울 때 기승을 부리기 때문이기도 하다. 차가운 공기는 상대적으로 밀도가 높아서, 따뜻한 공기처럼 고지대 위로 상승하지 못한다. 공기가 차가울수록 중력은 공기를 지표면 쪽으로 끌어당기고, 공기가 틈새를 지나게 될 가능성은 높아진다.

틈새바람은 짧은 거리를 지날 때도 있고 긴 거리를 지날 때도 있다. 만약 바람이 꾸준히 좁아지는 지형을 거쳐 틈새에 도달한다면, 바람의 속도는 꾸준히 증가하다가 가장 좁은 지점에서 정점에 다다를 것이다. 캘리포니아의 샌타애나 바람은 고기압의 끝자락에 발생하는데, 초반에는 가벼운 산들바람이었다가 샌가브리엘산맥과 샌배너디노산맥의 해안 쪽을 통과할 때는 시속

97킬로미터 이상으로 빨라진다.

틈새는 고지대의 비교적 낮은 지점일 수도 있고 평원의 움푹 파인 지점일 수도 있다. 우리의 관점에 따라 틈새는 고개(pass), 콜(col), 안부(saddle), 노치(notch), 고르주(gorge) 등등의 이름으로 불릴 수 있다. 핵심은 이것이다. 바람은 좁고 낮은 경로를 따라 경관을 가로지를 때 속도가 빨라진다.

규모가 거대한 틈새바람은 모르고 지나치기엔 너무 잘 알려져 있다. 예컨대 지브롤터해협과 같은 장소에 사는 지역민들은 그곳에 부는 틈새바람의 습성에 익숙하다. 하지만 규모가 작은 틈새바람은 방심하면 모르고 지나치기 쉽다. 명심하자. 바람은 경관의 두 높은 지점 사이에서 속도가 빨라진다. 여기서 두 높은 지점은 두 거대한 산봉우리일 수도, 두 숲일 수도, 심지어 한 쌍의 나무일 수도 있다.

앞서 언급한 스페인의 소도시 타리파에서 몰아치던 바람이 바로 이 틈새바람이었다. 타리파는 지브롤터해협의 바로 위쪽에 자리하고, 그곳을 통과하는 모든 바람은 유럽과 아프리카 대륙 사이의 그 좁은 틈새를 비집고 지나는 바람이다.

물길바람

틈새바람으로 시작된 바람은 종종 낮은 경로를 계속 따라가다가, 틈새에서 멀리 떨어진 골짜기를 따라 거세게 몰아치고는 한다. 바람 중에서도 특히 차가운 바람이 공교롭게도 고기압에서 저기압 방향으로 이어지는 골짜기에 가라앉으면, 바람은 그 골짜기를 따라 이동한다. 골짜기는 바람을 한곳에 몰아넣고 골짜기의 축을 따라 휘어지게 한다. 다시 말해 골짜기가 마치 물길처럼 바람(channel wind)을 흘려보내는 것이다.

북부에서 남부로 뻗은 페나인산맥을 떠나 서에서 동으로 이어지는 일련의 골짜기들을 탐사하며 요크셔데일스 국립공원에서 보낸 며칠을 나는 결코 잊지 못할 것이다. 하늘은 대체로 구름에 덮여 있었고, 나는 바람이 조각한 나무들을 주요 나침반으로 사용 중이었다. 첫날 나는 일찌감치 경로를 벗어났고, 도구를 다시 조정할 필요를 느꼈다. 영국의 나무들은 대개 꼭대기가 남서쪽에서 북동쪽으로 단정하게 휘어져 믿을 만한 위치 정보를 제공하는데, 이곳 골짜기에서 자라는 나무들은 하나같이 서쪽에서 동쪽으로 휘어져 있었다. 골짜기들이 서쪽에서 동쪽으로 이어진 까닭에 바람의 방향도 그와 같아서 나무들의 우듬지가 그 방향으로 휘어진 것이었다.

골짜기들이 해안에 닿아 있고 바람이 해안에서 바다로 불어가는 지역에서는 이 같은 물길효과로 인해 제법 거센 바람줄기가 먼바다까지 뻗어나가고, 와중에 주변의 해수면은 비교적 잠잠한 상태를 유지한다. 바람줄기들이 서서히 부채꼴로 펼쳐지면서 해수면에는 패턴들이 남는데, 물결이 너무 거칠지만 않으면 비교적 쉽게 확인할 수 있다. 고지대에 올라가 바닷가의 아무 골땅이나 찾아보자. 그곳을 기점으로 짙은 색 줄무늬가 먼바다로 점차 퍼져나가는 모습이 관찰될 것이다. 울퉁불퉁한 절벽이 늘어선 해안 지대에서는 그 결과로 아름다운 광경이 펼쳐질 테고, 땅의 모양을 드러내는 바다의 물결은 황홀감마저 자아낼 것이다.

갈래바람

고대의 여러 저술가는 자연을 열심히 공부했고, 면밀히 관찰한 사실에 상상력을 덧입혀 그럴듯한 설명을 고안해냈다. 호메로스(Homeros, 기원전 8세기경)의 이런저런 저서에서는 오늘날 과학자들이 보았다면 눈길을 떼지 못할 만큼 기이한 생물들을 중심으로 기상천외한 사건들이 바다와 육지, 하늘을 배경으로 풍성하게 펼쳐진다. 고대 그리스의 서사시인 로디오스 아폴로니오스(Apollonios of Rhodios, 기원전 300년경~?)는 이아손의 아르고호 원정대를 묘사할 시간을 쪼개서 다음과 같은 이야기를 적어 넣었다. “헬리케의 맞은편에는 카람비스라는 이름의 사방이 가파른 곶이 있어, 바다를 향해 우뚝 솟은 첨봉이 북풍을 두 줄기로 갈라놓는다.”

바람은 섬들과 만나면 곳곳에서 속도가 빨라질 뿐 아니라 방향도 달라진다. 땅속을 파고들거나 통과하지 않는 이상, 바람은 땅을 넘어가거나 둘러 갈 수밖에 없다. 편평한 바다에 솟은 섬들을 생각하면 이해하기 쉬울 것이다. 하지만 일상적 경관 속에서도 우리는 그 같은 현상을 경험할 수 있다.

내가 가장 즐겨 걷는 동네 산책로에는 자연적 휴게소가 있다. 양들의 목초지로 쓰이는 들판의 가장자리에 주변보다 높은 풀밭이 존재하는데, 날씨가 좋을 때면 나는 여름엔 한 시간쯤, 겨울엔 그보다 짧게 그곳에 앉아 있고는 한다. 그날의 산책이 계획된 일정인지 즉흥적 나들이인지는 그곳에 앉으면 자연스레 밝혀진다. 만약 맘먹고 나선 길이라면 배낭에는 차가 담긴 보온병과 먹을거리가 들어 있을 테니까.

시야는 거의 모든 방향에서 좋다. 시력이 남다른 사람은 남쪽 바다까지 볼 수도 있을 정도다. 남서쪽으로는 내가 잘 아는 작은 언덕이 보인다. 나는 그 언덕을 모든 각도에서 수백 번은 넘어 다녔다. 그곳은 내게 많은 가르침을 주었고 내가 쓴 거의 모든 책에 등장하지만, 딱히 알려진 이름이 없어 언제나 무명으로 소개되었다. 잉글랜드에는 이처럼 인근에서 충분히 돋보이지만 아직 이름은 주어지지 않은 언덕이 장담컨대 수천 개는 존재할 것이다.

평소에 다니는 길로 한 바퀴 돌다 보면 어느새 이 언덕 북동쪽에 자리한 예의 그 휴게소에 이르게 된다. 그곳의 지세와 탁월풍인 남서풍으로 인해 나는 이 구간에서 보통 두 가지 바람과 만나게 된다. 언덕은 남서풍을 두 줄기로 가르고 나는 두 바람을 동시에 느낀다. 정확하게는 먼저 남풍을 느끼고 곧이어 서풍을 느낀다.

남서풍이 부는 날이 많다고는 해도 바람이 똑바른 남서쪽에서 불어오는 경우는 거의 없다. 대개는 남쪽이나 서쪽으로 살짝

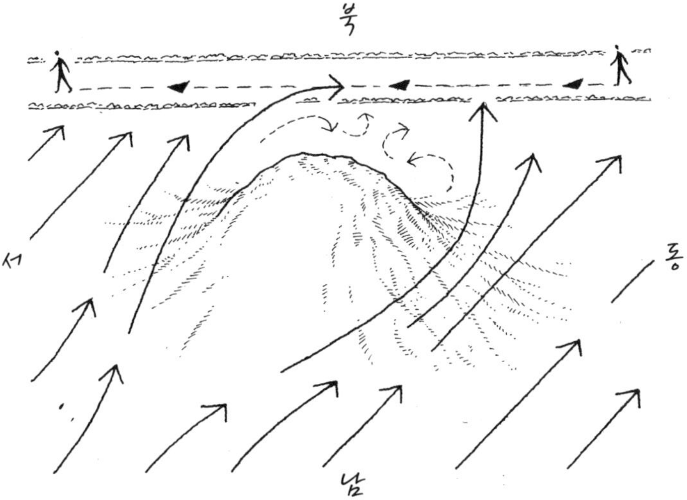

갈래바람

치우쳐 있다. 그 언덕은 이 약간의 치우침을 강화하는 동시에 과장한다.

비탈에 나무가 우거진 그 언덕의 바람의지 쪽으로 다가가면 가볍고 변덕스러운 바람이 분다. 하지만 언덕에서 바람이 불어가는 방향으로 더 멀어지면, 갈라졌던 바람이 다시 합류하면서 언덕의 효과는 사라진다. 나만의 휴게소는 두 바람이 서로 결합하는 지점에 자리한다. 나는 그곳에 앉아 쉬다가 남풍에게 작별을 고하고는 그것의 형제 격인 서풍에게 인사를 건네며 다시 걸음을 옮기곤 한다.

역류바람

테오프라스토스는 소용돌이 바람을 일으키는 지세에 관해 묘사한 적이 있다. 바람은 장애물이 튀어나온 구간을 지나게 되면 언제나 중심을 잃고 소용돌이친다. 이처럼 바람이 장애물을 넘은 직후에 바람의지 쪽에서 회전하는 현상을 일컬어 맴돌이라 한다. 맴돌이는 어디에나 존재한다. 건물 모퉁이 곁을 빙빙 도는 먼지라든가 어지럽게 피어오르는 모닥불 연기, 카페의 야외 테이블 옆으로 차가 지나갈 때 소용돌이치는 돌풍에서 우리는 맴돌이를 감지한다. 또한 맴돌이는 어느 범위에서나 작용한다. 몇 센티미터에서 몇백 킬로미터에 이르기까지 규모가 실로 다양하다.

소용돌이치는 바람의 흐름은 여러모로 흥미로울 뿐 아니라, 어느 정도는 확실한 예측이 가능하다. 가령 뾰족하거나 튀어나온 장애물을 통과하는 바람은 본래의 부드러운 흐름이 깨지면서 일련의 복잡한 소용돌이, 즉 맴돌이를 일으킨다고 우리는 전적으로 확신할 수 있다.

하지만 소용돌이치는 바람의 흐름에는 불확실성도 존재한다. 맴돌이의 정확한 위치와 동향을 예측하기란 현재의 과학기술로는 너무나 복잡하고, 앞으로도 계속 그럴 가능성이 크다. 이는 '나비효과'라는 과학 이론과 관련이 있다. 나비효과는 카오스이론의 한 갈래로, 모종의 변수로 인해 사소하게 시작된 변화가 결국에는 우리가 알아차릴 정도로 중대하고 대개는 전체적인 변화로 이어질 수 있다는 내용이다. 작은 나비의 날갯짓이 지구 반대편의 날씨를 바꿀 수 있다는 말이 있다. 사실 그 정도 규모의 나비효과는 상상하기 어렵겠지만, 더 작은 규모의 나비효과는 주변에서 일상적으로 찾아볼 수 있다.

2년쯤 전에 나는 둘째 아들 비니의 도움으로 실험을 하나 해 본 적이 있다. 막 촛불을 끈 방의 건너편에서 아이가 걸을 때 양초에서 피어오르는 연기가 달라지는 양상을 관찰하는 실험이었다. 연기의 모양은 다양하게, 그리고 예측 불가능하게 바뀌었다. 또한 나는 일인칭 비디오 게임에 익숙한 열한 살 소년의 주의를 붙들어두기 위해서는 실험에 더 많은 유인책이 필요하다는 사실도 덤으로 알게 되었다.

우주 만물의 이치를 알아갈수록 정확성과 모호성의 조합이 자연의 본질을 반영하고, 그래서 유용하다는 사실을 더 깊이 깨닫게 된다. 우리는 가령 1리터의 공기에 함유된 분자의 개수를 계산할 수 있다. 또한 우리는 가열이나 압축에 대한 그 공기의 반응을 정확히 예측할 수 있다. 그러나 이 분자들 중 하나를 골라 그것이 따르게 될 경로를, 고작 1초 동안의 경로만이라도 정확히 일러줄 수 있는 사람은 지구상에 아무도 없다.

바람의 맴돌이 또한 이 정확성과 모호성의 합작품이다. 맴돌이의 규모가 크든 작든, 그것을 일으킨 장애물이 산이든 나무든, 그 사실은 변하지 않는다. 그리고 우리는 바로 그 점에 주목해야 한다. 미송과 전나무의 각 바람의지 쪽에 이는 맴돌이의 패턴이 서로 다르다는 것까지는 굳이 알 필요가 없다. (그래도 일단 설명하고 넘어가자면, 미송의 바람의지 쪽 맴돌이는 '대칭형'이고, 전나무의 바람의지 쪽 맴돌이는 '사인곡선형'이다.) 그보다는 대체적 패턴에 집중하는 편이 낫다. 세부적 패턴의 존재 여부까지 신경을 써봤자 괴로움과 당혹감, 혼란만 심화될 뿐이다. 사람의 얼굴을 알아보고 웃음의 의미를 헤아리기 위해 굳이 입술 주름까지 하나하나 뜯어볼 필요는 없지 않은가!

맴돌이의 대표적 패턴에는 바람의 회전성이 반영되어 있다. 장애물의 바람의지 쪽에서 어지러이 회전하는 기류는, 바람이 때때로 주풍을 거스르면서까지 온갖 방향으로 부는 장소들이 존재한다는 방증이다. 그리고 이러한 환경은 역류바람(rebel wind)이라는 유체 세계의 반항아를 만들어낸다. (9장에서 나온 역류언덕을 형성하는 바람도 바로 이 역류바람이다.)

만약 우리를 향해 바람이 불어오는 쪽에 무엇이든 뾰족하거나 볼록하거나 들쭉날쭉하거나 울퉁불퉁하거나 모난, 다시 말해 완만하지도 매끈하지도 않은 사물이 존재한다면, 근처 어딘가에서 바람이 맴돌이를 일으키고 있을 것이다. 풍향은 워낙 자주 바뀌어 예측하기 어렵겠지만, 하층구름을 실어 나르는 더 광범위한 주풍을 거슬러 그 바람이 부는 장소는 곳곳에 자리할 것이다. 만약 그런 장소를 찾게 된다면, 걸음을 옮길 때마다 바람의 방향과 세기가 시시각각 달라지는 양상에 주의를 기울여보자.

맴돌이는 수직적으로도 수평적으로도 발생할 수 있다. 주택 지붕을 넘는 바람은 아래로 내려가며 수직적 맴돌이를 일으키고, 주택 모퉁이를 지나는 바람은 옆으로 돌아가며 수평적 맴돌이를 일으킨다. 둘 중 어느 쪽이든 우리는 집의 바람의지 쪽에 있으면서도 집을 향해 불어오는 역류바람을 느끼게 된다. 넓은 지형에서는 둘 중 한쪽이 두드러지는 경향을 보인다. 수직적 맴돌이는 주로 산맥을 넘어 내려오고, 수평적 맴돌이는 주로 반도와 같은 해안 돌출부를 둘러온다.

장애물이 커지면 맴돌이는 거대해지고, 장애물이 가팔라지면 맴돌이는 뚜렷해진다. 예컨대 절벽이나 낭떠러지처럼 거대하고 지세가 가파른 장소에 강풍이 불고 있다면, 그곳의 바람의지쪽에서는 크고 강력한 맴돌이가 발생할 것이다. 그런 장소에서는 역류바람이 맹위를 떨치는 영역도 광범위할 공산이 크다. 이때 역류바람은 절벽이나 낭떠러지를 향해, 심지어 바로 위 하늘에서 떠가는 구름과 반대 방향으로 불어가는데, 이와 같은 대규모의 역류바람을 일컬어 회전 기류(rotor streaming)라 한다. 이렇듯 뚜렷한 역류바람이 부는 듯 느껴지는 장소에서는, 주변의 나무나 작은 식물을 살펴보자. 만약 실제로 역류바람이 불고 있다면 초목들은 하나같이 문제의 장벽을 가리킬 테고, 와중에 탁월풍은 반대 방향으로 불고 있을 것이다. 거대한 규모의 회전 기류는 앞서 (272쪽에서) 만나본 두루마리구름을 만들기도 한다.

때때로 강풍은 나무를 쓰러뜨릴 정도의 위력을 발휘한다. 만약 어디에서든 나무들이 땅바닥에 부러져 있고, 넘어진 방향이 높고 가파른 산봉우리를 가리킨다면, 이는 역류바람의 소행일 소지가 다분하다.

역류바람이 스코틀랜드 하일랜드 지방의 숲에서 나무들을 넘어뜨렸다.

마루바람

언덕마루에서는 바람이 나무를 뽑아낼 기세로 몰아치기도 한다. 위로 올라갈수록 바람은 더욱 거세어진다. 바람은 고도가 높아질수록 지표면과의 마찰로 인한 감속이 덜해지면서 이동이 더욱 원활해지기 때문이다. 기록에 따르면 1986년 스코틀랜드 하일랜드 지방에 자리한 케언곰산 꼭대기에서는 시속 278킬로미터의 돌풍이 불었지만, 같은 날 그 산보다 150여 미터 아래에 있는 역과 그 아래 골짜기의 최고풍속은 각각 시속 169킬로미터와 시속 101킬로미터였다.

저지대 사람들의 관점에서는 이것이 마치 주풍이 '산마루에 오르며 강해진' 까닭으로 보이겠지만, 사실 마루바람(summit wind)은 순수하고 천연한 주풍에 가깝다. 오히려 아래쪽에서 우리가 체험하는 바람이 세력이 약해진 주풍이란 얘기다.

고도, 모양, 고립성, 해안과의 인접성은 모두 산에서 부는 바람의 속도에 영향을 미친다. 가장 강한 바람이 부는 산꼭대기는 가장 높고, 가장 좁고, 가장 고립되고, 가장 해안에 가까운 산봉우리다.

산등성이에서는 조금만 이동해도 풍속이 크게 달라진다. 그나마 바람이 산맥과 평행하게 불 때는 풍속이 그저 변덕을 부리는 수준이지만, 바람이 산맥과 수직으로 불 때는 일대에 부는 주풍 속도의 반에서 두세 배 사이를 오르내릴 정도로 풍속이 심하게 요동치기 때문에 각별한 주의가 필요하다.

바람의 방향 또한 고도에 따라 변화한다. 고도가 높아질수록 마찰저항이 점차 낮아지면서 바람이 반전할(86쪽의 표현을 빌리자면, 배수구에서 반시계 방향으로 내려갈) 가능성은 적어진다. 바꿔 말하면, 북반구에서는 우리가 산을 더 높이 오를수록 바람이 순전할 가능성이 커진다.

산악파바람

앞서 우리는 산악파바람(mountain wave wind)의 꼭대기에서 렌즈구름이 형성되는 원리를 살펴보았다. 렌즈구름이 보이는 모든 곳에서는, 그 구름과 가까운 지표면을 지나는 바람의 속도에 커다란 변화가 나타난다.

렌즈구름의 바로 아래에서는 바람이 가장 높이 올라가는 까닭에 비교적 약한 지면풍이 분다. 반면에 렌즈구름과 렌즈구름의 중간에서는 바람이 아래로 낮게 내려가는 까닭에 주변보다 훨씬 강한 국지적 지면풍이 분다.

이 같은 효과는 기온역전이 있을 때 더욱 강화된다. 기온역전층이 마치 덮개처럼 바람을 눌러 지표면으로 내려보내는 것이다. 캘리포니아주 팜데일에서 발생하는 팜데일 산악파(Palmdale mountain wave)는 나무들을 쓰러뜨리고 창문을 요란하게 흔들어 댄다.

지금까지 살펴본 산악파바람은 규모가 장대한 것들이다. 사실 산악파라는 이름의 인상 자체가 장대하기는 하다. 하지만 유념할 부분은, 이러한 유형의 바람 역시 규모가 다양하다는 사실이다. 5장에서 바람이 훑고 간 두 숲 사이의 맨땅에 힘겹게 자라던 어린나무들을 보았을 때, 우리는 이미 산악파바람의 축소판을 만났다. 약한 역류바람도 잠시 등장한 적이 있다. 꼭 지금이 아니어도 훗날 그 부분을 다시 읽다 보면, 두 바람의 축소판을 어렵지 않게 알아볼 수 있을 것이다. 자연의 경관 속에서도 우리는 두 바람을 쉽게 알아볼 수 있다. 두 바람 모두 우리가 찾기로 마음먹으면 얼마든지 찾을 수 있지만, 마음먹지 않으면 찾을 수 없는 장소에 존재한다.

지금까지 이 장에서 우리는 지형이 빚어낸 바람의 유형들을 만나보았다. 이제 새로운 바람 가족을 만나볼 차례다. 지금부터는 현저한 온도 차가 만드는 바람들에 대해 살펴볼 것이다. 그중 가장 잘 알려진 유형은 바닷바람이다.

바닷바람

1950년 11월 고령의 전립선 수술 환자 에드워드 네빈은 샌프란시스코의 자택에서 요양 중이었다. 회복은 순조롭게 진행되는 듯했다. 의사들도 무척 기뻐할 정도였으니까. 그러던 중 환자의 증세가 갑자기 악화되었다. 결국 그는 다시 입원했고, 병원에서 숨을 거두었다.

어리둥절해진 의사들은 부검을 의뢰했다. 확인 결과 네빈의 사인은 치명적 세균 감염으로 인한 심장판막의 손상이었다. 조사의 범위를 넓혀 보니 네빈 말고도 열 명의 환자가 동일한 세균에 감염된 상태였고, 그 세균의 이름은 세라티아 마르세센스(*Serratia marcescens*)였다. 감염원은 여전히 미스터리였지만, 심증은 단 한 곳 스탠퍼드 대학병원 비뇨기과를 가리키고 있었다. 열한 명의 환자 모두가 그곳에서 수술받았으니까. 이 생소한 세균이 일으킨 중증 질환의 집단 발병에 관한 공식 기록은 미국 의사 협회(American Medical Association) 아카이브에 보관되었다. 문제의 집단적 발병은 시작될 때만큼이나 갑작스레 종식되었고, 그것의 근본적 원인은 20년 가까이 의사들에게 수수께끼로 남아 있었다.

에드워드 네빈의 죽음 뒤에 감춰진 진실은, 예의 그 공식 문서가 기밀 목록에서 제외되고 전문적 조사와 심층적 검토가 이뤄지면서 비로소 밝혀지게 되었다. 1976년 네빈의 가족은 그가 사망한 시기에 미군이 샌프란시스코에서 세균전 실험을 벌였다는 사실을 알아냈다. 1970년에 미국 정부는 그 사건과 관련된 군사 기밀문서를 공개하기 시작했고, 1976년에 어느 기사에서는 샌프란시스코 세균전 실험이 에드워드 네빈의 죽음에 영향을 미쳤다는 의혹이 제기되었다. 의료 기록들이 다시 들춰졌고, 고인의 손자 에드워드 네빈 3세는 의료사고 전문 변호사와 함께 정부에 소송을 제기했다.

세균전 실험이 자행됐다는 부분은 모두가 인정했다. 군함에서 앞바다에 세균을 살포했다는 사실은 누구도 부인하지 않았다. 관건은 과연 그 세균이 네빈을 비롯한 스탠퍼드 대학병원 환자들의 몸에 유입되었는가 하는 점이었다. 답을 내놓은 사람은 군인도 법률가도 의학 전문가도 아닌, 기상 예보관 윌리엄 해거드(William Haggard, 1907~1993)였다. 그는 평범한 예보관이 아니었다. 한 국립 기상학 단체의 책임자이자 법정 기상학자였다. 날씨와 관련된 난제가 발생할 때면 그는 해결을 위해 법원에 출두하곤 했다.

해거드는 문제의 세균이 배를 떠나 병원에 이르기까지의 여정을 설명해냈다. "오후에 갑자기 내륙으로 불기 시작한 바닷바람(sea breeze, 해풍)이 한쪽에 자욱하게 뿌려진 입자들을 내륙으로, 도시의 언덕들 위로 밀어 보냈다"라는 것이었다.

평결이 내려졌을 때 정부는 절차상의 문제를 구실로 법적 책임을 모면했다. 하지만 해거드는 세균전 실험이 에드워드 네빈의 죽음을 유발했다는 의견을 굽히지 않았고, 문제의 실험을 인구 밀집 지역과 멀리 떨어진 곳에서도 충분히 시행할 수 있었다는 점을 지적했다.

바닷바람이 세균전 재판의 피고가 되는 경우는 흔치 않다. 그보다는 오히려 행복의 대명사에 가깝다. 바닷바람은 따뜻한 날 해안 지역에 시원한 공기를 데려온다.

고기압의 영향으로 햇빛이 쨍하고 가벼운 산들바람이 부는 날에는 차등가열로 인해 국지바람이 행동에 돌입한다. 햇볕이 내리쬐는 날에는 육지가 바다보다 빨리 따뜻해지고, 그로 인해 바다의 기압이 육지보다 높아지면서 공기는 바다에서 육지로 흐르게 되는데, 이 공기의 흐름이 바로 바닷바람이다. 바닷바람이 불기 위해서는 육지가 바다보다 5도 이상 따뜻해야 한다. 이는 사실상 오전 중반부터 늦은 오후까지 불어온다는 뜻이다. 만약 해안 지역의 어느 하루가 따뜻하고 맑고 바람도 잠잠한 상태로 시작됐는데 한낮과 늦은 오후에 바다에서 불어오는 바람이 느껴진다면, 원인은 십중팔구 바닷바람일 것이다.

바닷바람은 순환의 일부분이다. 바다에서 흘러 들어오는 차가운 공기는 우리에게도 느껴질 만큼 고도가 지표면과 가깝지만, 육지에서 그 공기는 이내 서멀이라는 부드러운 벽을 맞닥뜨린다. 서멀은 그 바닷바람의 머리를 위로 밀어 올린다. 그럼 그 공기가 다시 바다로 흘러나가서 전에 내륙으로 흘러들어온 공기, 즉 바닷바람의 빈자리를 메꾸게 된다.

이 모든 순환은 우리 눈에 보이지 않지만, 구름에 발견할 만한 단서를 남긴다. 바닷바람 머리의 위쪽으로는 쌘구름 몇 점이 걸려 있을 공산이 크다. 이론상 바닷바람은 내륙으로 50킬로미터 이상 신입할 수 있지만, 땅을 가로질러 나아가는 사이 속도가 현저히 감소한다. 그러므로 바닷바람은 대개 해안에서 3킬로미터 이상 떨어지지 않은 장소에서 우리에게 느껴질 것이다.

우리 동네는 해안에서 10킬로미터쯤 떨어져 있다 보니, 바닷바람 자체를 느끼기보다는 바닷바람의 머리 위에 걸린 쌘구름을 보기가 훨씬 더 쉽다. 그 구름을 식별하는 요령을 터득해두면 나중에는 모르고 지나치기가 도리어 어려워지는데, 그만큼 크고 명백한 두 가지 특징이 나타나기 때문이다. 첫째, 그 구름은 해안선과 대체로 평행하게 한 줄로 떠 있을 것이고, 땅 위로는 문제의 쌘구름들과 바다 사이에 구름 한 점 없이 깨끗한 영역이 존재할 것이다. 바닷바람의 머리는 한랭전선의 축소판이나 마찬가지다.

둘째, 쌘구름의 키는 바닷바람의 세기를 가늠하는 단서가 된다. 쌘구름의 키가 커질수록 바닷바람의 세기는 강해진다. 바닷바람은 낮이 깊어갈수록 열기가 더해지면서 더 강해지는 경향이 있다. 바닷바람의 앞머리인 해풍전선이 둔덕에 부딪힐 경우에는 결과가 더욱 심각해진다. 대기는 불안정해지고 탑구름이 형성되면서 급기야 폭풍우가 몰아칠 수도 있다.

내륙 깊숙이 들어가는 바닷바람은 코리올리효과로 인해 순전하면서 오른쪽으로 구부러진다. 반도 위에서 바닷바람과 바닷바

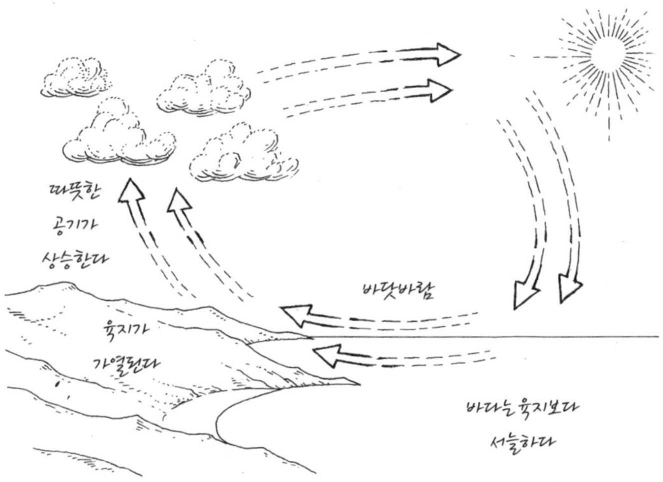

람이 만나게 되면, 두 전선이 맞붙으면서 그 땅의 가운데 쪽 하늘에 쌘구름들이 생성되어 마치 척추처럼 한 줄로 나열될 수 있다.

여름날 해안 지역에서는 그날 날씨와 어울리지 않게 안개가 서리기도 하는데, 대개는 바다에서 발생한 안개가 바닷바람에 실려 해변으로 들어온 것이다.

뭍바람

바닷바람에게는 뭍바람(land breeze, 육풍)이라는 형제가 있다. 둘 다 동일한 물리적 현상의 힘으로 발생한다. 앞서 살펴본 것처럼 육지에서 열은 밤에, 하늘이 맑을수록 더 빠르게 방출된다. 이로써 육지의 비교적 차갑고 밀도가 높아진 공기는 바다로 흘러나

가고, 낮에는 같은 현상이 역으로 나타난다. 뭍바람의 앞머리인 육풍전선 역시 쌘구름과 함께 등장하지만, 바다 위에 나타난다는 점이 해풍전선과는 다르다.

뭍바람이 가장 왕성하게 활동하는 시간대는 사람들의 활동이 뜸한 자정부터 새벽까지여서 바닷바람보다는 우리와 마주칠 일이 적다. 그러나 해안 지역에서는 맑은 날 아침 해안선을 따라 바다 위에 한 줄로 나열된 쌘구름들을 제법 흔히 맞닥뜨릴 수 있다.

매우 덥고 산을 낀 해안 도시에서는 뭍바람이 긍정적 역할을 담당한다. 뭍바람은 밤사이 도시의 공기를 정화한다. 이다음에 뭍바람이나 바닷바람의 징후를 발견하거든, 공기를 깊게 규칙적으로 들이마셔보자. 숨을 들이쉴 때마다 냄새가 흥미롭게, 그리

춥고 맑은 밤이 지나면 뭍바람은 먼바다 위에 쌘구름을 생성한다.

고 기분 좋게 달라질 것이다. 우리가 저녁을 먹으며 즐기던 바다 향기는, 아침을 먹을 무렵이면 산속 소나무 향기로 바뀌어 있을 것이다.

산바람, 골바람, 호수바람

바닷바람과 뭍바람은 장소 간 온도 차로 인한 국지바람의 가장 간결한 예다. 하지만 사실 온도 차로 인한 국지바람은 언제 어디에서나 어느 정도는 발생할 수 있다. 예컨대 물을 잘 댄 밭과 이웃한 맨땅은 훨씬 더 빠르게 가열되기 때문에 밭에서 맨땅으로 시원한 산들바람이 불게 될 것이다.

골짜기에서는 어떨까? 골짜기보다 높고 양지바른 땅이 그늘진 아래쪽보다 더 빠르게 가열될 경우 차가운 곳에서 따뜻한 곳으로 흐르는 공기의 특성상 언덕을 오르는 방향의 바람이 발생하는데, 이를 골바람(valley breeze, 곡풍)이라 한다. 또한 골짜기의 한쪽이 따뜻하고 아래의 공기는 차가울 경우에도, 바람은 차가운 곳에서 따뜻한 곳을 향해 언덕을 오르게 된다. 그러므로 골바람은 골짜기의 흐름을 따라 언덕배기나 골짜기의 양지바른 위쪽을 향해 불어갈 수 있다. (물길바람은 골바람과 다르다. 물길바람은 기존의 바람이 골짜기라는 통로에 모여 운반되는 것이고, 골바람은 지표의 차등가열로 새롭게 발생한 바람이 골짜기를 따라 위로 이동하는 것이다.)

이 따뜻한 상승풍이 제법 강해지면 산꼭대기의 위나 주변으로 쎈구름이 생성되기도 한다. 칠레 아타카마사막에서는 화산 지대의 어둡고 가파른 비탈이 아침 햇살을 받아 빠르게 가열되면 쎈구름이 뭉게뭉게 피어올라 사막의 짙푸른 하늘에 홀로 흰색을 덧칠한다.

밤에는 같은 힘이 반대 방향으로, 등성이에서 골짜기를 향해 바람을 일으킨다. 그러한 바람을 일컬어 산바람(mountain breeze, 산풍)이라 한다. 산바람과 골바람의 구별법은 단순하다. 바람은 대개 불어가는 방향이 아니라 불어오는 방향을 토대로 이름이 붙여진다는 사실만 기억해두면 된다. 골바람은 **골짜기로부터** 위로 올라가고, 산바람은 **등성이로부터** 아래로 내려온다.

두 바람이 완벽한 균형을 이루는 경우는 거의 없다. 매일의 온화한 골바람은 간혹 풍속이 시속 20킬로미터에 달하기도 하지만, 올라가는 길에 거의 아무것도 손상시키지 않는다. 반면에 차가운 산바람은 늦은 밤 차디찬 공기를 실어 나르는 데다, 내려가는 길에는 서리에 민감한 모든 존재의 숨통을 서서히 끊어놓을 수 있다. 만약 서리로 식물들이 상했는데 손상된 면이 다 같이 언덕배기를 향하고 있다면, 차디찬 산바람의 치명적 손끝이 닿았을 공산이 크다.

산에서는 골바람과 산바람을 동시에 체험하는 일도 가능하다. 동이 튼 직후에는, 햇빛이 골짜기의 동쪽 비탈을 가열해 골바람이 산을 타고 올라가는 와중에 꼭대기에서는 차가운 산바람이 내려오는 상황이 충분히 발생할 수 있다.

크고 차가운 호수와 산이 햇빛을 받아 따뜻해지면 제법 유익한 산들바람을 일으키기도 한다. 이 호수바람(lake breeze, 호수풍)의 방향은 해의 일정에 맞춰 조정된다. 이탈리아의 가르다호수에서는 이른 아침이면 펠레르(Pelèr)라는 북풍이 불고, 해가 일을 마친 저녁이면 오라(Ora)라는 남풍이 분다. 수 세기 동안 상인들은 호수바람의 규칙적 리듬에 의지한 채 범선을 타고 물건을 팔러 다녔다. 그보다 유명한 코모호수에도 브레바(Breva)와 티바노(Tivano)라는 그곳만의 호수바람이 있다. 하지만 코모호수의 상선들은 모두 오래전부터 물건 대신 행락객이며 윈드서퍼며 허식가들을 싣고 다닌다.

기상학자들은 상승하는 국지바람을 활승바람(anabatic), 하강하는 국지바람을 활강바람(katabatic)이라고 일컫는다. 'ana'와 'kata'는 각각 그리스어로 '위'와 '아래'를 향한다는 뜻이다. 활강바람은 눈 위의 공기가 주변 공기보다 훨씬 차가워져서 언덕을 타고 내려오며 속도를 높일 때 특히 강해진다. 예전에 나는 아이슬란드 서쪽 앞바다를 항해하던 중 그런 활강바람과 마주친 적이 있다. 거센 바람은 우리를 밀어 넘어뜨렸고, 우리의 작은 요트는 금방이라도 뒤집힐 듯했다.

공중에서 서멀이 일으키는 바람은 모두 따뜻하고 햇볕이 쨍하고 기압이 높을 때, 그러니까 하늘이 맑아서 태양이 지표면에 가장 큰 온도 차를 유발할 때 가장 강해진다.

합류

물론 이 중 그 어떤 바람도 단독으로는 활동하지 않는다. 산비탈의 차가운 공기는 기슭으로 내려와 뭍바람과 힘을 합친 뒤 골짜기의 강물을 타고 바다로 불어갈 수 있다. 테오프라스토스는 물론이고 아리스토텔레스를 위시한 고대 그리스의 여러 석학은 강어귀 근처에서 바다가 군데군데 거칠어진다는 사실에 주목했다. 일례로 아폴로니오스는 "저녁 무렵 강에서 불어 내려오는 된바람이 바다에 굽이치는 너울을 일으킨다"라고 썼다.

아마 다들 알고 있겠지만, 하천이 흐르는 골짜기는 산바람과 뭍바람을 한데 모아 바다로 실어 보낸다. 만약 이 깔때기 효과를 더욱 확실히 기억하고 싶다면, 바다로 우렁차게 흘러드는 강물을 떠올려보자.

바람의 이름

이름을 가진 바람에는 낭만적 정취가 있다. 그리고 나는 언어유희와 전통을 사랑한다. 비단 가르다호수의 바람뿐 아니라, 하와이의 카팔릴루아(Kapalilua)라든가 칠레의 비라손(Virazon), 지브롤터의 강풍 다투(Datoo)와 같은 바람은 사람의 마음을 쉬이 사로잡는다. 어떤 바람은 한 지역의 영혼 깊이 스며들어 문화의 일부가 되고 그곳의 사람들에게 위치와 방향을 알리는 길잡이가 되기도 한다. 프랑스와 이탈리아에는 "트라몬타나를 잃는다"라는 말이 있다. '길을 잃었다'라거나 '정도에서 벗어났다'라는 뜻으로 곧잘 쓰이는 표현이다. 프랑스의 극작가 몰리에르도 희극 〈서민귀족(Le Bourgeois Gentilhomme)〉에서 그 표현을 사용한 바 있다.

이름을 가진 바람의 상당수는 거세고 맹렬하므로 마음을 단단히 먹고 대비해야 한다. 《오만과 편견》의 등장인물 다아시보다는 《폭풍의 언덕》의 히스클리프에 가깝다고 할까. 그러한 바람들은 건축 양식에 영향을 미치기도 한다. 유명한 바람이 부는 지역에서는 바람받이 쪽 벽을 더 두껍게 짓는 경향이 있다. 예를 들어 알프스에서 달마티아 해변으로 이어지는 길에는 그런 벽들이 흔한데, 차갑고 매섭기로 악명 높은 국지바람 보라(Bora)가 이동하는 경로이기 때문이다. 일대의 집주인들은 보라가 기와를 쓸어가지 못하도록 지붕에 골로비카(golobica, 직역하면 '작은 비둘기'라는 뜻)라는 무거운 돌덩이를 올려놓는다. 이 돌 비둘기들을 차근차근 따라가다 보면, 보라의 경로를 제법 정확하게 파악할 수 있다.

굳이 낭만을 파괴할 생각은 없지만, 국지바람에 이름을 붙인다고 해서 그 바람이 특별해지지는 않는다. 제아무리 이름을 가진 바람이라도 결국 근원은 우리가 앞서 살펴본 원인 속에 있다. 이를테면 호주 서부에 부는 프리맨틀 닥터(Fremantle Doctor)는 그저 바닷바람 중 하나일 뿐이다.

옆바람 법칙

토머스 하디(Thomas Hardy, 1840~1928)의 소설《성난 군중으로부터 멀리(Far From the Madding Crowd)》에는 이런 대목이 있다.

> 밤은 일면 불길하다. 더운 남풍이 우뚝 솟은 물체들의 꼭대기를 서서히 어루만졌고, 하늘에는 구름 몇 점이 두둥실 떠가고 있었다. 그 구름들의 항로는 다른 층의 구름들이 지나는 길과 직각을 이루었고, 지상의 산들바람과도 방향이 모두 달랐다. (…)
>
> 천둥이 금방이라도 내리칠 것만 같았고, 몇 가지 부수적인 상황들로 미뤄보건대, 이후에는 계절에 어울리지 않게 건조한 날씨의 끝을 알리는 비가 지루하게 쏟아질 듯했다.

하디는 호메로스를 비롯한 여러 위대한 작가와 마찬가지로, 실제로 있음직한 자연계를 배경으로 이야기를 풀어나간다. 정교하게 지어낸 사랑과 증오, 복수의 이야기들이 부지불식간에라도 인지하는 세계를 배경으로 펼쳐질 때 우리는 소설에 더 깊이 몰입하게 된다. 위 소설에서는 구름이 다른 층의 구름들과 이동 방향에서 '직각'을 이루는 현상이 관찰되자마자 악천후가 닥친다. 그리고 이는 이른바 옆바람 법칙(crosswind rule)이라는 중요한 징후에 관한 가히 최고의 문학적 설명이다.

옆바람 법칙의 활용법은 굉장히 단순하다. 낮게 부는 주풍(나무보다 높은 고도에서 가장 낮은 층의 구름을 움직이는 바람)을 등지고 서서 털구름과 같은 상층구름이 흘러가는 방향을 눈여겨보라. 만약 구름이 왼쪽에서 오른쪽으로 이동 중이라면, 조만간에 전선과 악천후가 닥칠 것이다. 만약 하층바람이 상층바람과 나란히 불고 있다면, 가까운 시일 내에 날씨가 변할 가능성은 없다. 그리고 만약 상층구름이 오른쪽에서 왼쪽으로 이동 중이라면, 날씨는 나빠질 확률보다 나아질 확률이 상대적으로 높다.

어째서 그럴까? 사실 옆바람 법칙은 참으로 묘한 이론이다. 이 책의 그 어떤 장에도 깔끔하게 들어맞지 않는다. 그도 그럴 것이 옆바람 법칙은 하층바람과 상층바람, 전선계, 구름, 기압계를 모두 망라한다. 하지만 그런 와중에도 바람을 감지하는 일과 가장 관련이 깊고, 그래서 결국 이 장에서 다루게 된 것이다. 활용하기는 쉽지만 설명하기는 어려운 법칙이랄까. 이제 그 난감한 세계로 더 깊이 들어가보자.

전선계가 접근하는 동안에는 언제나 상층바람과 하층바람 사이에서 부조화가 나타난다. 알다시피 바람은 저기압계 주위를 반시계 방향으로 돈다. 우리가 바람을 등진 상태에서 저기압계는 우리의 왼쪽에, 고기압계는 우리의 오른쪽에 자리한다. 이와 같은 위치 관계를 일컬어 보이스 발로트의 법칙(Buys Ballot's Law)이라 한다. (보이스 발로트는 19세기 네덜란드 기상학자의 이름이다.) 상층구름은 훨씬 더 높은 고도에서 부는 바람의 방향을 가늠할 수 있게 해준다.

이쯤에서 잠시 상상의 나래를 펼쳐보자. 우리는 개미이다. 지금 우리는 어느 잔디밭의 길쭉한 풀잎들 사이에 앉아 있다. 멀리서 정원사가 잔디 깎는 기계를 밀고 이쪽으로 오는 모습이 보인다. 그리고 하층바람은 정원사가 걷는 방향과 같은 쪽에서 다가오는 듯하다. 여기까지는 문제가 될 게 없다. 그때 잔디 깎는 기계가 우리의 머리 위로 지나가는가 싶더니, 우리가 느끼는 바람의 방향이 돌변한다. 이제 하층바람이 다가오는 방향은 정원사가 움직이는 방향과 달라졌다. 문제는 지금부터다! 이 수상한 비유에서 정원사는 제트기류이고, 잔디 깎는 기계는 저기압계이며, 회전하는 칼날은 전선들이다. 칼날은 우리의 머리 위로 지나가고 우리는 어찌어찌 살아남지만, 결국 그 칼날은 바람의 여러 변화와 '나쁜 날씨'를 유발한다.

구름은 옆바람 법칙을 활용하는 데 있어 믿음직한 단서이고, 우리는 특히 털구름과 털층구름의 진로를 주의 깊게 살펴야 한다.

옆바람 법칙을 뒷받침하는 이 딱딱한 이론은 단순하고 실용적인 방법을 오히려 복잡하게 만들 수 있다. 핵심은 이것이다. 하층에 부는 주풍을 등진 상태에서 올려다본 털구름이 왼쪽에서 오른쪽으로 움직이는 것은 전선계의 접근을 암시하는 단서이다. 다시 말해 '왼쪽에서 오른쪽은 옳은 쪽이 아니라는' 얘기다.

옆바람 법칙은 주풍과 고풍을 비교할 때 외에는, 그러니까 지면풍에는 적용되지 않는다. 바닷바람이나 뭍바람, 산바람, 골바람에는 옆바람 법칙을 적용할 수 없다.

바람 이야기를 끝마치기 전에 짧게 덧붙이자면, 모든 나날은 그날의 바람을 데려온다. 해가 뜨고 지는 한, 바람은 반드시 우리 곁을 지나간다. 하지만 집중해야 한다. 우리의 관심이 다른 자극에 쏠려 있는 사이 바람은 종종 우리 곁을 슬그머니 지나쳐 버린다. 우리의 오감은 믿음직한 리더가 아니다. 때때로 어리석고, 줏대가 없으며, 새로운 흥밋거리를 갈구한다. 만약 어느 날 우리의 눈이 상황을 지휘하려 들거든, 진정한 리더가 누구인지 똑똑히 보여주도록 하자. 공기의 감촉에, 냄새에, 소리에 주의를 기울이는 것이다. 우리가 바람을 세심하게 느끼는 순간, 우리의 모든 나날은 흥미로운 이야기로 풍성해질 것이다.

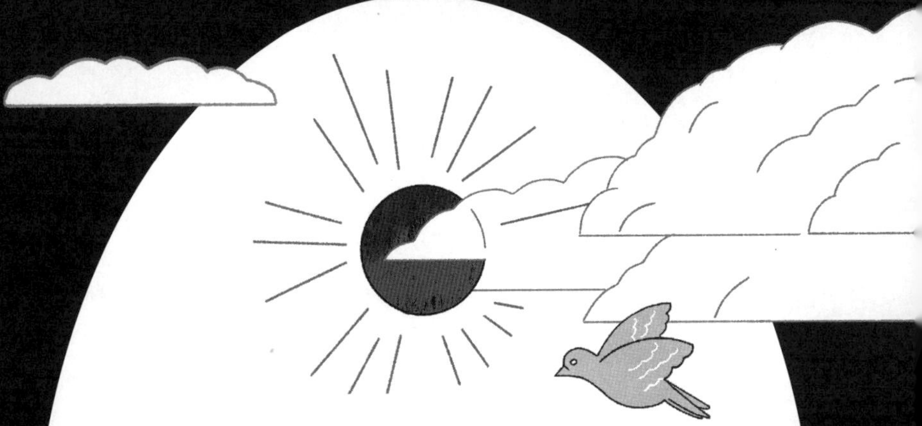

14장

나무들

나무 이불 | 너의 우산을 알라 | 바람 부풀림 | 삼림 습도계 | 나무 실종 사건 | 나무에서 불어오는 바람 | 숲속에서 | 속삭임과 감수성 | 빨강은 햇빛

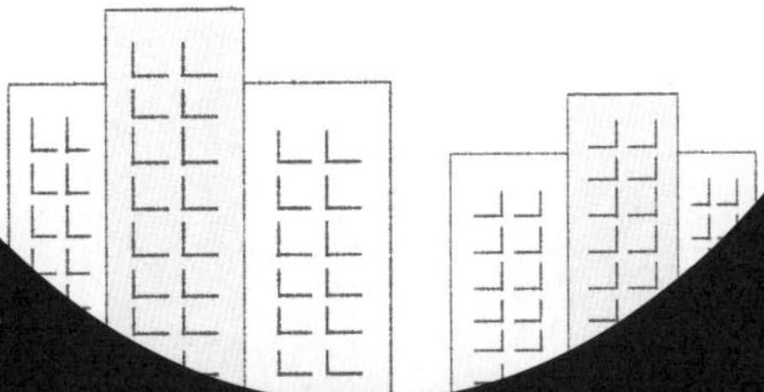

말들은 숲에 들어서면 부쩍 예민해진다. 아이들도 그럴 때가 있다. 빛이 부족하고 사위가 막힌 공간으로 갑작스레 진입하는 상황은 두려움을 확산시키고 이따금 공포심마저 자아낸다. 그러나 대개 이러한 불안감은 숲의 미기후를 탐구하는 요령을 터득하는 순간 경이감으로 뒤바뀐다.

여름에 삼림지 가장자리의 근처에서는 떼 지어 있는 곤충들이 발견되고는 한다. 곤충들은 음식과 물이 있는 곳, 이를테면 촉촉한 똥처럼 식욕을 자극하는 무엇이 있는 장소에 모여든다. 하지만 삼림지 근처에서 잠잠해지는 바람의 습성에 민감하기도 하다. 곤충들은 따뜻한 곳을 좋아하는 까닭에 햇볕이 내리쬐는 장소에서 발견되지만, 숲속으로 몇 발짝만 들어가도 눈에 띄지 않는 경우가 많다. 동물들은 숲속과 숲 근처의 날씨 변화에 신경을 곤두세운다. 많은 경우 그 변화를 인지하느냐 마느냐에 그네들의 생사가 달려 있기 때문이다. 그리고 이 정도 수준의 인지력은 우리도 마음만 먹으면, 굳이 똥을 찾아다니지 않아도 얼마든지 되찾을 수 있다.

사람들은 누구나 숲지붕 아래를 지날 때면 해가 가려질 것이라 예상한다. 하지만 자기 발과 머리 사이에 나타나는 온도 변화라든가, 짧은 거리에 걸쳐 나타나는 습도 변화, 바람의 각 층까지 감지하는 사람은 그리 흔치 않다. 숲이 주변보다 여름에는 더 시원하고 겨울에는 더 따뜻하다는 사실은 누구나 알고 있을지 모른다. 그러나 맑은 밤에 숲이 벌판보다 따뜻한 정도라든가, 그러한 변화들이 자연 숲에서는 돌연히 일어나지만 인공 숲에서는 서서히 일어난다는 사실, 아침 해가 숲의 기온을 갑자기 떨어뜨릴 수 있다는 사실에 관심을 기울이는 사람은 그리 흔치 않다.

나무는 날씨에 영향을 미친다. 즉, 나무는 고유의 미기후를 형성한다. 그런가 하면 나무는 나무 스스로 경험하는 날씨를 반영하기도 한다. 우리가 이 두 가지 관점을 이해할 때, 나무는 나무의 세계에 들어서는 사람이 맞닥뜨릴 법한 날씨의 변화를 우리에게 자상하게 일러줄 것이다.

나무 이불

일단 아침 해가 숲의 기온을 갑자기 떨어뜨리는 이유부터 들여다보자. 나무의 우주를 제대로 이해하려면 이 내용부터 살펴야 한다. 숲은 왜 해가 뜨면 갑자기 더 서늘해질까? 상상해보자. 우리는 지금 햇살이 비치는 가을 오후에 여러 환경이 공존하는 시골 지역을 가로질러 걷는 중이다. 얼굴에 닿는 햇살과 공기에서 따스함이 느껴진다. 그러다 삼림지에 들어서자 전혀 놀랍지 않은 일들이 펼쳐진다. 햇빛은 더 이상 우리 몸에 직접 닿지 않고, 주위의 공기는 눈에 띄게 서늘해진다. 걷기를 몇 분만 멈춰도 몸이 오슬오슬 떨릴 정도다.

학문적 호기심을 주체하지 못하고 우리는 오후에 걸었던 길을 다시 걸어보기로 마음먹는다. 대신 이번에는 이른 시간, 그러니까 동트기 전에 길을 나선다. 별빛 아래 공기는 살을 에는 듯하고, 길섶의 엉겅퀴 위에는 서리가 소록소록 내려앉는다. 그러다 숲에 들어서자 따뜻해진 기분이 든다. 아니, **실제로도** 따뜻해졌다. 탁 트인 벌판은 열을 하늘로 방출했지만, 잎이 무성한 숲 지붕은 열을 아래에 가둬두었다. 나무들은 스스로 얼마간의 잔열을 품고 있다가, 그 열을 우리 쪽으로 내보낸다.

우리는 한 시간쯤 나무 아래에 머물며 태양이 대지를 데울 때까지 기다리기로 한다. 해가 떠오른다. 우리는 첫 빛줄기의 온기를 기대하지만, 뜻밖에도 이제는 숲의 기온이 갑자기 떨어진다. 이게 대체 어찌 된 일일까?

태양이 떠올라 대지 곳곳을 가열하면, 공기가 부드럽게 순환하기 시작한다. 산들바람은 숲속의 따뜻한 공기를 숲 밖의 차갑고 쌀쌀한 공기로 바꿔놓는다. 이제 나무 이불 밖으로 나올 시간이다. 기온은 4도가량 떨어졌다. 이미 추위를 느끼던 사람에게는 심각한 변화이고, 그 추위를 실어오는 바람마저 느껴진다면 가혹하기까지 한 변화이다.

고요하고 햇빛이 밝은 낮이나 별이 총총한 밤에는 단 한 그루의 나무 밑을 걸을 때도 같은 효과를 더 작은 범위에서 경험할 수 있다. 낮에는 당연히 나무 그늘이 시원하겠지만, 밤에는 오히려 나무 그늘이 더 따뜻하게 느껴질 것이다.

나무의 종에 따른 계절적 변화도 고려해야 한다. 침엽수림은 연중 양상이 비슷하다. 여름에는 주변보다 서늘하지만 맑은 밤에는 주변보다 따뜻해진다. 낙엽수림은 양상이 다르다. 겨울에는 벌판처럼 트여 있지만 여름에는 이불처럼 숲을 촘촘히 뒤덮는다. 나무 이불과 관련된 경험 법칙은 서리에 관한 상식과 통하는 면이 있다. 그러니까 지표면에서 하늘까지 직선을 끊지 않고 그릴 수 있는 장소는 맑은 밤에 굉장히 추울 것이란 얘기다.

따뜻하고 화창한 날이 저물 무렵 탁 트인 장소에 텐트를 치는 사람은 인근의 숲 바닥이 온기를 넉넉히 머금고 있는데 설마 그 빈터의 온도가 영하로 떨어지리라고는 쉽게 상상하지 못할 것이다. 만에 하나 심각한 추위가 염려되거든 머릿속에 '전나무 이불'을 떠올리자. 미송, 그러니까 더글러스 전나무(Douglas fir)는 다른 종에 비해 지표면 근처에 열을 담아두는 능력이 탁월하다. 전나무 그늘은 소나무 그늘보다 5.5도 남짓 더 따뜻하고 벌거벗은 참나무 그늘보다는 11도 남짓 더 따뜻하다.

울창한 숲에서는 이슬이나 서리를 찾아다닐 필요가 없다. 앞서 설명했다시피, 촘촘한 나뭇가지 아래에서는 이슬도 서리도 발견되지 않을 테니 말이다. 만약 숲 둘레의 땅에서 이슬이나 서리를 발견했고 마침 해가 뜬 직후라면, 멀찍이 서 있는 나무들 쪽으로 시선을 돌려보자. 어쩌면 그 나무들의 우듬지에는 이슬이나 서리가 내려 있을 것이다. 그리고 햇빛이 비치면, 숲에는 찰나의 광채가 반짝일 것이다. 그 찬란한 빛은 물기가 증발하고 햇살의 각도가 달라짐에 따라 시시각각 변화할 것이다.

또한 나무들은 일대의 날씨가 얼마나 극단으로 치달을 수 있는지를 우리에게 보여주기도 한다. 침엽수는 모진 날씨의 징후이다. 활엽수에 비해 훨씬 혹독한 기상 조건을 견딜 수 있기 때문이다. 하지만 이렇듯 포괄적인 지표 외에도 나무는 저마다 매우 구체적인 지표를 우리에게 제시한다.

털가시나무(Quercus ilex)는 추위를 싫어하지만, 그 나무가 자라는 곳의 기후가 무조건 따뜻하지는 않다. 털가시나무의 메시지는 그보다 미묘하다. 털가시나무는 몹시 추운 날씨를 견뎌내지만, 오랫동안 견뎌내지는 못한다. 추위가 한바탕 닥쳤다가 금세 지나간다면 영하 20도에서도 살아남지만, 추위가 오랫동안 지속된다면 영하 1도에서도 살아남지 못한다. 그러므로 만약 갑작스런 한파에도 털가시나무가 쌩쌩하다면, 그 나무는 걱정 말라고, 금방 지나갈 시련이라고 우리에게 속삭이고 있는 것이다.

전 세계의 야자나무는 서리가 닿지 못하는 영역을 표시한다. 물론 야자나무는 열대지방에 주로 분포하지만 기후가 비교적 서늘한 지역에서도 해안선을 따라 자라고는 하는데, 그런 곳은 바다의 조절 효과 덕분에 겨울에도 땅이 따뜻하다. 만약 한겨울인데도 야자나무 몇 그루가 눈에 띈다면, 하늘이 아무리 맑아도 그 곳의 기온은 영상으로 유지된다고 여겨도 좋다.

너의 우산을 알라

소나기가 퍼붓기 시작하면 우리는 다들 나무 아래로 달려간다. 서둘러 피할 곳을 찾는 와중에 나무의 종까지 따질 사람은 별로 없겠지만, 어떤 나무 아래로 달려가느냐에 따라 우리는 비를 저마다 굉장히 다르게 경험하게 된다. 그러니 소나기가 또 내리기 전에 이 문제에 대해 잠시 생각해보자. 요컨대 나무 우산을 읽는 기술에 탐닉해보자는 얘기다. 그러고 나면 어서 비가 오기를, 그래서 그 기술을 더 깊이 탐구할 수 있기를 은근히 바라게 될 것이다.

모든 나무의 숲지붕이 똑같을 수는 없다. 가문비나무와 밤나무, 향나무, 산사나무의 숲지붕은 굉장히 조밀하다. 자작나무와 낙엽송, 버드나무의 숲지붕은 성기고 휑하다. 그런가 하면 유럽소나무와 오리나무, 참나무의 숲지붕은 이 두 부류의 중간적 성격을 띤다. 그러나 숲지붕의 밀도는 여러 고려사항 중 한 가지일 뿐이다.

이파리의 크기도 나무의 우산 효과에 뜻밖의 영향을 미친다. 나뭇잎이 클수록 더 많은 빗방울이 숲지붕을 통과해 지면으로 떨어지기 때문이다. 이는 비를 피해 나무 밑으로 뛰어드는 사람들의 통념과 배치되는 사실이다. 강한 소나기가 내리는 동안 너도밤나무의 넓적한 잎은 소나무의 뾰족한 잎보다 두 배 더 많은 비를 아래로 통과시킨다. 참나무는 그야말로 최악의 우산이다. 막아내는 빗물의 양보다 아래로 통과시키는 빗물의 양이 오히려 더 많기 때문이다. 도대체 어째서 그런 일이 벌어지는 걸까? 답은 이파리의 구조에 있다. 활엽수의 넓은잎은 빗물을 모아서 잎끝으로 흘려보낸다. 그런고로 습한 지역의 나무는 대부분 잎끝이 뾰족하다. 한데 그 잎끝이 잡아둘 수 있는 빗물은 오직 한 방울뿐이고, 그마저도 커다랗게 맺혀서 결국 땅으로 떨어진다. 침엽수의 바늘잎은 그보다 훨씬 가늘지만, 이파리마다 빗물을 한 방울씩 잡아둘 수 있는 데다, 넓은잎 한 장이 차지할 공간에 열 개 이상 자리할 수 있다. 한편 모든 나무 우산은 바람이 불면 기능이 저하되는데, 돌풍이 불 때마다 빗방울이 멋대로 흩뿌려지기 때문이다.

비가 더 약하고 더 짧게 내릴수록, 숲지붕은 나무의 종과 관계없이 우리를 빗물로부터 지켜줄 가능성이 커진다. 무슨 나무든 결국에는 굴복하고 빗물을 내려보내겠지만, 그 방식은 나무의 종에 따라 큰 차이가 있다. 어떤 나무들은 비를 피하는 산책자를 사려 깊게 보호한다. 빗물을 가지에 모아두었다가 줄기를 거쳐 땅으로 흘려보내는 것이다. 마치 나무껍질 위로 실개울이 흐르는 것처럼. 또 어떤 나무들은 빗줄기가 나무의 중심부에서 바깥으로 서서히 퍼지며 가늘어지게 만든다. 비닐우산에서 떨어지는 빗물을 생각하면 이해하기 쉬울 것이다. 하지만 어떤 나무들은 빗물이 곧장 가지 사이를 통과해 우리의 머리 위로 똑똑 떨어지게 내버려둔다. 사람마다 생각은 다르겠지만, 나는 굵은 빗방울로 맺혀 얄궂게 옷 속으로 파고드는 비보다는 나무 우산 밖에서 일정하게 내리는 비가 낫다고 생각한다. 내 등줄기를 타고 흘러내리는 빗물을 느끼는 일보다는 나무껍질을 타고 흘러내리는 빗줄기를 지켜보는 일이 훨씬 더 재미있다. 고로 이제부터는 친절한 나무와 짓궂은 나무를 구별하는 요령을 살펴보려 한다.

여기서 핵심은 가지의 모양을 눈여겨보는 것이다. 하늘이나 땅을 향해 기울어진 가지들이 수평으로 뻗은 가지들보다 우산으로는 더 유용하기 때문이다. 가문비나무나 미송을 비롯한 몇몇 침엽수들은 가지가 땅을 향해 기울어져 빗방울을 나무의 중심부와 산책자의 머리에서 먼 주변부로 인도한다. 강한 비가 내리는 동안에는 그렇게 생긴 나무의 둘레에서 굵은 빗방울들이 떨어지는 모습을 관찰할 수 있다.

포플러와 너도밤나무, 사이프러스, 향나무, 그리고 몇몇 버드나무와 침엽수들은 가지가 하늘을 향해 뻗어 있어 빗물을 나무줄기로 모아서 흘려보낸다. 강한 비가 한바탕 쏟아진 이후에 너도밤나무 곁에서는 세찬 물줄기가 매끄러운 나무껍질을 타고, 간간이 이끼 무더기를 만나 튀어 오르기도 하며 흘러 내려가는 모습을 관찰할 수 있다. (이끼가 낀 이유는 이렇게 흐르는 빗물 때문이지, 흔히들 생각하듯 나무의 북쪽 면이기 때문은 아니다.)

참나무와 삼나무, 낙엽송, 유럽소나무는 가지가 수평으로 뻗어 있다. 이런 나무들은 하는 양이 밉살스럽다. 잎들이 빗물을 숲지붕에 모으다가 한계에 이르면, 가지들이 빗물을 나무 안쪽이나 바깥쪽으로 조심히 흘려보내는 게 아니라 산책자의 머리 위로 들입다 쏟아버리기 때문이다.

가장 돋보이는 우산은 향나무다. 바늘잎들이 촘촘한 숲지붕을 이루는 데다 가지들은 하늘을 향하고 있어 우산 노릇을 하기에 적합하다. 땅을 빗물로부터 지키는 일에 워낙 능숙하다 보니, 향나무 숲 아래로는 이따금 초소형 사막이 조성되는가 하면, 균류(fungus)처럼 건조한 환경에서도 생존이 가능한 생물이 주로 번성한다. 그러나 향나무는 키가 작고 가시가 있어서, 사람들이 그 아래로 뛰어들어 비를 피하기에는 다소 무리가 있다.

역시 최고의 나무 우산은 독일가문비나무다. 숲지붕이 바늘잎들로 촘촘한 데다 키가 크고 폭이 넓으며 가지의 모양도 적절하고 개체 수까지 비교적 넉넉하다. 강한 비가 내릴 때면 나는 독일가문비 우산 아래서 보송한 상태로, 주변 나무들의 줄기가 빗물에 흠씬 젖어 가는 광경을 흥미롭게 지켜보고는 한다. 장대비가 내리는 와중에도 가문비나무의 줄기는 건조한 상태를 놀랍도록 오랫동안 유지한다.

강한 비가 강한 바람을 동반할 때, 비는 나무줄기에 글자 그대로 불어닥친다. 폭풍우가 지나간 이후에 집 근처 너도밤나무 숲을 거닐다 보면, 비가 나무줄기에 남긴 세로줄무늬 두 가지가 내 눈길을 사로잡는다. 하나는 조금 전에 설명한 것처럼 빗물이 가지에서 줄기로 흘러내리며 형성된 물길이고, 나머지 하나는 바람이 빗물로 그린 그림이다. 때때로 그 줄무늬들은 서로 겹치기도 하고 각자 다른 경로를 따르기도 한다. 그리고 종종 서로 뒤얽히면서 나무껍질에 격자무늬 물 자국을 남기기도 한다. 처음에는 이 모든 패턴이 임의적으로 보이겠지만, 예의 그 두 가지 원인을 눈으로 익혀두면 각 패턴의 의미가 명확해지면서 임의성의 베일은 걷히게 된다.

숲에서 비는 결코 균일하게 내리지 않는다. 이 사실은 건조한 날에도 충분히 확인할 수 있다. 숲 바닥은 불과 3미터 거리 안에서도 결코 단조롭지 않다는 점에 주목하자. 낙엽과 하층식물, 맨땅, 그루터기 들이 어지러이 섞여 있을 것이다. 수분의 양은 앞서 설명한 이유들 때문에 장소별로 굉장히 다르다. 가장 습한 장소에서는 종종 이끼류 등속이 관찰되는데, 주변의 건조한 장소에서 관찰되는 식물군과는 큰 차이가 있다. 가문비나무 아래의 숲 바닥과 참나무 아래의 숲 바닥은 차이가 특히 뚜렷하다. 최고의 우산이 되어주는 나무들이 모든 생물에게 유익하지는 않은 법이다.

바람 부풀림

나무숲 안의 풍속은 밖이나 위에 비해 훨씬 약할 수밖에 없다. 또한 풍속은 지표면 근처에서 0에 가깝게 떨어지지만 숲 바닥에 닿기 전에는 절대 0에 도달하지 않는다.

일반적으로 숲에서 부는 바람은 고도가 높아질수록 속도가 상승한다. 나무의 우듬지 근처에서는 바람이 아래쪽보다 훨씬 강하게 분다는 뜻이다. 하지만 바람 부풀림(wind bulge)이라는 신기하고 변칙적인 현상도 고려해야 한다. 바람의 세기는 지표면으로부터 대략 1~2미터 떨어진 고도에서 눈에 띄게 증가할 뿐 아니라, 그 고도를 위아래로 조금만 벗어나도 약해지는 경향을 보인다. 우연찮게도 이는 우리가 느끼는 바람의 고도이다. 우리의 머리나 손이 보통은 해당 고도에 위치하기 때문이다. 숲지붕 아래를 걷다가 얼굴에서 산들바람이 느껴져 손을 위나 아래로 뻗어보면 바람의 느낌이 희미해질 때가 많다. 이 같은 현상은 낙엽수림보다 침엽수림에서 비교적 뚜렷하지만, 열대우림에서도 충분히 느껴질 수 있다.

짐작건대 바람 부풀림의 원인은 숲지붕과 지표면 사이의 낮은 가지가 빽빽하여 공기가 잎이 우거진 가지들 밑으로 지나간다는 데 있다. 1장에서 나온 나무 송풍기의 확대판인 셈이다.

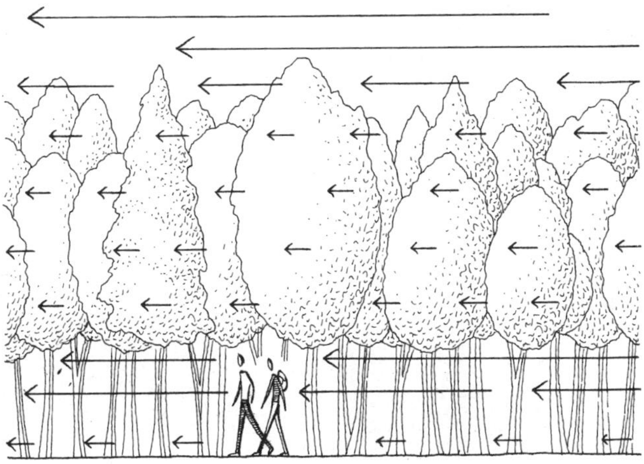

바람 부풀림

비행기가 한 층의 털쌘구름, 일명 고등어구름을 흩트리면서 긴 '소산운'이 형성되었다. 그 아래에서는, 흩어졌던 구름의 얼음 알갱이가 모여 한 줄의 털구름으로 다시 태어났다.

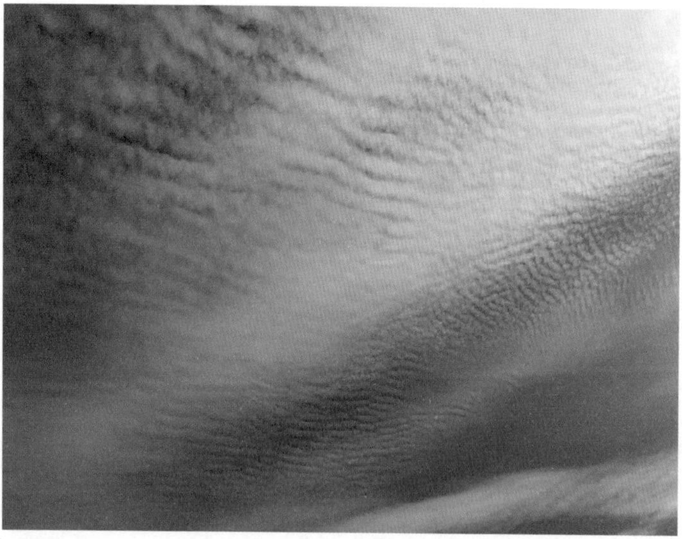

털쌘구름 혹은 고등어구름.

렌즈구름이 인버네스의 거리 너머에 숨겨진 산을 드러내고 있다.

불안정성의 징후들로 시정이 악화된 샤르자사막. 이 사진은 그곳의 산지에서 소나기를 발견하기 두어 시간 전에 찍은 것이다.

사막의 산지에서 비를 발견하고 한껏 달뜬 필자.

침엽수 우산 아래 건조한 영역에서 이끼가 근근이 자라고 있다.

온난전선이 지나가면서 박무가 끼고 비가 내렸다. 나무들에는 '쐐기 효과'가 나타나 있다. 탁월풍이 불어오는 방향은 사진의 왼쪽(남서쪽)이다.

숲 가장자리를 지나며 빨라진 비바람이 귀리를 납작하게 쓰러뜨렸다.

우리 동네 숲속의 가장 따뜻한 자리에서 블루벨이 가장 먼저 꽃을 피웠다.

저지섬 위의 쌘구름에 이른바 계단 효과가 나타났다. 바람은 사진의 오른쪽 맨 위에서 왼쪽 맨 아래를 향해 불고 있다.

여름에는 서늘하고 색이 밝은 바다보다는 따뜻하고 색이 어두운 육지 위에 뜬 쌘구름이 상대적으로 두껍고 거뭇하다.

겨울에는 바다가 육지보다 따뜻하다는 사실을 쌘구름이 드러내고 있다.

새들은 바람을 마주 보지만, 나무의 형태는 탁월풍이 오른쪽에서 불어온다는 사실을 드러내는 동시에 날씨가 통상적 예측에서 벗어날 가능성을 암시한다. 이때를 기점으로 일대가 겨울 고기압의 영향권에 들면서 따뜻하고 화창한 나날이 한동안 지속되었다.

가까운 곳에서 세 단계의 폭풍우구름이 오른쪽에서 왼쪽으로 이동 중이다. 오른쪽부터 각각 생성기, 성숙기, 소멸기에 있다.

이 해변에는 소나기가 두 번 내렸다. 첫 번째 소나기가 내리기 전에는 작은 개 한 마리가 지나갔고, 두 번째 소나기가 내린 후에는 비교적 큰 개 한 마리가 다녀갔다. 첫 번째 소나기는 두 번째 소나기보다 오래 내렸다. 첫 번째 소나기가 그치고 두 번째 소나기가 오기 전에 사람이 지나가며 발자국을 남겼다.

고요하고 맑은 겨울밤 이후의 지표면 근처에는 매우 차가운 공기층이 존재한다. 차들이 웅덩이를 지나며 튀긴 물이 산울타리 표면에서 얼어붙었다.

기억하겠지만, 가장 낮게 뜬 구름의 고도는 습도계로 활용될 수 있다. 습도가 높아지면 구름의 고도는 낮아진다. 숲에서는 조금 다른 도구가 사용된다. 첫 번째 도구는 가장 단순하다. 숲이 오지끈대고 오도독거리는 소리에 귀를 기울이는 것이다. 건조한 날에는 그런 소리가 더 잘 들리게 마련이다. 2월에 숲 바닥을 밟으면 건조한 7월 이후와는 완전히 다른 소리가 난다.

두 번째 도구는 착생식물(epiphyte)이다. 착생식물은 이끼처럼 나무껍질에서 서식하는 종이다. 나무는 물이 가까이 있다는 징후이다. 사막의 가장 건조한 지역에서는 나무가 한 그루도 자라지 않는다. 뿐만 아니라 나무들은 지표면 근처와 공기 중의 습도를 바꾸기도 한다. 숲속은 숲 밖에 비해 눅눅하다. 나무들 근처의 벽에는 마치 눅눅함을 증명하듯, 초록빛과 잿빛의 조류며 지의류가 무성하다.

숲에서 특히 눅눅한 장소와 근처의 비교적 건조한 장소를 찾아낸 다음, 각 장소에서 자라는 나무의 밑동을 살펴보자. 숲 바닥이 축축할수록 이끼는 나무줄기의 더 높은 곳으로 뻗어 있을 것이다. 착생식물은 모든 수분을 공기에서 얻는다. 그러므로 착생식물은 습도를 정직하게 반영한다.

이러한 현상을 틈틈이 관찰하다보면, 착생식물이라는 도구를 더 미세한 분석에도 활용할 줄 알게 된다. 나무의 밑동 부근에는 대개 한 종 이상의 이끼류가 존재한다는 사실에 주목하자. 굳이 확대경을 챙기거나 이끼의 이름을 찾아볼 필요는 없다. 그저 지상의 특정 고도에서 이끼의 외형이 달라진다는 사실을 알아채기만 하면 된다. 가장 낮은 고도에서 자라는 이끼는 수분에 가장 민감하여 물을 가장 필요로 하는 종이라면, 가장 높은 고도에서 자라는 이끼는 건조한 환경을 가장 잘 견디는 종일 것이다.

반대로 나무는 가뭄을 암시할 수 있다. 이른 시기에 잎이 지는 현상은 물이 부족하다는 신호일 것이다. 만약 한곳의 나무들이 인근의 종이 같은 나무들보다 먼저 잎을 떨군다면, 더 건조한 흙에서 어떻게든 살아내려 애쓰는 중일지도 모른다.

솔방울은 건조한 날씨에 벌어지고 습한 환경에서 오므라진다. 우리의 세 번째 삼림 습도계는 바로 이 솔방울이다. 여기에는 진화론적으로 그럴듯한 이유가 존재한다. 바로 번식이다. 솔방울은 종의 생존에 필수적이다. 그도 그럴 것이 소나무의 씨앗을 품었다가 퍼뜨리는 역할을 솔방울이 담당하기 때문이다. 솔방울의 비늘조각은 형태가 가변적이다. 습도가 높으면 습기로부터 씨앗을 더 잘 보호하기 위해 오므라졌다가, 날씨가 건조해지면 씨앗을 더 잘 퍼뜨리기 위해 활짝 벌어진다.

솔방울의 이러한 반응은 나무에서 떨어진 이후에도 한참 계속되는데, 이유는 그 반응이 기계적이고 수동적이라는 데 있다. 습기는 솔방울의 비늘조각을 부분적으로 부풀림으로써 전체적으로는 오므라지게 만든다. 그리고 이 과정에 나무의 역할은 불필요하다.

나무 실종 사건

나무들은 바람에 노출될수록 키가 상대적으로 작아진다. 해안이니 언덕마루에 가까워질수록 나무들의 키가 작아지는 이유다. 키가 유난히 큰 나무들은 언제나 내륙 깊숙이, 낮은 지대에 자리한다. 바람이 지나치게 차고 혹독한 고도에서는 나무들이 생존을 포기해버린다.

저지대의 골짜기에서는 참나무나 너도밤나무처럼 잎이 넓은 낙엽수가 잘 자란다. 산비탈에서 위로 올라갈수록 나무의 키는 점점 더 작아지고, 비교적 추위에 강한 침엽수들이 군데군데 모습을 드러내기 시작한다. 작은 활엽수와 큰 침엽수가 함께 자라는 것은, 활엽수가 자라기 힘들고 침엽수는 잘 자라는 고도에 도달했다는 의미이다. 거기서 더 높이 올라가면, 활엽수는 완전히 사라지고 침엽수마저 키가 작아진다. 또 조금 더 올라가면, 키가 기껏해야 단층집 높이쯤 되는 침엽수들이 나타나는데, 이 구역을 '캄프존(kampf zone)'이라 한다. 캄프존 바로 위쪽은 '크룸홀츠(krummholz)'로, 볼품없이 살아남은 침엽수 몇 그루가 극단적 풍화의 온갖 징후를 드러내는 영역이다. 꼬이고 뒤틀린 나무 형태는 자연력의 포악함을 그대로 반영한다. (열대지방에서 크룸홀츠는 '엘핀우드[elfin wood]'라는 보다 신비로운 이름으로 불린다.) 여기서 더 위로 올라가면 나무는 전부 사라지고 하층 식물만이 눈에 들어오는데, 때때로 히스나 고사리가 자라는 풀밭이 펼쳐지곤 한다.

이제 우리는 수목한계선에 이르렀다. 이 고도부터는 바람이 워낙 모질게 몰아치는 탓에 단 한 그루의 나무도 살아남지 못한다. 수목한계선의 고도는 기후라든가 해안과의 인접성, 노출, 지질, 국지바람 등등 여러 인자에 따라 달라진다. 열대지방에서는 약 3000미터까지 높아질 수 있고, 해안지방이나 고위도 지방에서는 약 300미터까지 낮아질 수 있다.

수목한계선은 다른 산들에 둘러싸인 산에서는 비교적 높고, 외따로 솟아 있는 산에서는 비교적 낮다. 이를 일컬어 마세네르헤붕 효과(massenerhebung effect)라 하는데(확실히 임학 용어와 관련된 틈새시장은 독일인들이 꽉 잡고 있다), 고립된 산꼭대기에서 바람이 더 강해지는 경향과 직접적 관련이 있다.

수목한계선의 고도는 주로 기후를 반영하지만, 장소에 따른 변이까지 살피다 보면 날씨에 관해 더 많은 정보를 수집할 수 있다. 자연적 수목한계선은 결코 반듯하지 않다. 수목한계선의 형태는 탁월풍의 성격을 반영하고, 바람받이 쪽보다는 바람의지 쪽에서 더 높은 고도에 위치한다. 그런가 하면 특정 지점에서 삐죽하게 올라가거나 내려가기도 하는데, 장소에 따라 기상 조건, 특히 바람이 들이치는 정도가 다르기 때문일 것이다. 수목한계선은 완만한 비탈에서는 높아지고 지세가 가파르거나 바람이 모여드는 비탈에서는 눈에 띄게 낮아진다. 골짜기의 제법 높은 비탈에서 자라거나 산마루에서 힘겹게 버티는 나무들은 일대의 평균 풍속을 암시하는 시각적 지표나 마찬가지다.

모든 예외적 상황에는 단서가 숨겨져 있다. 만약 수목한계선에서 이상한 점을 발견하면, 잠시 시간을 내어 원인을 살피는 것이 좋다. 부근의 날씨에 관하여 무슨 정보든 얻을 수 있을 테니 말이다. 1898년 혼자서 배를 타고 세계를 일주하던 조슈아 슬로컴(Joshua Slocum, 1844~1909)은 정박지 근처에서 나무가 자라지 않는 신비탈을 발견하고는 놀라움을 금치 못했다. 그의 여행기《혼자서 세계를 항해하다(Sailing Alone Around the World)》에 기록된 내용을 옮겨보자면,

> 그날 눈에 보이는 모든 것이 좋은 날씨와 가벼운 바람을 예고했지만, 티에라델푸에고에서 보이는 것들이 언제나 믿을 만하지는 않다. 정박지 근처의 비탈에 나무가 단 한 그루도 자라지 않는 이유를 궁금해하며 돛 만드는 일은 제쳐두고 총을 챙긴 다음 뭍에 내려서 사냥을 하다가 바닷가 개울 근처에 있는 흰 바위나 살펴볼까 말까 궁리하는 와중에, 윌리워(walliwaw)가 사나운 기세로 불어 내려와 물보라를 일으키고는 두 개의 닻을 마치 깃털을 뽑듯 후미에서 뽑아내더니 멀리 깊은 물속으로 내던져버렸다. 의문은 해소되었다. 그 산의 그쪽 비탈에서는 나무들이 자랄 수 없었다! 위대한 보레아스(그리스 신화 속 북풍의 신—옮긴이)여! 그토록 성난 바람에 맞서 버티기 위해서는 나무가 온통 뿌리로 이뤄져 있어야 하리라.

'윌리워'는 일대의 맹렬한 활강바람인 산바람에 뱃사람들이 붙여준 별명이다. 앞의 글에서 티에라델푸에고의 비탈 위 찬 공

기는 빠르게 산을 내려와 바다로 돌진했고, 그로부터 한 세기도 넘게 지난 어느 날 아이슬란드 앞바다에서는 동일한 현상이 나를 뒤흔들었다.

나무에서 불어오는 바람

전작들에서 나는 풍향과 나무 사이의 관계를 일정 부분 상세히 살펴보았다. 자연 항법을 익히려면 그 둘의 관계를 반드시 이해해야 하기 때문이다. 고로 여기에서는 그 내용을 다시금 훑어보는 한편, 관련하여 새롭게 알아낸 내용까지 논하고자 한다.

나무는 종종 탁월풍으로 인해 구부러진다. 그 같은 현상은 노출된 고지대나 해안지역에서 가장 두드러지지만, 도시에서 자라는 나무의 꼭대기에서도 발견될 수 있다. 내 경험상 그 현상이 두드러지지 않는 곳에서는 나무의 매우 높은 곳을 올려다봐야 한다. 해안의 암벽에 매달려 있는 산사나무는 온몸으로 탁월풍의 위력을 보여주겠지만, 도시의 가로수 플라타너스는 맨 꼭대기의 잔가지만 몇 개쯤 구부러져 있을 테니까.

바람에 노출된 나무의 꼭대기는 이른바 '깃발화(flagging)' 현상에 시달린다. 다시 말해 바람에 가장 심하게 노출된 가지들은 시들고, 바람의지 쪽 가지들만 살아남는 것이다. 보통 이러한 현상은 침엽수에서만 나타난다. 바람이 그 정도까지 심하게 몰아치는 곳에서 활엽수는 생존 자체가 불가능하기 때문이다. 살아남는 가지들, 그러니까 '깃발들'은 바람의지 쪽을 가리키는 까닭에 여느 깃발처럼 풍향의 지표로 사용될 수 있다. 다만 이 나뭇가지 깃발들은 바람이 잠잠할 때도 아래로 축 늘어지지 않는다. 바람의 기억을 더 오래도록 간직하는 셈이다.

간혹 이 깃발들은 다소 의외의 방향을 가리키기도 하는데, 탁월풍뿐 아니라 국지바람의 영향까지 반영하기 때문이다. 과거에 나는 산비탈에서 그 지역의 탁월풍을 거슬러 '엉뚱한' 방향을 가리키는 '깃발들'을 발견하고는 의문을 느낀 적이 있다. 그리고 그 해답을 프랑스 쪽 알프스에서 찾아냈다. 그곳의 깃발들은 탁월풍에 노출되는 정도에 관계없이 모두 기슭 쪽을 가리키고 있었다. 낮에 부는 골바람은 나무들에 영구적 손상을 유발하지 않았지만, 밤에 등성이에서 내려오는 산바람이 차디찬 활강바람인 탓에 도중에 마주치는 나무들을 가차 없이 훼손시킨 까닭이었다.

폭풍이 나무를 넘어뜨리는 방식은 두 가지다. 먼저 '쓰러짐(windthrow)'은 나무가 땅에서 통째로, 뿌리째 뒤틀려 뽑히는 현상을 일컫는다. 다음으로 '부러짐(windsnap)'은 나무줄기가 강풍에 둘로 쪼개지는, 상대적으로 드문 현상을 일컫는다. 그리고 둘 다 그야말로 무시무시한 굉음을 동반한다.

쓰러짐 현상은 건강한 나무에서도 충분히 나타날 수 있다. 그러나 부러짐은 대개 폭풍이 도착해 나무의 숨통을 끊어놓기 전에 그 나무가 이미 병들거나 썩어 있었을 가능성을 시사한다. 이 두 가지 경향을 근거로 우리는 폭풍이 주로 불어오는 방향을 추정할 수 있다. 물론 예측은 빗나갈 수 있고, 강풍은 동서남북 어디서나 불어올 수 있다. 하지만 역시 폭풍이 닥쳐올 확률이 가장 높은 방향은 일대의 나무 대부분을 넘어뜨린 바람이 불어오는 방향일 것이다.

나무들은 놀랍도록 바람에 민감하다. 매일 단 30초씩이라도 바람에 흔들리는 나무는 바람이 닿지 않는 인근의 나무보다 키가 20에서 30퍼센트가량 더 작다. 이 때문에 삼림지에서는 탁월풍에 가장 많이 노출되는 쪽에서 자라는 나무들의 키가 가장 작고 그로 인해 가장자리가 비스듬해지는데, 이를 일컬어 '쐐기 효과(wedge effect)'라 한다.

나무들은 바람받이 쪽 뿌리를 더 굵고 길고 강하게 키움으로써 더 강한 바람에 맞서 스스로를 단단히 고정한다. 뿌리들은 나무 밑동에서 넓게 뻗어나가기도 하고, 포플러를 비롯한 몇몇 종의 경우 마치 버팀벽처럼 나무의 바람받이 쪽 위로 올라가기도 한다.

삼림지의 바람받이 쪽과 바람의지 쪽 나무들은 모습이 서로 다르다. 바람받이 쪽은 글자 그대로 바람을 맞는 쪽이어서 인근 환경에서 발생한 갖가지 입자가 바람을 타고 그쪽으로 밀려오지만, 바람의지 쪽은 그렇지 않다. 공기가 주로 실어 오는 먼지의 종류에 따라, 나무껍질에서 자라는 착생식물의 유형은 달라질 것이다. 해양성 공기는 언제나 소금기로 인해 다양한 종의 생장을 억제한다. 그러나 비옥한 땅에서 실려 온 먼지는 질소가 풍부하여 나무껍질에서 자라는 지의류의 생장을 도울 것이다.

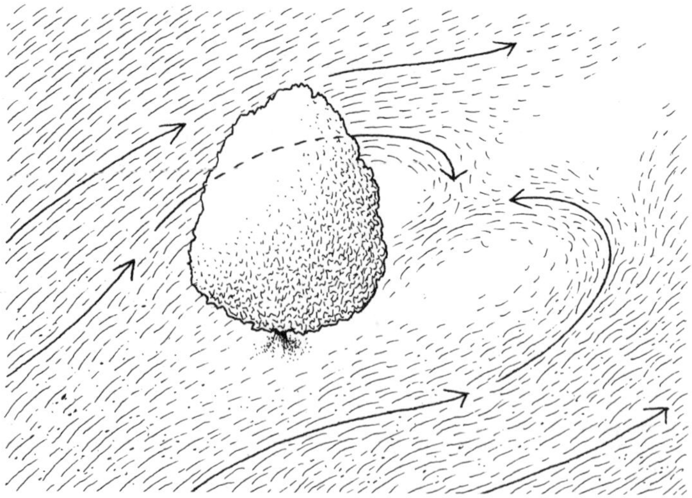

하트형 맴돌이

앞서 살펴본 것처럼, 바람은 숲 가장자리에서 맴돌이라는 범상치 않은 현상을 일으키고, 가장 강한 소용돌이는 바람받이 쪽에서 나타난다. 만약 숲 근처의 밭에 농작물이 줄지어 쓰러져 있다면, 원인은 소용돌이치는 돌풍과 강한 비를 동반한 강풍일 공산이 크다. 우리 집 근처에 있는 밭에서는 그런 일이 해마다 벌어지는데, 선들이 무척 명확한 데다 손상이 워낙 전면적이어서 마치 누가 일부러 밭의 가장자리를 밟아 뭉개놓은 것처럼 보인다. (크롭 서클[crop circle]과는 무관하다. 크롭 서클은 일반적으로 밭의 가운데쯤에 존재하는 데다, 관점에 따라 할 일 없는 사람이나 외계인의 소행으로 여겨지기도 하니 말이다.) 한편 산울타리의 바람의지 쪽, 그러니까 방풍대가 조성된 구역에서 자라는 농작물은 대체로 상태가 양호하다.

밭 가운데 홀로 서 있는 나무 주위의 농작물이나 기다란 풀들을 관찰하다보면 간혹 '양방향성 역행 맴돌이'가 눈에 띌 때가 있다. 바람이 나무의 양쪽을 지나며 한 쌍의 '역류바람'형 맴돌이를 일으킨 것이다. 두 맴돌이는 나무의 바람의지 쪽에서 만나 '엉뚱하게도' 나무를 향해 바람을 일으키는데, 나는 그 바람을 하트형 맴돌이(Heart Eddies)라고 부르기를 좋아한다.

숲속에서

숲속에서 부는 바람은 방향이 다양하고, 이는 맴돌이와 결코 무관하지 않다. 전형적인 활엽수림의 경우 우리의 머리 높이, 즉 '부풀림' 고도에서 부는 숲속 바람의 세기는 숲 위로 부는 바람에 비해 여름에는 열 배쯤, 겨울에는 다섯 배쯤 더 강하다. 그리고 당연히 침엽수로 빽빽한 조림지에서는 상대적으로 약하고, 듬성한 삼림지에서는 상대적으로 강하다. 숲속을 걷다 보면 우리가 느끼기에는 바람이 잠잠한데도 우듬지는 살랑살랑 흔들리는 이유가 바로 여기에 있다. 바람이 전혀 느껴지지 않는 늦여름에는 잠시 걸음을 멈추고 바로 눈앞에서 떠다니는 씨앗들을 찾아보자. 씨앗들이 바람의 존재를 증명해줄 것이다. 엉겅퀴 씨앗이 하늘을 유영하는 데 필요한 풍속은 대략 시속 3킬로미터에 불과하다. 보송보송하게 펼쳐진 솜털은 낙하산 노릇을 톡톡히 수행하는데, 씨앗이 1미터 아래로 떨어지는 데만 8초가 걸릴 수도 있을 정도다!

아무 땅이든 유심히 살피다 보면 가장 낮은 고도에서 부는 바람의 경향을 읽을 수 있지만, 근처에 나무가 있으면 정보를 얻기가 더욱 수월해진다. 지난해의 잎들은 바람을 타고 날아오른다. 그러므로 길을 가는데 웬 잎들이 눈앞으로 지나가거든, 그것들이 내려앉는 지점까지 따라가보자. 땅은 결코 평평하지 않다. 그러므로 지표면 위를 연달아 지나는 소규모 산악파바람이 낙엽을 쓸어내어 움푹한 자리에 모아놓았을 것이다. 이끼는 대부분 맨땅에서 관찰되고, 낙엽 덮인 땅에서는 번성하지 않는다. 하지만 그 맨땅 주위의 작은 골에는 잎들이 수북하게 쌓여 있을 것이다. 그런 현상은 특히 조림지에서 두드러지는데, 나는 이끼 덮인 두둑을 따라 걷다가 잎이 쌓인 고랑에 재미로 발을 빠뜨려보곤 한다. 나처럼 숲 바닥에 누워있기를 좋아하는 사람이라면, 몸을 누일 장소를 고를 때 잎들이 드러내는 바람의 경향을 눈여겨보자. 맨땅에 산들바람이 부는 와중에도 잎이 쌓인 골들은 잠잠할 것이다.

숲의 공백, 그러니까 빈터에서는 미기후가 완전히 달라진다. 갑자기 많은 빛이 쏟아지는가 하면, 바람이 온갖 일을 벌이고, 비는 더 많이 쏟아지는 데다, 흙은 더 축축한 와중에 공기는 더 건조할 것이다. 기온은 낮이나 여름에는 올라가고, 밤이나 겨울에는 내려간다. 그뿐만 아니라 동식물의 양상도 달라질 것이다.

야영객들은 본능적으로 이런 장소를 선호하지만, 서늘한 계절에는 그런 곳들이 종종 서리며 눈을 끌어들인다. 숲속의 빈터에는 근처의 들판에 비해 50퍼센트가량 더 많은 눈이 내릴 수 있다. 그러므로 숲속에서 빈터를 발견하거든, 먼저 그 공백의 원인이 폭풍인지 도끼인지부터 파악해보자. 만약 폭풍이 원인이라면, 그 장소는 만에 하나 폭풍이 다시 불어닥치면 우리를 무사히 지켜주지 못할 것이다.

속삭임과 감수성

소설《푸른 숲 나무 아래(Under the Greenwood Tree)》에서 토머스 하디는 나무에 대해 알고 싶다면 나무들의 속삭임에, 바람이 나뭇잎을 스치며 내는 소리에 귀를 기울이라고 이야기한다.

> 숲에 사는 이들은 나무의 거의 모든 종이 고유의 생김새뿐 아니라 고유의 목소리를 갖는다고 여긴다. 산들바람이 지나가는 동안 전나무는 그저 흔들리는 것이 아니라 흐느끼고 신음한다. 호랑가시나무는 참지 못하고 휘파람을 분다. 서양물푸레나무는 몸을 떨며 쉬잇 소리를 내고, 너도밤나무는 옆으로 뻗은 가지들이 위아래로 흔들리며 사락거린다. (…)

과학적 원리는 단순하다. 모든 나무는 잎과 가지의 생김새가 각기 다르고, 나무를 스치는 공기가 내는 소리는 잎과 가지의 모양과 크기에 따라 달라진다. 그러니 모든 나무의 소리가 서로 다를 수밖에. 그렇긴 해도 나무의 소리에는 극적인 면이 있다. 또한 명의 작가는 사과나무를 첼로에, 늙은 참나무를 콘트라베이스에, 어린 소나무는 약음기를 단 바이올린에 비유했고, "삼나무 숲"에서는 "칭진기에서 나는 치찰음"이 들린다고 했다. 농담이 아니다. 일본 사람들은 마츠카제(松風) 그러니까 소나무 숲에 이는 바람의 노랫소리에 귀를 기울이는데, 소나무들은 자연주의적 관점에서나 미학적 관점에서나 완벽한 노래를 들려준다고 한다. 14세기 중국의 학자 리우 치는 음악적 감수성을 토대로 실용적인 결론을 끌어냈는데, 그에 따르면 "초목들 가운데 잎이 넓은 나무는 먹먹한 소리, 잎이 마른 나무는 구슬픈 소리, 잎이 연약한 나무는 가냘프고 단조로운 소리를 낸다. 고로 바람이 많은 곳에 가장 적합한 나무는 소나무다."

우리도 마음만 먹으면 그들과 같은 감수성을 길러낼 수 있다. 하지만 어떻게?

침엽수와 활엽수를 구별하기는 어렵지 않지만, 전나무와 가문비나무를 구별하기 위해서는 상당한 노력이 필요하다. 그렇긴 해도 조류학자들의 방식을 빌려 각 나무의 소리에서 '특징적 인상'을 잡아내는 정도는 누구나 가능할 것이다. (새 전문가들은 멀리서 잠깐 보거나 노래를 2초 정도만 듣고도 새의 이름을 놀랍도록 정확하게 알아맞힌다. 나름의 조사 끝에 나는 그 놀라운 능력의 비결은 속임수가 아니라, 정황을 명확히 이해하는 데 있다는 사실을 깨달았다.) 이는 자연에서 활용할 만한 매우 유익하고 중요한 기술로, 소리를 통해 나무를 식별하도록 돕는다는 점에서 탐구할 가치가 충분하다.

자, 이제 상상의 세계로 들어가보자. 지금 나는 1000피스짜리 직소 퍼즐을 맞추는 중이다. 퍼즐은 네 귀퉁이와 한쪽의 일부만 가까스로 채워져 있다. 그때 웬 아이가 퍼즐 조각을 하나 건넨다. 별다른 특색도 무늬도 없이 살짝 얼룩진 흰색 조각이다.

"앗, 고마워. 이건 여기쯤 놓으면 맞겠는걸." 이렇게 말하고 나는 그 조각을 퍼즐 판의 한쪽 빈칸에 내려놓는다. 아이는 내가 그 자리를 찾아낸 비결을 궁금해한다. 나는 윌리엄 터너(William Turner, 1775~1851)의 풍경화 〈딘 언덕에서 본 뉴넘온세번(Newnham-on-Severn from Dean Hill)〉이 그려진 퍼즐 상자를 가리킨다. 그리고 설명을 시작한다. 그림에는 짙은 나무들과 이런저런 지형지물이 존재한다. 파란 하늘에는 흰 구름과 회색 구름이 걸려 있고, 백마가 한 마리 지나간다. 지극히 터너적인 풍경화다. 흰색은 구름 또는 말의 색깔일 것이다. 한데 말의 흰빛은 구름의 흰빛보다 탁하다. 그러므로 아이가 건넨 조각은 분명 멀리 떠 있는 쌘구름의 일부일 것이다. 그 퍼즐조각은 정황을 살피고 틀린 선택지를 배제하는 과정에서 스스로 정체를 드러냈다. 따로 떨어져 있을 때 그 조각은 도무지 구름처럼 보이지 않았다. 하지만 문제의 직소퍼즐에서 그 흰색과 어울리는 자리는 예의 그 빈칸뿐이었다. 다른 직소퍼즐에서는 그 흰색이 강물에 비친 풍경이나 건물의 색깔일 수도 있지만, 이 퍼즐에서는 아니다. 그리고 전문가들이 자연을 식별하는 요령도 이와 다르지 않다. 새나 나무의 소리가 소리의 주인을 명확히 드러내지는 않지만, 적어도 그 소리 덕분에 우리는 선택지를 줄일 수 있다. 직소퍼즐의 전체적 그림을 파악하고 있으면, 조각이 놓일 자리를 쉽게 찾을 수 있는 것처럼 말이다.

언젠가 새 전문가에게 들은 이야기로는, 그들 또한 새소리가 실내에서 날 때는 익숙한 새를 식별하는 데도 애를 먹는다고 한다. 다시 말해 새소리를 제대로 듣고 싶다면 자연으로 들어가라는 얘기다. 나무의 소리도 마찬가지다. 그리고 이 원칙은 자연에서 보고 듣는 거의 모든 것에 똑같이 적용된다. 현장에서 보내는 시간은 퍼즐 상자의 그림을 파악하는 시간과 마찬가지다. 잠깐의 풍경과 짤막한 소리는 상상의 세계에서 아이가 건넨 바로 그 퍼즐 조각이다.

그렇다면 실제 세계에서는 어떨까? 나의 조언은, 우선 자그만 나무숲 하나를 골라 그곳에 부는 바람의 소리를 제대로 이해하고 기억해두라는 것이다. 우리가 아무리 온갖 숲을 다니며 눈을 감고 기다린다 한들 나무들이 나서서 인사를 건넬 리 만무하다. 공연히 마음만 상하고 의지만 꺾일 뿐이다. 각자에게 익숙한 숲에서 가장 선명히 들리는 나무의 소리를 하나하나 알아가다 보면, 어느 순간 새로운 장소에서도 그 나무들이 건네는 인사가 귀에 들어오기 시작할 것이다.

내가 처음으로 알아들은 나무의 인사는 물푸레나무의 딱딱거리는 소리였다. 나는 숲 가장자리 부근에서 이따금 물푸레나무 우듬지가 다 함께 딱딱거리는 소리에 수년에 걸쳐 점차 익숙해졌다. 초반에는 나도 긴가민가했던 것 같다. 하지만 또 다른 환경에서 그 소리가 들려왔을 때, 나는 그것을 단서로 숲 가장자리에 가까워졌음을 알아차릴 수 있었다. 우선 이것이 비교적 수월했던 이유는, 그 소리가 언제나 숲 가장자리를 암시하는 징후들을 동반한다는 데 있었다. 때로는 나무 사이로 새어나오는 바람의 음량이 높아졌고, 때로는 빛의 밝기가 달라졌으며, 때로는 지의류와 담쟁이가 많아졌고, 때로는 야생화의 생태가 바뀌었다. 그 같은 상황에서 하필 그 소리가 들린다는 것은, 내가 아는 한 오직 한 가지 사실만을 의미할 수밖에 없었다.

오래지 않아 나는 똑같은 소리를 똑같은 숲에서, 다만 예기치 않은 상황에 듣게 되었다. 너도밤나무 숲 한복판에서 별다른 전조도 없이 그 소리가 들려왔지만 어쩐지 느낌이 달랐다. 나는 곧바로 소리의 주인을 특정하기는커녕 **참 이상하다**는 느낌을 받았다. 원인이 궁금해진 나는 뒤돌아서서 숲지붕을 찬찬히 살펴보았다. 아니나 다를까, 한때 숲 진입로로 쓰이던 빈터의 작은 공백을 물푸레나무들이 채우고 있었다.

얼마 지나지 않아 그 소리는 새로운 숲속까지 나를 따라 들어왔다. 나무의 소리가 으레 그렇듯 물푸레나무의 딱딱거림은 심지어 귀에 거슬릴 정도로 뚜렷해서, 처음 들어간 숲에서도 알아듣지 못하기가 오히려 어려웠고, 머지않아 나는 낯선 숲의 온갖 속삭임 가운데서도 그 소리를 골라낼 수 있게 되었다. 마치 잡음 속에서 신호를 잡아내는 것처럼.

굉장히 짜릿한 순간이었다. 불가능을 가능으로 바꾸는 과정이 비로소 시작된 것이다. 이는 실로 고무적이었다. 일단 한 가지 소리를 단박에 골라낼 수 있게 되면, 또 하나의 아는 소리로 청각적 퍼즐의 빈칸이 채워지면서 새로운 소리에 집중할 여력이 생기기 때문이었다. 다음으로 내가 익힌 소리는 여름날 너도밤나무 숲에 이는 돌풍의 소리였다. 흡사 먼바다에서 부서진 파도가 자갈 해변으로 밀려드는 듯했다. 그리고 얼마 뒤부터는 포플러의 속삭임이 들리기 시작했다. 물 근처에서 자라는 흑양나무(black poplar)의 소리는, 내 귀에는 마치 자갈밭 위로 흐르는 시냇물의 속삭임처럼 들렸다. 우리는 소리의 목록을 꾸준히 늘려가야 한다. 잡음 속에서도 신호만을 가려듣는 수준에 도달할 때까지.

얼핏 날씨와는 동떨어져 보이는 이 이야기들은, 실상 반드시 짚고 넘어가야 하는 내용들이다. 자, 이제 이야기의 줄기를 다시 앞으로 되돌려보자. 바람 속에서 나무의 소리에 귀 기울이다 보면, 바람의 동향 변화를 읽는 감각이 시나브로 예민해진다. 또한 앞서 살펴본 것처럼, 바람의 변화는 언제나 날씨의 변화를 의미한다. 나무들의 속삭임을 하나하나 이해해가는 과정은 우리에게 크나큰 즐거움과 더불어, 울창한 숲속에서도 날씨의 변화를 예민하게 지각하는 능력을 가져다준다.

그러나 경고하건대, 감각이 예민해질수록 우리의 마음은 한없이 유약해진다. 언젠가 밤나무 숲에 이는 미풍의 여린 소리에 귀 기울여본 사람은, 소나무 우듬지를 불현듯 파고드는 돌풍 소리에 신경이 곤두서고 한여름에도 오싹한 기운을 느끼게 될 것이다. 그 사람은 걸음을 멈추고 나무들을 돌아볼 것이다. 동행이 아무것도 모른 채 묵묵히 걸음을 이어가는 동안에도. 물론 지금은 이 말이 과장처럼 들리겠지만, 나중에 겪어보면 알게 될 것이다.

빨강은 햇빛

숲에서 빠져나올 때는 빨강을 찾아보자. 빨강은 숲속에서 흔히 볼 수 없는 색깔이다. 그러나 숲지붕을 벗어나는 순간 빛은 갑자기 밝아지고 이에 화답하듯 수많은 나무가 잎을 붉게 물들인다. 여기에는 안토시아닌이라는 색소가 작용한다. 포도나 블랙베리, 자두의 선명한 색조 역시 안토시아닌으로 인한 것이다. 잎들이 햇빛에 많이 노출되는 환경에서 나무들은 잎의 손상을 막기 위해 안토시아닌을 사용한다. 쉽게 말해 안토시아닌과 그것의 색깔이 자외선 차단제로 쓰이는 셈이다. 어린 산사나무의 잎은 붉은색으로 무장한 채 생의 취약한 시기를 버텨낸다. 검은딸기나무 수풀에서도 비교적 양지바른 남쪽의 잎들은 붉은색으로 스스로를 보호한다.

같은 붉은색 계열인 '구리색'을 띠는 나무도 많은데, 대개는 특별한 개량을 거친 재배종이다. 유럽너도밤나무는 일반 너도밤나무와 생김새가 비슷하지만 자두색이나 적갈색, 구리색을 띠도록 특별히 개량된 품종이다. 구리색은 햇빛을 많이 받는 잎에서 비교적 선명하기 때문에 나무의 남쪽 면에서 가장 쉽게 관찰된다. 그늘진 잎들은 녹색을 유지한다. 공원이나 정원의 유럽너도밤나무는 햇빛을 직접적으로든 간접적으로든 모든 방향에서 받기 때문에 잎들 역시 모든 방향에서 알록달록하다. 그러나 속을 들여다보면 남쪽의 잎들은 나무의 안쪽까지 선명한 구리색을 띠지만, 북쪽의 잎들은 바깥쪽을 제외하면 모두 초록색일 것이다. 구리색의 분포가 각 나무 안쪽의 미기후를 반영하는 셈이다.

과일 역시 색깔이 고르지 않다. 사람들은 대개 빨간색과 초록색이 섞여 있는 사과를 완벽한 사과라고 여긴다. 아마도 단맛과 신맛이 퍽 조화롭게 어우러져 있기 때문일 것이다. 아니면 수천 가지 사과 품종의 단일 조상인 야생사과 말루스 시에베르시(Malus sieversii)의 껍질에 선명한 빨간색과 초록색이 공존하기 때문이거나. 말루스 시에베르시는 카자흐스탄의 산악 지대에서 오늘날까지 명맥을 유지하고 있다.

백여 년 전의 한 실험에서 과일 재배자들은 익어가는 사과 위에 오려낸 글자를 얹어놓았다. 얼마 뒤에 글자를 떼어보니, 그 자리는 햇빛이 닿지 않아 여전히 초록색이었지만, 주변은 온통 빨간색으로 변해 있었다. 햇빛이 사과의 착색에 미치는 영향을 보여주는, 간단하지만 의미 있는 실험이었다.

훗날 나무에 달린 빨간색과 녹색의 사과를 발견하거든, 빨간색이 면해 있는 방향을 눈여겨보자. 틀림없이 양지바른 남쪽을 향하고 있을 것이다. 어째서인지 나는 땅에 떨어진 사과를 발견하면, 색깔을 보고 그 열매가 나무에 매달려 있던 방향을 유추해보고는 한다. 심지어 부엌에서 볼에 담긴 사과를 볼 때도 나의 유별난 호기심은 예외 없이 발동한다. 그 열매가 나무에 달려 있던 방향을 '정확히' 재현하고 싶어 안달이 나는 것이다. 그 순간 나는 깨닫는다. 이제 다시 밖으로 나가 언덕땅을 쏘다닐 시간이라는 것을.

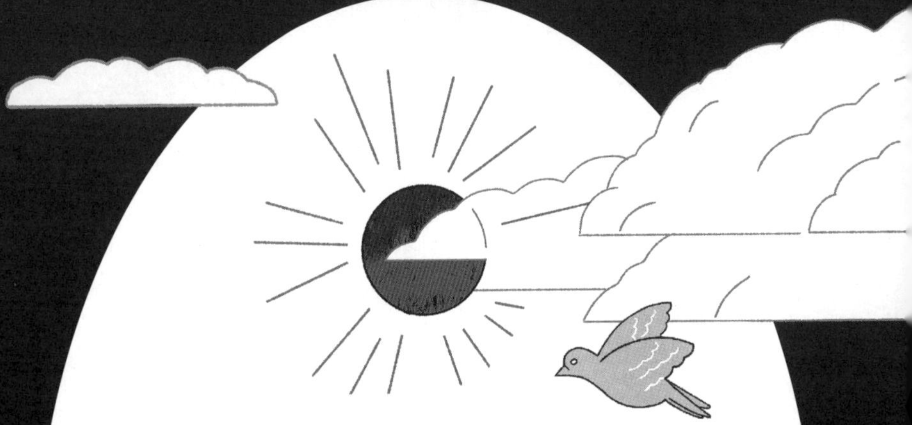

15장

초본류, 균류, 지의류

자연 항법과 예리한 칼날 | 풀의 징후 | 고사리 | 한해살이와 여러해살이 | 내한성과 서리한계선 | 시간과 온도 | 잎의 단서 | 균류 | 지의류 | 블랙베리와 가능성

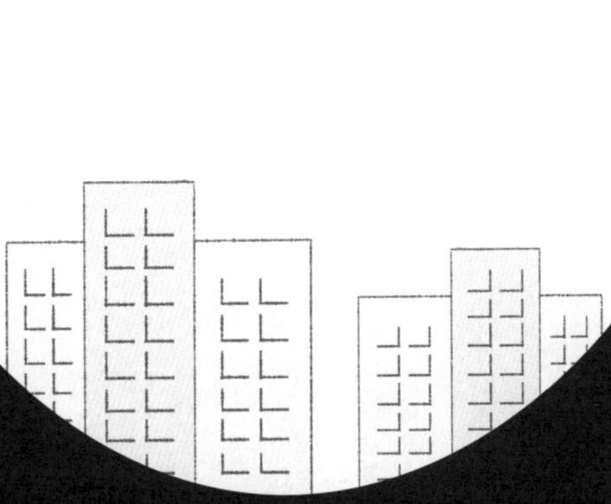

보츠와나의 오카방고 삼각주에서 연구자들은 몇몇 소농 공동체를 대상으로 인터뷰를 진행했다. "나는 특정 식물들을 단서로 비가 올 가능성을 예측할 수 있다"라는 문장을 제시하고는 동의 여부를 확인하는 인터뷰였다.

인터뷰에 응한 592가구 가운데 75퍼센트가 동의했다.

파푸아뉴기니의 웰라족은 잎이 길고 흔한 가임브(gaimb)라는 풀의 습성에 주의를 기울인다. 가임브가 솜털로 뒤덮인 씨앗들을 날려 보내는 것은 날씨가 한동안 화창하고 맑으리라는 징후이다. 멕시코 틀락스칼라의 소작농들은 이소테(izote)라는 유카속 식물을 눈여겨본다. 이소테 싹에 꽃이 피는 것은 조만간 비가 오리라는 징후이다.

세계의 모든 문화권에는 날씨를 이해하고 예측하는 데 식물이 유용하다는 믿음이 깔려 있는 듯하다. 우리 집 근처에서 자라는 야생화 뚜껑별꽃(*Anagallis arvensis*)은 예로부터 다양한 별명으로 불리는데, 그중 양치기의 청우계(shepherd's weather glass)와 양치기의 시계(shepherd's clock)는 비 오기 전과 늦은 오후에 꽃잎을 오므리는 습성 덕분에 얻게 된 이름이다.

요즘은 식물을 이용해 날씨를 예측하는 경우가 드물다. 심지어 시골에서도 예외가 아니다. 하지만 식물이 날씨의 단서라는 믿음은 사람들 사이에서 가히 보편적이다. 다들 알다시피 식물은 날씨에 반응한다. 그러므로 식물과 날씨가 연결되어 있고 식물을 근거로 날씨의 굵직한 변화를 예언할 수 있다는 인식이 일부 사람들에게는 뿌리 깊게 박혀 있다. 그들의 믿음에는 근거가 있다. 하지만 시간과 거리에 따른 한계 역시 인정해야 한다. 특정 지역에 다음 한 주 동안 펼쳐질 날씨에 대하여 과연 야생화는 전문 기상학자보다 나은 정보를 제공할 수 있을까? 아니, 그렇지 않다. 하지만 야생화는 우리가 다음 몇 시간 혹은 몇 날 동안 인근에서 경험할 가능성이 있음에도 공식 일기예보에서는 언급될 가능성이 없는 날씨의 아기자기한 변화에 관하여 우리에게 일러줄 수 있다.

식물을 이용하여 날씨를 이해하는 가장 효과적인 방법은 식물이 제시하는 시간과 장소에 관한 정보를 올바르게 읽어내는 것이다. 이를 위해 우리는 기후와 계절을 넓은 범위와 좁은 범위에서 차근차근 살펴볼 것이다. 그리고 이 과정은 날씨의 작은 세계를, 식물이 서식하고 그래서 우리가 예측할 수 있는 세계를 아름다우리만치 상세하게 드러낼 것이다.

사람은 누구나 기후와 식물의 밀접한 관계를 본능적으로 이해한다. 만약 우리가 비행기를 타고 가다 스페인 남부에서 내린다면, 잉글랜드에 착륙했을 때보다 더 적은 풀과 더 건조한 맨땅과 더 많은 소나무 및 야자나무를 보게 될 것이다. 그리고 만약 이듬해에 플로리다에서 내린다면, 수많은 야자나무뿐 아니라 더 무성한 초목과 더 적은 맨땅을 보게 될 것이다. 사람들 대부분은 스페인 남부와 플로리다의 경관에서 관찰되는 차이가 결국 따뜻하고 건조한 환경과 따뜻하고 습한 환경의 차이라는 점을 어느 정도는 막연하게나마 인식한다.

기후는 계절과 짝을 이뤄 이런저런 날씨가 펼쳐질 가능성을 제시하지만, 어디까지나 확률적으로 그렇다는 것이다. 1월에 (영국 해협에 접해 있는 항구도시 플리머스로부터 32킬로미터 남짓 북쪽에 위치하는) 고원지방 다트무어의 날씨가 덥고 건조할 가능성은 적지만, 그렇다고 확률이 0은 아니다. 1977년 1월에는 마이애미에 눈이 내렸다.

모든 식물은 기후와 계절에 관한 이야기를 우리에게 들려주려고 노력한다. 또한 기후와 계절은 우리에게 특정한 날씨의 확률을 제시한다. 이 단순하기 그지없는 원리를 바탕으로 식물은 가장 기본적이고 과학적인 방식을 통해 날씨를 예고한다. 이제 우리에게 그 정도는 상식이지만, 그 기본적 접근법을 세심하게 가다듬으면 몇 가지 흥미로운 예측이 가능해진다. 과거와 현재는 가까운 미래에 대한 통찰력을 길러줄 수 있다.

처음에는 각 종에 나타나는 주요한 변화들만 알아차려도 좋을 것이다. 가령 구릉지의 비교적 습한 비탈에서는 물을 요하는 식물이 더 많이 관찰된다. 그리고 나무들은 멀리서부터 이 사실을 가장 먼저 드러낸다. 모든 소나무는 유럽소나무든 곰솔이든 풍부한 햇빛을 좋아하지만, 비교적 축축한 땅에서는 유럽소나무가 곰솔에 비해 잘 자란다. 습윤한 지역에서는 곰솔보다 유럽소나무가 더 흔하지만, 빛과 흙이 두 종 모두의 서식에 적합한 지역의 경우 상대적으로 습한 바람받이 쪽 비탈에서는 유럽소나무가 잘 자라고 건조한 바람의지 쪽 비탈에서는 곰솔이 잘 자란다. 만약 대기가 습윤하고 예컨대 키 큰 쌘구름처럼 소나기가 닥칠 징후들이 눈에 띈다면, 소나무를 찾아보자. 비가 우리 지역을 강타할지 지나칠지를 그 나무들은 성심껏 일러줄 것이다.

자연 항법과 예리한 칼날

자연 항법을 연구하는 사람들은 식물이 해와 바람, 물을 비롯한 여러 변수에 관련된 정보를 드러낸다는 사실에 익숙하다. 우리도 감지력을 단련해보자. 자연 항법에 관련된 이 풍부하고 절묘한 단서들을 잠시 음미해보자는 얘기다. 이 과정에서 우리는 날씨의 징후를 찾는 기술을 연마하는 한편, 감각의 칼날을 벼릴 수 있을 것이다.

언덕이나 숲, 혹은 바위처럼 그늘을 드리우는 사물의 남쪽에서는 양지식물이 비교적 흔히 눈에 띈다. 더욱이 꽃들은 해를 지

향한다. 탁 트인 장소에서 꽃들은 대개 남쪽과 남동쪽 사이를 바라본다. 추위가 극심한 지역에서는 어떤 종이든 적도로 향하는 사면에서 발견되는데, 온화한 기후의 끝자락을 붙잡고 늘어지는 것이다. 그리고 이는 잉글랜드의 포도밭이 구릉의 남쪽 비탈에 자리하는 이유이기도 하다. 반면에 더위가 골칫거리인 지역에서는 식물이 적도를 등진 사면에서 발견되는데, 그런고로 (모로코와 알제리, 튀니지에 걸쳐 있는) 뜨겁고 건조한 아틀라스산맥에서는 수풀이 대개 북쪽 비탈에 자리한다. 식물에게 가까이 다가갈수록, 우리는 식물이 풍부하고 상세한 정보를 제공한다는 사실을 알아차리게 된다.

자연 항법사들은 거기서 한 걸음 더 다가간다. 모든 식물은 환경을 반영할 뿐 아니라, 일대에 관한 지도 및 나침반 역할을 한다. 우리가 마주치는 모든 식물은 물론이고 식물의 각 부분에도 메시지가 담겨 있다는 사실을 우리는 염두에 두어야 한다. 버드나무는 강변을 비롯한 습지에서 잘 자란다면, 버드나무의 미상꽃차례는 양지바른 남쪽에서 먼저 꽃을 피운다.

민들레와 같은 꽃들은 북쪽 비탈에도 살고 남쪽 비탈에도 산다. 처음에는 남쪽 비탈에 더 흔하지만, 꽃이 점차 '언덕을 타고 넘어가면서' 나중에는 북쪽 비탈에도 꽃이 만발하게 된다. 물론 꽃이 어디로든 제 발로 이동할 리는 만무하다. 단지 환경을, 그것이 경험하는 기후와 날씨를 반영할 뿐이다. 상대적으로 따뜻하고 양지바른 남쪽 비탈에서는 서늘하고 그늘진 북쪽 비탈에 비해 민들레가 더 일찍 꽃을 피운다.

3월 중순부터 4월 중순까지 언덕을 거닐었던 사람은 민들레가 남쪽에서만 꽃을 피운다고 생각할지 모른다. 하지만 5월에 같은 길을 걸은 사람은 민들레가 북쪽에서만 꽃을 피운다고 지레짐작할 수도 있다. 북아메리카에 서식하는 나비 이디스체커스폿(Edith's checkerspot)의 경우 활동을 시작하는 계절에는 남쪽에서 주로 발견되지만 활동이 끝나가는 계절에는 북쪽에서 주로 발견된다. 민들레와 나비는 언덕땅을 색으로 물들이면서, 방향과 미기후에 대한 정보를 우리에게 일러준다. 식물의 서식지와 습성에 대한 감수성을 이 정도 수준으로 끌어올리면, 그것을 바탕으로 수많은 날씨의 단서를 읽어낼 수 있다.

알다시피 소나기는 임의성과 거리가 멀다. 소나기는 국지적 가열과 땅의 모양에 좌우된다. 또한 그 논리를 적용하면, 소나기는 특정 지역에서 유난히 자주 내릴 수밖에 없다. 모든 식물은 수분의 양에 민감하다. 그러므로 특정 식물을 주의 깊게 관찰함으로써 우리는 비가 내릴 만한 장소를 예측할 수 있다. 다만 습한 환경을 좋아하는 모든 종을 알아두려 애쓸 필요는 없다. 그보다는 강한 소나기를 만났을 때 주변의 식물들을 눈에 익히는 정도면 충분하다. 그런 뒤에는 고지대나 도심지, 삼림지에 대한 우리의 상대적 위치를 헤아려보자. 처음에는 가령 비를 좋아하는 특정 식물들이 언덕의 바람의지 쪽이 아닌 바람받이 쪽 비탈에서만 자란다는 사실이 눈에 들어올 것이다. 그 식물들을 단서로 다음에 비가 내릴 장소를 예측해보자.

앞서 아라비아의 사막에서 확인한 것처럼 비는 건조한 지역에서 개화를 촉발할 수 있고, 그런 곳에서 꽃들은 습한 장소에 관한 지리적 정보를 제공한다. 이런 식의 개화는 슈퍼블룸(superbloom), 즉 비가 내린 직후에 꽃들이 일제히 꽃망울을 터뜨리는 현상의 비교적 미묘하고도 훨씬 빈번한 예다. 일부 사막에서는 꽃들이 건조한 시기에는 여러 해 동안 휴면했다가 습윤한 계절이 지나면 한꺼번에 만개하도록 진화했다. 가령 캘리포니아의 과거 사례를 살펴보면, 로스앤젤레스에서 북서쪽으로 160킬로미터 남짓 떨어진 초지 카리소평원(Carrizo Plain) 등지에서는 10년에 한 번꼴로 이러한 슈퍼블룸 현상이 발생해왔다.

제법 습윤한 지역을 걷다 보면 습생식물인 골풀(*Juncus effusus*)이 종종 눈에 띄고는 한다. 만약 근처에 강이나 커다란 저수지가 있다면 굳이 골풀을 단서로 날씨를 예측할 생각은 하지 않겠지만, 골풀이 강보다 조금 높은 고도에 자리한다면 나는 골풀이 과연 어디서 물을 얻는지가 궁금해질 테고, 그 답은 주기적이고 강한 소나기일 공산이 크다. 만약 소나기가 가까이에 있다면, 내가 그 소나기를 맞을 가능성은 내가 골풀 사이를 걷고 있을 때 더욱 높아진다.

소나기가 가까워졌다는 사실을 우리는 어떻게 알 수 있을까? 식물들은 모든 구름과 바람, 그리고 우리가 지켜봐온 여러 단서와 함께 우리에게 열심히 말을 건넨다. 습도가 높아지면 냄새는 강해진다. 그러므로 흔히들 말하듯, 비가 오기 직전에는 꽃향기가 짙어진다. 그러나 식물 중에는 비에 취약한 것들이 있고, 그런 식물들은 비가 다가오면 꽃잎을 오므린다. 가령 민들레, 메꽃,

미나리아재비, 튤립, 크로커스, 데이지, 메리골드, 칼린엉겅퀴, 용담, 유럽개미자리, 자주갯활량나물은 악천후가 닥칠 무렵이면 하나같이 꽃잎을 오므린다. 희망봉괭이밥과 클로버는 비가 다가오면 잎을 활짝 펼친다. 그런가 하면 숲바람꽃은 꽃잎을 오므리고 줄기를 축 늘어뜨린다.

그 원인과 메커니즘은 식물의 종에 따라 다양하다. 튤립과 크로커스는 기온이 떨어지면 꽃잎을 오므리지만, 민들레는 기온이 떨어지고 빛마저 약해져야 비로소 반응을 보인다. 습도 변화에 반응하는 꽃들도 있는데, 그런 꽃들은 가령 끈끈이대나물처럼 대개가 밤에 피어난다.

과학적으로도 경험적으로도 꽃들은 날씨의 굵직한 변화가 나타나기 전에 먼저 변화를 보인다. 하지만 나는 구름과 바람이 예의 그 익숙한 징후들을 드러내기 전에 꽃들이 먼저 반응한다는 증거는 여태 발견하지 못했다. 그러므로 식물이 아무리 날씨 변화의 예측에 도움이 된다 해도, 그 변화를 최초로 암시하는 자연의 신호는 식물이 아니다.

풀의 징후

풀은 갖가지 단순한 메시지를 전달한다. 그리고 이는 고마운 일이다. 풀은 거의 모든 동식물의 서식지에서 흔히 볼 수 있기 때문이다. 키가 큰 풀은 바람이 지나간 직후와 지나는 동안에 몸을 구부린다. 그러므로 풀의 이런 패턴을 읽는 감수성을 기르면, 바람의 온갖 중요한 변화를 꾸준히 관측하는 방법을 또 하나 익히게 된다. 아침에 한 방향을 가리키다가 오후에는 다른 방향을 가리키는 풀은 건조한 상태를 오랫동안 유지하지 못할 것이다.

이쯤에서 나는 다소 심오한 내용을 다뤄보려 한다. 하지만 두려워할 필요는 없다. 여기까지 읽은 독자라면 충분히 이해할 만한 내용이다. 장담컨대 풀은 우리가 생각하는 것보다 더 많은 사실을 우리에게 일러준다. 풀은 빛과 바람, 물의 동향에 대한 은밀한 메시지를 품고 있다. 풀은 날씨를 기록한다. 몇몇 특정한 풀이 제공하는 단서들은 우리의 감각을 실로 높은 수준까지 끌어올린다.

오리새(orchard grass)는 바람이 불어오는 쪽으로 매우 느리게 이동한다. 오리새의 잎사귀는 키가 큰 여느 풀과 마찬가지로 바람에 몸을 숙이지만, 새싹은 수풀의 바람받이 쪽에서 오히려 더 잘 자란다. 바람의지 쪽은 낙엽과 같은 잔해가 쌓이기 쉽지만, 바람받이 쪽은 바람이 잔해를 '쓸어'가는 까닭에 새싹이 자라기에 더 좋은 환경이 조성되기 때문이다. 그로 인해 풀숲은 바람이 불어오는 쪽으로 천천히 꼬물꼬물 이동하게 된다. 오리새 수풀의 모양을 단서로 우리는 바람이 요사이, 지난주, 지난해에 어떻게 불어왔고, 그렇다면 내일은 또 어떻게 불 것인지를 추측할 수 있다.

매트그래스(*Nardus stricta*)는 이를테면 산비탈이나 모래언덕처럼 널따랗고 거친 환경에서 자란다. 매트그래스의 수풀은 바깥

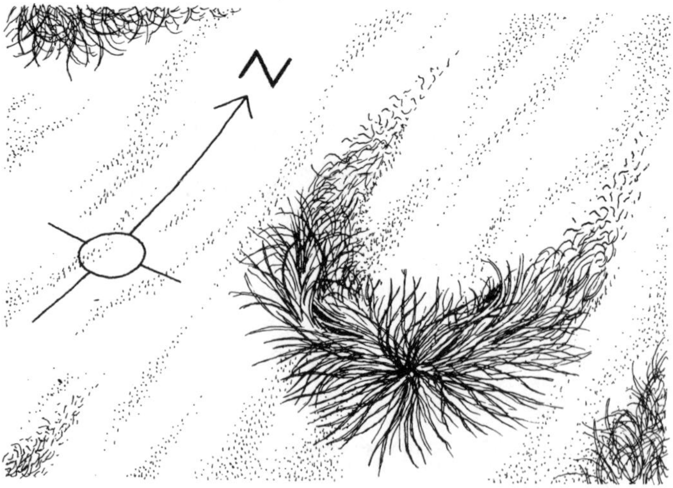

매트그래스 말발굽

방향으로 성장하는 와중에 볕이 더 잘 드는 남쪽에서 잘 자란다. 시간이 지나 안쪽의 오래된 풀들이 시들고 죽기 시작하면서 수풀은 전체적으로 말발굽 모양을 띠게 된다. 이때 말발굽의 양 끝은 대체로 북쪽을 가리키고 구부러진 부분은 남쪽을 향한다.

나무처럼 하층식물도 일대의 기상 조건이 어디까지 극단으로 치달을 수 있는지를 우리에게 넌지시 일러준다. 각 식물 종이 견딜 만한 기상 조건에는 언제나 한계가 있다. 서리도, 홍수도, 가뭄도, 더위도, 바람도 식물을 죽일 수 있고, 한번 죽은 식물은 되살아나지 않는다. 이는 우리에게 별도의 기상 정보를 제공한다. 이를테면 히스는 추위와 비바람에 강하지만, 가뭄에는 취약하다. 그러므로 히스가 잘 자라는 곳은 어디든 건기가 길지 않으리라고 추측할 수 있다.

고사리

고사리는 키가 크고 까슬하고 조금은 특별한 양치식물이다. 고사리는 가장 긴 시간과 넓은 공간에 걸쳐 살아남았다. 세계 전역에서 발견되고, 영국에서는 오래전부터 서식해왔다. 많은 지역에서 고사리는 달갑지 않은 침입자로 여겨지지만, 고사리를 없애기 위해서는 굉장히 끈기 있는 노력이 필요하다. 고사리는 5500만 년 전의 화석에서도 발견된 바 있다.

고사리는 서리가 내리지 않는 밤을 좋아하므로, 바람이 들이치지 않는 땅에서는 서리한계선(frost line)의 지표가 된다. 바람에 노출된 장소에서는 고사리의 키가 평균 풍속을 반영한다. 바람의 속도가 빠를수록 고사리의 키는 작아진다. 또한 바람에 제법 심하게 노출된 장소에서는 예컨대 히스나 잡풀처럼 바람을 더 잘 견디는 종에게 자리를 내어준다.

한해살이와 여러해살이

모든 지역에는 계절마다 이런저런 날씨를 암시하는 식물 종이 존재한다. 그렇다고 여기에 그 많은 식물의 목록을 일일이 나열할 생각은 없다. 다만 유용한 경험 법칙 하나를 소개하려 한다. 요컨대 식물은 오로지 그 식물이 자라는 계절에 관한 정보만을 우리에게 일러줄 수 있다. 한해살이식물은 오직 한 계절에만 성장하기 때문에, 여름이 충분히 쾌적하고 따뜻하다면 겨울이 끔찍이 혹독한 장소에서도 살아남을 수 있다. 어차피 겨울 무렵에는 한살이가 이미 끝나있을 테니 말이다. 반면에 여러해살이식물은 여러 해 동안 성장하기 때문에, 해가 바뀌어도 살아남을 수 있는 기상 조건을 필요로 한다.

한해살이식물은 오로지 봄과 여름의 날씨에 대해서만 이야기한다. 늦가을이나 겨울의 날씨에 대해서는 거의 혹은 아무것도 알지 못한다. 히말라야물봉선(*Impatiens glandulifera*)은 원산지가 히말라야산맥이지만 영국과 뉴질랜드, 북아메리카 일부 지역의 강기슭이나 축축한 황무지에서도 서식한다. 분홍빛과 자줏빛의 커다란 꽃송이가 고개를 까닥거리는 모습이 마치 따뜻하고 온화한 여름 날씨를 마냥 즐기는 듯한 인상을 주지만, 사실 히말라야물봉선은 혹독하기 그지없는 겨울을 견디기 위해 나름의 영리한 전략을 구사한다. 그 전략이란 바로 죽음이다. 히말라야물봉선은 한해살이다. 그리고 원산지인 히말라야의 골짜기에서는 죽음만이 유일하고도 현명한 전략이다. 생각해보라. 세상 그 어떤 식물이 겨울의 히말라야에서 목숨을 이어가고 싶겠는가?

상록수는 여러해살이다. 고로 겨울의 극한을 가늠하는 척도로는 상록수가 더 제격이다. 구근식물 역시 한해의 상당 기간을 땅밑에서 숨어 지내기 때문에 혹독한 날씨를 암시하는 단서가 된다. 튤립은 추운 겨울을 단지 견디는 정도가 아니라 필요로 한다.

내한성과 서리한계선

이처럼 식물을 통해 계절의 극한을 가늠하는 접근법을 발전시키고 싶다면, 우리가 사는 지역의 내한성 지도를 들여다보자. 원예사들은 식물이 얼마나 모진 겨울을 견딜 수 있는지를 기준으로 각 식물에 등급을 매긴다. 세계 곳곳마다 시스템은 다양하지만 원칙은 모두 동일하다. 미국농무부(US Department of Agriculture)의 내한성 지도에 따르면, 13구역에서는 열대식물이 자라지만 0구역에서는 영하 54도와 같이 낮은 온도를 견딜 수 있는 식물이 자란다. 예를 들어 튤립은 8구역에서 3구역 사이, 그러니까 영하 8도에서 영하 37도 사이의 겨울을 견딜 수 있다.

이러한 지표들은 기후를 반영하지만, 다른 징후들과 더불어 사용되고, 그것들을 단서로 우리는 날씨를 예측할 수 있다. 원예학의 손길이 닿지 않는 야생의 자연은 혹독하다. 그리 넓지 않은 땅덩이를 두고 야생에서는 무려 1000종의 식물이 경쟁할 수도 있다. 그러므로 한 식물이 경쟁에 유리한 특징을 갖고 있다면, 거기에는 언제나 중요한 의미가 담겨 있을 수밖에 없다. 우리는 모든 식물이 각각의 서식지에 대한 정보를 일러준다고 가정해야 한다. 이를테면 풀산딸나무(*Cornus suecica*)는 밤이 일관되게 추운 곳에서만 잘 자란다. 고로 풀산딸나무가 들려주는 날씨 정보는 단순하다. 해 질 녘에는 옷을 따뜻하게 입으라는 것이다.

만약 산비탈에서 일정한 경계를 기점으로 식물군이 추위에 약한 종에서 강한 종으로 전환된다면, 그 경계가 바로 서리한계선이다. 고로 하늘이 맑은 가을밤에는 그 선을 기점으로 극심한 추위가 시작될 것이다. 그리고 앞서 서리를 다룰 때 살펴본 것처럼, 여기에는 놀라운 비밀이 존재한다. 만약 우리가 10월에 야영지로 선택한 골짜기에서 히스처럼 추위에 강한 식물이 눈에 띈다면, 우리는 그 식물의 경고를 귀담아들어야 한다. 그 서리주머니를 벗어나 고사리처럼 추위에 약하고 촉촉한 식물이 자라는 장소로 올라가야 한다. 모르긴 해도 그 경계선 주변에서는 지난해에 무모하게 서리에 맞서다 그만 시들어버린 관목들이 시야에 들어올 것이다.

시간과 온도

간밤에 두어 시간 동안 나는 너도밤나무 숲 공원관리인의 높은 의자에 앉아, 4월의 화창한 낮이 지나고 숲 곳곳에서 기지개를 켜는 봄을 느끼고 있었다. 가장 작고 어린 나무는 잎이 무성했지만, 너도밤나무 숲지붕은 이제 겨우 잎이 돋아나는 단계였다. 비교적 키가 작은 나무들은 키가 큰 나무들에 비해 언제나 더 일찍, 대개는 2주가량 빠르게 잎을 틔운다. 그래야 숲지붕이 하늘을 촘촘히 가리기 전에 얼마간 햇빛을 받을 수 있기 때문이다.

계절학(phenology)은 계절에 따른 현상을 연구하는 학문이다. 계절이 몰고오는 웅장한 변화들은 우리 모두의 찬탄을 자아낸다. 그러나 계절은 한 지역에 갑자기 상륙하지 않는다. 계절은 계절만의 속도로 다가온다. 때로는 기온이나 해돋이처럼 비생물적인 변화로 인해, 때로는 나비의 출현이나 꽃의 개화처럼 생물적인 변화로 인해 존재감을 드러낸다. 그 징후들은 장소에 따라 비교적 일찍 나타나기도 하고 늦게 나타나기도 한다. 미국에서 봄과 여름은 남쪽과 남서쪽에서 들어와 국토 전역을 가로지르며 북쪽과 동쪽으로 전진한다. 메인 사람들이 고요히 내리는 눈 속에서 추위에 떠는 동안 플로리다 사람들은 온화한 기온과 낭랑한 새소리를 만끽한다.

등유전자형선(isophene)은 생물적 계절이 동일한 모든 장소를 연결한 선이다. 등유전자형선을 통해 우리는 각 지역에서 계절이 진행된 정도를 확인할 수 있다. 나라 전체를 놓고 보면 등유전자형선은 군더더기 없이 깔끔하다. 그러나 가까이 들여다보면, 구불구불하고 들쭉날쭉한 구간들이 눈에 들어온다. 앞서 살펴본 것처럼, 민들레가 피는 계절은 같은 언덕에서도 비탈의 방향에 따라 다르다. 장담컨대, 계절을 표시하는 온갖 징후는 한 언덕에서도 꼭대기냐 기슭이냐에 따라 다른 시기에 나타날 것이다.

한데 이것이 우리가 날씨를 이해하는 것과 무슨 관련이 있을까? 우리는 계절을 기후와 같은 선상에서 고려해야 한다. 그러므로 미기후가 존재한다면, 미계절(micro-season)이라는 것도 존재한다. 그리고 미계절은 때때로 오직 하나의 식물 안에서도 관찰될 수 있다. 산사나무가 봄을 나타내는 방식을 보자. 가장 낮은 가지는 상대적으로 높은 가지보다 훨씬 이른 시기에 꽃망울을 터뜨린다. 한 수풀 안에서 그런 차이를 알아볼 줄 아는 사람은, 모퉁이 저편에 봄이 한 주 늦게 찾아오는 걸 알아채고도 눈 하나 깜짝하지 않을 것이다. 미계절은 우리가 나무 한 그루의 둘레를 걸으면서도 계절의 변화를 느낄 가능성을 다시금 떠올리게 한다.

기온 변화는 계절에 따른 성장을 촉발하고 성장률을 좌우한다. 잔디를 깎아본 사람이라면 누구나 잘 알 것이다. 종별로 차이는 있지만, 풀은 기온이 5도보다 낮아지거나 32도보다 높아지면 성장을 멈춘다. 야생에서 유난히 길게 자란 풀들은 따뜻하고 습하고 바람을 막아주는 장소에 대한 지리적 정보를 제공한다.

삼림지에서 스노드롭이나 블루벨, 작은애기똥풀(*Ficaria verna*), 연복초와 같은 하층 식물은 겨우내 땅 밑에 양분을 저장한다. 이 식물들은 이른 봄에 가장 먼저 따뜻해지는 장소에서 움을 틔운다. 그러한 장소들은 특징이 뚜렷하다. 우리 동네 숲에서는 그 모든 식물이 봄 햇살의 온기가 가장 먼저 닿는 곳을 시작으로 5월에야 비로소 따뜻해지는 곳까지 차근차근 꽃을 피우는 모습을 관찰할 수 있다. 그중에서도 특히 연복초는 위도와 고도와 기후의 밀접한 관계를 나타내는 데 일가견이 있다. 상대적으로 위도가 높고 추운 지방에서는 고도가 낮고 따뜻한 장소에서 연복초가 발견되지만, 위도가 낮고 온화한 지방에서는 고도가 높고 서늘한 장소에서 발견된다. 우리 동네의 경우 연복초를 보려면 언덕을 반 이상 올라가야만 한다.

산악지대에서는 알다시피, 바람에 노출되는 정도에 따라 수목한계선의 고도가 달라진다. 바람과 온도로 인한 스트레스는 하층 식물의 분포지역을 제한할 뿐 아니라 외형을 바꿔놓기도 한다. 고도가 높아질수록 상식적으로 농작물의 수확량은 감소할 수밖에 없다. 히스러시(*Juncus squarrosus*)는 영국 곳곳의 습윤한 히스 서식지나 황야, 산지에서 자라는 억센 풀이다. 산 위로 올라갈수록 꽃대의 길이는 짧아지고 꽃의 수는 줄어든다. 이 같은 경향은 세계 전역에 걸쳐 관찰된다.

식물은 주변의 기온 변화에 반응하는 동시에 우리의 체감기온을 변화시킨다. 고즈넉한 날에 다양한 식물이 자라는 곳을 지날 때면 언제나 기온의 변화가 느껴진다. 모든 식물은, 심지어 흐린 날에도 태양의 복사열에 저마다의 방식으로 반응한다. 그러므로 식물이 뜨거워지고 차가워지는 정도는 식물에 따라 다르다. 모래밭에서 히스 밭으로 걸음을 옮기면 커다란 시각적 변화와 더불어 훨씬 더 미묘한 차이들도 감지된다. 과학자들의 연구에 따르면, 서로 이웃해 있지만 용도가 다른 장소들 사이에는 기온의 차이가 존재한다. 비옥한 목초지는 이웃한 야생의 풀밭에 비해 공기가 서늘하다. 목초지에서 기르는 풀은 온도가 낮아서 메뚜기 알의 부화를 가로막는다. 그리고 이는 메뚜기들이 주로 야생의 풀밭에서 서식하는 이유이기도 하다.

잎의 단서

잎에서 발견되는 세계가 있다.

잎은 자연력에 취약하다. 잎은 언제나 대략적 기후와 구체적 미기후를 반영하고, 그에 관한 단서들을 제공할 수 있다. 하지만 우리는 그 외의 주된 요인들도 고려해야 한다. 이를테면 토양처럼 말이다. 잎은 축축하고 비옥한 흙에서 더 크게 자란다. 정글 식물의 넓고 늘어진 이파리와 사막 식물의 얇고 빳빳한 이파리를 비교해보라. 이러한 개념을 바탕으로 우리는 잎의 몇 가지 유용한 경향을 살펴 미기후를 감지할 수 있다.

잎은 비바람에 더 많이 노출될수록 더 작아진다. 우리가 산 위로 올라갈수록 이파리의 크기는 줄어든다. 한 연구자는 바꽃(*Arnica montana*) 잎의 크기가 고도 1900미터 지점에서 2450미터 지점으로 올라가면 반으로 줄어든다는 사실을 등반 중에 발견하기도 했다.

가까이 들여다보면, 보다 국부적이고 구체적인 단서들이 눈에 들어온다. 식물의 위쪽으로 올라갈수록 잎은 점점 수직에 가까워진다. 하지만 그 경향은 고르지 않고, 비대칭성에는 단서들이 숨어 있다. 비교적 양지바른 남쪽에 달린 잎은 잎끝이 지표면을 가리키는데, 잎의 표면이 해를 향하게 하기 위해서다. 북쪽에 달린 잎은 잎끝이 바깥쪽을 가리키는데, 잎의 앞면이 북쪽에 공급되는 빛의 거의 유일한 원천인 하늘을 향하게 되기 때문이다.

더 가까이 들여다보면, 남쪽의 잎들은 촘촘하게 모여 있고 북쪽의 잎들을 듬성하게 떨어져 있을 것이다. 또한 그늘받이에서는 볕받이에 비해 잎이 줄기에서 더 바깥으로 뻗어 있을 것이다. (식물학 용어로 설명하자면, 그늘받이에서는 잎들의 '마디사이[internode]'

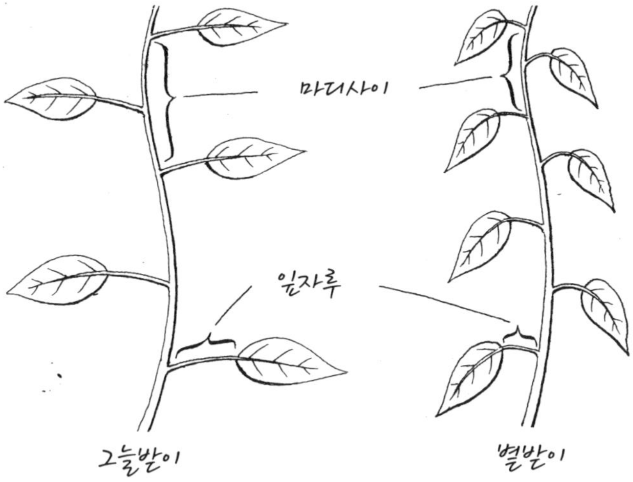

와 '잎자루[petiole]' 간격이 증가한다.)

또한 잎들은 나무의 그늘진 쪽에서 상대적으로 크고 어둡고 얇다. 가장 큰 잎들은 그늘졌지만 비를 가리지 않는 장소에서 발견된다. 높은 덤불이나 산울타리의 북쪽, 그러니까 충분히 그늘져 있지만 지붕처럼 가지를 뻗은 나무는 없는 장소에서는 아래를 내려다보자. 그와 같이 그늘과 비의 영향이 **공존**하는 장소에서 잎들은 가장 크게 자라난다. 자연 항법사에게 잎들은 유용하고 상세한 단서이자 기상예보관 노릇을 한다. 작고 두껍고 밝고 촘촘한 잎들이 보이면, 우리는 그 장소가 햇빛을 주기적으로 받아왔고 머지않아 또 받게 되리라는 사실을 짐작할 수 있다.

이제 더 가까이에서 잎의 감촉을 느껴보자. 잎의 질감은 특정 장소에서 나타날 가능성이 가장 큰 날씨의 유형을 반영한다. 만약 잎이 유난히 두껍고 통통하다면, 그곳의 날씨는 대체로 덥고 건조할 것이다. 만약 잎이 약간 질기고 튼튼하다면, 그곳의 날씨는 춥고 건조할 공산이 크다. 고도가 높아질수록 공기는 차갑고 건조해진다. 그러므로 우리가 위로 올라갈수록 잎들은 더욱 질겨질 것이다.

만약 다양한 미기후가 공존하는 곳에서 건조하고 양지바른 구역과 습하고 그늘 짙은 장소를 두루 걷게 된다면, 식물의 종은 물론이고 잎의 모양까지 달라지는 양상을 눈여겨보자. 심지어 잎의 만곡에서도 우리는 미기후에 대한 단서를 얻어낼 수 있다. 활처럼 굽은 잎들이 땅이 아닌 하늘을 가리키기 시작한다면, 그늘이 짙거나 습한 장소로 접어들었기 때문일 것이다. 이러한 현상은 디기탈리스와 몇몇 난초, 그리고 수많은 풀을 통해서 확인할 수 있다.

균류

버섯 채집꾼은 자연력에 세심한 주의를 기울인다. 날씨의 변동이 균류의 열매 맺기에 큰 영향을 미치기 때문이다. 균류는 흙과 일대의 식물, 그리고 미기후에 대해 우리에게 많은 것을 일러준다.

어느 오후에 내 아들은 내가 빠뜨린 명백한 단서 하나를 포착해냈다. 아이는 학교에서 돌아와 나와 함께 식탁 앞에 앉아 있던 참이었다. 나는 슬쩍 요전에 보았던 먼지버섯 이야기를 꺼냈다. 예상과 달리 아이는 나의 뜬금없는 방과 후 균류 교실에 눈을 빛내며 호기심을 드러냈다. 먼지버섯은 빗방울이 쿡 찌르면 수백만 홀씨를 먼지처럼 자욱이 뿜어낸다고 나는 아이에게 설명했다. 그리고 우리가 숲으로 들어가 빗방울이 하듯이 먼지버섯을 가는 막대로 쿡쿡 찌르면, 홀씨가 공기 중으로 자욱이 뿜어져나오는 모습을 관찰할 수 있다고 덧붙였다.

"그래서 버섯은 축축한 곳에서만 딸 수 있어요." 아이는 입 안 가득 토스트를 베어 문 채로 이렇게 말했다. 말끝은 올리지 않았다. 아이는 내게 질문이 아니라 설명을 하고 있었다. 나는 아들이 대견하기 그지없었다. 그리고 조금은 걱정이 되었다. 이 애가 지금 내 얘기에 정신을 쏟아도 되나, 삼각법이라든가 시험공부에 더 열중해야 하는 것 아닌가 싶었던 것이다.

균류는 빛과 온도, 습도의 변화에 민감하다. 그리고 이는 대부분의 집에서 확인할 수 있다. 균류는 서늘하고 그늘지고 습윤한 표면에서 잘 자란다. 고로 건물이 습하다는 사실을 우리는 습기가 아닌 균류의 증식을 통해 알아차린다.

균류는 빛을 녹색식물과 같은 방식으로 사용하지 않는다. 다시 말해 광합성을 하지 않는다는 얘기다. 그러나 균류에게도 빛은 중요하다. 빛은 균류가 열매를 맺기에 좋은 높이, 즉 지표면에 도달했다는 신호를 보내기 때문이다. 더 결정적인 신호는 온도와 습도의 변동이다. 균류 대부분은 늦여름 혹은 가을의 갑작스런 추위라든가 큰 폭의 온도 변화로 인해 열매 맺는 시기가 앞당겨진다.

통념적으로 사람들은 밤사이 버섯이 돋아나는 현상이 습도의 상승과 악천후의 접근을 암시한다고 여긴다. 하지만 그 내용은 종에 따라 미세하게 다르다. 물론 지속되는 건조한 날씨는 균류의 생장을 억제한다. 그러므로 날씨가 건조하다가 갑자기 습해지면, 균류가 모습을 드러낼 가능성이 커진다.

하지만 균류가 발아하기 전에도 우리는 이런저런 징후를 통해 날씨의 변화를 감지할 수 있다. 우리가 이미 알고 있는 여러 단서가 균류를 앞지를 테니까. 균류는 날씨의 징후 대열에 속해 있지만, 선두급은 아니다. 균류를 단서로 날씨를 예측하느니 초가을에 기온이 널뛰는 듯싶다가 첫서리가 내리면 이를 단서로 균류를 찾아나서는 편이 더 생산적이다. 그렇다고 균류가 날씨의 징후와 무관하다는 뜻은 아니다. 균류의 출현은 비교적 차가운 기단이 도착하는 가을에 우리가 느끼는 주된 변화와 관련이 있다고 나는 생각한다. 사실 이는 예보라기보다 결부(結付)에 가깝지만, 주목할 가치는 여전히 충분하다.

하고많은 생물 가운데서도 균류가 이 분야에서 지닌 뛰어난 잠재력을 우리는 이제야 조금씩 알아가는 중이다. 일부 과학자들은 다종의 균류가 기압이 내려가면 그에 대한 반응으로 홀씨를 뿜어낸다고 믿는다. 만약 이것이 사실로 밝혀진다면, 날씨 예측의 훌륭한 길잡이로 사용될 수 있을 것이다. 또한 그것은 균류가 주변 환경의 모든 변화에 민감하고, 날씨의 징후로서 흥미로운 발견을 유도할 잠재력이 충분하다는 방증이다.

지의류

지의류는 날씨에 관하여 몇 가지 놀라운 단서를 제공한다. 하지만 그 단서들을 찾아 나서기에 앞서 우리는 이 사랑스런 생명체들의 몇 가지 습성을, 그중에서도 특히 물과의 관계를 알아둬야 한다. 지의류는 공기로부터 직접 물을 모아들이기 때문에 초본류나 균류에 비해 미기후의 순수한 척도가 된다. 많은 지의류가 바닷가에서 잘 자라지만 그 밖의 지의류는 해안으로부터 수 킬로미터 이내에서는 발견되지 않는데, 이는 흙의 유형과는 무관하며 공기의 성질과 소금에 대한 감수성 때문이다.

지의류는 이끼류와 마찬가지로 일대의 습도에 관한 정보를 일러준다. 방식은 크게 두 가지다. 지의류는 오직 축축한 장소에서만 잘 자란다. 그러므로 만약 지의류가 무성한 곳을 발견한다면, 그곳의 환경이 습하다고 확신해도 좋다. 그런가 하면 '지의류 깃발'도 언제나 유용한 정보를 제공한다. 지의류는 국지바람의 성격에 따라, 특히 탁월풍이 매우 습하거나 건조할 경우 나무의 한쪽에서 상대적으로 잘 자라는 경향이 있다. 지표면에 얇게 깔린 지의류의 경우 빛의 영향에 더 많이 좌우되지만, 축 늘어져 있거나 동글납작한 지의류는 바람의 영향을 반영하므로, 지의류가 나무를 비롯한 여러 장벽의 바람받이 쪽 또는 바람의지 쪽에서 잘 자라고 있다면 그냥 지나치지 말고 아무쪼록 바람의 징후를 탐색해보자.

바람의 영향력이 미미한 장소에서는 안개가 위세를 떨칠 가능성이 크다. 그리고 이런 장소에서 자라는 지의류는 우리에게 안개에 대한 지리적 정보를 제공한다. (만약 바람의 위력을 가늠하기가 어렵다면, 높다란 나무의 우듬지를 올려다보자. 만약 가지들이 굽어 있지 않으면, 국지바람이 그리 강하지는 않다고 판단해도 좋다.) 지의류는 대체로 안개를 사랑한다. 안개는 상대적으로 비가 드물어 흙에서 물을 얻기 힘든 환경에서도 지의류에게 꼭 필요한 수분을 공급하기 때문이다.

네덜란드 연구자들의 놀라운 발견에 따르면 지의류는 달마다 안개가 끼는 날수를, 심지어 낮 안개와 밤안개의 경우를 구분하여 우리에게 일러줄 수 있다. (지의류는 낮 안개를 더 좋아하는데, 덕분에 밤에는 활동을 멈춤으로써 건조한 시기를 더 수월하게 버틸 수 있기 때문이다.) 훗날 아침 안개로 뒤덮인 언덕을 걷게 되거든, 안개를 헤치고 더 건조한 장소로 이동했을 때 나무에서 자라는 지의류의 유형이 달라지는지를 눈여겨보자. 만약 달라진다면 안개 속에서 잘 자라는 지의류의 유형을 기억해두자. 그러고는 안개가 끼지 않은 날에 예의 그 지의류들을 단서로 다음번에 안개가 낄 장소들을 예측하고 나만의 안개 지도를 그려보자.

지의류는 대부분 대기의 습도에 역동적으로 반응한다. 공기가 습해지면 지의류는 몸을 부풀린다. 19세기의 동식물 연구가 리처드 제프리스에 따르면, "검은 반점이 있는 버즘나무 잎이 떨어지면, 이끼는 오히려 두꺼워지고 초록빛이 짙어진다. 또한 트럼펫을 닮은 지의류는, 건조하고 무더운 여름날에 비해 크고 촉촉해진다."

블랙베리와 가능성

자연에서 부는 바람에 대한 정보는 대개 우리의 지척에 숨겨져 있다. 늦여름과 초가을은 야생 과일을 찾아다니기에 딱 알맞은 시기이다. 탐스러운 열매가 주렁주렁 달린 블랙베리 수풀을 찾아 맛을 하나하나 음미해보자. 열매의 맛이 전부 같지 않다는 사실을 금세 알게 될 것이다. 또한 몇몇 열매의 경우 맛의 차이가 꽤 인상적일 것이다.

블랙베리의 아종은 무려 200여 가지에 달한다. 그래서 장소를 옮길 때마다 블랙베리의 맛이 달라지는데, 심지어 같은 장소에서도 그늘받이냐 볕받이냐에 따라 맛의 차이가 극명해진다. 단맛은 과일의 당분에서 나오고, 당분을 만드는 에너지는 오로지 태양에서 나온다. 고로 우리는 하늘이 환하게 트인 남쪽에서 더 달콤한 열매를 맛볼 수 있다.

하지만 이 정도의 지식은 어찌 보면 수박 겉핥기에 불과하다. 그에 비해 같은 장미과 나무딸기속이지만 종이 다른 안데스산딸기(andean raspberry, *Rubus glaucus*)를 대상으로 남아메리카에서 실시한 연구의 몇몇 결과는 제법 의미심장하다. 안데스산딸기는 블랙베리와 생김새가 살짝 비슷하지만 엄연히 다른 과일로, 차라리 로건베리와 더 흡사하다. 굳이 이 생소한 과일 이야기를 꺼내는 이유는 단 하나, 우리가 시간을 들여 우리 지역의 식물들을 면밀히 살펴야만 얻어낼 법한 정보들을 안데스산딸기를 통해 엿볼 수 있기 때문이다.

안데스산딸기는 새금새금한 맛을 띠는 과일인 **동시에** 풍속의 척도이다. 각 열매는 알고 보면 자잘한 '소과실'의 집합체인데, 그 작고 볼록한 알갱이 하나하나가 개별적 과실 노릇을 한다. 각 열매에 달린 소과실의 수를 세어보면 일대의 풍속을 어림할 수 있다. 소과실의 수가 많을수록 평균 풍속은 빨라진다.

그렇다면 이 과일 풍속계의 작동 원리는 무엇일까? 블랙베리의 꽃가루받이(수분)는 곤충의 도움으로 이뤄진다. 하지만 바람의 도움으로 제꽃가루받이(자가수분)가 진행되기도 한다. 바람이 강해질수록 제꽃가루받이가 활발해지면서 각 블랙베리에 맺히는 소과실의 수는 증가한다.

식물을 평소에 세심히 관찰하는 사람에게는 근사한 보상이 차곡차곡 주어진다. 식물이 있는 곳에는 언제나 징후들이 존재한다. 이유 없는 현상이란 없고, 식물은 가식이라곤 없이 모든 진실을 있는 그대로 드러내기 때문이다. 여름에 아일랜드에서 야자나무가 보이면 우리는 그곳이 겨울에 온화한 지역이니 미기후적 관점에서도 따뜻하리라고 생각하기 쉽다. 그러나 온화한 겨울이 곧 따뜻하고 건조한 여름을 의미하지는 않는다. 만약 사방에서 보리밭이 눈에 띄는데 밀밭은 전혀 보이지 않는다면, 이는 일대에 비가 자주 내린다는 징후일 것이다.

아일랜드 남서부는 야자나무가 자랄 정도로 기후가 온화하니 밀이 자라기에도 좋은 환경일 거라고 짐작하기 쉽다. 하지만 천만의 말씀이다. 그곳의 여름은 춥고 습하기 그지없다. 워낙 습하다 보니 농작물을 이용해 날씨를 예측하는 방법도 여느 지역과 다르다. 보리가 보이지 않으면 '비가 오는구나'라고 생각하고, 보리가 보이면 '비가 오겠구나'라고 생각하는 것이다.

훗날 밀밭이나 보리밭을 지나게 되거든 호나미라는 낱말을 떠올려보자. 바람에 이삭이 물결치는 현상을 일본에서는 호나미라고 일컫는다.

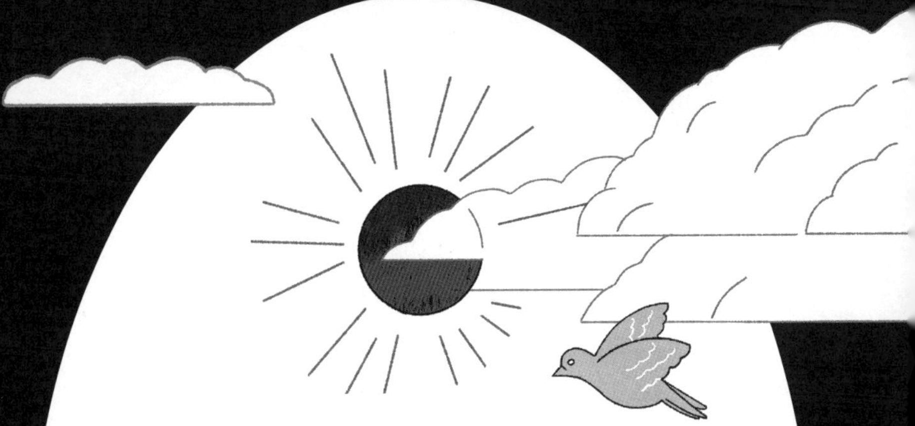

16장

후두스: 막간

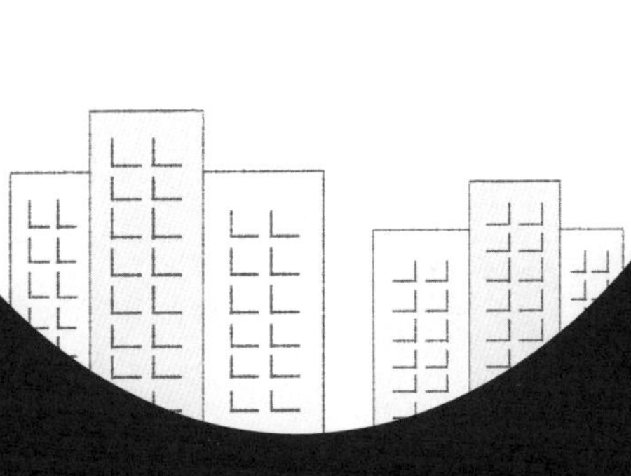

그날은 시작부터 분위기가 심상치 않았다. 아침 8시 1분경, 나는 캐나다 밴프에서 툴룰루즈라는 이름의 아늑한 식당에 앉아 있었다. 각 테이블 주위로는 나무 의자가 놓여 있었고, 위에는 코팅된 깅엄 소재 식탁보가 깔려 있었다. 숨을 들이쉴 때마다 시럽과 기름 냄새가 진동했다. 나는 왼손을 재킷 주머니에 찔러 넣은 채, 곰 퇴치 스프레이 깡통을 만지작거렸다.

그날 아침에 나는, 내가 곰을 두려워한다는 사실을 깨달았다. 머릿속으로 객관적 사실들을 몇 번이고 되뇌어도 감정을 다스리는 데는 별 도움이 되지 않았다. 지난 수십 년 동안 밴프 지역에서는 11월에 곰의 공격으로 사람이 죽거나 심하게 다친 사례가 단 한 건도 없었고, 나는 그 사실을 굳이 확인까지 해둔 상태였지만, 공포심에 사로잡힌 사람에게 그 같은 통계는 아무짝에도 소용이 없었다.

사실 내가 두려워할 합리적 이유는 없었다. 하지만 우리가 야외에서 느끼는 불안은 이처럼 막연한 경우가 대부분이다. 물론 조심해서 나쁠 것은 없지만, 미지의 대상을 지나치게 두려워하면 오히려 분석력이 흐려지고 만다.

대부분의 지침에 따르면, 곰의 공격에서 살아남기 위해서는 곰 퇴치 스프레이를 손에 잘 닿는 거리에 두어야 했다. 그날 아침 옷을 차려입기 전에 나는 주머니에서 스프레이를 꺼내 안전장치를 단번에 푸는 연습을 했다. 또한 곰의 공격에서 살아남는 요령이 적힌 국립공원의 안내문을 재차 정독했다. 보아하니 곰과 맞닥뜨렸을 때 우리가 취할 수 있는 전략은 크게 두 가지였다.

곰이 방어 자세를 취하는 듯싶으면, 녀석을 어떻게든 안심시켜야 한다. 달아나서는 안 된다. 이에 흥분한 곰이 쫓아오기라도 하면 당연히 우리로서는 당해낼 재간이 없다. 그보다는 차분하고 나긋한 목소리로 달래며 슬금슬금 물러나는 것이 최선이다. 혹시 그런 상황에서 이 같은 대처에 성공한 사람이 있다면 따뜻한 축하를 보내고 싶다. 만약 곰이 계속 다가오며 나를 구석으로 모는 형국이라면, 땅바닥에 누워 죽은 척하되 두 손으로 목 뒤를 보호해야 한다. 혹여 그럴 정신이 남아 있다면 말이다!

하지만 만약 곰이 포식자로서 나를 먹잇감으로 보고 공격하려 한다면, 접근법을 아예 달리해야 한다. 돌이든 칼이든 손에 잡히는 대로 들고 맞서서 싸우는 것이다. 문득 궁금해졌다. 도대체 어떤 사람들이 이런 상황에 처하는 것일까? 더욱이 다가오는 곰의 마음 상태를 평가하여 전략을 수정할 정도의 침착성을 갖춘 사람은 과연 몇 명이나 될까? 일단 나는 아니었다.

관광안내소의 젊은 직원은 내 스프레이의 사정거리가 약 5미터라고 설명해주었다. 제법 긴 거리였지만, 생각해보니 꼭 그렇지도 않았다. 관건은 곰과의 거리가 승용차 한 대 길이만큼 가까워질 때까지 기다렸다가 방아쇠를 당길 만큼의 용기를 내가 가졌는가 하는 점이었다. 과연 나는 녀석이 흰자위를 드러낼 때까지 담대하게 기다릴 수 있을까? 곰의 눈에도 흰자위가 있던가? 없지, 없어. 그보다 괜히 그런 데 신경을 쓰다 때를 놓쳐서 공격에 노출되는 것은 아닐까? 만약 스프레이의 방아쇠를 너무 일찍 당겨버린다면? 그래서 곰을 제지하기는커녕 도리어 자극하고, 심지어 격분시키는 꼴이 된다면?

내 오른손에 들린 메뉴판 또한 곰에 대한 방어 전략의 일환이었다. 굶주린 곰과 배낭 속 음식은 위험한 조합이란 얘기를 여러 번 들은 적이 있었다. 나의 해결책은 종일 음식을 지니지 않은 채로 다니는 것이었다. 음식도 없이 눈 덮인 산길을 걷는다는 것은 무모한 행동이었지만, 나는 전에도 그랬듯이 야외활동 지침을 내 상황에 맞춰 조정하고 있었다. 조정의 근거는 단순했다. 굶주림이 나를 죽이는 데는 몇 주가 걸리겠지만 배고프고 화난 곰이 나를 죽이는 데는 몇 초밖에 걸리지 않으리라는 것, 단지 그것뿐이었다.

나의 이 요상한 수정 전략에는 정통 캐나다식 아침 식사가 포함되었다. 북아메리카 특유의 풍미와 단맛이 절묘하게 어우러진 든든한 한 끼를 나는 전부터 줄곧 고대해왔다. 웨이트리스에게 음식을 주문했을 때 그녀가 보인 확고한 미소는 내 선택의 탁월함을 증명하는 듯했다. 팁 문화가 발달한 나라에서는 지극히 사소한 결정 뒤에도 스스로의 현명함에 우쭐해지게 된다.

곧 베이컨과 시금치 오믈렛을 곁들인 층층의 블루베리 팬케이크가 도착했다. 블루베리 팬케이크의 맛은 환상적이었다. 블루베리를 넣은 팬케이크 위에 부드럽고 풍성한 생크림을 얹고 슈거 파우더와 메이플시럽까지 뿌려놓았으니, 맛이 없으려야 없을 수가 없었다. 흔히 비만은 다면적 문제라고들 한다. 그날 그 접시에서는 그중 한 면이 나를 빤히 올려다보고 있었다.

당시에 나는 캘거리에서 일하고 있었다. 그리고 그날은 기다리던 휴일이었다. 내 계획은 간단했다. 아침도 소화시킬 겸 그리 높지 않은 산꼭대기에 오를 예정이었다. 해발 1675미터의 그 산은 영국 기준으로 보면 태산이지만 로키산맥 기준으로는 동산에 불과했다. 게다가 출발지인 밴프의 고도는 해발 1370미터였으니 등반이라 하기에는 민망한 수준이었다. 정상에서 내려온 뒤에는 자연 항법을 써가며 슬슬 산을 횡단하다가, 곁길로 빠져 후두스(hoodoos)에 가보기로 했다. **후두스?**

후두스는 크고 가는 암석층으로, 무른 암석 위에 더 단단하고 무거운 암석이 쌓여 아래쪽의 침식 작용을 막아주면서 형성된다. 후두스는 근사한 이름을 여럿 갖고 있는데, 어스피라미드(earth pyramid)나 텐트록(tent rock)도 그럴듯하지만, 내가 가장 좋아하는 이름은 요정의 굴뚝이란 뜻의 슈미네드페(cheminée de fée)이다.

걷는 동안 나는 그 어떤 때 못지않게 바람에 온 감각을 집중하려 했다. 나는 빛과 구름, 나무, 땅의 모양과 색깔을 유심히 살폈다. 동틀 녘에는 산 위에서 불어오는 산들바람이 내 얼굴을 시원하게 어루만졌다. 산을 한 바퀴 돌기에 적합한 날씨였다. 바람은 나의 체취를 산 위로, 또 아래로 실어 나를 것이었다.

숲 사이로 난 입구를 지나는데, 등 뒤에서 틈새바람이 느껴졌다. 마음이 놓였다. 그 바람은 나의 체취를 내 앞쪽으로 실어 나를 터였고, 이처럼 바람이 불어가는 방향으로 걸어갈 경우 후각이 예민한 동물을 공연히 놀랠 가능성이 무척 낮아지기 때문이었다. 맴돌이도 매번 반가움을 자아냈다. 큰 원을 그리며 나의 체취를 널리 퍼뜨리는 바람은 내 접근을 대신 경고해주는 확성기나 다름없었다. 하지만 어쩔 수 없이 얼굴로 바람을 맞으며 한참을 걸어야 할 때도 있었고, 그럴 때마다 나는 긴장을 늦출 수 없었다. 우연히 동물과 마주치기에 알맞은 조건이었고, 여느 때 같으면 그런 만남이 반갑게 느껴졌겠지만 그날은 아니었다.

내가 오르막길을 따라가는 동안 침엽수의 키는 점점 작아졌다. 꼭대기에 오르자 맴돌이가 몇 차례 일었고 바람은 더욱 강해졌다. 주위를 둘러싼 나무들에 남은 생채기를 통해 바람의 위력을 눈으로 확인할 수 있었다. 나는 건너편의 로키산맥을 바라보며 멀리 수목한계선과 설선을 30분쯤 눈으로 느긋하게 더듬었다. 어느 산으로 시선을 돌려도 수목한계선은 바람에 노출되지 않는 비탈에서 현저히 높았다. 세 군데의 가파른 협곡에서는 침엽수들이, 바람에 고스란히 노출된 양쪽 비탈에 비해 몇백 미터는 높은 곳까지 진출해 있었다. 주요 설선 아래로도 우묵한 골짜기들은 곳곳이 눈으로 덮여 있었다.

내려가는 길에 나는 솔숲에 이는 바람의 소리에 귀를 기울였다. 바위를 끼고 도는 동안에는 음정이 불안정했고, 아래로 내려갈수록 음량은 줄어들었다. 그때였다. 오솔길의 굽이께에서 묘한 소리가 발길을 붙들었다. 혹시 내 착각이었을까? 하지만 거기, 두 줄로 늘어선 소나무 사이에서, 전깃줄 한 쌍이 저쪽 중간에 서 있는 전신주를 향해 뻗어나가고 있었다. 어쩌면 내가 느낀 소리의 변화는 그 전선들 때문인지도 모를 일이었다.

몇 시간쯤 걸었을까? 팬케이크는 어느덧 추억이 되었고, 곰이 나타날 징후는 여태 보이지 않았다. 두려움을 떨치는 데 있어 객관적 사실은 별 도움이 되지 않았지만, 신체적 활동과 약간의 허기는 놀라우리만큼 효과가 있었다. 문득, 이럴 줄 알았으면 배낭에 간식을 챙겨오는 정도의 위험은 무릅써도 좋았으리라는 생각이 들었다. 어느새 번화한 도심과도 몇 킬로미터 거리로 가까워져 있었다. 그때였다. 짐승이 짖는 소리, 혹은 으르렁거리는 소리가 들려왔다. 우렁찬 울림으로 보아 멀리서 나는 소리는 아니었다. 나는 그 자리에 얼어붙었다. 그리고 이내 노래를 부르기 시작했다.

믿거나 말거나, 노래하기는 그 지역에서 권장하는 이른바 곰 억지 전략 가운데 하나다. 전략의 의도는 곰에게 상대가 사람이라는 강력한 신호를 보냄으로써, 알아서 멀어지도록 유도하는 것이다. 그런가 하면 스칸디나비아반도 등지의 전문가들은 배낭에 종을 달고 다니라고 권장하는데, 짤랑거리는 종소리를 들은 곰이 사람의 접근을 일찌감치 알아채고는 다른 곳으로 떠나간다는 설명이다. 하지만 나를 납득시킨 전문가에 따르면, 로키산맥에서는 그런 방법이 통하지 않았다. 회색곰들은 짤랑거리는 종소리를 졸졸거리는 물소리로 알아듣고는 오히려 살펴보려고 다가온다는 것이다.

호기심이 충만한 회색곰이라니, 절대로 사양이었다. 나는 음치에 음역대도 겨우 두 음 정도를 오락가락하는 수준이어서 자신 있게 부를 만한 노래가 거의 없었고, 사정이 그렇다 보니 그중 한 곡은 아예 통으로 외우고 있었다. 멀 트래비스(Merle Travis, 1917~1983) 작곡의 〈식스틴 톤스(Sixteen Tons)〉가 내 괴이쩍은 음률을 타고 나무들 사이로 퍼져나갔다.

소나무들을 위한 나의 세레나데는 어느덧 4절에 접어들었다. 한 주먹은 철로, 다른 주먹은 강철로 만들어졌다는 가사를 뇌까리는데, 갑자기 사위가 밝아졌다. 나는 엉겁결에 노랫소리를 낮추었다. 길은 이윽고 숲을 벗어나 풀밭으로 나아가고 있었다. 나는 조심조심 발걸음을 내딛었다. 기온이 떨어지는 것이 느껴졌다.

눈앞의 경치에 초점을 맞추기까지는 얼마간 시간이 필요했다. 숲에서 고작 몇 시간을 보냈을 뿐인데도, 처음 몇 초 동안은 눈을 적응시키느라 애를 먹었다. 한 손을 다시 곰 스프레이에 얹은 채 나는 앞에서 움직이는 갈색 형체들을 바라보았다. 커다란 동물이 멀리 있는 것 같기도 하고 자그마한 동물이 가까이 있는 것 같기도 했다. 이윽고 그 아리송한 동물들의 정체는 엘크 무리로 밝혀졌다. 대략 열 마리의 엘크가 나와 60미터 남짓 떨어진 자리에서 싱싱한 풀을 한가로이 뜯고 있었다. 외모는 가히 인상적이었다. 마치 다마사슴의 강화된 버전을 보는 듯했다. 우리 집 근처에서 서식하는 그 어떤 발굽 동물보다 모든 면에서 크고 튼튼했다.

그 자리에 10분쯤 서서 엘크 무리를 지켜보았다. 때때로 엘크들은 나를 올려다봤지만, 내 존재를 인지하고도 동요하지 않았다. 나 역시 조금도 불안하지 않았다. 최근 이 지역에서 엘크가 짐작건대 새끼를 보호할 양으로 사람을 몇 차례 공격했다는 이야기를 전날 듣기는 했지만, 내 눈에 녀석들은 그저 몸집만 커다란 방목 가축처럼 보였다. 나는 우리가 서로의 몸짓언어를 충분히 읽어낼 수 있으리라고 느꼈다. 설령 내가 그 풀밭 둘레에 계속 머문다 해도, 우리는 서로 공존을 맥박의 상승이라곤 없이 즐길 수 있을 것만 같았다. 그러나 이내 찬기가 외투 안으로 새어들었고, 나는 엘크 무리를 초원에 남겨둔 채 내키지 않는 발걸음을 재촉했다.

길은 나를 마침내 후두스로 이끌었다. 연암과 진흙길, 잔돌밭을 타고 내려간 끝에 간신히 그곳에 닿을 수 있었다. 가파른 내리막을 걸을 때 우리의 발은 가파른 오르막을 걸을 때와는 전적으로 다른 경험을 할 수밖에 없다. 평소에 자주 걷는 장소에서도 마찬가지다. 나는 몇 초마다 발이 미끄러지는 것을 느끼며 무게중심을 낮추는 한편, 튀어나온 뿌리들을 되는대로 붙잡으며 지

후두스

면의 상태를 미리미리 살펴야 했다.

후두스는 멀리서 보면 굉장히 거대하지만 가까이서 보면 생각만큼은 압도적이지 않다. 막상 코앞에서 바라보니, 황토색 돌이 내 머리 위로 겨우 몇 미터 정도 솟아 있을 뿐이었다. 마치 굉장히 높고 가느다란 흰개미집을 보는 듯했다. 나는 그 칙칙한 땅에 앉아 모래색 돌기둥을 올려다보며 행복한 15분을 보냈다. 스케치와 사진 촬영까지 마친 뒤 나는 다시 오르막을 기어올랐다. 후두스의 형태를 후두스의 높이에서 관찰하기 위해서였다.

시내로 돌아가는 길에 나는 주차장과 한 무리의 관광객을 지나쳤다. 보아하니 그들도 캐나다식 아침 식사를 한두 번쯤 경험해본 듯했다. 고요하고 평온한 아침 산행을 즐기다가 시끌벅적

한 대화를 듣고 있자니 어쩐지 마음이 심란해졌다. 결국 나는 도로를 벗어나 다시 강으로 내려가는 숲길에 들어섰다. 더 먼 길을 돌아 집에 가기로 결심한 것이다.

숲속에서 나는 얼굴에 닿는 산들바람을 느꼈지만, 그보다 몇 뼘쯤 높거나 낮은 고도에서는 실바람조차 느껴지지 않았다. 위쪽에서는 나무우듬지가 더 강한 상대와 씨름하는 소리가 들려왔다. 내가 강을 향해 아래로 내려갈수록 이끼는 나무 밑동을 타고 더 높이 기어올랐다. 숲지붕을 벗어나는 순간 물길바람이 느껴졌다. 바람은 강줄기를 타고 나를 따라왔다. 물가에는 나무들이 자라지 않았고, 땅에는 여태 녹지 않은 눈이 덮여 있었다. 어느 커다란 바위의 북쪽에 넓고 뾰족하게 쌓인 눈이 마치 화살표처럼 정북향을 가리키고 있었다. 구름이 하늘을 뒤덮기 전에 남쪽에서 비치던 한낮의 태양은 눈을 전부 녹이고 거뭇한 진흙을 드러냈지만, 그 바위의 그늘진 북쪽만은 건드리지 못했다.

골짜기 위로는 런들산의 봉우리가 높고 뾰족하게 솟아 있었다. 위풍당당한 첨봉의 거뭇한 표면 위로 흰 눈이 그려놓은 줄무늬가 보였다. 수백만 년이 지나며 휘고 뒤틀린 퇴적암은 끝내 그 웅장한 산으로 빚어져 하늘을 할퀴고 있었다. 눈은 마치 지문 채취용 가루를 뿌려놓은 듯했다. 거뭇한 돌을 배경으로 새하얀 선들이 반짝거렸다. 모든 선과 휨과 비틀림은 또박또박한 글씨를 연상시켰다. 그리고 나는 깨달았다. 그것은 언어를 닮은 것이 아니라 언어 그 **자체**였다. 하지만 뭔가를 언어로 인식하는 일과 그 언어의 의미를 이해하는 일 사이에는 간극이 존재한다. 바위는 이야기를 들려주었고, 나는 귀를 기울였지만, 우리 중 어느 쪽도 서로를 이해하지 못했다.

강가에서 하늘은 탁 트여 있었다. 흰색과 회색으로 얼룩진 파란 하늘을 배경으로 산들이 또렷하게 존재감을 드러냈다. 철학자 프리드리히 니체(Friedrich Nietzsche, 1844~1900)는 전기를 일으키는 구름과 만물을 꿰뚫어보는 하늘 앞에서 자신이 나약하다고 느꼈고, 수목이 우거진 산들이야말로 그 유해한 영향력으로부터 그의 정신을 지켜주는 방패라고 여겼다. 어쩌면 니체의 광기는 그때 막 시작됐을지 모른다. 그러나 고산 지대의 침엽수림을 빠져나오며 그가 느꼈을 감정을 사색가라면 모름지기 이해하고도 남을 것이다.

해가 나왔는지 얼굴에서 온기가 느껴졌다. 강가의 검은 땅 위에서 해는 고도를 높이고 있었다. 쌘구름은 차곡차곡 높이를 더해갔다. 구름의 밑면은 우둘투둘했고 동틀 녘에 비해 고도가 낮아져 있었다. 구름꼭대기는 윤곽이 뚜렷했지만, 갈수록 높아지며 모습이 변하는가 싶더니 이내 바람에 휘어지기 시작했다. 소나기가 내릴 모양이었다. 어쩌면 눈이 내릴 수도 있었다. 하지만 폭풍우의 징후는 나타나지 않았다. 날씨는 쉬엄쉬엄 다가오고 있었다.

나는 산봉우리를 바라보았다. 꼭대기에 렌즈구름이나 깃발구름이 걸려 있을지 모른다는 기대에서였다. 하지만 렌즈구름이나 깃발구름이 나타나기에는 기상 조건이 애매하다는 사실 또한 나는 알고 있었다. 그곳에서 구름들이 산머리의 둘레와 위로 실려

오는 방식에는 일종의 패턴이 있었다. 다시 말해 바람받이 쪽에서는 구름이 조금 더 많이 보였고 건너편에서는 파란 하늘이 더 많이 보였다. 하지만 그런 구름들은 렌즈구름도 깃발구름도 아니었다.

슬슬 목이 뻐근해졌다. 나는 하늘에서 시선을 거두고 마른 강바닥을 따라 시내를 향해 걸어갔다. 다시 눈이 내리기 시작했다. 약한 눈이었지만, 눈송이는 커다랬다. 불과 몇 분 전만 해도 파랗던 하늘 아래서, 나는 눈을 맞고 있었다. 그리고 이곳에서 근 몇 주 만에 가장 아름다운 자연의 패턴과 맞닥뜨렸다.

발치에서 자그마한 돌들이 내 시선을 붙들었다. 나는 웅크리고 앉아 자갈들을 바라보다가는 두 손을 짚고 무릎을 꿇은 채 본격적으로 패턴을 살피기 시작했다. 돌투성이 강바닥을 따라 18미터 남짓 기어갔을 때 모난 돌 하나가 무릎을 베었다. 그 탓에 잠시 멈칫하긴 했지만, 이내 나는 속눈썹에 붙은 눈송이를 닦아내고는 돌들을 더 유심히 살펴보았다. 살면서 그와 같은 패턴은 단 한 번도 본 적이 없었다.

자연에서 작용하는 힘의 대부분은 이야기로 들으면 그리 놀랍지 않지만, 막상 마주치면 그 경이로움에 넋을 빼앗기게 된다. 강은 말라 있었고, 건기의 끝 무렵이니 당연한 일이었다. 앞으로 여섯 달이 지나면, 주변 고지대에서 녹은 눈이 흘러내려와 강물이 한껏 불어나면서 물살이 강해질 것이었다. 그간 이곳 골짜기를 휩쓸고 지나간 강물은 돌들의 거름망이었고, 선별기였고, 조각가였다.

강바닥 곳곳이 수천 개의 둥글고 크기가 균일한 돌들로 뒤덮여 있었다. 강굽이의 안쪽에 깔린 자갈들은 하나같이 작고 둥근 데다 모양도 엇비슷해서, 내가 장갑 낀 손으로 쥐기에 딱 알맞은 정도였다. 반면에 강굽이의 바깥쪽에 깔린 바위들은 상대적으로 크고 모양이 고르지 않아서, 내가 한 손으로 쥐기에는 아무래도 무리가 있었다. 그리고 양쪽 강기슭 사이로는 어중간한 돌들이 물살에 의해 크기별로 정연하게 배치되어 있었다.

갓 내린 눈이 돌풍에 실려 바위투성이 강바닥을 훑었다. 강굽이 바깥쪽의 제법 큰 바위 사이사이에는 눈이 내려앉았지만, 안쪽의 더 작고 매끄러운 돌멩이 위로는 눈이 쌓일 새도 없이 급하게 지나치고 있었다. 그런대로 큰 돌들의 바람그늘 쪽에서 눈송이들이 바닥으로 내려앉는 모습을 나는 지켜보았다. 그때였다. 강기슭의 큰 바위 곁에서 아주 작은 눈보라가 유턴을 하더니 역류바람을 타고 엉뚱한 방향으로 몰아치기 시작했다. 너무도 아름다운 광경에 그저 감탄할 수밖에 없었다. 몇 분 동안 나는 그곳의 바위에 앉아 자연의 경이로운 예술 행위를 바라보았다. 그 순간 나는 자연과 이어져 있다고 느꼈다. 이런 기분이라면 혹여 사나운 곰을 만나도 잘 타일러서 친구로 삼을 수 있을 듯했다.

시내로 돌아가는 길에는 페어몬트 밴프 스프링스(Fairmont Banff Springs)라는 웅장한 호텔을 지나게 되었다. 세상에 아름다운 호텔은 많지만, 이 호텔처럼 숭고함마저 느끼게 하는 곳은 드물었다. 살면서 내가 본 호텔 가운데 가장 훌륭해 보였다. 제2차 세계대전 당시에 독일의 악명 높은 포로수용소였던 콜디츠(Colditz)

성을 더 예쁘고 더 친근한 모습으로 개조해놓은 듯했다. 문득 그 호텔 안에 박혀 있는 사람들이 안쓰럽다는 생각이 들었다. 이토록 아름다운 외관을 볼 수 없을 테니 말이다.

호텔 근처의 목재 산책로에는 눈이 거의 쌓여 있지 않았다. 하지만 눈이 쌓인 곳도 간간이 존재했는데, 아무렇게나 흩뿌려진 상태와는 거리가 멀었다. 자연에는 직선이 드물다. 고로 자연에서 나타나는 직선은 우리의 시선을 그쪽으로 끌어당긴다. 그 나무 널빤지 위에는 희고 얇게 쌓인 눈이 단순한 직선뿐 아니라 정교한 패턴, 즉 격자무늬를 그려놓은 상태였다. 나는 단숨에 시선을 빼앗겼다. 그것은 우연의 산물보다는 공들인 예술품에 가까웠다. 나는 잠시 어리둥절해졌지만, 이내 오른쪽 뺨에 닿는 햇살을 느끼고는 상황을 온전히 이해하게 되었다.

간밤에 산책로에는 눈이 얇게 덮였다. 산책로 바닥이 지면보다 높게 설치된 까닭에 그 위에는 눈이 쌓였지만, 불과 몇 미터 떨어진 돌이나 흙바닥에는 눈이 쌓이지 않았다. 기온은 영하였고, 쌓인 눈은 오전까지 녹지 않았다. 내가 도착한 시점은 이른 오후, 그러니까 낮 볕의 따뜻한 기운이 가셨을 무렵이었다. 햇볕은 산책로 바닥에 쌓인 눈을 승화시켰다. 물이 되는 단계를 건너뛰고 얼음 결정을 곧장 수증기로 바꿔놓았다는 얘기다. 이 과정은 불과 몇 분 사이에 빠른 속도로 진행되었고, 와중에 목재 난간이 드리운 그늘 때문에 산책로 바닥에는 그 같은 눈의 패턴이 남게 된 것이었다. 난간의 힘을 빌려 눈이 그린 선은 그 자체로 완벽한 나침반이었다. 내 안의 자연 항법사 본능이 꿈틀거렸다.

밴프 산책로의 눈 그늘 패턴

더욱이 그 패턴은 그야말로 독보적이었다. 해와 눈과 그늘의 찰나적 만남을 그 격자무늬는 드러내고 있었다. 앞으로 두 번 다시 볼 수 없을 걸작이었다.

즐거운 깨달음으로 충만한 하루였다. 사소한 하나까지도 버릴 것이 없었다. 나는 어리석게도 곰 걱정에 사로잡힌 채 후두스라는 바위기둥을 찾아 나섰다. 후두스는 과연 장관이었고 발품을 들여 찾아갈 가치가 충분했다. 하지만 아무리 인상적인 자연경관도 결국은 날씨의 영향에서 벗어날 수 없고, 덕분에 우리가 야외에서 얻을 수 있는 경험은 한층 더 풍성해진다. 징후를 찾는 사람들에게 날씨는 그것이 빚어낸 섬세한 예술품들을 하늘에서, 그리고 땅에서 드러내 보인다.

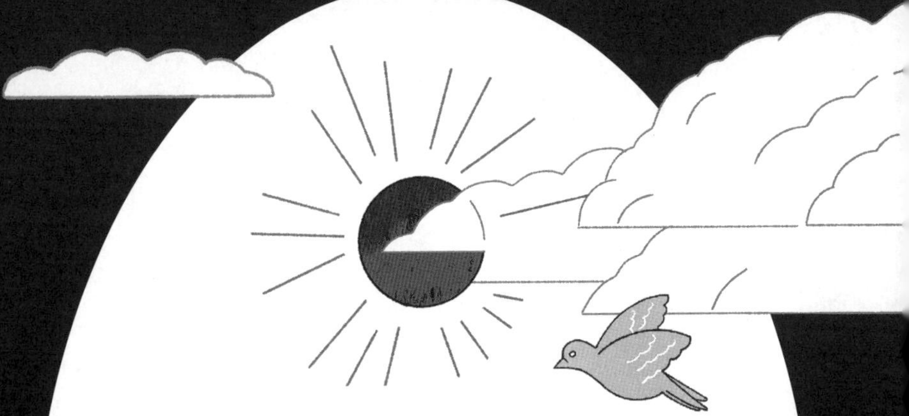

17장

도시

맨해튼에서 매릴린 만나기 | 열섬과 도시바람 | 바람을 가르는 도시 | 건물의 의미 | 상식의 전환 | 도시의 6대 바람

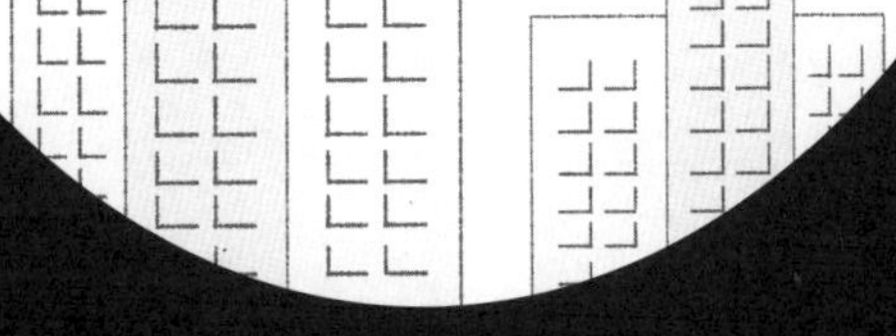

간간이 런던을 드나들며 시골에서 열여섯 해를 지냈을 무렵 소피와 나는 이제 우리 큰아들에게 밀집된 대도시의 진수를 한 번쯤 맛보일 때가 되었다고 느꼈다. 2019년 10월 우리는 뉴욕으로 날아갔다. 맨해튼 미드타운에서 다섯 밤을 머무는 일정이었다.

벤은 미국 방문이 처음이었고, 소피는 뉴욕 방문이 처음이었다. 나는 몇 번 와본 적이 있었기에 첫날 누가 시키지도 않은 가이드 노릇을 자청했다. 소피는 내 잘난 척을 멈출 묘책을 알고 있었다. 문화적 명소 몇 곳을 짧게 돌아본 다음 그녀는 한껏 들뜬 10대 아들과 목에 힘이 들어간 남편을 끌고 창문에 운동화나 산뜻한 상표가 붙은 온갖 매장을 돌아다녔다. 그런 곳은 많고도 많았다.

언덕에서라면 나는 새벽부터 황혼까지 군소리 없이 걸을 수 있었다. 하지만 뉴욕의 상점가에서는 두 시간도 버거웠고, 급기야는 얌전히 굴 테니 이만 놔달라고 통사정을 하기에 이르렀다. 결국 우리는 하루에 한두 시간은 따로 다니다가 중간에 다시 만나기로 합의를 보았다.

멋진 휴가였다. 그리고 그것이 가능했던 이유는 우리가 서로 각자의 취향을 존중하고 내가 쇼핑에 젬병이란 사실을 인정했다는 데 있었다. 그 여행의 하이라이트는 센트럴파크의 연못에서 펼쳐진 원격조종 돛단배 경주였다. 소피는 그곳 카페의 커피 맛에 흡족해했고, 벤은 경주를 즐겼으며, 나는 연못 저편에 이는 맴돌이를 이용해 조금씩 앞으로 나아가는 데서 재미를 느꼈다.

그러나 보도에서 피어오르는 증기 기둥이 우리를 다시금 갈라놓았다. 비록 노란 택시만큼은 아니지만, 거리에서 피어오르는 증기는 영화나 텔레비전 프로그램 감독들이 보여준 사랑 덕분에 외국인들이 찍는 뉴욕 사진에 제법 단골로 등장하는 이미지 중 하나였다. 뉴욕에서는 증기가 전기나 가스와 같은 공익사업에 속하며 꽤 오래전부터 난방 연료로 쓰여 왔는데, 나도 맨해튼에 처음 방문하기 전까지는 알지 못하던 사실이었다.

여느 관광객과 마찬가지로 나는 가던 길을 멈추고 증기를 사진에 담았다. 하지만 1분쯤 셔터를 누르다 보니, 그곳에 더 머물고 싶다는 생각이 들었다. 소피는 블록 저편에서 흥미로운 뭔가를 발견했지만, 나는 모락모락 피어오르는 증기를 뚫어져라 바라보며 붙박인 듯 그 자리에 있었다. 도시의 거리에서 기류의 작용을 그토록 생생히 보여주는 사물을 나는 그때껏 만난 적이 없었다. 그러니 내가 무슨 수로 그 자리를 떠날 수 있었겠는가!

맨해튼에서 매릴린 만나기

고층건물의 완벽히 평평하고 매끈한 벽에 부딪친 바람은 여러 방향으로 휘어지는데, 그중 대부분은 아래로 수직 이동을 한다. 이 바람이 또 다른 구조물, 예컨대 보도나 도로의 완벽히 평편한 표면에 부딪치면, 바깥과 위로 되튀면서 마치 지면에서 난데없이 발생한 것처럼 훅 하고 솟구치게 된다. 그렇게 상승하는 공기는 누군가의 치맛자락을 들어올리기도 하는데, 그래서 얻은 별명이 먼로 효과(Monroe effect)이다. 1955년 개봉작 〈7년 만의 외출〉에서 지하철 환풍구에 서 있던 매릴린 먼로의 흰 원피스가 허리 위로 들리는 장면을 동시대의 사람이라면 누구나 기억할 것이다. 도시에는 건물에 부딪친 다음 아래로 내려갔다가 바깥으로, 또 위로 이동하며 일종의 원을 그리는 바람들이 존재한다.

나는 우리가 42번가에 가야만 하는 이유를 어떻게든 짜내보려 했다. 어려운 일은 아니었다. 누구나 떠올릴 법한 이유만 해도 수백 가지였다. 하지만 내가 그 거리에 가려는 데는 여행 책자나 광고에는 나오지 않는 은밀한 이유가 있었다. 네온사인이나 영화와는 무관했다. 그러니까 나는 도시협곡 효과(urban-canyon effect)를 눈으로 직접 확인하고 싶었다.

도시라는 환경에서는 틈새바람과 물길바람의 효과가 함께 나타날 수 있다. 바람이 많이 부는 날 도시의 거리를 걷다 보면 고요한 듯싶다가도 자꾸 돌풍이 불어와 종종 당황하게 되는데, 그 이유 중 하나가 그것이다. 우리의 경로와 대략 직각에서 부는 바람은 거리를 따라 이동하는 동안 속도가 빨라지게 마련이다. 거리가 일종의 골짜기 역할을 하는 셈이다. 뿐만 아니라 우리가 건너는 거리는 마치 물길처럼 바람의 방향을 한쪽으로 쏠리게 한다. 이 두 효과는 우리가 보도에서 차도로 혹은 차도에서 보도로 발을 내딛을 때마다 나타났다가 사라지기를 반복한다. 마치 전원 스위치를 켰다 껐다 하는 것처럼.

극단적 예로 도시협곡바람(urban-canyon wind)이라는 것이 있다. 매우 높은 건물들이 서 있는 데다 보기 드물게 곧기까지 한 거리에서는 물길바람 효과가 극대화된다. 유럽에는 도시협곡이 많지 않다. 지나치게 유기적으로 성장하다 보니 건물 및 도로의 구획이 구불거리고 휘어진 형태를 갖게 된 탓이다. 반면에 역사가 그리 길지 않은 도시의 경우 설계자와 건축가의 재량에 따라 구획이 길고 반듯하게 조성될 수 있었다. 생각해보면 놀라운 일이다. 자신에게 주어진 권력의 단맛에 휘둘리지 않고 설계도에 곧은 선을 그려 넣을 수 있었다는 것은.

거리의 폭이 좁아지거나 넓어질 때는 벤투리 효과(Venturi effect)로 인해 풍력에 커다란 변화가 나타난다. 쉽게 말해, 거리의 폭이 좁아지면 호스 입구에 엄지손가락을 댔을 때처럼 바람의 속도가 증가한다는 얘기다. 심한 경우 풍속은 바람이 거리의 비교적 넓은 구간을 지날 때보다 두 건물의 좁은 틈을 통과할 때 세 배까지 빨라질 수 있다. 말하자면 일종의 틈새바람인 셈이다.

바람이 도시협곡을 지나갈 때면 온갖 종류의 맴돌이가 형성되므로, 우리는 같은 거리를 걸으면서도 대여섯 방향으로 부는 바람을 관찰할 수 있다. 우리의 머리 위에서 구름이 한 방향으

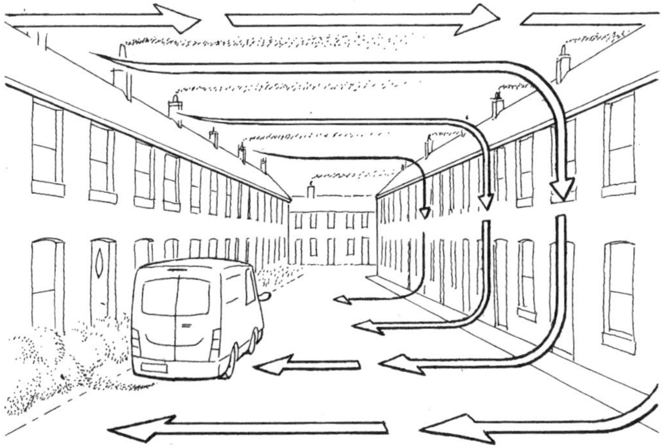

대기오염 효과

로 이동하는 동안, 깃발들은 다른 방향으로 나부끼고, 와중에 길을 건너는 우리는 각기 다른 세 방향에서 바람을 느끼는 상황이 펼쳐지는 것이다. 이들 맴돌이는 도시의 대기오염에 괴이하고도 남다른 부작용을 일으킨다. 가령 위쪽에서 아래로 내려오며 신선한 공기를 공급하던 바람이 아래쪽에서는 옆으로 이동하며 차량의 배기가스를 퍼뜨리는 식이다.

열섬과 도시바람

일전에 나는 집에서 가까운 도시 치체스터의 한 사무실에 있는 누군가와 이런 통화를 한 적이 있다.

"창밖으로 말똥가리 두 마리가 보여요." 그 사람이 말했다.

"원을 그리고 있나요?"

"네."

"주차장을 찾고 있을까요?"

"네?"

"주차장 위를 날고 있냐고요."

"네, 어떻게 아셨죠?"

"오전 중반이니까요. 계신 곳 근처에서 이 시간대에 서멀을 일으킬 만큼 따뜻한 장소는 노스게이트 주차장의 아스팔트 바닥뿐이거든요."

지금껏 우리가 살펴본 대규모의 기상현상은 도시에서도 어김

없이 발생한다. 하지만 개중에는 오직 도시에서만 발생하는 현상들이 있다. 수백만 톤의 아스팔트와 단단하고 반듯반듯한 건축물은 자연력과 독특한 관계를 형성한다.

해는 건물과 도로를 대부분의 자연물보다 더 효율적으로 가열하고, 맑은 날에 도시는 교외보다 빨리, 더 높은 온도로 데워진다. 검은 아스팔트가 태양의 복사열을 더 많이 흡수하는 데다 건물들은 더 넓은 표면적을 자랑하기 때문이다. 동틀 녘에는 낮은 태양이 고층 건물을 나무보다 훨씬 효과적으로 가열하고, 해 질 녘에는 교외에서 열이 빠르게 방출되는 사이, 건물과 도로가 낮 동안 모아 두었던 열을 다시 도시의 대기 속으로 내보낸다. 시골에서는 나무껍질을 덮고 있던 물이 증발하며 열기를 식히지만, 도시에서는 강철과 유리를 타고 흘러내린 물이 금세 배수관 속으로 빨려 들어가 버린다. 그런가 하면 인간의 활동과 난방, 산업, 자동차로 인한 열기도 빼놓을 수 없다. 이 모든 효과가 한데 어우러지면서 도시에서는 이른바 '열섬(heat island)'효과가 나타나고, 그로 인해 도시의 기온은 주변 시골보다 12도가량 높아질 수 있다.

앞서 살펴본 바와 같이, 국지적 가열은 쌘구름의 형성을 일으킨다. 쌘구름은 도시 위로 뭉게뭉게 피어오르다 바람과 보조를 맞춰 서서히 나아가거나 고개를 숙인다. 또한 열섬은 자체적으로 바람을 일으키기도 한다. 교외보다 따뜻한 도시의 공기는 팽창하고 상승하며 순환을 시작한다. 앞서 다룬 바닷바람의 순환을 떠올리면 이해하기 쉬울 것이다. 교외의 차가운 공기는 상대적으로 따뜻한 도시로 흘러 들어온다. 도시는 도시대로 따뜻하고 맑고 화창하고 바람이 잔잔한 이른 아침에 자체적으로 바람을 일으키기 시작한다. 그 온화한 산들바람은 오후 중반 즈음에 도심으로 흘러드는데, 이를 일컬어 도시바람(city breeze)이라 한다.

도시바람은 주풍이 몹시 약하거나 전혀 불지 않는 날에만 느껴진다. 주풍이 가볍게 불 때 도시의 바람의지 쪽은 바람받이 쪽보다 몇 도가량 더 따뜻하다. 하지만 바람이 강하게 불 때는 열섬효과가 완전히 사라지면서 도시 기온은 거짓말처럼 뚝 떨어진다. 여름 고기압과 더불어 매우 따뜻하고 잠잠한 날씨가 며칠간 이어진 이후에 다가오는 전선은, 도시를 통과하면서 태양의 열기는 물론이고 열섬효과까지 모조리 쓸어가 버린다. 이 말인즉, 어제까지만 해도 공원에서 일광욕을 즐기던 사람이 오늘은 코트를 입고 어깨를 움츠릴 수도 있다는 얘기다.

바람을 가르는 도시

도시는 분열을 유발한다. 즉, 도시의 상공을 지나려 하는 날씨를 둘로 갈라버린다. 높은 건물의 전망 좋은 위치에서는 도시로 다가오던 비가 둘로 쪼개져 도심의 양쪽으로 지나가는 모습을 관찰할 수 있다.

이런 현상이 발생하는 이유는 크게 두 가지다. 첫 번째 이유는 직전에 살펴본 열섬 및 도시바람 현상과 관련이 있다. 더운 도시에서는 따뜻하고 불안정한 대류성 공기기둥이 형성된다. 이 같은 상승기류에 부딪친 바람은, 열섬효과가 충분히 강할 경우, 어쩔 수 없이 공기기둥을 에둘러 지나가며 둘로 갈라지게 된다.

두 번째 이유는 높은 빌딩이 바람의 진로를 방해한다는 데 있다. 건물들은 얌전히 부는 바람을 사납고 무질서한 바람으로 바꿔놓는다. 이 같은 난기류는 바람의 정상적 흐름을 차단하는 벽으로 작용할 수 있고, 그렇게 되면 바람은 그 난기류를 에둘러 지나갈 수밖에 없다.

두 효과는 한꺼번에 나타날 수 있을 뿐 아니라, 폭풍우마저 갈라놓을 수 있다. 이렇듯 도시로 인해 갈라진 날씨는 흔히 그 도시의 바람의지 쪽에서 다시 합쳐지곤 한다.

건물의 의미

도시는 바람의 모양을 빚어낸다. 그리고 바람 역시 도시의 모양을 빚어낸다. 역사적으로 도시 사람들은 바람의지 쪽의 끝자락을 기피해왔고, 가난한 주민들은 어쩔 수 없이 그런 구역에서 산업 매연과 각종 '악취'를 견뎌야 했다. 요즘에는 연기 정화시설이 생긴 데다가 비교적 저렴하고 인구밀집도가 낮은 지역으로 산업시설이 이전되면서 문제가 전보다 줄었다지만, 날씨는 여전히 도시의 건물에 흔적을 남긴다.

여름이면 종종 우리 가족은 프랑스 브르타뉴의 시골에서 현지어로 지트(gîte)라고 불리는 작고 소박한 오두막을 빌려 휴가를 보내곤 했다. 설비라고는 오븐과 주전자, 의자 몇 개와 테이블, 각자 누울 침대가 전부였고, 그 외에는 텔레비전과 인터넷은 고사하고 라디오조차 없는 곳이었다. 하지만 나는 그 점이 마음에 들었다. 유달리 두꺼운 벽과 작은 창문, 커다란 벽난로도 그곳만의 특색이라면 특색이었다. 이러한 건축 양식을 띠게 된 이유는 무엇일까? 우리가 생각할 때 그 지트는 두 가족 정도가 편안히 지내기에 적당한 오두막이었다. 그러나 지역민들의 이야기에 따르면, 한때 그곳은 소작농 네댓 가구가 함께 생활하던 집이었다. 여름은 더웠고, 겨울은 춥고 습했다. 지트의 두꺼운 벽과 작은 창문은 여름에 오두막 내부를 낮에는 시원하고 밤에는 따뜻하게 유지함으로써 일교차를 원만하게 조절해주었다. 또한 겨울에 난롯불을 지펴놓으면 두꺼운 벽이 보온재로 작용하여 실내 온도를 일정하게 유지했다.

그 오두막의 조금 남달라 보이는 건축 양식에는 기후에 관한 이야기가 담겨 있었다. 세상의 모든 건물은 일대의 날씨에 관한 정보를 우리에게 일러준다. 날씨의 영향을 외면하는 건축가들은 자칫 어리석다는 인상을 자초할 수 있다. 2013년 런던에는 새로운 초고층 건물이 들어섰다. 살짝 오목한 외형 때문에 워키토키란 별명을 갖게 된 그 건물은 햇살을 단순히 반사하는 데서 나아가 마치 돋보기처럼 거리로 모아 보냈고, 그러다 급기야는 길에 세워둔 차를 군데군데 녹이는 지경에 이르렀다. 노상 주차는 일시 중단되었고 금전적 배상이 이루어졌다. 그리고 건축가들은 망신을 당했다.

극단적 환경에서는 날씨의 영향이 건물에서 노골적으로 드러난다. 일전에 내가 스웨덴 북극권에서 보았던 몇몇 건물은 마치 달에 조성할 식민지를 보는 듯했다. 더위가 기승을 부리는 나라에서는 바람을 귀히 여기는 문화가 건물에 고스란히 반영되어 있다. 중동의 거리 곳곳에 우뚝 솟은 바람탑은 위에서 부는 바람을 받아 아래의 생활공간으로 내려보낸다. 인도의 하이데라바드와 같은 도시에서는 바람탑과 통풍구가 바람을 겨눈다. 하지만 대부분의 환경에서는 건물이 날씨의 영향을 그처럼 대놓고 드러내지 않는다. 도시에서는 다각도에서 주의 깊게 관찰해야만 단서들을 포착할 수 있다. 예컨대 블라인드와 셔터는 건물의 남쪽에서 흔히 관찰되고, 태양 전지판도 마찬가지다.

바람이 많이 부는 지역의 건축가들은 각도에 지나칠 정도로 공을 들인다. 집을 구성하는 평면이 더 많아질수록, 바람에 대한 저항력은 높아진다. 육각형이나 팔각형 건물은 무자비한 강풍을 견딜 가능성이 상대적으로 높다. 같은 원리로, 다각형을 이루는 지붕은 단순한 삼각형의 맞배지붕보다 강풍을 더 꿋꿋이 이겨낸다.

온대지방에서는 여름이 다소 과하게 덥고 겨울은 과하게 춥다. 이 불편함을 보완하기 위해 건축가들은 지붕을 설계할 때 단순하고 특별한 구조를 하나 첨가한다. 그리고 이 신통방통한 디자인은 우리 집 지붕에도 적용되어 있다. 생각해보자. 여름 해는 겨울 해보다 높은 하늘을 지난다. 그렇다면 실내에 들이는 태양열을 겨울에는 최대화하고 여름에는 최소화하기 위해 건물의 설계 단계에서 적용 가능한 건축기법은 무엇일까?

정답은 창문이 있는 쪽 지붕에 처마 또는 차양을 드리우는 것이다. 이는 두 가지 효과를 불러온다. 여름 한낮에 위에서 내리쬐는 햇빛은 차단하는 반면, 겨울에 옆으로 드는 햇빛은 받아들인다. 해가 쨍한 날 우리 집 창가에 놓인 책상 앞에서 일하기에는 겨울보다 여름이 편하다. 겨울에는 햇빛이 처마 밑으로 새어 들지만, 여름에는 그 처마가 그늘을 드리우기 때문이다.

맨해튼의 건물에는 깃발이 넘쳐난다. 그리고 깃발들은 예의 증기와 더불어 내게 하층바람에 대한 정보를 제공해주었다. 그러나 도시에는 언제나 '깃발처럼 보이지 않는 깃발'들이 존재한

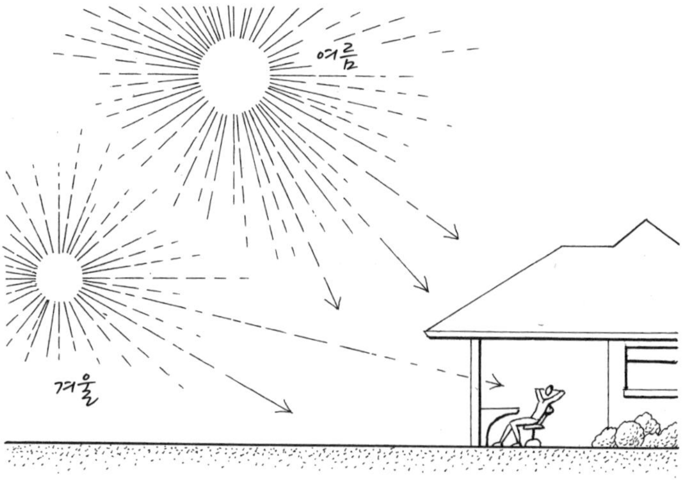

다. 지붕 꼭대기에 앉아 있는 새들은 바람이 다가오는 방향을 우리에게 일러준다. 만약 새들이 모두 한 방향을 바라본다면, 그 고도에서 부는 바람이 그 방향에서 불어온다는 뜻이다. 새들은 바람을 마주 보기를 좋아한다. 깃털이 흐트러지는 불상사를 방지하려면, 맞바람을 뚫고 날아올라야 하기 때문이다. 그런데 만약 새들이 저마다 다른 방향을 바라본다면 이는 바람이 아주 약하거나 여러 방향에서 불고 있다는 징후이다. 이러한 현상은 고기압권에서 흔히 나타난다. 만약 어느 날 모든 새가 한 방향을 바라보다가 나중에 방향을 튼다면, 이는 바람의 방향이 바뀌었고 날씨도 머지않아 달라지리라는 징후이다. 이와 같이 새를 이용하는 기술은 나무 위라든가 제법 자연적인 환경에서도 얼마든지 적용될 수 있다.

상식의 전환

오늘날에는 세계 인구의 절반 이상이 도시에 거주한다. 추산에 따르면 매주 300만 명가량이 시골에서 도시로 이주하고, 이러한 추세라면 2050년 무렵에는 전체 인구 가운데 3분의 2가 도시에서 생활하게 된다.• 이러한 경향은 여러 예기치 않은 변화를 가

• 이 책을 쓰고 있는 현재로서는 코로나19가 그 경향을 뒤집을 가능성이 제법 커 보인다. 결과는 시간이 지나면 알게 될 것이다.

져왔는데, 그중 하나가 도시 및 교외의 자연 현상에 관한 관심의 급증이다. 이러한 경향은 날씨와 관련된 속설에서 가장 먼저 확인할 수 있다. 도시에서 사람들은 야생화를 관찰하는 대신 의자의 삐걱 소리를 듣고 대기가 습하다는 사실과 악천후의 접근을 알아차린다. 침대 스프링이 삐걱거리는 소리는 건조한 대기와 좋은 날씨의 징후이다.

문제는 이렇듯 새로운 생활방식에 걸맞은 날씨 관련 속설이 생기자마자 우리가 생활방식을 바꾸고 물품의 제조방식을 개선한다는 점이다. 내 경우만 해도 의자나 침대가 삐걱거리는 소리를 대략 10년 전부터는 들은 기억이 없다. 다시 말해 관련 속설의 신뢰성은 차치하고서라도 문제의 소리를 듣게 될 가능성조차 장담할 수 없다는 얘기다. 물론 마룻장이 찌걱거리는 소리는 요즘도 종종 들을 수 있고 그 또한 습한 대기의 징후로 여겨지지만, 나는 그것이 신뢰할 만한 지표라고는 여기지 않는다.

돌은 훌륭한 열전도체다. 그러므로 따뜻한 날에도 돌을 만지면 차갑게 느껴진다. 습한 공기가 차가운 돌에 닿으면 수증기가 응결하면서 돌 표면에 물방울이 맺히게 된다. 여기서 유래한 속담이 바로 "돌이 땀을 흘리면 비가 내린다"이다. 또한 그런 이유로 접시와 비누에 맺힌 '땀방울'은 폭풍우가 임박했다는 강력한 징후일 것이다. (단, 비누에 맺힌 땀방울은 직전의 온수 샤워가 폭풍우의 접근 못지않게 유력한 원인일 수 있다.)

대기가 습해지면 매트는 빵빵해지고, 치즈는 말랑해지고, 상처는 가려워지고, 밧줄은 팽팽해지고, 끈의 꼬임은 느슨해진다.

이 모든 속설은 어쩌면 사실일지도 모른다. 하지만 나는 그것들이 유용하다고 생각한 적이 단 한 번도 없다. 배를 타거나 물가에서 지내본 사람은 알 것이다. 습도가 높아지면 소금은 뭉치고 덩어리지게 되어 있다. 하지만 내 경험상 그것만으로 날씨를 예측하기란 불가능하다. 대기가 습해지면 창문이나 문을 여닫기가 빡빡해진다. 그리고 나는 이것을 단서로 폭풍우의 접근을 알아차린 적이 있다. 우리 집에는 기상 조건에 따라 간혹 닫히지 않는 문이 있는데, 그런 증상은 춥고 습한 날에 가장 심각해진다.

도시의 날씨에 관한 속설 가운데 내 관점에서 가장 불가사의한 하나를 꼽자면, 아마도 홈런 예보일 것이다. 공은 물론이고 총알을 비롯한 발사체들은 대기가 습할수록 더 멀리 날아갈 수 있다. 이 속설은 직관을 거스른다. 후텁지근한 공기는 왠지 더 되직하게 느껴지는 데다, 알다시피 물은 공기보다 무겁기 때문이다. 하지만 사실 습한 공기는 건조한 공기보다 밀도가 낮다. 그러므로 이론상 야구에서 홈런이 나올 가능성은 악천후가 도착하기 직전에 더욱 높아진다. 또한 반드시 야구가 아니어도 각자 선호하는 구기종목을 통해 우리는 조금 색다른 일기예보를 도출해볼 수 있다. 하지만 섣부른 내기는 금물이다. 습도의 영향으로 경기 결과가 바뀔 가능성은 희박하기 때문이다. 습도가 아무리 높아져도 비거리는 기껏해야 1.5퍼센트밖에 늘어나지 않는다.

도시의 6대 바람

째깍째깍. 어느덧 나만의 탐사에 허락된 시간이 끝나가고 있었다. 나는 걸음을 재촉하며 건물들 사이를 헤치고 맨해튼의 대로를 누비며 나아갔다. 흡사 원정에 나선 탐험가처럼 나는 그 도시에서 주어진 시간 안에 되도록 많은 바람을 만나보고 싶었다. 이 짧은 원정에 성공하려면 결심이 확고해야 했다. 마음을 단단히 먹고 추적하지 않으면 기대만큼 많은 바람을 만나볼 수 없을 터였다.

다시 만난 벤과 소피는 유명 브랜드를 겹겹이 두르고 있었다. 우리의 얼굴에는 미소가 가득했다. 나는 총 열여섯 가지의 바람 가운데 이른바 6대 바람을 포함해 도합 일곱 가지 바람을 체험했고, 아내와 아들은 그 도시의 상업을 뒷받침하는 소비자로서 역할을 충실히 수행했다. 이제 우리는 운동용품 가게로 돌아가 야구 글러브를 교환해야 했다. 야구에 문외한인 내가 보기에도 오른손잡이가 오른손에 글러브를 낀다는 것은 상식에 어긋나기 때문이었다. 하지만 그 점을 제외하고는 양쪽 다 목적을 달성한 터라 우리는 성공을 자축하듯 당당하게 걸음을 옮겼다. 핫도그 상인들이 경계하는 눈빛으로 우리를 바라보았다.

각설하고, 이제부터는 내가 미드타운에서 만난 바람에 관한 이야기를 자세히 들려주려 한다. 솔직히 누구나 재미있어할 만한 이야기라고는 생각지 않는다. 가령 운동경기를 볼 때와 같은 박진감은 기대하기 어려울 것이다. 이 이야기에서 만족감을 얻으려면 스스로 그 바람들을 찾아 나서야 한다. 만만한 일은 아니다. 게다가 많은 사람이 지레 겁을 먹고 포기하는 일이기도 하다. 하지만 이왕 여기까지 왔으니 한 걸음 더 내디뎌보자. 장담컨대 지금껏 이 책을 놓지 않은 독자에게는 그리 어려운 도전이 아닐 것이다.

고층건물에 부딪는 바람은 열여섯 가지의 새로운 바람을 일으킨다. 그중 대부분은 지면보다 한참 높은 고도에서 부는 까닭에, 창문 닦는 사람이 아니고서는 느껴볼 일이 거의 없다. 하지만 그중 여섯 가지는 별다른 장비가 없어도 체험할 수 있고, 더욱이 두 가지는 우리에게도 낯익은 바람들이다. 그 두 바람을 우리는 이 장 앞부분과 어느 나무의 바람의지 쪽에서 각각 만난 적이 있다.

알다시피 바람은 고층건물을 만나면 방향이 아래로 휘어진다. 그러므로 우리는 문제의 열여섯 가지 바람 가운데 그 바람을 가장 먼저 느끼게 된다. 건물과 가까운 바람받이 쪽에 서 있는데 지표면 고도에서 빠르게 하강하는 공기의 흐름이 느껴진다면, 그 바람을 감지한 것이다(1). 또한 알다시피 그런 바람은 소용돌이를 일으키므로 건물에서 한발 떨어진 위치에서는 먼로 효과, 즉 공기가 바깥으로 퍼지다가 위로 올라가는 흐름을 감지할 수 있다(2). 그러다 건물에서 몇 걸음 더 물러나면 이상하리만치 고요한 장소가 나타나는데, 건물로 불어오는 바람과 반대 방향으로 휘어진 바람들이 서로 마주치고 일부가 상쇄되면서 그처럼 고요한 영역이 생겨난 것이다(3).

이번에는 건물의 모퉁이로 걸어가 보자. 모퉁이를 지날 때 돌연 빠르고 강해진 바람이 느껴질 것이다(4). 이어서 건물의 바람의지 쪽 모퉁이로 돌아가 보자. 사위가 잠잠해지면서 약하고 변덕스러운 산들바람이 불어올 것이다(5). 그런 다음에는 건물의 반대편, 즉 바람의지 쪽 정면으로 돌아가 보자. 앞서 어느 외딴 나무의 바람의지 쪽에서 발견한 것과 같은 양방향성 맴돌이가 감지될 것이다(6). 이제 건물에서 멀어지는 방향으로 한 걸음씩 나아가보자. 바람은 건물을 향해 불어오다가(7), 잠시 멈추는 듯 싶다가(8), 다시 건물에서 멀어지는 방향으로 불어갈 것이다(9). 이 중 (1)에서 (6)까지가 예의 그 6대 바람이다. 모름지기 도시로 원정을 나선 바람 탐험대라면, 그와 같은 바람들을 찾아다녀야 한다.

이제 딱 한 곳, 옥상으로 올라가 보자. 옥상에서 바람의 행동은 참으로 수상하기 그지없다. 우리가 그곳에서 어떤 바람을 느끼게 될지는, 심지어 컴퓨터로도 정확한 예측이 불가능하다. 그러나 한 가지 확실한 것은, 우리가 몇 걸음씩 옮길 때마다 바람이 극적으로 달라지리라는 점이다. 이것을 아는 사람은 루프톱 파티에 갔다가 뜻밖에 흥미로운 광경을 목격할 수도 있다. 그곳에는 언제나 편안해하는 사람과 불편해하는 사람이 공존하지만, 양쪽 모두 그 이유는 알지 못할 것이다. 한 무리의 사람들이 외투를 걸치며 쌀쌀하고 으스스한 날씨를 탓하는 동안, 불과 10미터도 떨어지지 않은 자리에서는 사람들이 옷을 하나씩 벗고 있을 것이다. 요컨대 편안한 루프톱 파티의 비밀은 옷차림이 아니

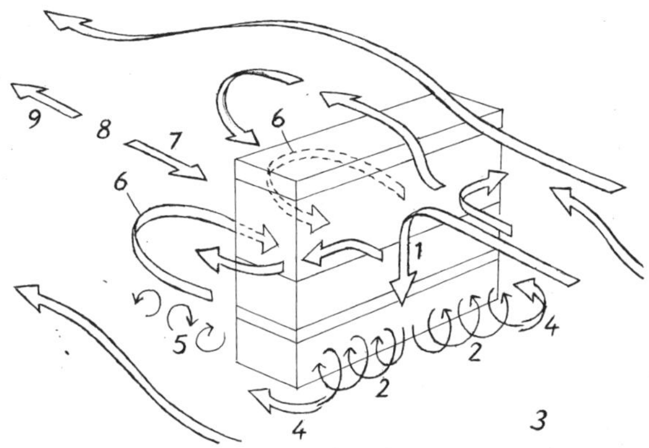

라 올바른 자리 선택에 있다는 얘기다.

아무쪼록 그 바람들을 찾아 나서보자. 그리고 바람 원정대가 된 기분을 만끽해보자. 하지만 성공적인 원정을 위해서는 우리의 목적에 대해 함구하는 것이 좋다. 사람들은 대개 훈수 두기를 좋아하고, 사공이 많아지면 배가 산으로 가게 마련이니까.

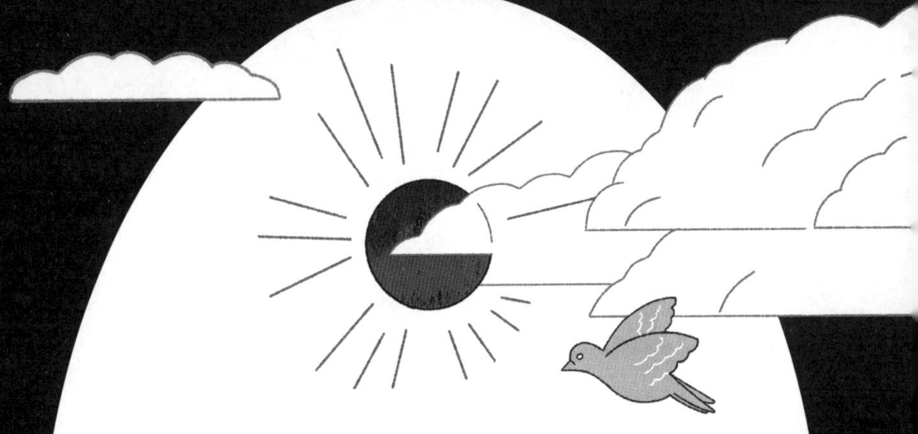

18장

해안

바다와 계절 | 섬 구름 | 바탕색 | 해안지대의 바람 | 겨울 바다의 쌘구름 | 해안의 미기후

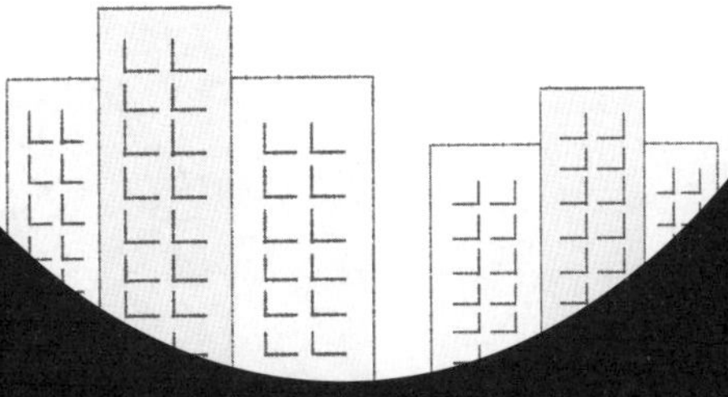

태평양제도는 수천 개의 섬으로 이뤄져 있다. 멜라네시아라든가 미크로네시아, 폴리네시아 등지의 전통적 생활방식은 섬 간의 교류를 통해 유지되었고, 자연히 섬사람들은 바다 여행 및 자연 항법에 능숙해졌다.

농부가 절기를 헛맞추면 농사를 망친다고들 한다. 하지만 최악의 흉작에도 농부들은 그 암울한 현실을 지붕 아래서 관망할 수 있다. 반면 태평양에서 날씨의 징후를 오독한 대가는 운이 좋으면 어황이 시원찮은 정도에 그치겠지만, 운이 나쁘면 폭풍우로 몇 분 만에 혹은 몇 주 동안 바다를 헤맨 끝에 목숨을 잃는 재난으로 이어질 수도 있다. 사정이 이렇다 보니 태평양제도의 사람들은 이런저런 모양과 색깔, 감각에서 다양한 문화권을 두루 관통하는 의미를 찾아냈고, 날씨의 징후를 읽는 일은 하나의 정교한 생존 기술로 자리매김했다.

그들의 날씨 관측법에 대한 기록을 살피다 보면, 우리가 선뜻 받아들이기에는 지나치게 특유한 것들이 있다. 예를 들어 키리바시 공화국에 속한 산호섬 니쿠나우(Nikunau)의 항해자들은 산호가 맑은 액체를 분비하면 안정한 날씨를 기대하고 우윳빛 액체를 분비하면 폭풍우를 예상한다. 하지만 고무적인 사실도 있다. 태평양에서 주로 사용하는 기법들은 우리가 지금껏 익혀온 방법들과 큰 틀에서 다르지 않다. 이는 신선할지언정 충격적인 사실은 아니다. 태평양제도 사람들의 문화와 전통, 생활방식이 우리에게 아무리 생소할지라도, 공기와 물, 열에 적용되는 법칙만큼은 세상 어디서나 동일할 테니까.

육지는 바다보다 빠르게 가열된다. 섬들이 따뜻해지면, 섬 위의 공기가 상승하고 냉각되어 수증기가 응결하면서 쌘구름이 형성된다. 따뜻하고 습한 공기가 화산섬의 둔덕과 마주치면, 공기가 들어 올려지면서 구름이 형성된다. 우리가 집 근처의 언덕땅에서 본 현상들이 폴리네시아의 섬들에서도 관찰될 수 있다는 얘기다.

주된 차이는 세부 사항에 관한 관심에 있다. 사람들이 흔히 구름을 무심코 지나친다는 이유로 우리는 스스로가 구름을 알아본다는 사실에 뿌듯해할 수 있다. 하지만 우리는 거기서 더 깊이 들어가야 한다. 구름의 세세한 모양과 색깔이 갖는 심오한 의미에 관심을 기울여야 한다. 이처럼 징후 속 징후들을 찾아내고자 하는 마음에 더하여, 우리는 인내심을 다독여야 한다.

몰디브제도는 물리적으로나 지리적으로나 태평양제도와 다

양한 특성을 공유한다. 두 지역 모두 1000곳 이상의 산호섬으로 이뤄졌고, 적도 근처에 위치하는 데다 대륙과는 멀찌감치 떨어져 있다. 서로 간에 문화는 다를지라도 날씨의 징후는 다르지 않다. 예전에 나는 몰디브에서 2년을 지내며 지역민과 이민노동자, 관광객을 대상으로 날씨의 징후를 읽는 요령을 가르친 적이 있다.

그 과정을 진행하는 동안 나는 무엇보다 시간과 인내심의 중요성을 깨달았다. 비단 학생들만이 아니라 나에게도 해당되는 이야기다. 당연한 말이지만, 징후들은 우리가 선택한 시간에 순순히 나타나주지 않는다. 설령 그 시간에 나타난다 해도 요란하게 등장하는 경우는 거의 없다. 색깔, 모양, 동향 같은 날씨의 숱한 징후는 대개 전면에서 드러나지 않는다. 우리는 눈앞의 사물과 현상을 주의 깊게 관찰해야 한다. 그래야만 징후 탐색에 유리한 고지를 선점할 수 있다.

이런 실험은 어떨까? 하늘의 경치를 바라보다가 두 눈을 감고는 방금 본 풍경을 머릿속으로 떠올려보는 것이다. 그런 다음에는, 이제부터 하늘에서 발견할 모든 모양과 색깔을 곧 고개를 돌린 채 큰소리로 하나하나 설명해야 하리라는 점을 의식한 상태에서, 똑같은 하늘의 경치를 다시금 바라보도록 하자. 나와 다른 방향을 보고 있는 화가를 상대로 그 경치에 대해 묘사하는 상황을 가정해봐도 좋다. 실제로 화가 역할을 맡아줄 사람이 옆에 있다면, 더 진지하고 객관적인 연습이 가능할 것이다. 하지만 자신을 속이지만 않는다면, 혼자서도 충분히 연습의 목적을 달성할 수 있다. 물론 가끔은 난관에 부딪치기도 한다. 몰디브에서 나는, 첫날 약속에 늦은 누군가를 기다리느라 꼬박 두 시간 동안 방파제 끝에 서 있고 난 뒤에야 가까스로 집중력을 되살릴 수 있었다. 내가 추천하는 방법은, 두어 시간 동안 벤치에 앉아 경관을 가만히 바라보다가 고개를 돌린 채 그 경관을 화가의 관점에서 되새겨보는 것이다.

바다와 계절

육지와 바다의 상호작용으로 형성되는 패턴들은 극단적인 경우 규모가 너무 커서 오히려 쉽게 발견되지 않는다. 때로는 특정한 계통의 바람이 수개월에 걸쳐 불기도 하는데, 이에 대해서는 꼭 태평양제도인이 아니어도 주의를 기울일 만하다. '몬순(monsoon)'은 계절을 뜻하는 아랍어 마우심(mawsim)에서 유래한 낱말이다. 몬순이 부는 계절은 바야흐로 '항해의 계절'이다. 계절이 바뀌고 태양이 대륙에서 대양으로 이동하면서, 기압계는 교체되고 바람은 대양에서 방향을 전환한다.

인도양에서 범선이 활약하던 시대에는 전통적으로 교역이 가능한 두 개의 짧은 계절이 존재했다. 현지어로 아우왈 알카우스(awwal al-kaws)와 아크히르 알카우스(akhir al-kaws)라고 불리는 두 계절은 기간이 각각 채 두 달도 되지 않았고, 그 시기에 바다에는 몬순이 불었다. 이 특별한 바람이 부는 두 계절은 해안지역의 문화에 중요한 위치를 점했고, 사람들은 몬순의 도착을 올바르게 예측하기 위해 우기의 시작과 기간을 파악하는 일에 공을 들였다. 이 문화권에서 우기의 접근을 알리는 징후는 앞서 우리가 살펴본 비의 단서들과 동일하며, 일대의 날씨가 이제 곧 달라지겠고 달라진 날씨가 몇 주간 계속되리라는 예고나 다름없었다. 고로 이 계절적 변화의 양상을 제대로 알고 있어야 날씨의 더 작은 징후들을 보다 쉽게 알아챌 수 있을 터였다.

지난 수 세기 동안 그 변화들에 대한 현지인의 지혜나 지식을 경시한 채 해당 지역을 방문하고 바다로 나간 서구인들은 거개가 그 오만함에 대한 대가를 치러야 했다. 1818년에 먼스터 백작 조지 피츠클래런스(George Fitz-Clarence, 1794~1842)는 그 사실을 여행 중에 조금은 뒤늦게 수긍할 수밖에 없었다.

> 북서쪽에서 거의 한 해 동안 끊임없이 불어오는 바람은 나의 모든 희망과 기대를 무너뜨렸다. 이 바다를 항해하기에 좋은 시절은 오직 11월과 12월뿐이라고 확신하게 되었다. 내가 만약 홍해에 오기 전에 그 문제에 대해 숙고했더라면, 모래톱 너머를 오가는 배가 적다는 사실W을 바탕으로 그 항로가 그토록 외면당하는 데는 타당한 이유가 존재할 것이라는 결론을 내렸을지도 모른다.

규모가 너무 커서 발견하기 어려운 패턴들을 알아채는 방법은 두 가지다. 하나는 해당 지역에서 몇 년 동안 관찰자로 지내는 것이고, 다른 하나는 도착한 첫날 지역민들에게 말을 거는 것이다.

다행히 비교적 짧은 시간이나 거리와 관련된 징후의 경우, 대부분 해안선이나 섬 근처에서 상당히 쉽게 발견할 수 있다.

섬 구름

커다란 화산섬은 내륙의 산지와 같은 방식으로 구름을 빚어낸다. 바람받이 쪽에서 쌘구름이 높다랗게 쌓이는 동안, 바람의지 쪽에서는 렌즈구름이며 깃발구름 따위가 나타나는 것이다. 또한 그 섬들은 구름을 갈라놓는데, 이러한 현상은 산지에서도 나타나지만, 바다에서 더욱 두드러진다. 얕은 물이 흐르다 뾰족한 바위를 지나게 되면 물줄기는 둘로 갈라진다. 높은 봉우리의 양쪽에서도 같은 현상이 발생한다. 구름은 마치 나란히 달리던 두 대의 기차가 갈라지듯 섬을 사이에 두고 양쪽으로 갈라진다. 화산섬 위의 구름이 갈라지는 현상은 간혹 우주에서도 관찰될 정도로 뚜렷하다.

비교적 작고 낮은 섬 위에서는 우리가 태평양제도인이 되어 보자. 그들이 학습을 통해 찾아낸 세부적 사실들을 우리도 찾아보는 것이다. 작은 섬 위에서 국지적 가열의 결과로 생성된 구름들은 바람의 경향에 따라 특정한 패턴들을 형성한다. 정오보다 한참 앞선 시간대에는 그런 현상을 관찰할 기대 따윈 접는 것이 좋다. 태양이 아직 육지를 충분히 가열하지 않았을 테니까. 하지만 점심시간 이후로는 지평선과 수평선을 훑으며 육지와 바다의 상관성을 연구하는 한편, 바람의 속도를 측정해도 좋을 것이다.

만약 바람이 잠잠하다면, 그저 섬 위에서 쌘구름을 찾아 구름의 맨 꼭대기가 섬의 가운데께에 자리하는지 확인해보자. 만약 섬이 충분히 크고 여러 지형이 공존한다면 쌘구름의 맨 꼭대기는 대개 시가지나 삼림지처럼 열기가 특히 강한 곳 위에서 발견될 것이다.

만약 가벼운 산들바람이 불고 있다면, 쌘구름은 바람에 밀리는 와중에 몸체의 대부분은 섬 위에 머무르고 꼭대기는 풍향을 따라 기울어질 것이다. 섬의 바람받이 쪽 위로는 구름이 관찰되지 않겠고, 구름에서 세로로 가장 긴 부분은 대체로 섬의 바람의지 쪽 가장자리 인근이나 그쪽 바다의 바로 위 하늘에서 관찰될 것이다. 나는 종종 섬의 바람의지 쪽과 맞닿은 바다 위에서 몹시 커다란 구름을 발견하고는 한다. 이는 일종의 계단 효과로 이어질 수 있다. 섬의 바람받이 쪽 가장자리에 가까워질수록 구름이 점점 작아지다가 결국 사라지는 것이다. 이때 그 구름 계단은 바람과 평행을 이루는 방향으로 형성된다.

섬에서 구름은 끊임없이 흩어지고 다시 만들어진다. 그러므로 우리가 보는 구름이 섬에서 만들어진 구름인지 확인하는 방법 중 하나는, 구름이 주변의 다른 구름에 비해 정적으로 보이는지 평가하는 것이다. 하늘이 파랗고 맑은 날에는 산들바람을 따라 빠르게 흐르는 쌘구름들을 아주 흔히 관찰할 수 있다. 섬에서 만들어진 쌘구름은 한 장소에 뿌리를 내렸거나 아주 조금만 이동하는 것처럼 보일 것이다. 마치 땅에 매여 있는 것처럼 말이다. 그리고 어떤 면에서는 실제로 그러하다.

이 섬 구름을 우리가 멀리서도 알아볼 수 있는 이유는, 정적인 성질뿐 아니라 외형에서도 찾을 수 있다. 섬 구름은 크기와 모양, 밝기가 일대의 다른 쌘구름들과 다르다. 여느 구름에 비해 키가 크고 폭이 넓으며 밝아 보이는 것이 보통이다.

이 정적인 섬 구름 법칙에는 예외도 존재한다. 만약 일정한 산들바람이 부는데 섬이 충분히 크고 열이 충분히 가해진 데다 대기마저 충분히 습하다면, 섬에서 멀리 이동한 뒤에도 소멸되지 않을 정도로 충분히 커다란 구름의 행렬이 만들어질 것이다. 그렇게 달아난 섬 구름은 하늘의 여느 구름과 같은 속도로 바람을 타고 흐르며 이따금 기다란 평행선을 그릴 것이다.

내가 알기로 섬 구름과 관련된 현상의 가장 드문 예는, 태평양제도인들이 낭코토(nangkoto)라고 일컫는 한 쌍의 '눈썹구름(eyebrow cloud)'이다. 바람이 잠잠하고 지표면이 충분히 가열되면 쌘구름이 형성될 것이다. 그런데 이때 강력한 서멀이 존재할 경우 그 구름이 둘로 갈라지면서 눈썹 모양의 구름 한 쌍이 만들어진다. 일찍이 나는 섬 위의 하늘에서 갈라진 구름들을 여러 번 본 적이 있고 그것이 이 눈썹구름 현상의 결과라고 추측했지만, 실제로 눈썹을 닮은 구름은 나도 여태껏 본 적이 없다. 계속 관심을 기울이다 보면 언젠가는 마주칠 수 있기를 바랄 뿐이다. 하지만 여러분이 먼저 발견한다면 나로서는 더욱 기쁠 것이다. 건투를 빈다!

바탕색

작은 섬 위의 구름은 비를 머금은 경우가 드물다. 이는 곧 구름의 밑면이 명료하고 고르다는 뜻이다. 그 평평한 바닥의 색조를 통해 우리는 구름 아래 자리하는 지표면의 색깔을 유추할 수 있다. 하지만 구름을 웬만큼 관찰해서는 그 정도의 능력을 갖추기 어려운 데다, 우리가 뜻을 이루기 위해서는 몇 가지 요인이 맞아떨어져야 한다. 이를테면 밝은 청록색 바다와 어두운 삼림지처럼 차이가 뚜렷한 두 유형의 표면이 존재해야 한다. 또한 색깔을 비교하려면 하늘의 적당한 자리에 낮은 구름이 넉넉히 존재해야 한다. 하지만 너무 많아서는 안 된다. 그로 인해 햇빛이 흩어지면 빛의 밝기가 약해지면서 미묘한 색깔 변화를 알아채기가 어려워지기 때문이다. 다행히 바다 위는 공기가 습한 까닭에 대개는 구름 밑면의 고도가 충분히 낮아서 이런 연습을 수행하기에 적합하다.

구름 밑면에서 색깔을 찾는 기술은 오세아니아에서 유래했지만 동네 근처에서도 충분히 연마할 수 있다. 나는 세계 각지에서 그와 관련된 연습을 시행했는데, 결과는 아쉬울 때도 있고 놀랍도록 만족스러울 때도 있었다. 나의 연습은 주로 우리 집에서 보이는 서식스 사우스다운스의 한 언덕을 무대로 이뤄졌다. 그 언덕의 꼭대기는 울창한 숲으로 덮인 까닭에 주위의 전원지대보다 높고도 어둡다. 낮은 구름이 이 언덕을 가로지를 때면, 등성이를 지나는 동안 색조가 눈에 띄게 어두워지고는 한다. 나는 이 현상을 한 달에 한 번 꼴로 마주치는데, 오늘 오후에도 이 장을 집필하던 중에 우연히 보게 되었다.

말해두건대, 이 같은 색깔 차이는 땅이 구름을 변화시키면서 나타나는 현상이 아니다. 앞서 살펴본 바와 같이 언덕땅의 어두운 숲은 가열을 유도하여 구름을 생성할 뿐 아니라 이미 존재하는 구름의 색을 더 어둡게 만든다. 그리고 이 현상은 대기가 조금이라도 불안정할 때 특히 뚜렷해진다. 하지만 이 장에서 이야기하는 색깔 변화는 그것이 아니라, 육지와 바다의 색깔이 구름에 반영되는 현상에 관한 것이다. 물론 두 현상은 서로 맞물려 나타날 수 있고 실제로 그런 경우가 흔하다. 단순하게 생각하자. 반사로 인한 구름의 색깔 차이를 가려내는 연습으로 내가 추천하는 방법은, 하얗고 고도가 낮은 층구름이 언덕땅의 어두운 침엽수림 위를 지나는 모습을 관찰하는 것이다. 이 편평한 구름은 언덕과 국지적 가열이 구름의 형태와 음영에 미치는 영향이 비교적 미미하다는 방증이다. 그리고 이는 우리가 구름에 반사되는 지표면의 색깔에 집중할 수 있다는 의미이기도 하다. 이제 그 구름에서 경미한 멍 자국을 찾아보자. 이때 그 멍의 위치는 구름이 이동을 계속하는 와중에도 가장 높은 숲 위에 머물러야 한다.

어쩌면 벅찬 도전일 것이다. 하지만 우리는 이미 훌륭한 감지력을 갖추었고 우리 눈에 남달라 보이는 것에는 하나같이 저마다의 이유가 존재한다. 사실 이 도전은 낚시와도 조금 비슷한데, 어떤 대상을 좇는다는 것은 설령 실패할지언정 놀랍도록 귀중한 경험이고, 그런데도 계속하다보면 때때로 우리는 어마어마한 월

척을 낚아서 주변 사람들의 입을 떡 벌어지게 만들 수도 있기 때문이다.

그 모든 패턴을 알아채고 기술을 연마한 이들은 카누의 갑판 위에서 섬들을 찾아 바다를 떠돌던 항해자들이다. 그들은 구름의 징후를 올바르게 읽어내야 했다. 감춰진 섬들을 찾아내는지에 자신들의 목숨이 달려 있었기 때문이다. 하지만 우리는 고맙게도, 문제의 섬이 똑똑히 보이는 상태에서 그들의 기술을 빌리고 연마할 수 있다. 내 경우에는 특히 운이 좋아서, 핼네이커 풍차라든가 동네 언덕 위로 걸어 올라가기만 해도, 솔렌트 해협에 맞닿은 항구와 해협 곳곳의 작은 섬들 및 반도들, 그 너머의 제법 커다란 와이트섬까지 내려다볼 수 있다. 간혹 맑은 여름날 이른 오후부터 지켜보다 보면, 잉글랜드의 그 남쪽 해안이 일순 폴리네시아의 섬들처럼 보이기도 한다. 하지만 나는 눈앞에 펼쳐진 땅과 구름의 모양 및 색깔을 연결시킬 수 있다는 점에서, 태평양제도인들에 비해 기술을 단련하는 데 유리한 위치에 있다. 여러분도 기회가 된다면 나처럼 해보라고 권하고 싶다. 언제든 고요하고 화창한 날에, 그리 높지 않고 전망이 좋은 장소에서 한 곳 이상의 섬을 바라볼 기회가 생긴다면 그 기회를 반드시 붙잡도록 하자. 앞에서 설명한 기술을 하나하나 사용하다보면, 눈앞에 두고도 살면서 지금껏 보지 못하던 것들이 비로소 눈에 들어올 것이다.

해안지대의 바람

앞서 우리는 바닷바람과 뭍바람을 살펴보았다. 두 바람은 자연력 가운데 대체로 일정하고 온화한 축에 속한다. 또한 우리는 산바람과 물길바람이 때로는 강물을 타고 바다에 이르러 강어귀에서 연안수 위로 몰아친다는 사실도 확인한 바 있다. 해안지대의 바람에서 관찰되는 현상은 그 외에 두 가지가 더 존재한다. 두 현상은 거칠고 이따금 난폭하기까지 한 날씨를 유발한다. 우리는 그것들에 대해 알아둘 필요가 있다.

먼저, 바람이 해안에 대해 평행으로 부는지 수직으로 부는지부터 확인하자. 그런 다음 근처에서 절벽이나 벼랑, 가파른 비탈을 찾아보자. 이러한 지형지물은 향안풍(onshore wind)이나 육상풍(offshore wind)의 진로를 방해할 것이고, 그로 인해 그 바람들은 해당 지형지물의 바람의지 쪽 육지나 바다로 넘어가자마자 공중제비를 돌게 될 것이다. 이 같은 회전 기류는 산의 바람의지 쪽에서도 형성되지만, 바다에서는 풍향의 차이가 훨씬 더 극명하게 느껴질 수 있다. 한두 시간 온화한 바람이 불던 중에 갑자기 강한 돌풍이 뜬금없는 방향에서 불어닥치는 것은 예기치 않은 충격을 불러일으킨다. 이런 현상은 대기가 불안정할수록 심해질뿐더러, 자칫 폭풍우구름을 발달시키는 기폭제로 작용할 수 있다.

만약 바람이 해안선에 대해 평행하게 불어온다면, 곶이나 반도처럼 튀어나온 육지 역시 같은 현상을 일으킬 것이다. 다만 그럴 때는 수직적 회오리가 아니라 수평적 회오리가 일어난다. 바람은 그것이 부는 방향으로 튀어나온 반도를 끼고 뒤로 돌아가는 경향이 있다. 바람이 절대 들이치지 않을 듯 보이는 만에 '엉뚱한' 방향의 바람이 들이닥치는 일은 의외로 굉장히 흔하다.

물리학 용어로는 이 두 현상을 간단히 맴돌이라 일컫는다. 그리고 우리는 이미 맴돌이를 다른 곳에서 다른 모습으로 만난 적이 있다. 하지만 해안 근처에서 발생하는 맴돌이는 상대적으로 많은 문제를 유발한다. 차분한 산들바람이 부는 날의 난기류는 예기치 않은 불청객이고, 배를 탄 사람에게는 더더욱 그러하다.•

겨울 바다의 쌘구름

겨울날 언덕 너머로 바다를 내려다보면, 바다 위에는 쌘구름이 수두룩한데 바로 옆 육지에는 한 점도 보이지 않을 때가 많다. 하지만 다른 계절에는 대체로 이와 반대의 경향이 관찰된다. 뭍바람은 바다 위에 구름이 한 줄로 나란히 뜨게 만들 수 있지만, 만약 그 구름이 해안의 형태에 따라 나열되어 있지 않으면 뭔가 다른 원인이 작용했다고 생각할 수밖에 없다.

초겨울에 바다는 열 배터리 역할을 한다. 이는 온기가 오래 유

• 물의 패턴은 이러한 바람이 배에 몰아치기 전에 그것들을 발견하고 추적하는 단서로 사용될 수 있다. 이와 관련된 기술은 나의 저서 《산책자를 위한 자연수업 2》(이케이북, 2020)를 참조하기 바란다.

지된다는 뜻이고, 그런고로 바다 수영을 하기에는 봄보다 가을이 낫다. 추운 가을이나 겨울에 육지는 가열 작용이 턱없이 부족해 서멀을 일으키기 어렵지만, 바다는 사정이 다르다. 이렇게 형성된 구름은 그 바다의 지리적 정보를 제공한다. 섬에서 만들어진 쌘구름이 그 땅의 지리적 정보를 제공했던 것처럼.

일단 그 구름을 찾는 일에 익숙해지면, 하늘에서 바다를 보는 일이 가능해진다. 또한 그 쌘구름은 바다 위 대기가 비교적 불안정하다는 증거이고, 그러므로 더 거센 바람이 불어닥칠 징후이기도 하다.

해안의 미기후

해조류는 바깥에 널어두면 악천후가 가까워졌을 때 공기 중에서 수분을 흡수하여 부풀거나 점액질을 분비하여 끈끈해진다. 다른 동식물도 마찬가지다. 이 같은 원리를 근거로 우리는 해안의 미기후를 더욱 폭넓게 이해할 수 있다. 그러나 상황을 온전히 이해하려면 다른 부분도 고려해야 한다.

지금까지 우리가 살펴본 미기후의 징후들은 대부분 해안지역에서도 적용할 수 있지만, 우리는 특히 소금의 강한 영향력에 주목해야 한다. 소금은 내륙 깊숙한 곳까지 유입될 수 있지만, 아무래도 해안으로부터 20킬로미터 이내의 영역이 소금기에 가장 취약하다. 바람이 실어 오는 소금기는 동식물에 심각한 피해를 입힐 수 있다. 그러므로 해안의 미기후를 견디고 살아남기 위해서는 소금기에 대한 저항력이 높아야 한다.

바람의 동향을 살피려 해안의 나무들을 관찰하다보면, 소금기의 영향력을 새삼스레 깨닫게 된다. 모름지기 자연 항법사라면 혼란을 방지하기 위해 이 특이하고 변칙적인 현상을 제대로 이해해야 한다. 해안 근처에서는 탁월풍보다 바닷바람이 식물에 더 지대한 영향을 발휘할 수 있다. 가령 캐나다 노바스코샤의 절벽에서 자라는 나무들은 탁월풍이 서풍임에도, 서쪽을 향해 나부끼는 '깃발' 모양을 하고 있다. 상대적으로 뜸하지만 더 많은 소금기를 머금은 채 동쪽에서 불어오는 바닷바람이 나무들을 유린한 까닭이다.

날씨는 해안지역에서도 다른 곳들과 동일한 원칙을 따르지만, 바다와 육지가 만나는 영역이다 보니 차이들이 상대적으로 두드러진다. 날씨의 메시지는 큰 틀에서 동일하지만 모양이나 색깔, 느낌이 더 강렬하고 복잡하다고 할까. 요컨대 바닷가의 날씨는 이채롭고 현란하다.

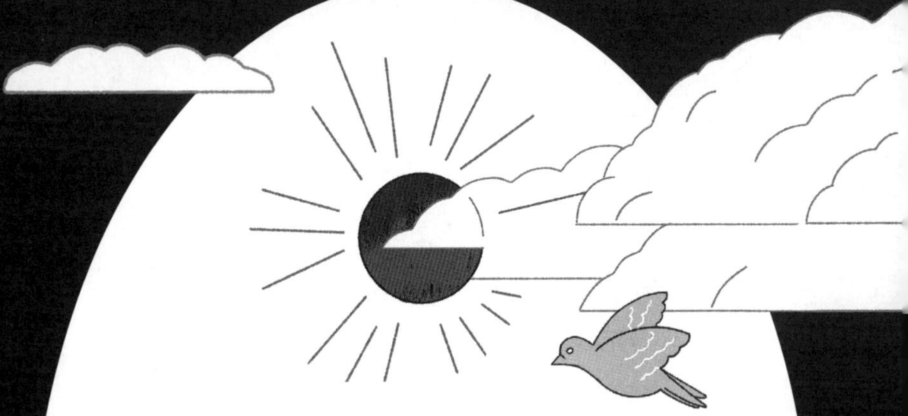

19장

동물들

설화와 문학과 과학의 실타래 | 믿을 만한 징후들 | 새 | 곤충의 날씨 지도 | 곤충과 바람 | 더 풍성한 그림

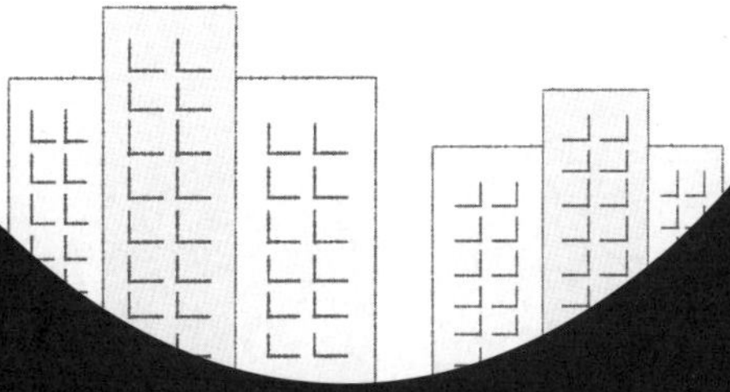

새의 노래가 멈췄다. 이내 검은지빠귀의 날카로운 울음과 박새의 긴박한 외침이 들려왔다. 소리가 바뀜과 동시에 새들은 땅에서 나무로 날아오르기 시작했다. 까마귀 한 쌍이 시끄럽게 떠들며 난투극을 벌이고 있었다. 내 발치의 환한 땅에 흐드러진 야생화에서 작은 곤충 여럿이 햇살을 가르며 날아오르는가 싶더니, 그만 너도밤나무 숲지붕 속으로 사라졌다. 몇 분 뒤 비가 내리기 시작했다. 그 소나기가 내리기 2000년 전에 베르길리우스(Vergilius, 기원전 70~기원전 19)는 이런 글을 썼다.

> 비는 인간에게 경고 없이 해악을 가져온 전례가 없다. 구름이 끼고 비가 내릴 조짐이 보이면, 하늘의 두루미는 깊은 골짜기에서 달아나고, 어린 암소는 하늘을 올려다보며 콧구멍을 벌려 산들바람을 들이켠다. 제비는 지지배배 울면

서 웅덩이 주변을 날아다니고, 진창에서는 개구리가 개골개골 태고의 울음을 토해낸다. 개미가 굴을 파서 가장 안쪽의 알들을 옮기는 사이 커다란 무지개는 축배를 들고, 떼까마귀는 길게 무리 지어 초원을 떠나며 묵직한 날개를 푸드덕거린다.

식물과 마찬가지로 동물은 환경에 다양한 방식으로 반응함으로써, 우리가 과거와 현재, 미래의 날씨를 이해하도록 돕는다. 그러나 식물과 달리 동물은 이동이 자유롭고 목소리를 내기 때문에 대개 날씨를 더 수월히 이해하게 해준다. 동물의 감각이 인간보다 예민하다는 점도 우리에게는 유리하게 작용한다. 수컷 살무사는 기온과 햇빛, 바람을 고려하여 자리를 고를 뿐 아니라, 햇살의 방향에 맞춰 몸의 위치를 끊임없이 조정함으로써 외피 온도를 가급적 섭씨 34도 언저리로 유지한다.

동물은 대부분 습도의 변화를 감지하는 능력이 인간보다 훨씬 뛰어나다. 그리고 알다시피 우리는 이를 단서로 날씨의 변화를 제법 정확하게 예측할 수 있다.

설화와 문학과 과학의 실타래

암소가 드러누우면 비가 오느냐고 누가 물어올 때마다 1달러씩을 받았더라면, 나는 지금쯤 송아지 한 마리 값은 족히 벌었을 것이다. 안타깝게도 그 속설에는 과학적 근거가 거의 없을뿐더러, 나 역시도 그것이 사실이라고는 믿지 않는다. 혹자는 암소가 드러눕는 이유는 그 구역의 풀이 비에 젖지 않게 하기 위해서라고 말하지만, 내가 보기에는 얼토당토않은 소리다. 차라리 되새김질하기 위해서라면 모를까. 한편 이런 의견도 있다. 암소들은 오후에 더 자주 드러눕는데, 소나기도 대부분 오후에 내린다는 것이다. 하지만 설령 그렇다고 한들 그 사실이 비와의 연관성을 입증하지는 않으므로, 문제의 속설은 예보로서의 가치가 전무하다. 하지만 누구든 암소를 눈여겨본 사람이라면 비가 오든 말든, 강풍이 불기 전이나 부는 동안에는 암소들이 가령 나무 뒤나 목초지 모퉁이처럼 바람을 피할 만한 장소에 모여든다는 사실을 알고 있을 것이다.

날씨에 관한 속설은 사람을 혹하게 하는 동시에 다음과 같은 고민에 빠지게 한다. 문제의 속설을 받아들일 것인가, 무시할 것인가, 아니면 전혀 다른 해답을 찾을 것인가?

자, 먼저 '재미있지만 증명되지는 않은' 오래된 속설들부터 가볍게 훑어보자. 비가 오기 전에 동물들은 이런 행동을 보인다고 한다. 고양이는 재채기를 하거나 까불거린다. 개는 귀 뒤를 닦거나 풀을 뜯는다. 토끼는 한 방향을 바라본다. 두꺼비는 서둘러 물을 찾아간다. 말은 목을 길게 뺀다. 돼지는 좀처럼 몸을 가만두지 못한다. 사슴은 평소보다 일찍 배를 채운다. 청딱따구리는 소리 내어 웃는다. 떼까마귀는 구붓하게 날아다닌다. 이 밖에도 소개하자면 몇 쪽이든 늘어놓을 수 있고 게다가 재미도 있지만,

맛보기는 이쯤에서 끝내고 지금부터는 동물과 관련된 날씨의 징후 가운데 믿을 만한 것들을 들여다보자. 속설이 흥미롭고 상상력을 자극하는 데다 머릿속에 쉽게 각인되기는 하지만, 날씨를 제대로 이해하고 싶다면 역시 과학적 사실에 더욱 집중해야 한다. 하지만 이 두 세계는 배타적이지 않다. 이 장에서 우리는 두 세계 모두에서 최선의 내용을 끌어낼 것이다. 우리의 모토는 이것이다. 무엇이든 도움이 된다면 활용한다.

동물과 관련된 날씨의 징후 가운데 믿을 만한 유형은 세 가지, 즉 개별적 행동 변화와 집단적 변화, 청각적 징후이다.

믿을 만한 징후들

동물과 관련된 다양한 징후를 속속들이 이해하기 위해 이제부터 우리는 어느 특별한 동물의 행동을 가까이서 들여다볼 참이다. 그 전에 우선 날씨에 관한 오래된 속설을 하나 읽어보자. "거미줄의 가닥이 길면 날씨가 맑고, 가닥이 짧아지면 비가 내린다." 정말 그럴까?

바람과 온도, 습도는 거미의 거미줄 치는 방식을 좌우한다. 온도와 습도는 거미줄의 구조와 성질에 다각도로 영향을 미친다. 그중 우리가 기억할 가장 단순한 진실은, 바람이 많이 부는 날씨에는 거미가 거미줄을 더 작게 친다는 점이다. 이는 학술 연구에서도 사실로 밝혀졌는데, 연구자들은 거미가 바람굴에서 행동하는 양식을 관찰했다고 한다. 또한 알다시피 바람은 비가 오기 전에 종종 강해지므로, 이 속설은 원칙적으로 사실이다. 혹자는 굳이 거미의 도움 없이도 바람을 감지하는 데는 문제가 없다고 주장할 수도 있다. 하지만 여기서 핵심은 그게 아니다. 거미줄의 크기 및 모양과 날씨 사이에 직접적이고 과학적인 연관성이 존재한다는 것, 이 사실이 중요하다.

자연 항법사들은 거미줄과 바람의 이 같은 관계를 이용해 방향을 알아낸다. 거미줄은 바람을 피할 만한 장소, 즉 나무라든가 관문, 건물과 같은 장벽의 바람의지 쪽에서 더 흔히 발견된다. 하지만 거미줄을 읽는 데는 기술이 필요하다. 거미가 줄을 치는 곳은 바람을 피할 만한 장소인 동시에, 기존의 거미줄이 오래 유지되는 장소이기도 하다. 고로 외딴 거미줄은 미심쩍은 나침반이다. 그보다는 찢어진 거미줄과 새로 친 거미줄이 공존하는 후미진 장소에서 우리는 더 강력한 징후를 읽어낼 수 있다. '귀신들린 집'을 연상시키는 모양새는 바람이 봄맞이 대청소를 할 때 그곳만은 비껴간다는 증거가 된다. 이를 토대로 우리는 탁월풍을 막아주는 피난처를 찾아낼 수 있고, 미국에서 그런 장소는 바람이 들이치지 않는 동쪽에 주로 자리한다.

토머스 하디를 읽어본 사람은 다들 알겠지만, 그의 책이 하늘과 땅을 담아내는 방식에는 남다른 면이 있다. 등장인물들은 두꺼비나 거미, 민달팽이, 양과 관련된 날씨의 징후를 이야기하고, 경우에 따라서는 네 징후가 서로를 뒷받침하기도 한다. 소설 《성난 군중으로부터 멀리》 속 젊은 양치기 가브리엘 오크는 오솔길을 건너는 두꺼비와 그의 집 안을 기어 다니는 민달팽이, 천장에서 떨어지는 거미 두 마리를 발견한다. 이내 오크는 마치 당연한 수순처럼 양들 쪽으로 시선을 돌린다. 그러고는 양들이 "한 마리도 빠짐없이 지평선의 한쪽, 폭풍우가 금방이라도 몰아칠 것 같은 방향으로 꼬리를 돌린 채 한데 모여" 있다는 사실을 확인한다.

피식 동물은 습관적으로 바람을 향해 꽁무니를 돌린다. 고산토끼처럼 제법 무거운 동물들도 마찬가지다. 짐작건대 이는 바람을 등지는 자세가 여러 종에게 더 편안할뿐더러, 생존에도 유리한 까닭일 것이다. 피식 동물은 시야각이 매우 넓지만, 다 그렇지는 않다. 말의 시야각은 무려 350도에 달한다. 뒤쪽의 10도, 그러니까 팔을 쭉 뻗었을 때 보이는 주먹의 너비 정도를 제외하면 사실상 모든 각도를 볼 수 있다는 얘기다. 사람의 시야각은 120도에 불과하다. 그러므로 인간에게는 맹점이라는 용어보다 사각지대라는 용어가 더 적합할 것이다. 우리가 볼 수 없는 경관의 시야각이 볼 수 있는 경관의 시야각보다 두 배나 넓기 때문이다.

바람을 향해 꽁무니를 돌림으로써 피식 동물은 눈으로 확인할 수 없는 그 좁은 영역에서 다가오는 위협적 존재를 냄새로 알아차리게 된다. 일전에 말과 교감한다는 사람에게 들은 이야기에 따르면, 바람은 말의 행동 양식을 바꿔놓는다. 그러니까 모진 바람이 말의 심기를 초조하고 불안하게 만든다는 것이다. 강풍이 산천초목을 뒤흔드는 탓에 말은 주변의 움직임을 알아채기가 어려워지고, 그로 인해 신경이 예민해져 쉽사리 흥분하게 된다고 애덤은 내게 설명해주었다.

말이 땀을 많이 흘리면 비가 온다는 속설이 있다. 이는 얼핏 사실처럼 들린다. 비가 오기 전에는 습도가 상승하고, 모름지기 땀을 흘리는 동물이라면 대기가 습할수록 땀을 더 많이 쏟게 마련이니까. 습도가 높아 땀이 잘 마르지 않으면 체온을 내리기가 어려워지기 때문에, 우리 몸은 땀을 더 많이 배출함으로써 이를 보상하려 한다. 사우나에서 우리는 뜨거운 돌에 물을 끼얹는다. 탕의 온도가 아니라 습도를 높여 더 많은 땀을 흘리기 위해서다.

집단성을 가진 동물들은 개체별로 한 마리씩 발견될 때도 있고 무리가 한꺼번에 발견될 때도 있다. 가축 떼는 날씨의 전망이 좋은지 나쁜지에 따라 '집', 그러니까 농장에서 비교적 먼 곳까지 나가기도 하고 가까운 곳에 머무르기도 한다. 또한 포식 동물이나 악천후와 같은 위협이 존재하는 상황에서는 한곳에 뭉쳐 있지만, 평화로운 상황에서는 뿔뿔이 흩어져 지낸다. 만약 집단성을 가진 동물이 농장 근처의 바람의지 쪽에 모여 바람을 피하고 있다면, 이는 조만간 악천후가 들이닥칠 강력한 징후이다. 만약 양들이 언덕마루 위를 한가로이 돌아다니고 있다면, 일대에서 위험한 동물이나 날씨의 기미를 감지하지 못한 까닭일 것이다.

다시 가브리엘 오크의 머릿속을 들여다보자. 민달팽이는 날씨의 여러 요소 가운데서도 특히 온도 변화에 민감하게 반응한다. 민달팽이가 기어가는 속도는 서늘한 날보다 따뜻한 날에 더 빠르지만, 날씨 관찰자의 관점에서 더욱 흥미로운 부분은 민달팽이가 온도 변화에 대응하는 방식이다. 민달팽이는 보통 야행성이다. 채소를 가꿔본 사람이라면 동틀 녘에 밭을 살피다가 소스라친 경험이 한 번쯤은 있을 것이다. 그런데 이런 민달팽이를 낮에도 밖으로 끌어내는 상황이 한 가지 존재한다. 그 한 가지란 바로 갑작스런 한기이다. 여름 소나기나 한랭전선이 도착하기 직전 혹은 도착해 있는 동안에 우리는 그와 같은 한기를 느끼곤 한다. 가령 낮 기온이 21도 아래로 떨어지면, 돌이나 식물 밑에 숨어 있던 민달팽이가 하나둘 기어 나올 테고, 녀석들의 활동성은 기온의 오르내림에 따라 달라질 것이다. 그러니까 기온이 심하게 내려갈수록 훨씬 많은 민달팽이가 길을 나서겠지만, 기온이 다시 올라가면 녀석들이 집으로 돌아간다는 얘기다.

비가 내린 뒤에는 수컷 개구리의 개굴개굴 소리가 유난히 크게 들리는데, 웅덩이에 물이 새로 차오르면서 암컷이 알을 낳기에 좋은 환경이 만들어지기 때문이다. 그러나 이것이 비를 예측하는 단서가 될 수는 없다. 개구리가 울기 한참 전부터 비는 이미 내리고 있었을 테니까. 1월이 되고 밤 기온이 5도보다 높아지면 개구리와 두꺼비가 겨울잠에서 깨어난다. 하지만 이것 역시 우리가 전에 느끼지 못한 새로운 사실을 말해주지는 않는다.

개구리는 습도가 올라갈수록 더 활발하게 움직이는데, 습도는 비가 내리기 **전에** 올라간다는 점에서 날씨의 징후로 제법 유용하다. 평소에 양서류를 주의 깊게 관찰하던 이들은 그 변화를 무리 없이 알아채겠지만, 가볍게 보아 넘기던 이들은 여간해서 알아차리기 어려울 것이다. 내 경우 개구리가 빗속에서 개굴개굴하는 소리를 필리핀의 보르네오에서도 들어보고 영국의 보그너레지스에서도 들어봤지만, 날씨가 바뀌기 전에 그 소리가 눈에 띄게 활발해진다고는 딱히 느끼지 못했다.

비가 내린 뒤에는 땅바닥에서 지렁이를 비교적 쉽게 찾아볼 수 있다. 잘 알려진 속설에 따르면, 비가 올 때 굴에 남아 있으면 자칫 물에 빠져 죽을 수 있기 때문이라고 한다. 그러나 이는 사실과 다르다. 지렁이는 익사하지 않는다. 지렁이는 피부로 숨을 쉴 뿐 아니라, 물에 잠긴 상태에서도 며칠 동안 생존할 수 있다. 과학자들은 비 온 뒤에 지렁이가 땅 위로 올라오는 것은 더 먼 거리를 이동하기에 유리한 환경이 조성된 까닭이라고 분석한다. 축축한 땅은 탈수의 위험이 없다는 점에서 건조한 땅에 비해 지렁이가 다니기에 더 적합하다. 이 밖에 그럴듯한 이유로는 빗소리가 두더지 소리와 닮았다는 점을 들 수 있다. 빗소리에 놀란 지렁이가 두더지를 피하느라 땅 위로 도망친다는 것이다. 지렁이를 미끼로 애용하는 낚시꾼들은 비 특유의 소리와 진동을 모방하여 녀석들을 굴에서 끌어낼 방법들을 고안해냈다. 그중 하나로는 땅에 박힌 말뚝 위에 톱날을 대고 긋는 방법이 있다.

새

흔히들 당나귀가 시끄럽게 울면 날씨가 나빠진다고 한다. 물론 이는 때때로 사실이지만, 꼭 당나귀가 아니어도 목소리로 놀람을 표현할 수 있는 동물은 악천후의 접근을 간간이 경고하곤 한다. 날씨에 대한 청각적 신호를 보내는 야생동물 가운데 가장 믿을 만한 종류는 새이다. 앞서 언급한 보츠와나의 소농들은 식물이 비의 단서를 제공한다고 확신하는 동시에, 동물의 목소리에 한층 더 깊은 신뢰를 드러냈다. "나는 특정한 새나 곤충이 우는 소리를 듣고 비가 올 가능성을 예측할 수 있다"라는 문장을 제시하자 무려 82퍼센트가 그렇다고 답했으니까.

그와 같은 믿음은 세계 곳곳의 시골 마을에서 찾아볼 수 있다. 파푸아뉴기니 사람들은 꿀빨이새가 큰 소리로 울면 비가 온다고 믿는다. 푸른머리되새는 '비를 부르는 소리'를 내기로 유명하다. 푸른머리되새가 "휴잇"하고 울면 비가 온다고 알려져 있다. 그 소리는 푸른머리되새가 있는 곳이면 어디서든 들을 수 있지만, 놀랍게도 지역별로 억양의 차이가 존재한다. 나는 각각의 소리 자체는 그다지 중요하다고 생각지 않는다. 그보다는 소리경치(soundscape)에 나타나는 전체적 변화에 주의를 기울여야 한다. 이 개념에 대해서는 이 장 끝부분에서 다시 한번 다룰 것이다.

새들은 우리가 퍼즐을 맞추는 데 유용한 정보를 제공한다. 일전에 사이먼 리(Simon Lee)라는 기상학자는 맹금류인 붉은솔개가 서멀을 타고 솟구쳐 허공을 맴도는 모습을 지켜본 경험을 내게 들려준 적이 있다. 붉은솔개는 서멀이 강력할수록 더 높이 날아오른다는 사실을 그는 알고 있었다. 높이 나는 새는 불안정한 대기의 징후였다. 또한 사이먼은 새의 비행 고도를 일기예보에 적용하는 방법도 알고 있었다. 새의 비행 고도가 높을수록 폭풍우의 가능성도 커진다는 것이었다. 2005년에 요크셔에서 그는 유난히 높이 나는 새들을 발견했다. 얼마 지나지 않아 강력한 폭풍우가 들이닥쳤고, 순식간에 물이 불어나면서 심각한 홍수로 이어졌다.

숲에 사는 새들은 날씨가 맑고 건조할 때면 나무의 밑가지 부근에서 먹이를 찾다가, 날씨가 나빠질수록 윗가지 쪽으로 올라가는 경향이 있다. 또한 날씨가 맑은 기간에는 새가 바깥에 나가 있는 시간이 길어지고 보금자리로 돌아오는 시간은 늦어진다. 이는 둘 다 반응적 행동이다. 다시 말해 새들은 우리에게 날씨를 예보해주지 않지만, 직소퍼즐을 맞추는 데 중요한 단서를 제공한다. 내가 감지한 바로는 여우나 오소리 들이 해 질 녘에 주로 활동하는 것은, 둥지에 깃든 새의 울음소리라든가 최근 및 현재의 날씨와 밀접한 관련이 있다. 덥고 고요한 날에는 새소리가 실제보다 멀리서 나는 것처럼 들린다.

새들이 날고 내려앉는 모습뿐 아니라 자는 모습에서도 우리는 바람의 동향을 읽을 수 있다. 하늘에서 새들은 종종 활공하는 모습을 보인다. 얼핏 부드럽게 나는 듯싶지만, 사실 그 새들은 난기류와 힘껏 싸우는 중이다. 새의 활공 시간은 대기가 안정할수록 길어지므로, 그러한 광경은 날씨가 맑고 잔잔한 날에 더 흔히 목격되고는 한다.

이를테면 꿩처럼 숲에 사는 새들은 쉬는 동안에 바람을 마주 보는 경향이 있다. 그리고 17장에서 살펴본 것처럼, 도시에 사는 새들 역시 그러한 경향을 보인다. 한편 황조롱이 같은 새들은 공중에 정지해 있는 동안 바람이 불어오는 방향을 마주 보는데, 그래야 같은 땅 위의 하늘에 계속 머물 수 있기 때문이다. 만약 다른 방향으로 고개를 돌리면 바람에 밀려 그 자리를 벗어날 수밖에 없다. 고로 황조롱이의 공중 정지는 사실 앞바람을 맞으며 매우 느린 속도로 날고 있는 것이다. 나는 종종 이를 단서로 차 안에서 풍향을 가늠해보곤 한다. 긴 여행과 자동차의 소음에 지쳐갈 때쯤 고속도로 근처 하늘에서 이 자연 풍향계를 발견하면 그렇게 반가울 수가 없다.

때로는 새가 공중에 떠 있는 방식을 단서로 일대의 지리적 정보를 얻어낼 수도 있다. 아무리 우아하게 비행하는 새도 중력을 물리칠 수는 없다. 더 높은 하늘로 오르기 위해서는 날개를 퍼덕이든지 상승기류에 올라타야 한다. 우리는 앞서 서멀을 타고 공중을 맴도는 새들을 만나본 적이 있다. 하지만 서멀이라고 다 같은 서멀이 아니다. 상승기류 가운데서도 새들이 유독 선호하는 유형이 있다. 바람은 경사진 땅에 부딪치면 어김없이 위로 휘어지면서 맴돌이나 파동을 일으킨다. 새들은 이런 자유에너지를 능숙하게 이용한다. 그런 이유로, 벼랑 끝을 이은 선과 나란히 날거나 그 위를 맴도는 새들이 우리 눈에 종종 들어오는 것이다.

알고 보면 이 현상은 실로 다양한 범위에서 나타난다. 펜실베이니아에서는 탁월풍이 산맥에 부딪쳐 튀어 오르면, 매들이 그 기다란 상승기류와 나란히 이동하는 모습을 관찰할 수 있다. 그런가 하면 나는 어느 산울타리 위에서 비슷한 현상을 발견한 적이 있다. 그 자리에서 새들은 공중에 떠 있으면서도 몇 초 동안 날개를 퍼덕이지 않았다. 두 경우 모두에서 새들은 아래의 가파른 경사면에 바람이 불어닥치고 있음을 암시한다. 나는 이런 현

상이 리처드 제프리스의 다음 문장과 맥을 같이한다고 여긴다. "공기의 부양력은 학계가 인정하는 수준을 능가한다는 믿음이 생각을 거듭할수록 더욱 확고해진다."

강풍에 맞서 이동할 때면 새들은 대개 비행 고도를 낮춘다. 지표면에 가까워질수록 바람의 속도가 느려지기 때문이다. 나는 까마귀며 갈매기며 비둘기와 같은 새들이 세찬 바람에 맞서 나아가느라 고도를 낮춘 채 들판 위를 잽싸게 지나는 광경을 여러 번 목격한 바 있다. 하지만 반대 방향으로 돌아갈 때면 새들은 고도를 한껏 높인다. 때로는 단순히 정찰 중인 새에게서 이 같은 현상이 목격되기도 한다. 갈매기나 맹금류는 먹이를 찾아다닐 때면, 마치 경주로를 따라 달리듯 들판 위를 길쭉한 타원형으로 날아다닌다. 이때 강풍이 불면 새들은 바람에 맞서는 구간에서는 비행 고도를 낮추고 바람을 타는 구간에서는 고도를 슬쩍 높인다.

새들은 햇볕을 쬐며 몸을 덥히는데, 만약 양지바른 장소에 있던 새들이 날아오른다면 그네들의 목적지는 또 하나의 양지바른 장소일 공산이 크다. 이따금 몸이 지나치게 따끈해지면 새들은 심지어 같은 나무 안에서도 그늘을 찾아 이동하곤 하는데, 그 전에 예컨대 갈까마귀와 같은 새는 부리를 벌린 채 헐떡이는 모습을 사람들에게 들키기도 한다.

우리 동네 숲에 사는 올빼미는 날씨가 맑고 고요할 때면 목소리가 확연히 높아지는 **듯하다.** 다시 강조하지만 그런 '듯하다'는 얘기다. 날씨가 좋을 때 동물의 소리가 더 명확히 들린다는 것은 실제로 올빼미가 더 크게 울어서일 수도 있지만, 고요한 날씨가 나무의 소리를 잠재워 올빼미의 소리가 더 크게 울려서일 수도 있다.

제한적이나마 관련 분야의 과학적 지식을 참고하자면, 올빼미는 종별로 반응하는 방식이 다르다. 상대적으로 온도와 습도에 예민한 종이 있는가 하면, 달의 위상과 빛의 밝기에 예민한 종도 있다. 17세기에 프랜시스 베이컨은 이런 글을 썼다. "고대인들은 올빼미의 울음소리를 맑던 날씨가 습해지거나 습하던 날씨가 맑아질 징조라고 여겼다. 하지만 우리는 일반적으로, 특히 겨울에 올빼미의 깨끗하고 명쾌한 울음소리를 날씨가 맑다는 증거라고 여긴다."

올빼미의 울음소리가 들리면 나는 밤 산책을 나서려는 결심을 굳히게 된다. 종종 박쥐들도 그 결심에 힘을 싣는다. 건조하고 따뜻한 날씨에는 먹이인 곤충을 찾기가 비교적 수월하여 박쥐들이 더 부지런히 활동하기 때문이다.

최근 들어 나는 산책길에 마주치는 딱따구리 구멍의 방향을 눈여겨보기 시작했다. 내가 마주치는 구멍 대부분은 오색딱따구리 둥지인데, 보아하니 녀석들은 나무의 북동쪽을 선호하는 듯하다. 물론 예외는 존재한다. 겨우 90미터 남짓 떨어진 나무에 뚫린 둥지는 반대 방향을 바라보고 있으니까. 하지만 대체로는 북동쪽을 바라보는 경향이 뚜렷하다. 딱따구리에게는 환기와 온기가 중요하고 그래서 해와 바람의 역할이 당연히 중요하지만, 무엇보다 중요한 부분은 나뭇가지의 각도다. 딱따구리의 둥지는 물에 취약하다. 만약 폭우가 쏟아질 때마다 구멍으로 빗물이 흘러든다면 그 둥지는 온전히 버텨내지 못할 것이다. 일설에 따르면, 일대의 나뭇가지들은 대개 탁월풍의 영향으로 북동쪽을 향하고 있는데, 덕분에 그쪽에 자연스레 지붕이 형성되면서 딱따구리의 둥지를 건조하게 유지할 만한 환경이 조성됐다고 한다.

곤충의 날씨 지도

기온이 상승할수록 나비는 더 활발히 날아다니고 개미는 더 분주히 기어 다닌다. 꿀벌은 바깥 기온이 13도에 도달한 뒤에야 비로소 먹이를 찾아 나서고, 수은주가 19도에 가까워질수록 움직임이 더욱 활발해진다. 햇볕을 쬐며 몸을 덥히려는 뒤영벌은 따뜻한 표면에 바짝 붙은 채 해를 향해 몸을 꼼질거린다. 날씨가 너무 더워지면 딱정벌레는 배를 땅바닥에 닿지 않도록 들기도 하고, 하얀 배가 해를 향하도록 사막에 드러눕기도 한다.

기온은 곤충에게 대단히 중요하고, 모든 곤충은 기온에 반응한다. 일반적으로 여름날에는 큰 곤충들이 가장 먼저 눈에 띄다가, 어느 순간부터 작은 곤충들이 보이고, 그러다 다시 큰 곤충들이 눈에 들어온다. 몸집이 큰 곤충은 상대적으로 추위에 강하고 더위에는 약하다. 그런고로 큰 곤충은 서늘한 아침과 저녁을 좋아하고 낮에는 활동을 자제한다. 한편 작은 곤충은 서늘한 시간대에는 어쩔 수 없이 쉬면서 날씨가 풀리기를 기다린다.

스코틀랜드의 하일랜드 지방에서는 깔따구가 커다란 골칫거리다. 하지만 기온에 민감하다는 점을 이용하면 녀석들을 물리칠 수 있다. 깔따구가 돌아다니는 기온의 범위는 매우 좁다. 너무 더우면 안 되고 너무 추워도 곤란하다. 고로 하일랜드의 산지에서는 조금만 위나 아래로 이동해도 기온이 깔따구의 쾌적대보다 낮거나 높아져 녀석들을 떨쳐내는 효과로 이어진다.

귀뚜라미는 기온이 따뜻할 때 활동하는 곤충으로 알려져 있고, 귀뚜라미 울음의 빈도수는 기온과 직접적 관련이 있다. 종별로 차이는 있지만, 통상적으로 귀뚜라미는 기온이 대략 13도일 때 초당 1회꼴로 귀뚤귀뚤 소리를 낸다.

날개 달린 개미는, 따뜻하고 습하고 바람이 약한 여름에 떼 지어 날아다닌다. 마치 '날개 달린 개미의 날'을 맞아 온 나라의 날 수 있는 개미들이 한데 모이기라도 한 양 공중으로 일제히 날아오르는 것이다. 하지만 다들 알다시피 같은 지역에서도 미기후는 천차만별이다. 그러므로 이런 날이 딱 하루에 그치리라는 생각은 차라리 설화에 가깝다. 기상 조건이 적당하다면 개미들은 며칠에 걸쳐 각기 다른 구역에서 일제히 날아오를 것이다. 만약 지금 눈앞에서 곤충 떼가 날아다닌다면, 현재 기온이 13도 이상이고 풍속은 초속 6미터 이하라고 생각해도 좋다.

개미들이 한 줄로 곧게 이동하면 악천후가 온다는 속설이 있다. 하지만 나는 이를 뒷받침할 관찰 결과나 학문적 근거를 알지 못한다. 그보다는 개미가 집 주위로 벽을 쌓으면 조만간 강한 비가 온다는 오스트레일리아 원주민의 구전 지식이 오히려 흥미롭다. 게다가 서구에도 그와 비슷한 속설이 있다. 한편 이제 우리에게 낯익은 태평양제도인들은 작은 홍개미들이 집 입구를 막으면 날씨가 나빠지고 열어두면 맑은 날씨가 이어진다고 여겼다. 이와 비슷한 속설은 서구에서도 찾아볼 수 있다. 두 사례 모두 내가 직접 목격한 적은 없다. 하지만 그렇다고 두 속설이 모두 터무니없다고는 생각지 않는다. 만약 여러 광범위한 문화권이나 사회에서 서로 왕래도 없던 시절에 비슷한 믿음을 갖게 됐다면, 그 믿음은 사실에 기초했을 공산이 크다. 과학자들의 심층적 연구 결과는 개미가 대부분 습도에 민감하다는 생각에 힘을 신는다. 일례로 베짜기개미는 열대 폭풍우의 도착을 앞두고 집을 짓는 모습이 관찰된 바 있다.

종별로 차이는 있지만, 개미와 흰개미가 집을 쌓는 방향과 태양 사이에는 밀접한 관련이 있다. 호주 북부에 사는 나침반흰개미(Amitermes meridionalis)의 개미탑은 북쪽이 뾰족하기로 유명하다. 얇은 면은 한낮의 태양을 마주 보지만 넓은 면은 아침이나 저녁의 태양을 마주 보게 함으로써 집의 내부 온도를 조절하는 것이다.

지구상에는 이름을 가진 개미만 해도 1만 3000여 종에 이른다. 게다가 종별로 습성도 제각각이다. 그러므로 우리는 각자의 지역에 분포하는 종들의 습성에 주의를 집중해야 한다. 내가 주로 활용하는 개미의 행동 양식은 기껏해야 두어 가지뿐이고, 그나마도 날씨보다는 자연 항법과 더 관련이 깊지만 한 가지 중복되는 습성이 있다. 영국의 황개미(*Lasius flavus*)는 물이 잘 빠지는 풀밭에 주로 서식하는데, 우리 집 근처의 백악 언덕에서도 쉽게 찾아볼 수 있다. 하지만 우리가 눈여겨볼 부분은 이 누런 개미들이 아니라 녀석들이 지어놓은 집이다. 황개미는 집을 짓기 위해 흙을 50센티미터 높이까지 쌓아 올린다. 녀석들의 개밋둑은 둥그스름한 둔덕 형태를 띠지만, 완벽하게 둥그렇지는 않다. 보통은 남동쪽을 바라보는 면이 상대적으로 평평한데, 이 부분이 쌀쌀한 아침에 햇빛을 모아들이는 태양 전지판 역할을 하는 것이다.

개밋둑은 우리가 아주 조금만 자리를 옮겨도 미기후가 달라지는 이유를 그럴듯하게 설명한다. 전 세계의 모든 개밋둑은 주변의 미기후에 관해 이런저런 정보를 드러낸다. 몇 년 전 나는 기상 전문가이자 전직 BBC 예보관인 친구 피터 깁스(Peter Gibbs)와 함께 웨스트서식스에 자리한 페트워스 공원을 둘러본 적이 있다. 사적인 만남은 아니었다. 그때 나는 BBC 라디오 4에서 방송하는 〈정원사의 질문 시간(Gardner's Question Time)〉이라는 프로그램의 게스트였고, 그는 호스트였다. 솔직히 나는 출연을 앞두고 조금 긴장한 상태였다. 그도 그럴 것이 영국에서 그 프로그램은 일종의 국민 방송이나 다름없었다. 상당수의 골수팬을 거느린 데다, 꾸준히 즐겨 듣는 청취자가 많았다. 주차장 안의 약속 장소에서 피터와 제작진을 기다리는데, 심장박동이 빨라지는 것이 느껴졌다.

얼마 지나지 않아 우리는 공원을 이리저리 걷고 있었다. 나는 이것저것을 가리키며 설명을 이어갔고, 그러다 마침내 더 자세히 들여다볼 만한 대상을 맞닥뜨렸다. 몇 분 동안 우리는 황개미 개밋둑의 북쪽과 남쪽에 핀 야생화가 각각 어떻게 다른지 살펴보았다. 백리향을 비롯해 빛을 좋아하는 꽃들은 개밋둑의 더 밝고 따뜻한 남쪽에 몰려 있었다. 꽃들의 색깔은 우리의 무릎 높이보다 낮은 개밋둑 양쪽의 기후가 서로 판이하다는 사실을 분명히 보여주고 있었다. 개미들의 예민한 감각이 입증되는 순간이었다. 나는 너무도 즐거운 나머지 그 작디작은 세계에 푹 빠져 200만 청취자의 존재를 까맣게 잊고 말았다.

아침은 나비를 연구하기에 좋은 시간이다. 그도 그럴 것이 나비는 서늘할 때는 비교적 오래 한자리에 머무르지만, 따뜻한 오후가 되면 바삐 여기저기로 날아다니기 때문이다. 나비는 바람의 변화보다 기온의 변화에 더 민감하지만, 민달팽이와는 거의 반대로 행동한다. 둘 다 냉혈동물이라 외부 온도가 적당해야 활동을 시작하지만, 나비는 민달팽이와 달리 기온이 떨어지면 날갯짓을 멈춘다.

또한 나비는 태양의 복사에너지에 민감하기 때문에 보통은 직사광이 비칠 무렵에 날갯짓을 시작한다. 햇빛이 부족하면 나비들 사이에 별뉘를 두고 다툼이 일기도 한다. 이따금 그늘진 숲 속에서는 잎 사이로 가늘게 비치는 햇살을 차지하려 옥신각신하는 나비들과 맞닥뜨릴 수도 있다. (때로는 잠자리까지 싸움에 가세한다.) 나비가 햇빛에 민감하다는 사실은 날갯짓을 멈춘 모습에서도 확인할 수 있다. 휴식을 취하는 나비는 날개를 위로 접어 두지만, 햇볕에 몸을 데우는 나비는 날개를 옆으로 펼쳐 놓는다. 만약 날개를 펼친 채 볕받이에 있던 나비가 우리의 접근을 눈치채고 날아오른다면, 십중팔구 그 나비는 또 다른 볕받이를 찾아 사뿐 내려앉을 것이다. 하지만 그늘받이에 있던 나비는 같은 상황에서 또 다른 그늘받이에 내려앉을 공산이 크다.

(몇 주 전 따뜻한 가을 오후에 나는 서식스의 농로를 따라 걷다가 우연히 공작나비 한 마리를 몰게 되었다. 내가 다가갈 때마다 나비는 일광욕을 멈추고 날아올라 농로를 따라 몇 미터쯤 이동한 다음, 해를 향해 날개를 펼친 상태로 새로운 볕받이에 내려앉았다. 나는 나비의 사진을 찍어 내 이메일 뉴스레터의 퀴즈 자료로 사용했다. 질문은 이것이었다. 사진을 찍을 때 나는 어느 방향을 바라보았는가? 오후였으니 해는 남서쪽에 있었을 것이다. 그리고 나비는 날개를 펼친 채 태양의 복사에너지를 받아들이는 중이었다. 고로 나는 틀림없이 태양의 맞은편을 바라보았을 것이다. 따라서 정답은 북동쪽이다. 자연 항법사들은 종종 이런 유의 수수께끼를 사용해 사람들을 자연 항법의 세계로 끌어들이곤 한다.)

나비는 흐린 날씨에 활동이 둔해진다. 날아다니는 거리와 시간이 짧아지는 것이다. 나비에게 비는 재난이나 마찬가지다. 그러므로 날씨가 서늘하거나 흐려지는 동안에는 나비를 마주칠 가능성이 당연히 감소한다. 요컨대 나비는 구름 낀 하늘을 두려워한다.

곤충과 바람

메리 섀퍼 워런(Mary Schäffer Warren, 1861~1939)은 원주민이 아닌 여성 가운데 최초로 캐나다 로키산맥 안쪽을 탐험한 인물이다. 원주민이 아닌 남성도 그곳까지 진입한 사례는 많지 않던 시절이었다. 그녀는 탐험가이자 개척자였고, 말을 다루는 데 능숙했다. 섀퍼의 팀은 9월에 위쪽 골짜기에서 쿠트나이평원(Kootenai Plains)으로 내려왔다. 고도가 낮아지니 기온이 따뜻해지면서 모래파리 떼가 극성스레 달려들었다. 모래파리는 '부드러운 치누크 바람'이 불 때 기승을 부린다는 사실을 팀원들은 알고 있었다. 일명 '눈을 먹는 자(snoweater)'라고도 불리는 치누크 바람은 북아메리카에서 부는 따뜻한 푄 바람을 일컫는다. 1911년에 처음 공개된 섀퍼의 글에 따르면, "다음 날 아침이 되자 치누크 바람은 모래파리들을 데리고 사라진 상태였다."

날아다니는 곤충은 바람에 매우 민감하다. 깔따구는 기온이 적당한 날에도 풍력이 고작 연풍 수준인 3급 이상일 경우 쫓기

듯 다른 곳으로 떠나간다. 바람 부는 날에 길을 걷다가 숲의 바람의지 쪽으로 넘어가거나 산울타리 또는 암석 돌출부 뒤편의 정체된 공기 속으로 들어가면, 처음에는 대기의 차분함에 안심했다가 이내 수많은 날벌레 떼의 등장에 당황하기 쉽다. 간혹 운이 좋으면 나비들과 마주치는 호사를 누릴 수도 있다. 이번에는 숲으로 발길을 돌려보자. 곤충의 크기와 모양에서 갑작스런 변화가 느껴질 것이다. 숲 밖에서는 가령 잠자리처럼 비교적 크고 바람에 맞설 만큼 강한 곤충이 주로 관찰되지만, 숲속에서는 비교적 작고 약한 곤충들이 발견될 것이다. 재미있는 사실은 모기와 같은 흡혈 곤충이 바람 부는 날에는 바람의지 쪽에서 동물을 문다는 점이다. 훗날 곤충 퇴치제를 쓸 일이 생기면 참고하도록 하자.

옛말에 벌을 보려면 소나기를 피하라고 했다. 내 경우 소나기가 내리기 시작할 즈음에는 벌을 본 적이 있지만, 큰비가 쏟아지는 동안에는 한 마리도 본 기억이 없다. 만에 하나 봤다면 그 가여운 모습을 내가 잊었을 턱이 없다. 양봉업자들 말에 따르면 꿀벌은 비에 민감하기 때문에, 날씨가 나빠지겠다 싶으면 떼 지어 날아다니지 않는다고 한다. 연구자들 또한 항간의 추측이 사실임을 입증한 적이 있는데, 가령 꿀벌은 기온이 낮거나 큰비가 쏟아지거나 강풍이 불 때면 꽃을 찾는 빈도가 줄어든다. 그러나 한층 더 흥미로운 부분은, 습도가 상승했을 때도 꿀벌이 꽃을 찾는 빈도가 현저히 낮아진다는 사실이 연구를 통해 밝혀졌다는 점이다. 벌은 기온과 습도 변화를 감지하고 그 변화에 반응한다. 그러므로 벌들의 행동 양식은 악천후의 접근을 알리는 경고일 수 있다.

총채벌레, 가을진드기, 폭풍벌레, 천둥파리 등으로 불리는 작은 날벌레가 있다. 이 흥미롭고도 신비로운 곤충은 영국에만 약 150종이 서식할 뿐 아니라, 미국과 캐나다에 서식하는 것들은 700종이 넘는다. 크기는 대부분 2밀리미터를 넘지 않는다. 19세기 중반 이후의 기록에 따르면, 이 곤충은 뇌우가 닥치기 직전에 수천 마리가 한꺼번에 나타난다고 한다.

벌처럼 총채벌레도 따뜻한 여름 날씨에 떼 지어 날아오를 가능성이 가장 크다. 그리고 알다시피 이러한 기상 조건에서는 뇌우가 발생할 가능성도 커진다. 총채벌레는 기상 조건이 알맞으면 떼 지어 날아다니지만, 그것이 유명한 진짜 이유는 따로 있다. 시골 사람들은 특정 장소에 심각한 악천후가 임박했을 때 어마어마한 수의 총채벌레가 날아다니기를 멈추고 내려앉는다는 사실에 주목해왔다. 이 사실은 자연스레 다음과 같은 질문으로 이어진다. 무엇이 이 곤충들로 하여금 폭풍우를 예견하고 내려앉게 만들었는가? 일설에 따르면 습도의 상승이 원인이지만, 훨씬 더 흥미로운 학설은 총채벌레가 대기 중의 전기장 변화를 감지한다는 것이다. 이 수수께끼는 언젠가 풀릴 것이다. 하지만 아직은 미스터리로 남아 있다.

더 풍성한 그림

새와 곤충은 미기후에 대한 정보를 우리에게 다사스레 제공한다. 정보들은 저마다 고유의 가치가 있지만, 때로는 서로 겹치기도 한다. 일례로 리처드 제프리스는 제비를 관찰하다가 다음과 같은 사실을 알아차렸다. "제비가 하늘에서 원을 그리지 않는다면 물 위에서, 강이나 큰 연못 위에서 그 새들을 찾아보라. 만약 그곳에도 없다면 습한 들판이나 그늘진 삼림지의 초원을 훑어보라. 제비가 자주 나타나는 장소는 대기의 상태에 따라 달라지고, 곤충들 역시 수시로 때와 장소를 옮겨가며 한꺼번에 출몰하고는 한다."

식물처럼 동물도 날씨 변화의 징후를 가장 먼저 드러내는 지표라고는 말하기 어렵다. 가브리엘 오크도 하늘에서 '불길한 양상'을 알아차린 뒤에야 비로소 동물의 징후에 주목했었다. 그래도 동물은 하늘을 비롯한 여러 징후에 주의할 필요성을 우리에게 일깨운다. 나는 동물에게 종종 이런 식으로 도움을 얻는다. 숲에 한동안 머물다보면 하늘을 읽는 감각이 무뎌지게 마련이다. 그 상황에서 내가 동물의 행동 변화를, 혹은 왠지 모르게 달라진 숲의 소리를 알아차린다면 어떨까? 아마도 나는 원인을 찾으려 애쓸 것이다. 바람에서, 혹은 숲지붕 사이로 보이는 하늘에서 변화를 감지하려 애쓸 것이다. 이는 동물의 징후를 활용하는 비교적 단순하지만 실용적이고 현실적인 방법이다. 동물은 날씨의 비밀을 독점하지 않는다. 오히려 우리의 지식을 두텁게 한다.

이러한 관점에서 동물을 관찰할수록 우리의 이해력과 주의력, 식별력은 더욱 단단해진다. 전체론적 접근이라고 하면 얼핏 생경할 수도 있지만, 이제부터 나는 그 실제적 예시를 보여주려고 한다.

내 오두막 창가에서는 가문비나무의 길고 굽은 가지 하나가 보인다. 말똥가리 한 쌍이 근방을 정찰하다 종종 쉬어가는 자리다. 말똥가리가 멀리 날아가면, 명금류와 까마귀도 기꺼이 그 가지에서 날개를 접는다. 가문비나무와 그것을 둘러싼 더 작은 초목의 모양은 탁월풍인 남서풍의 손으로 빚어졌다. 알다시피 새들은 도시의 지붕에서도 시골의 숲에서도 바람을 마주 보며 쉰다. 이는 곧 내가 사는 고장의 새들은 남서쪽을 바라보며 앉아 쉰다는 뜻이다. 내가 볼 때 새들이 바라보는 방향은 주변 식물들의 모양과 '조화'를 이룬다. 패턴들이 공명한다.

매일 아침 나는 하늘의 풍경을, 상층구름과 하층구름을, 그 구름을 실어 나르는 바람을 눈여겨본다. 또한 이슬이나 서리, 연무 따위의 징후에도 관심을 기울인다. 하지만 늘 시간을 내어 자연의 모든 징후를 확인하지는 않는다. 그러다 느지감치 새 한 마리가, 더 바람직하게는 두 마리 이상이 평소의 방향이나 내가 아침 일찍 확인한 방향과 다른 쪽을 바라보고 있다는 사실을 알아차리기라도 하면 이윽고 호기심이 발동한다. 나는 경관을 유심히, 또한 샅샅이 훑어 나간다. 그리고 대개는 이때야 비로소, 내가 모르는 사이 아마도 한 시간 이상 그곳에 있었을 털구름이며 이런저런 징후들을 알아차리기 시작한다. 새들은 내 어깨를 쪼며 이렇게 속삭인다. "공상을 멈추고 하늘을 보세요. 변화가 다가오고 있어요."

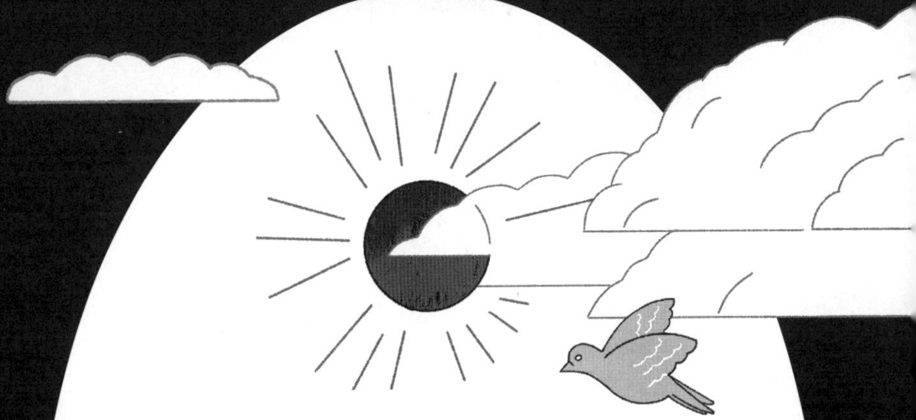

20장

폭풍우

폭풍우구름의 꼭대기와 밑면 | 폭풍우 복합체 | 토네이도 | 허리케인

2019년 7월은 뜨거웠다. 대기에서 발생한 열은 금세 땅을 달구고 연못물을 데우더니 급기야 우리의 몸속까지 덥혀놓았고, 결국 우리는 밤에도 뒤척이며 잠을 이룰 수 없었다. 그 주 말엽 케임브리지대학교 식물원의 수은주는 38.7도를 가리켰다. 영국 신기록이었다.

2주 뒤에는 군용 헬리콥터들이 골재를 분주히 실어 날랐다. 피크디스트릭트에 있는 웨일리브리지 마을이 홍수로 물에 잠기는 사태를 막기 위해서였다. 댐은 손상되었고, 자칫 붕괴할 위험이 있었다. 경찰은 주민들에게 대피령을 내렸고, 웨일리브리지는 유령 도시가 되었다.

열파는 무대를 조용히 떠나는 경우가 드물다. 대개는 우르르 쾅 하는 굉음과 더불어 폭우를 남긴다. 여름 더위는 고무줄과 비슷한 면이 있다. 둘 다 한없이 길게 늘어지지만 꺾이는 것은 그야말로 한순간이다. 더위가 꺾이는 순간은 곧 뇌우가 몰아치는 시점이다. 그리고 뇌우의 성질을 결정하는 요인은, 이제 우리에게 친숙한 열과 물, 안정성이다. 우리가 사는 지구에서는 언제나 약 2000곳에서 동시에 뇌우가 쏟아진다.

사람들이 야외 강습을 예약하기 전에 내게 주로 문의하는 내용은, 그날 날씨가 나쁘면 일정이 취소되느냐는 것이다. 강습을 꾸려온 지 12년이 되었지만, 날씨 때문에 수업을 취소한 기억은 없다. 잉글랜드 남부에서 비와 눈, 우박, 바람은 야외 강습 취소의 사유가 되지 않는다. 그런 날씨에는 오히려 강습의 가치가 두 배로 높아진다고, 나는 학생들에게 농담 반 진담 반으로 말하곤 한다. 강습을 두 배로 오래 듣는 기분이 들겠지만, 추가 수업료는 내지 않아도 된다고.

경우에 따라서는 나도 강습의 시기를 바꾸거나 경로를 변경하는데, 대개는 뇌우의 위험을 피하기 위해서다. 서식스의 완만한 언덕땅에서도 폭풍우는 결코 만만한 상대가 아니다. 번개의 조짐이 뚜렷할 때면, 나는 아무리 작은 언덕이라도 꼭대기 근처로는 절대 사람들을 데려가지 않는다. 우리는 모두 폭풍우의 가능성을 꽤 정확하게 헤아릴 수 있다. 쌘비구름이라는 특별한 구름의 형태를 유심히 살피면 된다. 이에 더하여, 중요한 대기층 하나를 분별하는 방법까지 습득하면 일은 한결 수월해진다.

산에 오를 때 우리는 공기가 시원해질 것을 기대하고, 실제로 그렇게 된다. 고도가 높아질수록 공기는 더 건조하고 차가워진다. 우리가 약 914미터를 오를 때마다 기온은 대략 6.5도씩 낮아진다. 사람들은 대부분 이러한 경향이 무한히 지속되리라고 여긴다. 이를테면 가장 높은 산꼭대기를 지나 아득한 우주로 올라가는 동안에도 공기는 계속 차가워진다고 생각하는 것이다. 하지만 그 생각은 틀렸다. 가장 높은 산봉우리를 지나 그보다 조금 높은 고도에 오를 때까지는 예상대로 기온이 점차 낮아지지만, 이후로는 다소 기이한 현상이 벌어진다.

1899년 프랑스 기상학자 레옹 테스랑 드 보르(Léon Teisserenc de Bort, 1855~1913)는 재미있는 사실을 하나 발견했다. 지표면에서 약 10킬로미터 올라간 상공부터는 고도가 높아져도 기온이 더 이상 내려가지 않았던 것이다. 이는 작지만 위대한 발견이었다. 지구 대기에 존재하는 굉장히 중요한 경계면 중 하나가 덕분에 모습을 드러냈으니까. 그 경계면이란 바로 대류권계면(tropopause)이다.

대류권계면 위로는 성층권이 존재한다. 그리고 거기서부터는 자연의 법칙이 뒤바뀌면서, 고도가 높아질수록 공기는 따뜻해지기 시작한다. 다시 말해 겨울날 해수면의 온도가 약 50킬로미터 상공의 기온과 비슷해지는 기현상이 나타날 수도 있다는 얘기다. 생각해보면 이상한 일이다. 에베레스트산 정상보다 여섯 배나 높은 상공이, 가압호흡장치나 우주복이 없으면 인간은 죽을 수밖에 없는 그 우주가 오히려 더 따뜻하다니.

쌘비구름, 그러니까 폭풍우구름은 여느 쌘구름과 동일한 방식으로 형성된다. 유일한 차이라면, 그 모든 과정이 번갯불에 콩 볶아 먹듯이 이뤄진다는 점이다. 수증기가 응결하여 물이 만들어지면서 방출되는 열은, 따뜻한 공기가 팽창하면서 상실되는 열보다 많다. 구름은 대류권계면이라는 장벽에 부딪칠 때까지 상승을 지속한다. 대류권계면은 흡사 삼중유리로 된 투명천장처럼 강력한 기온역전층이다. 대류권계면의 고도는 다양하다. 극지방 위에서는 약 9킬로미터이지만 적도 부근에서는 약 17킬로미터에 달한다. 이는 곧 일부 쌘비구름의 경우 가장 높은 산조차 작아 보이게 할 정도로 성장하여 물경 300킬로미터나 떨어진 지점에서도 육안으로 관찰될 가능성이 있다는 뜻이다. 우리가 사는 지역 대부분은 대류권계면 고도가 대략 11킬로미터이다.

다 자란 폭풍우구름은 윗면이 평평하거나 모루 형태를 띠는데, 이쯤 되면 대략적인 거리 측정이 가능해진다. 주먹 쥔 손을 엄지가 위로 가고 새끼손가락이 아래로 가도록 쭉 내밀었을 때의 각거리는 10도가량이다. 만약 구름의 키가 주먹의 높이와 같다면, 구름과 나 사이의 거리는 50킬로미터 남짓일 것이다. 만약 주먹의 높이가 구름 키의 반이라면, 구름과 나 사이의 거리도 반으로, 그러니까 25킬로미터 남짓으로 줄어든다. 만약 해수면을 기준으로 삼을 수 있다면, 측정치는 더더욱 정확해진다. 바다를 바라보며 주먹의 밑면을 수평선에 대고 거리를 측정해보는 것이다.

멀리 폭풍우구름이 보인다면, 그 구름이 왼쪽에서 오른쪽으로 움직이는지 아니면 오른쪽에서 왼쪽으로 움직이는지 눈여겨보자. 만약 두 경우 모두에 해당한다면, 그 구름이 몰고 다니는 폭풍우는 우리 지역을 비켜 갈 것이다. 오직 일정한 방향을 고수하는 구름만이 폭풍우를 우리 쪽으로 몰고 올 수 있다. (나는 항해

폭풍우가 약 50킬로미터 떨어진 위치에서 오른쪽으로부터 왼쪽으로 이동 중이다.

술과 조종술을 익히는 과정에서 그 법칙을 이해하게 되었다. 요컨대 '일정한 진로에는 일정한 위험이 뒤따르는 법'이다. 그리고 이 법칙은 야외에서 실로 다양한 상황에 적용될 수 있다. 다시 말해 배든 비행기든 폭풍우든 범퍼카든, 우리와 충돌하게 되어 있는 사물은 우리에 대한 상대적 진로나 각도가 변하지 않는다. 가령 소형 항공기의 조종석에서는, 그 비행기와 충돌할 수밖에 없는 진로로 다가오는 다른 항공기가 처음에는 마치 앞 유리에 달라붙은 파리처럼 보일 수 있다. 그것은 움직이지 않는다. 단지 느리게, 그러다 갑자기 무서운 기세로 크기를 부풀릴 뿐이다.)

통상적으로 폭풍우구름의 수명, 그러니까 구름이 생성되어 소멸되기까지 걸리는 시간은 고작 90분가량에 불과하다.• 그러므

• 단, 북아메리카 중서부의 대평원 그레이트플레인스 등지에서 발달하는 폭풍우 복합체를 비롯하여 몇몇 예외는 존재한다.

로 멀리서 보이는 뇌우 대부분은 우리가 있는 장소에 미치지 못한다. 이렇듯 먼 곳에 고립된 폭풍우는 그것의 발달 과정을 안락하고 안전한 위치에서 관찰할 절호의 기회를 우리에게 제공한다.

그 기회를 잘 활용하고 싶다면 우선 쌘구름을, 그것도 폭에 비해 키가 훨씬 크게 자란 쌘구름을 찾아보자. 그 구름을 관찰하다 보면, 어느 순간 더 불길한 형상으로 바뀌는 게 느껴질 것이다. 구름의 꼭대기를 유심히 살피며 윤곽을 그려보자. 혹시 양배추 꽃처럼 둥글둥글한 형태를 띠는가? 그 형상은 우리에게 두 가지 사실을 일러준다. 하나는 구름이 여전히 상승 중이라는 것이고, 다른 하나는 구름의 맨 윗부분이 여전히 물로 이뤄져 있다는 것이다. 그리고 이는 보기보다 굉장히 중요한 사실이다. 구름 꼭대기를 계속해서 지켜보자. 구름이 만약 여전히 상승 중이라면, 어느 순간 꼭대기의 외형이 달라질 것이다. 윤곽이 상대적으로 모호해지면서 훨씬 복슬복슬하고 성기게, 흡사 솜사탕 같은 모습으로 바뀐다는 얘기다. 기억할지 모르겠지만, 앞서 털구름을 묘사할 때도 나는 이 같은 표현을 사용한 적이 있다. 이는 우연이 아니다. 두 경우 모두 얼음 생성의 징후이기 때문이다. 쌘구름 꼭대기의 물이 얼음으로 바뀐다는 것은, 활력 넘치던 쌘구름이 점차 파괴력이 잠재된 쌘비구름으로 변해간다는 뜻이다.

계속 그 구름의 발달 과정을 지켜보자. 얼마 뒤에 구름은 대류권계면이라는 투명천장에 부딪친 다음 문제의 기온역전층 아래에서 넓게 퍼져나간다. 또한 그사이 쌘비구름의 꼭대기는 예의 그 평평한 모루 형태를 갖추게 된다. 구름의 나이가 어느덧 중년에 접어들었단 얘기다. 자, 볼에 담긴 걸쭉한 반죽을 주방 조리대에 붓는 장면을 상상해보자. 반죽은 주르르 흘러내리다가 어느 순간 수직적 흐름을 멈추고 수평으로 퍼져나갈 것이다. 폭풍우구름도 마찬가지다. 다만 수직적 흐름의 방향이 위를 향할 뿐이다.

머지않아 구름은 힘이 약해지다가, 이내 가라앉으며 형태가 오히려 붕괴하기 시작한다. 조금 전의 장대한 모습은 사라지고 일그러진다. 그리고 때로는 흔적처럼 털구름과 높이 뜬 쌘구름을 남긴다.•

모든 뇌우 구름의 생애는 3단계, 그러니까 생성기와 성숙기와 소멸기로 나눌 수 있다. 생성기와 성숙기는 급속도로 전개되는 시기이자 우리가 가장 주의를 기울여야 하는 시기이다. 조금 전만 해도 길쭉하고 친근해 보이던 쌘구름이 불과 30분 만에 성숙하고 사나운 폭풍우구름으로 변해버리기 십상이니 말이다. 무지막지하게 퍼붓는 비나 우박은 바로 그 성숙한 구름에서 떨어진다. 한편 소멸기는 상대적으로 느긋하게 전개된다. 구름이 완전히 부서지는 데 걸리는 시간은 대체로 1시간 이상이다.

모든 강수에는 동일한 법칙이 적용된다. 즉, 갑작스레 시작된 강수는 금세 그치고, 폭풍우구름에서 떨어지는 비는 30분 넘게

• 폭풍우가 지나간 자리에서 유독 흔히 관찰되는 구름이 있다. 구름감상협회(Cloud appreciation society)의 창립자 게빈 프리터피니(Gavin Pretor-Pinney)는 이 특별한 구름에 '아스페리타스(Asperitas)'라는 이름을 붙여주었다. 거친 물결 모양의 이 구름은 그레이트플레인스의 하늘에서 흔히 목격된다.

지속되는 경우가 드물뿐더러 오히려 한참 일찍 그치는 경우가 대부분이다. 설령 하늘에 폭풍우구름이 여러 장 걸려 있다 해도, 각 구름이 퍼붓는 비는 매번 오래 지속되지 않을 것이다.

흔히들 생각하는 것과 달리, 폭풍우구름은 결코 돌아오지 않는다. 다만 폭풍우구름이 다녀간 자리에 새로운 폭풍우구름이 생성될 가능성은 상당히 크다. 앞서 살펴본 여러 이유로 인해 다름 아닌 대류 현상이 발생하기 때문이다. 이를 알면서도 우리는 특히 배나 텐트에 있을 때면, 마치 아까의 구름이 복수하러 돌아온 것처럼 착각하기 쉽다. 하지만 그 이유는 언제나, 우리가 폭풍우구름이 발달하기 좋은 장소에 있고 마침 새로운 폭풍우구름이 생겨났다는 데 있다. 폭풍우구름이 폭풍우구름을 복제하는 셈이다.

만약 폭풍우구름이 보이거나 일대에서 폭풍우의 조짐이 느껴진다면, 그 구름이 고립되어 있는지 전선계에 속해 있는지부터 확인해보자. 폭풍우구름이 혼자인지 무리의 일부인지 살펴보는 것이다. 고립된 폭풍우구름은 국지적 가열로 인해 생성된다. 이는 곧 그 구름의 형성을 촉발한 원인이 비교적 얌전한 쌘구름의 경우와 마찬가지로, 경관에 존재한다는 뜻이다.

만약 공기가 충분히 따뜻하고 습하고 불안정하다면, 경미한 자극만으로도 필요한 연쇄반응을 일으킬 수 있다. 공기를 언덕 비탈이나 해안 절벽 위로 밀어 올리는 산들바람도, 인근 농지보다 숲에 더 강하게 내리쬐는 햇빛마저도, 막강한 폭풍우구름을 일으킬 수 있단 얘기다. 기상 조건이 적당히 무르익은 상태에서는 사소한 것들조차 폭풍우의 도화선으로 작용할 수 있다. 만약 고지대가 원인이라면, 폭풍우는 바람받이 쪽에서 발생할 공산이 크다.

1975년 런던에서는 이례적으로 강력한 국지성 폭풍우가 북부의 한 작은 구역에 불과 몇 시간 만에 석 달 치 강수량에 해당하는 비를 쏟아부으며 충격과 경외심을 불러일으켰다. 그 여파로 로열 앨버트 홀에서 해마다 열리던 클래식 음악 축제 BBC 프롬스가 취소될 정도였다. 비록 피해 지역의 규모는 작지만 폭풍우의 강도가 워낙 세다 보니, 이 국지적 재난의 원인을 파악하기 위한 조사가 시작되었다. 기상학자들은 햄스테드의 한 언덕을 원인으로 지목했지만, 그곳의 최고점은 해발고도가 137미터에 불과한 데다 주변 땅에 비해서는 고작 76미터쯤 솟아 있을 뿐이었다. 그리 대단치 않은 언덕이었지만, 원인은 땅이 아니라 공기에 있었다. 커다란 불꽃을 일으키는 데는 작은 성냥 하나로도 충분한 법이다.

고립성 폭풍우가 가장 빈번한 시기는 가장 따뜻한 여름철, 특히 6월과 8월 사이이다. 조지 2세의 발언에서 비롯된 고전적 농담 하나를 빌리자면, 영국의 여름은 "맑은 이틀과 뇌우"로 이뤄져 있다. 여름 폭풍은 언제나 태양열의 영향을 받는다. 그러므로 여름 폭풍은 오전보다 오후에 더 많이 발생하고 일몰 이후에는 소멸하는 경향이 있다.

우리는 모두 여름 폭풍이 발달하기 좋은 때를 감지하는 능력을 타고났고, 이 능력은 인간에게 일종의 진화론적 생존 도구일 가능성이 있다고 나는 생각한다. 사람들은 몹시 무더울 때면 날씨가 '갑갑하게' 느껴진다고 이야기한다. 또 누군가는 "날씨가 조만간 확 바뀌겠다"라는 예측을 내놓기도 한다. 이 모두는 더위와 습도에 관련된 유용한 감각이지만, 여기에 시정을 더하면 우리의 감각은 한층 더 풍성해진다. 가령 위와 같은 여름날 오후에 시정이 악화되고 대기가 점점 흐릿해진다면, 이 추가적 단서를 근거로 우리는 날씨가 곧 돌변하여 몇 시간 안에 폭풍우가 몰아칠 것을 예측할 수 있다. 앞서 연습한 것처럼, 멀리 보이는 사물을 하나 골라 그것의 정체를 식별하고 각 부분이 얼마나 세밀하게 분간되는지 살펴보자. 이를테면 저만치 서 있는 집의 창문이나 나무의 가지가 눈으로 하나하나 구별되는지 확인하는 것이다.

겨울은 공기가 차가워 뇌우에 이상적인 기상 조건과는 거리가 멀어 보이지만, 그래도 우리는 적잖은 뇌우를 겨울에 경험한다. 겨울 폭풍의 원인은 국지적 가열보다는 전선계, 특히 한랭전선에 있다.

한랭전선은 가파른 쐐기 형태의 찬 공기를 앞쪽의 따뜻한 공기 아래로 밀어 넣음으로써 따뜻한 공기를 위로 들어 올리는 한편, 그로 인해 종종 폭풍우를 일으킨다. 공기가 언덕 위로 올라가는 것이 아니라, 가파른 산이 따뜻하고 습한 공기 밑으로 파고드는 격이랄까. 게다가 전선은 언덕보다 넓다. 고로 한랭전선이 유발하는 폭풍우는 마치 최전선에 배치된 부대가 적진을 뚫고 진격하는 듯한 양상을 보인다.

뇌우를 경고하는 초기 징후 중 하나는 '하늘의 성'이다. 만약 크고 작은 '탑 모양의 쌘구름(Altocumulus castellanus)'이 수십 혹은 수백 개까지 보인다면, 이는 대기가 넓은 범위에 걸쳐 습하고 불안정하다는 의미이다. 그런 하늘에서는 전선성 뇌우가 몇 시간 안에 닥칠 가능성이 크다.

만약 밤중에 뇌우가 여러 차례 쏟아진다면, 한랭전선이 지나가는 중이니 아침에는 시원하고 상쾌한 공기와 더불어 깨끗한 시정을 기대해도 좋다.

날씨에 관한 흥미로운 속설 가운데 "4월의 뇌우는 흰서리의 끝"이라는 말이 있다. 이 말이 흥미로운 이유는 다른 수많은 날씨 속설과 마찬가지로, 과학적으로 직접 연결되지 않는 것들을 서로 관련지음으로써 사실을 암시한다는 데 있다. 뇌우와 서리 사이에는 이렇다 할 연결고리가 없다. 그러나 4월의 뇌우를 기점으로 가을까지 흰서리가 내리지 않을 가능성은 충분하다. 여기서 질문. 이 속설과 가장 관련이 깊은 폭풍우의 유형은 고립성일까 아니면 전선성일까? 그리고 이유는 무엇일까?

4월의 고립성 뇌우는, 공기가 매우 따뜻하고 태양은 쌘비구름이 만들어지기에 충분한 에너지를 특정 지역에 공급했다는 징후이다. 다시 말해 따뜻한 기단이 도착했고 태양은 태양대로 땅을 열심히 가열하고 있다는 뜻이다. 이때 만에 하나 차가운 기단이 급습한다면 이후로도 서리가 내릴 가능성이 없지 않지만, 만약 양호한 기상 조건이 유지된다면 4월의 햇살과 따뜻한 기단 덕분에 우리는 서리철을 무사히 떠나보낼 수 있을 것이다.

폭풍우구름의 꼭대기와 밑면

폭풍우구름의 안쪽에는 언제나 매우 강한 상승기류와 하강기류가 존재한다. 이렇듯 난폭하게 오르내리는 기류는 우박을 내리게 할 뿐 아니라, 각 구름에 우리가 학습하면 충분히 이해할 만한 자취를 남긴다. 이제부터 나는 우리가 고립성 뇌우를 발견하여 안전한 위치에서 관찰 중이라는 가정 아래 구체적인 설명을 이어갈 것이다. 또한 폭풍우를 안전한 위치에서 관찰할 정도의 운이 따라주지 않았을 경우와 관련해서는 이 장 뒷부분에서 자세히 다룰 것이다.

쌘구름이 쌘비구름으로 변해가는 동안에는 상승기류가 우세하고 강력하다. 경우에 따라서는 수직으로 상승하는 속도가 시속 48킬로미터에 이를 수 있다. 가끔은 힘이 너무 세서 공기를 쌘구름 위로 들어올리기도 하는데, 이렇게 솟아오른 공기가 구름 위쪽에서 냉각되고 응결하면서 모자구름(cap cloud)이 만들어진다. 이러한 모자구름을 일컬어 두건구름(pileus)이라 한다. 키 큰 쌘구름 위로 보이는 모자구름은 폭풍우구름 생성의 강력한 징후이다.

폭풍우구름이 생성된 뒤에도 막강한 상승기류는 여전히 존재하는데, 경우에 따라서는 원구름의 꼭대기를 밀어 올리기도 한다. 만약 모루 형태로 만들어진 구름의 평평한 윗면에 볼록한 돌출부가 나타난다면, 이 또한 막강한 상승기류의 방증이자 강력한 폭풍우의 징후가 된다.

폭풍우구름의 모루 형태는 자세히 보면 대칭이 아니다. 한쪽은 상대적으로 짧고 다른 한쪽은 더 길게 뻗어 있을 것이다. 길게 늘어난 쪽은 그 고도에서 부는 바람의 이동 방향을 가리키고, 구름 역시 이 방향을 따라 이동한다. 고로 모루구름의 두툼한 손가락은 폭풍우의 이동 경로를 일러주는 단서이다.

손가락을 명확히 알아보기 어렵다면, 시점의 문제이거나 상층 바람이 약한 탓일 수 있다. 그럴 때는 털구름을 비롯해 다른 상층 구름이 흐르는 방향을 확인해보자. 우여곡절 끝에 폭풍우의 이동 방향을 알아냈다면, 이제 원구름인 쌘비구름으로 눈길을 돌려보자. 자세히 보면 이 구름 역시 대칭이 아닐 것이다. 공기가 오르내리는 정도는 구름의 부분별로 차이가 있게 마련이다. 구름의 바람받이 쪽은 상승기류가 가장 강력하고, 그로 인해 상대적으로 가파른 외형을 갖는다. 그러므로 만약 모루구름 위에서 돌출부가 관찰된다면, 틀림없이 이 바람받이 쪽에 치우쳐 있을 것이다. 한편 구름의 바람의지 쪽, 그러니까 손가락이 가리키는 방향에서는 꼭대기가 더 판판하게 펴져 보인다.

폭풍우구름의 꼭대기에서 돌출부의 형성을 일으키는 기류는 밑면에서도 똑같은 힘을 발휘한다. 구름 밑면에 매달린 형태의 돌출부, 그러니까 유방구름(mamma)이 하강기류로 인해 형성되는 것이다. 이 축 늘어진 돌기는 제법 성숙한 쌘비구름에서 훨씬 자주 눈에 띄는데, 그 무렵부터 하강기류가 상승기류를 압도하는 까닭이다. 유방구름은 쌘비구름의 활력과 원기가 왕성하지만 절정기는 이미 지나갔음을 알리는 징후이다.

가끔은 폭풍우구름의 밑면에 깔때기 같은 형상이 달리기도 한다. 이른바 이 깔때기구름(tuba)은 폭풍우구름 내부의 통풍이 원활하다는 방증이다. 이러한 회전성 깔때기들은 구름 밑면에서 아주 길게 늘어지는 경우가 드물고, 힘을 잃으면 이내 사라지고 만다. 하지만 상황에 따라, 특히 미국의 일부 지역에서는 깔때기구름이 지표면에 닿을 정도로 길게 성장하기도 하는데, 이는 토네이도의 발달을 조기에 알리는 시각적 경고일 가능성이 있다.

이따금 먼저 흘러온 구름 하나가 막강한 폭풍우구름의 도래를 예고하기도 한다. 선반구름(shelf) 또는 아치구름(arcus)이라 불리는 이 구름은 납작한 선반이나 쐐기 형태로 쌘비구름 밑면에서 넓게 퍼져나간다. 선반구름은 하강기류가 지표면에 부딪쳐 수평으로 퍼지다가 주변의 따뜻한 공기를 들어 올리면서 생성된다. 주방에서 수도꼭지를 열면, 물이 흘러내리다가 계수대의 평평한 바닥을 타고 옆으로 퍼지는 모습을 관찰할 수 있다. 강한 폭풍이 바람의 수도꼭지를 열면, 바람이 지표면에 닿아 옆으로 퍼지면서 선반구름을 넓게 펼쳐놓는다. 아쉽게도 선반구름 자체는 우리에게 별다른 경각심을 불러일으키지 못한다. 그도 그럴 것이 선반구름은 쌘비구름의 부속구름이다. 고로 선반구름이 머리 위로 지나갈 때 우리의 관심은 하늘의 구름이 아니라 세차게 불어닥치는 바람에 집중될 공산이 크다.

자, 지금까지 우리는 마치 안락한 극장에 앉아 팝콘과 함께 영화를 관람하듯 고립성 폭풍우구름이 생성되고 성숙했다가 소멸하는 과정을 안전한 거리에서 지켜보았다. 그러나 경험에 비춰

보건대, 매번 그 같은 행운을 기대할 수는 없다. 폭풍우구름은 다른 구름의 안쪽이나 뒤쪽에 몸을 숨긴 채 슬그머니 다가오는 경우가 대부분이다.

1938년의 일이다. 글라이더 조종사 다섯 명이 대회 중에 상승기류를 찾아 포근해 보이는 구름층 속으로 날아 들어갔다. 그들은 바람대로 상승기류를 발견했지만, 강도가 지나쳤다. 유감스럽게도 구름층 안쪽에 쌘비구름이 도사리고 있었기 때문이다. 조종사들은 산산이 흩어졌고, 그중 단 한 명만이 살아남았다.

다행스러운 부분은, 영화 속 악당처럼 폭풍우구름도 지표면 근처에서 몰래 다가오려 할 때는 정체를 들킬 수밖에 없다는 사실이다. 영화에서는 발각의 단서가 배경음악의 전환이라면, 야외에서의 단서는 바람이다.

1985년 델타항공사의 비행기가 댈러스포트워스 국제공항에 착륙하려고 활주로로 접근하는데, 조종사들의 눈앞에서 번갯불이 번쩍였다. 비행기는 경로를 유지한 채 뇌우 속으로 날아들었다. 그리고 몇 초 뒤 난폭한 하강기류인 '마이크로버스트(microburst)'가 비행기를 인정사정없이 내리눌렀다. 조종사들은 이겨내려 안간힘을 썼지만, 노력은 수포로 돌아갔다. 뒤늦게 착륙 중지를 시도했지만, 비극을 막기에는 역부족이었다. 델타항공 191편은 결국 활주로에 이르지 못한 채 충돌했고, 137명이 사망했으며, 희생자 명단에는 공항 옆 고속도로에서 자신의 승용차를 운전하던 28세 남성도 포함돼 있었다.

뇌우는 공기의 난폭한 수직 운동과 관련이 있지만, 다시 주방의 수도꼭지를 떠올려보면 바람은 지면에 부딪힌 뒤에도 이동을 멈추지 않는다. 멈추기는커녕 지표면 고도에 세찬 수평적 바람을 일으킨다. 일반적으로 폭풍우구름 주변에서는 높은 고도에서 공기가 빠르게 낙하하는 데다 비가 구름의 아래쪽 공기를 식히는 까닭에, 차고 강한 바람이 분다. 만약 예기치 않은 순간에 매서운 강풍이 몹시도 차갑게 몰아친다면, 우리는 이것을 폭풍우에 대한 경고로 받아들여야 한다.

바람은 장애물을 지나며 맴돌이와 파동을 비롯한 여러 현상을 일으키고, 덕분에 우리는 어느 때나 돌풍을 감지할 수 있다. 하지만 풍속이 돌변하는 것도 모자라 기온까지 뚝 떨어진다면, 경각심을 한껏 끌어올려야 한다. 가장 먼저 할 일은 원인을 찾아내는 것이다. 바닷바람 탓일까? 아니면 눈 쌓인 언덕에서 불어오는 활강바람 때문일까? 만약 원인을 지목할 수 없다면, 마음을 가다듬고 다음으로 할 일을 정해야 한다. 영화에서 돌연 비장한 바이올린 소리와 함께 젊은 여주인공이 밤중에 홀로 텅 빈 건물에 들어가 보기로 결심하는 순간처럼 말이다. 만약 그녀처럼 홀로 탐사에 나서는 쪽으로 마음이 기운다면, 부디 이 장을 끝까지 읽어본 뒤에 결정하기를 바란다.

흔히들 뇌우는 바람을 거슬러 이동할 수 있다고 여긴다. 그러나 이는 잘못된 상식이다. 이 같은 오해가 만연해진 이유는, 쌘비구름이 주변 모든 바람에 미치는 영향을 공부하면 자연스레 이해할 수 있다. 비록 나는 어려운 경로를 거쳐 가까스로 깨달았지만 말이다.

2007년 내가 와이트섬에서 항해에 나섰을 때의 일이다. 나는 대서양 단독횡단 항해를 준비 중이었고, 주요 임무는 자동 조타 풍향계라는 이름의 별나고도 근사한 장비와 씨름하는 것이었다. 문제의 풍향계는 배 아래로 흐르는 물의 힘과 바람의 각도를 동력 삼아 도르래로 타를 조절하고 배의 진행 방향을 바꾸는, 실로 기발한 장비였다. 그것이 있으면 배는 바람에 대하여 동일한 경로를 유지하며 물경 1600여 킬로미터를 이동할 수 있었다. 배 아래로 흐르는 물과 바람 외에는 배터리나 전기는 물론 그 어떤 외력도 공급받지 않는 상태에서 말이다.

이 경이로운 기계의 핵심은 배의 진행 방향을 **바람에 대하여** 동일하게 유지한다는 데 있다. 바람이 부는 방향 자체는 중요하지 않다. 만약 바람이 우현 바로 앞에서 불어오도록 장비를 설치하면, 몇 시간 혹은 몇 주 동안 그대로 두어도 배는 여전히 우현에서 바람을 맞고 있으리라는 것, 그 점이 중요하다. 전 세계 단독 항해자들의 구세주나 다름없는 이 발명품에 관한 이야기를 나는 언제까지고 기꺼이 늘어놓을 수 있다. 하지만 우리의 본래 목적은 그것이 아니다. 우리의 목적은 폭풍우를 더 잘 이해하는 것이다.

그날 나는 이 장비의 사용이 처음이었다. 이론은 숙지한 상태였다. 하지만 장비를 사용한 지 고작 몇 시간쯤 되었을 무렵 배는 방향을 전환하는가 싶더니 내 예상과는 딴판으로 완전히 유턴해버렸고, 그제야 나는 장비를 멈추었다. 상황이 심상치 않았다. 풍향계를 점검해보니 기능에는 문제가 없었다. 또한 바람은 여전히 배의 우현에 불어오고 있었다. 모든 것이 완벽하게 작동했지만, 배는 이제 내가 예상한 방향과 반대쪽으로 나아가고 있었다. 바람은 유턴을 단행했고 풍향계는 바람을 따라갔다. 이 180도 회선은 뭔가 수상한 일이 벌어지고 있다는 확실한 증거였다. 하지만 그 일이 벌어지는 장소는 배가 아니었다. 하늘이었다.

수평선을 걱정스레 훑어보는데, 갑자기 퍼즐의 중요한 조각 하나가 눈에 들어왔다. 그리 멀지 않은 하늘에 쌘비구름이 뭉게뭉게 피어나고 있었다. 내가 밧줄과 도르래, 레버 따위에 정신이 팔려 있는 사이 구름은 슬금슬금 높이를 더해갔고, 느긋하게 지켜보기에는 어느새 너무 가까이 다가와 있었다. 이제 바람은 무서운 기세로 상승 중인 그 구름을 향해 곧장 불어가고 있었다. 나는 즉시 돛을 내리고 풍향계를 해제한 다음, 타를 잡고는 항구를 향해 급히 배를 몰았다. 바람은 점차 강해졌고 몸에서는 아드레날린이 솟구쳤다.

뇌우는 바람과 함께 더 높은 고도에서 부는 바람의 방향을 따라 움직이고, 그 방향은 모루구름과 털구름을 통해 확인할 수 있다. 하지만 폭풍우구름이 다가오는 모습을 정면에서 관찰하다보면, 같은 시간에 우리 뒤쪽에서 그 구름을 향해 불어가는 바람이 느껴질 때가 종종 있다. 우리가 느끼는 바람은 구름이 발달하는 와중에 아래쪽에서 공기를 빨아들이며 이는 것이다. 마치 주방 수도꼭지가 거꾸로 개수대 바닥에서 물을 빨아들이는 것처럼. 구름의 생애 가운데 그러한 현상이 가장 두드러지는 시기는 전반기이다. 구름이 발달하여 성숙기로 접어드는 시기에는 상승기류가 지배적이기 때문이다. 구름이 이미 성숙했거나 붕괴 중인 시기에는 하강기류가 우세하기 때문에, 돌풍이 불더라도 구름 밑면에서 외부로 불어갈 가능성이 크다. 고로 폭풍우구름이 '바람을 거슬러' 이동하는 것은 그 구름이 젊고 아직 성장 중이라는 징후이다.

쌘비구름의 밑면을 관찰하다보면 음영과 질감, 색깔에서 차이가 감지되기도 하는데, 이는 상대적으로 어두운 영역은 상승기류를, 밝고 울룩불룩한 영역은 하강기류와 강한 비를 품고 있는 까닭이다.

"폭풍 전의 고요"라는 속담이 있다. 통념에 따라 설명하면, 폭풍우가 한바탕 휩쓸고 간 이후에 돌아보면 날씨든 우리네 삶이든 모든 것이 상대적으로 고요해 보인다는 뜻이다. 하지만 나는 그것을 기후적 관점에서 풀이하기를 좋아하는데, 내용인즉 폭풍 전의 고요에도 두 가지 유형이 존재한다는 것이다.

첫 번째 유형은 따뜻한 여름날의 고립성 폭풍우와 관련이 있다. 이 경우 폭풍 전의 고요는 목가적인 여름날과 파괴적인 폭풍우의 극명한 차이를 가리킨다. 하지만 더 흥미로운 쪽은 두 번째 유형이다. 전선성 폭풍우가 몰아치기 전에는 이미 바람이 불고 있기 때문에 폭풍 전의 고요함이 상대적으로 덜하다. 하지만 폭풍우구름은 지면풍에 변화를 일으킨다. 그리고 이는 폭풍우구름이 도착하기 직전에 탁월풍을 무력화하는 결과로 이어질 수 있다. 또한 그로 인해 우리는 폭풍우의 온전한 위력을 실감하기 직전 한 시간 동안, 내내 불던 바람이 쌘비구름의 접근과 맞물리며 소멸하는 느낌을 받게 될 수 있다.

평균적으로 폭풍우구름은 원자폭탄보다 더 많은 에너지를 품고 있다. 폭풍우구름이 몰고 오는 사나운 바람을 통해 우리는 그 에너지를 맛보게 된다. 하지만 우리의 맥박을 진정으로 요동하는 것은 천둥과 번개이다. 번개는 공기를 대략 3만 도까지, 그러니까 태양의 표면보다 여섯 배나 뜨겁게 가열한다. 공기는 힘차게 팽창하며 소리의 충격파를 내보내는데, 그것이 바로 우리가 듣는 천둥소리이다. 빛은 소리보다 이동 속도가 훨씬 빠르다. 이러한 차이를 이용해 우리는 번개와의 거리를 측정할 수 있다. 빛이 번쩍이고 천둥이 울리기까지 걸리는 시간이 3초씩 늘어날 때마다, 번개가 친 장소는 우리로부터 약 0.8킬로미터씩 멀어진다.

번개의 지속 시간은 고작 몇 분의 1초에 불과하지만, 천둥은 그보다 훨씬 오랫동안 우르릉거릴 수 있다. 이는 조금 이상한 일이다. 둘 사이의 인과성을 생각하면 말이다. 이런 상황이 빚어지는 이유는 소리의 출발지가 한 곳이 아니라 여러 곳이라는 데 있다. 번개는 구름에서 지면으로 내리치는 경우보다 한 구름의 내부에서 혹은 구름과 구름 사이에서 치는 경우가 훨씬 흔하다. 게다가 구름에서 지면으로 내리치는 벼락도 길이가 1.6킬로미터 이상일 가능성이 다분하기 때문에, 번개의 가장 높은 지점에서 나는 소리가 우리 귀에 도달하기까지 걸리는 시간은 가장 낮은 지점의 소리가 도달하기까지 걸리는 시간보다 몇 초쯤 더 길 수밖에 없다.

벼락은 구름에서 지표면으로 떨어졌다가 다시 올라가는 일종의 왕복 여행을 한다. 또한 우리가 보고 듣는 번개의 대부분은 이른바 '되돌이 뇌격(return stroke)'이다. 나를 비롯한 여느 사람들의 눈에는 번개가 지표면으로 떨어지는 것처럼 보이지만, 이는 뇌가 편의대로 이야기를 다시 쓰고 단순화하며 빚어지는 일종의 착시 현상이다. 번개가 발생할 때 음전하가 공기 중에서 이동하는 통로를 계단형 선도(stepped leader) 혹은 '촉수(feeler)'라 한다. 이때 구름에서는 마치 거미 다리처럼 길고 가는 빛줄기들이 뻗어 내려온다. 그 빛줄기들은 번갯불의 중심 줄기보다 느리게 움직이며 이리저리 가지를 뻗는데, 번개가 갈퀴처럼 갈라져 있다는 통념은 바로 여기에서 비롯된 것이다. 이 계단형 선도 혹은 촉수를 통해 단계적으로 더듬더듬 내려오던 음전하가 지표면에 근접하여 회로가 완성된 뒤에는, 되돌이 뇌격이 시작되면서 빛줄기가 훨씬 더 곧고 강렬해진다. 그리고 비로소 우리는 벼락을 귀와 피부로도 느끼게 된다.

때때로 번갯불은 깜박거리는 것처럼 보인다. 그리고 이럴 때면 우리는 빛이 구름에서 반사되기 때문이라고 생각하기 쉽다. 하지만 빛은 이동 속도가 너무 빨라서 우리 눈으로는 그로 인한 깜박거림을 알아볼 수 없다. 깜박거림의 정체는 다발성 되돌이 뇌격, 그러니까 지표면에서 구름으로 되돌아가는 음전하의 흐름이 많이 발생하면서 나타나는 현상이다.

우리가 살면서 경험하는 번개 대부분은 구름과 구름 혹은 구름과 지표면 사이에서 발생하는 뇌격의 결과물이다. 번개를 가리키는 용어는 제법 다양하고, 그로 인해 우리는 마치 실제보다 더 많은 유형의 번개가 존재하는 양 착각할 수 있다. 이를테면 '열번개(heat lightning)'는 그저 너무 멀리 떨어져 있어 명확하게 들리지도 보이지도 않는 번개를 의미한다. 이따금 폭풍우가 닥치기 전에 하늘에서 목격되는 약한 섬광이 바로 이 열번개다. 열번개는 별다르지 않다. 그저 멀리 떨어져 있을 뿐이다. '판번개(sheet lightning)'는 섬광이 아니라 넓고 환한 빛을 일컫는 용어로, 번개가 구름에 완전히 에워싸인 상태를 의미한다. 이때 우리 눈에 보이는 것은 뇌격이 아니라 그것을 둘러싼 구름일 뿐이다.

'앤빌크롤러(anvil crawler)'는 구름과 구름 사이에서 발생하는 유형의 번개이다. 이름이 암시하듯, 앤빌크롤러는 모루구름(anvil cloud) 아래서 가늘고 길게 옆으로 갈라져 나가는 번개를 일컫는다. 그 모습은 가히 인상적이며, 빛줄기의 길이는 때때로 55미터에 육박하기도 한다.

구상번개(ball lightning)는 색다르고 드물지만 실재하는 현상으로, 일반적 번개가 모종의 이유로 지나치게 강력한 플라스마권을 형성하면서 유발되는 듯하다. 여기서 '모종'과 '듯하다'라는 표현은, 과학자들조차 구상번개에 관해서는 얼버무리고 마는 현실을 반영하고자 의도적으로 사용했다. 과학자들은 구상번개를 제대로 설명하기는커녕 애매한 말로 어물쩍 넘겨버린다. 자연현상 설명하기를 업으로 삼는 사람으로서 나는 과학이, 비록 다는 아니더라도 거의 모든 것을 깔끔하게 설명해준다는 점에서 대단한 학문이라고 생각한다. 여태껏 나는 구상번개를 봤다고 확언하는 사람을 만난 기억이 없고, 나 역시 구상번개는 한 번도 본 적이 없다. 그러니 혹시 나중에 구상번개를 직접 보게 되거든 부디 그 순간을 즐기기를 바란다. 동영상을 찍고 싶으면 찍고, 훗날 사람들에게 질리도록 그 경험담을 들려줘도 좋을 것이다.

인도 북부와 동부에서는 2020년 몬순철에 번개로 100명 이상이 목숨을 잃었다. 벼락이 위험하다는 사실은 모든 사람이 알고 있었다. 그러나 폭풍우가 예상보다 바짝 다가왔을 때의 대처법은 아는 사람이 거의 없었다. 전작《자연의 징후를 읽는 기술을 찾아서(The Lost Art of Reading Nature's Signs)》에서 나는 번개를 걱정하는 이들이 실질적으로 취해야 하는 안전 조치를 단계별로 설명하는 데 많은 시간을 할애했다. 나는 한 책에서 다뤘던 주제를 다른 책에서도 다루는 일을 지양할뿐더러, 했던 말을 또 하는 일도 삼가는 편이다. 하지만 예외적으로, 또한 충분히 그럴 만한 이유로 이 주제에 관해서는 매우 소소한 내용을 덧붙이려 한다. 일단 전작에 담긴 내용을 옮겨보자면,

> 만약 번개에서 위험성이 감지된다면, 탁 트인 곳을 피하고 대피 장소를 찾는 것이 최선이다. 개활지에 서 있기보다는 자동차나 헛간에 들어가 있는 편이, 금속 부분을 만지지만 않는다면 안전할 것이다. 홀로 서 있는 나무처럼 고립된 채 우뚝 솟은 사물은 멀리하고, 만약 내려와도 안전하다면 내려오는 것이 좋다. 물가를 멀리하고 만약 물속에 있다면 빠져나오도록 하자. 금속 재질의 물건은 절대 붙잡지 말고, 위험성이 크다고 판단된다면 금속이 포함된 지팡이나 배

낭과 같은 물건은 잠시 저만치 두어도 좋다.

여기에 지금 추가할 내용은 다만 이것이다. 만약 자신이 탁 트인 곳에 있고 근처에 마땅한 대피 장소도 없는데 예감이 무척 불길하다면, 자세를 낮추되 땅에 눕지는 않도록 하자. 가장 좋은 자세는 웅크리거나 쪼그려 앉는 것이다. 30/30 법칙은 제법 유용하다. 소개하자면 첫째, 번개가 치고 천둥이 울리기까지 걸리는 시간이 30초 미만일 경우에는 안전한 장소로 피신한다. 둘째, 실내에 있는 사람의 경우에는 마지막 천둥이 치고 30분이 지날 때까지 나가지 말고 기다린다.

벼락이 내리칠 정확한 장소는 쌘비구름 아래 경관의 튀어나온 부분일 가능성이 크지만, 반드시 그렇지는 않다. "마른하늘에 날벼락"이라는 속담은 전혀 예상치 못한 일이 벌어지는 상황이란 뜻으로 널리 쓰이지만, 사실 그 기원은 벼락의 남다른 속성에 있다. 때때로 벼락은 마치 맑은 하늘에서 떨어지는 양 폭풍우구름과 멀리 떨어진 장소에 내리치기 때문이다. 다만 이는 드문 경우이다. 실제로 대부분의 벼락은 비를 앞세우게 마련이니까.

그 외에 널리 쓰이는 표현으로는, 벼락은 두 번 치지 않는다는 말이 있다. 사랑이나 전쟁을 비롯한 인간사의 면면을 들여다보면, 이 말은 비유적으로 사실일 수 있다. 그러나 날씨 이야기로 들어가면, 이 말은 사실이 아니다. 일례로 엠파이어스테이트 빌딩은 벼락을 단 15분 동안 15차례나 맞은 적도 있다.

번개의 색깔은 그것이 지나온 대기에 관한 단서를 우리에게 제공한다.

하얀 번개는 건조한 대기를
노란 번개는 탁한 대기를
붉은 번개는 비가 오는 대기를
푸른 번개는 우박이 내리는 대기를

각각 암시한다.

번개는 전자기파를 생성하는데, 이는 예보관들이 먼 곳의 폭풍우를 포착하고 추적하는 단서가 된다. 이 같은 전자기파는 AM 라디오에서 타닥거리거나 치직거리는 잡음으로 들리기도 한다.

폭풍우 복합체

폭풍우는 팀을 이룰 수 있다. 쌘비구름들은 서로 교류하며 힘을 보탤 수 있다. 간혹 이 구름들은 광포하고 대대적인 폭풍우를 몰고오는데, 이를 일컬어 기상학계에서는 중규모 대류 복합체(mesoscale convective system)라 한다.

만약 폭풍우가 몇 시간에 걸쳐 꼬리에 꼬리를 물고 들이친다면, 바로 이 폭풍우 복합체가 지나고 있는 것이다. 이럴 때는 앞의 지침에 따라 되도록 실내에 머물러야 한다. 또한 날씨가 잠잠해진 이후에도 최소한 30분이 지날 때까지는 선불리 바깥의 징후를 읽으려 들지 말아야 한다.

토네이도

토네이도는 강풍과 더불어 대혼란과 파멸을 몰고 오는 그야말로 독보적인 회오리바람이다. 이 난폭한 소용돌이는 왕성한 쌘비구름에서 시작되는 한편 특수한 기상 조건을 필요로 하는데, 그러한 기상 조건은 한 해의 특정한 시기에 특정한 지역에서 조성될 가능성이 유난히 크다. 토네이도는 5월과 6월에 그레이트플레인스에서 특히 더 자주 발생한다.

토네이도의 파괴적 에너지는 다른 계통의 폭풍우에 비해 좁은 띠 모양의 영역에 집중되는데, 이는 파괴력을 극대화하면서 피해 지역의 규모는 축소하는 양면적 결과를 가져온다. 이런고로 토네이도가 지나간 자리에는 굉장히 인상적인 자취가 남는다. 시속 480킬로미터의 바람이 거리 전체를 파괴하는 와중에도 한 블록 너머의 나무들은 잎조차 떨구지 않는 상황이 충분히 가능하다는 얘기다.

토네이도의 촉발 원인이 폭풍우구름이라는 점에서, 막강한 폭풍우구름의 발달을 암시하는 징후는 토네이도의 발생 가능성이 커졌다는 징후이기도 하다. 모루구름 꼭대기의 두드러진 돌출부나 커다란 유방구름은 상승기류와 하강기류가 유달리 강하다는 의미이자, 좋지 않은 시기에 좋지 않은 장소에 있는 사람에게는 재난을 경고하는 전조이다.

구름 밑면에 생성되는 깔때기구름 또한 토네이도에 적합한 기상 조건이 무르익었다는 징후가 된다. 하지만 그럴 때 발생하는 회오리는 토네이도보다 약한 용오름, 즉 공기와 물의 소용돌이 기둥인 경우가 더 많다. 설사 그 깔때기구름이 지표면에 닿도록 한껏 늘어져 있더라도 말이다.

허리케인

허리케인과 같은 유형의 폭풍은 지역에 따라 사이클론, 태풍, 열대성 회전 폭풍 등의 다양한 이름으로 불린다. 이 모든 이름이 가리키는 그 경이롭고도 무시무시한 폭풍우를 이 책에서는 전부 허리케인으로 통일하여 부를 것이다.

토네이도와 마찬가지로 허리케인은 특정한 지역과 계절에 유달리 많이 발생한다. 허리케인은 언제나 열대지방에서 생성된다. 또한 대부분 지역에서는 그 같은 폭풍우를 1년 내내 구경조차 하지 못한다. 허리케인은 토네이도보다 규모가 100배는 더 큰 데다 에너지의 총량도 더 높지만 위력은 상대적으로 약한 편이다. 허리케인의 최고 풍속은 토네이도에 비해 느리지만, 훨씬 더 넓은 영역에 혼란을 유발한다.

허리케인이 활동하기 위해서는 습기와 따뜻한 공기, 바다가 필요하다. 지상에서 경험하는 허리케인은 난폭하고 무질서하지만, 위성의 시점에서 내려다보는 허리케인은 단순하고 우아하다. 북반구에서 바람은 언제나 저기압계 주위를 반시계 방향으로 회전한다. 허리케인이 여느 바람과 다른 이유는 극단적 저기압과 동력을 공급받는 방식에 있다. 허리케인은 물과 대기의 열에너지를 사용하여 힘을 구축해나간다.

유럽에서 배를 타고 대서양을 건너 카리브해로 가려는 사람들은 대부분 12월에 항해에 나서는데, 여기에는 그럴 만한 이유가 있다. 대서양의 그 항로에서 허리케인이 자주 발생하는 시기는 6월에서 11월 사이이고, 12월에는 허리케인과 부닥칠 가능성이 현저히 감소한다. 나는 개인적으로 첫 대서양 횡단을 앞두고 이 항로에 관한 전문가들이 주관하는 몇몇 날씨 설명회에 참석한 적이 있다. 오늘날에는 모든 항해자가 다른 이들의 예보와 경고를 근거로 신중하게 허리케인의 동향을 파악하지만, 전통적으로는 특정한 징후들에 의존해왔고 그중 대부분은 우리에게도 이미 친숙한 것들이다. 나쁜 징조의 예로는 풍속과 풍향의 갑작스런 변화, 폭풍우를 암시하는 구름의 발달, 폭풍우의 접근이 의심되는 방향에서 너울지는 바다, 기압의 돌연한 하강, 급격히 쏟아지는 폭우 등이 있다. 이는 열대지방 전역에서 적용되는 기본 원칙이다. 이 밖에도 지역에 따라 갖가지 흥미로운 전통이 존재하는데, 가령 인도의 해안에서 출발하는 항해자들은 한때 '암소 가죽처럼 생긴 구름'을 허리케인의 징후로 여겼다.

지금껏 내가 배운 가장 재미있고 유용하며 인상적인 상식은 허리케인의 어느 쪽이 우리를 강타하느냐에 따라 우리가 어떤 허리케인을 경험하느냐가 결정된다는 점이다. 허리케인이라고 다 같은 허리케인이 아니다. 바다에서든 육지에서든 이동하다보면 우리 의지로는 허리케인을 절대 피할 수 없는 상황에 봉착할 가능성이 있지만, 적어도 그 허리케인의 어느 부분과 부딪칠지에 대해서는 우리 의지로 선택할 수 있다. 허리케인에는 위험한 구역과 덜 위험한 구역이 공존한다. 다시 말해 절대적으로 안전한 영역은 존재하지 않는다. 설명을 위해 다소 기묘한 비유를 들어 보겠다.

상상해보자. 어떤 사람이 골목에 서서 약 1.8미터 길이의 밧줄을 추켜든 채 반시계 방향으로 돌리고 있다. 밧줄 끝에는 야구공이 매달려 있다. 이때 내가 미처 몸을 수그리지 못한 채 그 사람 바로 옆을 지나게 됐다고 하자. 나는 공에 맞을 확률이 높지만, 그 사람 옆을 어느 쪽으로 지나느냐에 따라 내 경험은 달라질 것이다. 만약 왼쪽으로 지나간다면, 공은 나를 향해 회전하다 내 얼굴에 거세게 부딪칠 것이다. 하지만 만약 오른쪽으로 지나간다면, 공은 내 뒤통수에 비교적 느리게 부딪칠 것이다. 둘 다 유쾌한 경험은 아니지만, 오른쪽으로 지나갈 때가 충격은 덜하다.

북반구에서 허리케인의 바람은 문제의 야구공처럼 저기압이라는 중심부 주위를 반시계 방향으로 회전한다. 만약 우리가 대서양에 면하는 동쪽 바닷가에서 허리케인을 맞이하게 된다면 '위험 사분면(danger quadrant)', 그러니까 바람이 우리를 향해 가장 빠르게 부는 구역은 저기압 중심부의 왼쪽(북쪽)에 위치하게 될 것이다.

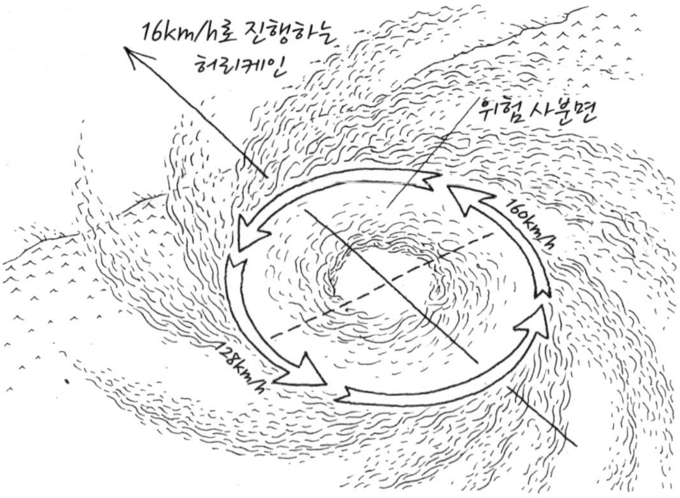

다시 말해 아무리 허리케인을 피할 수 없는 상황이라도 우리가 남쪽으로 이동하여 허리케인의 중심부를 우리보다 조금 북쪽으로 옮길 수 있다면, 허리케인이 우리의 바로 남쪽으로 지나갈 때보다는 피해를 줄일 수 있다.

만약 허리케인이 우리의 머리 위로 곧장 다가온다면 가장 먼저 북풍이 파괴력을 발휘할 것이고, 이어 폭풍의 '눈'이 머리 위로 지나가면서 기묘한 고요가 뒤따랐다가, 이내 남풍과 함께 더 큰 혼란이 몰아칠 것이다. 요컨대 허리케인은 가능하면 피하는 것이 상책이다. 그리고 이는 비단 '위험 사분면'의 위치를 알아내기가 골치 아프기 때문만은 아니다.

허리케인이 골목길을 따라가지는 않지만, 허리케인의 경로에도 경향은 존재한다. 허리케인이 발생하기 위해서는 코리올리 효과가 필요하고, 그러므로 허리케인은 적도에서 최소 500킬로미터 이상 떨어진 장소에서 발생한다. 일단 발생한 뒤에는 시속 18킬로미터의 속도로 대개 서쪽을 향해 이동하다가 비교적 가까운 극지방을 향해 순전하는데, 이것이 바로 카리브해와 미국의 남동쪽 해안에 허리케인이 그토록 자주 몰아치는 이유다. 때때로 허리케인은 다가오던 방향으로 다시 휘어지기도 한다. 만약 더 차가운 물이나 땅 위로 진출하게 되면, 동력원인 열을 상실하면서 힘이 빠지기 시작한다.

토네이도와 허리케인처럼 굵직한 자연재해를 대하는 우리의 올바른 자세는 스스로의 한계를 인정하는 것이다. 이제 전문 기상학자의 의견에 귀를 기울이고, 그들의 데이터와 모델, 위성사진, 경험의 가치를 겸허히 인정할 때다.

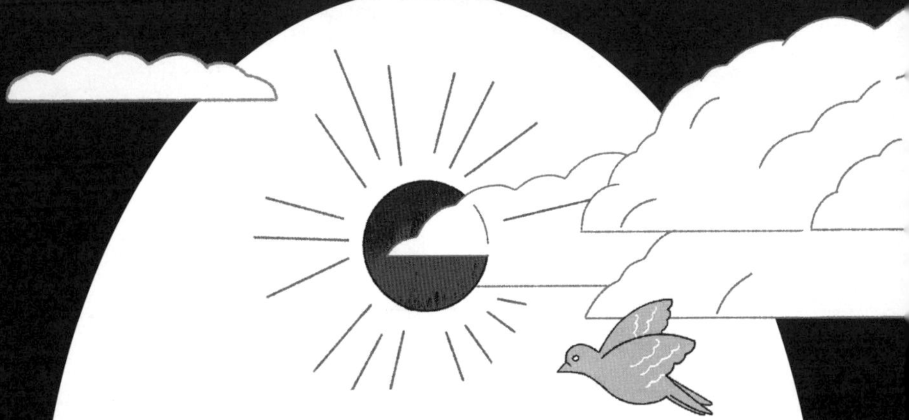

21장

천상의 지고함

반짝임의 과학과 기술 | 계절과 별 | 무리 | 가장 거대한 그림자

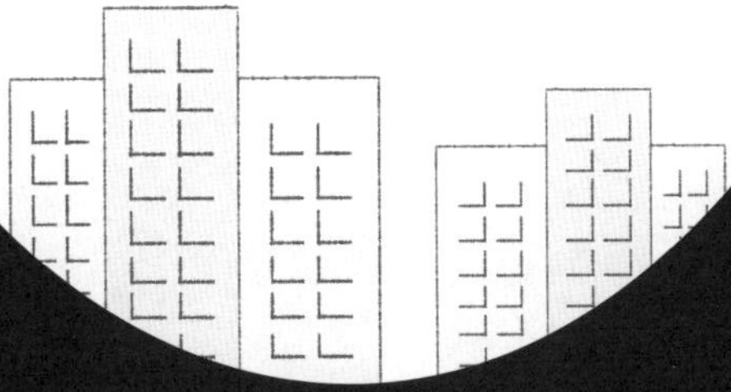

《밴버리 목동의 법칙(Shepherd of Banbury's Rule)》은 오래된 날씨 속설을 소개하는 유쾌한 모음집이다. 18세기에 '목동 존 클래리지(John Claridge)'가 쓴 이 책에는 아래와 같이 친근하고도 주옥같은 이야기들이 풍성하게 담겨 있다.

구름이 바위나 탑처럼 보일 때,
땅은 잦은 소나기로 생기를 되찾는다.

우리가 보는 모든 것에는 의미가 있다. 그렇다고는 해도 일부 사람들은 없는 의미를 만들면서까지 물상에 의미를 부여하려는 욕구를 지나치리만큼 강하게 느낀다. 수천 년 동안 사람들은 달이 며칠마다 뚜렷하게 모양을 바꾸고 날씨도 달의 위상 변화와 때를 맞춰 달라진다고 여겨 둘의 관계에 주목했다. 그 유혹은 너무도 강렬해서 사람들은 날씨와 달을 어떤 식으로든 연결시키려 했다. 클래리지도 예외는 아니었다. 그는 "보름 무렵 일출 전의 박무는 일반적으로 맑은 날씨"를 암시한다고 했다.

알다시피 여름날 이른 아침의 박무는 좋은 날씨의 징후이다. 다만 이것은 하늘이 맑아 밤사이 지표면에서 열이 방출되었기 때문이지 달이 유의미한 역할을 수행해서가 아니다. 클래리지의 견해를 두고 모 평론가는 달의 모양 및 위상에 관한 한 다음 글이 더 타당하다고 지적했다.

> 혹여 달과 날씨가
> 함께 변화하더라도,
> 달의 변화가
> 날씨의 변화를 일으키지는 않는다.
> 혹여 이상하게 들릴지도 모르나,
> 달이 없어도
> 날씨는 끊임없이
> 변화할 수밖에 없다.

달의 위상은 우리에게 조류와 시간, 방향에 대한 정보를 일러줄 수 있지만, 날씨에 대한 정보 면에서는 거의, 아니 전혀 유용하지 않다. 적어도 나는 그렇게 알고 있다. 하지만 그렇다고 달의 외형이 날씨에 관한 정보를 아무것도 일러주지 않는다는 얘기는 아니다. 달은 햇빛을 우리 쪽으로 반사하고 대기를 가로질러 섬

광을 비춘다. 그 여정 중에 빛은 얼음이나 수증기를 가로지를 수 있고, 얼음과 수증기는 모두 우리가 보는 달의 모습을 변화시킨다.

달이 유달리 맑아 보인다면 이는 공기가 건조하고 맑고 깨끗하다는 징후이다. 달빛을 차단하는 구름이 없을뿐더러 습기도 거의 없어서, 몇 시간 이내에 구름이 끼거나 비가 내릴 가능성은 거의 없다는 뜻이다. 알다시피 맑은 밤하늘은 복사 냉각을 통한 열 상실을 유발하므로, "달이 맑으면 머지않아 서리가 내린다"라는 옛말에는 과학적 근거가 있다. 맑은 달은 서리에 관한 그 어떤 정보도 직접 일러주지 않지만, 그날 밤이 낮보다 훨씬 서늘할 것이라는 단서는 제공하기 때문이다. 결론적으로 그런 날에는, 여름이 아니고서야 서리가 내릴 가능성이 커질 수밖에 없다.

반짝임의 과학과 기술

우리가 눈으로 초점을 맞추는 대상 가운데 가장 멀리 있는 사물은 아마도 별일 것이다. 별들은 우리가 눈으로 보는 사물 가운데 가장 멀리 존재할 뿐 아니라, 자연에서 찾을 수 있는 사물 가운데 가장 긴 범위의 예보를 제공하기도 한다.

별빛은 우리에게 도달하기까지 수백만 킬로미터를 여행하지만, 그 긴 여정 가운데서도 우리 눈에 비치는 별의 모습에 가장 큰 영향을 미치는 부분은 마지막의 찰나이다. 별의 가느다란 빛줄기는 지구 대기에 닿는 순간부터 공기 분자를 헤치고 나아가야 하는데, 이들 분자는 별빛 줄기가 갓 지나온 광대한 진공에 비하면 마치 시럽과도 같다. 빛은 공기 분자에 의해 조금씩 튀고 떠밀린다. 더욱이 물 분자와 부딪칠 경우에는 경로를 다소 벗어나버린다. 우리 눈에 유난히 반짝이는 별들은 대기에 더 많은 물이 존재한다는 신호이다. 그리고 이는 심지어 털구름이 나타나기도 전에 전선의 접근을 알리는 초기 징후로 읽힐 수 있다.

문제는 경향이다. 반짝이는 별 자체가 우리에게 많은 정보를 일러주지는 않지만, 별들이 저녁 내내 혹은 어젯밤에도 오늘 밤에도 눈에 띄게 반짝이는 현상은 습도의 상승과 악천후의 위험을 알리는 징후이니 말이다. 별들은 언제나 반짝이고 더러는 '번쩍이기도' 하지만, 상대적으로 잠잠한 별들은 대기가 비교적 건조하고, 그러므로 맑은 날씨와 서리의 가능성이 함께 커졌다는 사실을 암시한다.

하나의 기술 안에는 언제나 또 하나의 기술이 존재한다. 태평양제도의 항해자들은 반짝이는 별들을 일기예보에 활용했고, 하늘의 각 영역에서 별들이 반짝이는 방식을 관찰하여 차이를 가려냈다. 그들의 예보대로라면, 날씨의 변화는 별들이 반짝이기 시작하는 하늘의 영역에서 도래할 것이었다.

호주의 어느 기상학자는 유성, 즉 별똥별과 유달리 강한 비의 관련성을 주장한 바 있다. 뜬금없는 소리로 들리겠지만, 그 주장의 기저에는 단순한 논리 하나가 자리한다. 그 논리란 바로 구름은 대기 중의 아주 작은 입자 그러니까 핵을 중심으로 생성되는

데, 유성은 대기에 먼지를 그야말로 빗발치듯 뿌림으로써 풍부한 핵을 제공할 수 있다는 것이다. 예컨대 쌍둥이자리 유성우와 같은 대규모의 유성우가 내리고 30일쯤 지나면 폭우가 쏟아진다는 사실을 그는 발견했는데, 이는 대기 중에서 먼지입자들이 구름을 만들기에 적당한 고도까지 떨어지는 데 걸릴 법한 시간과 일치했다.

혹시 아는지 모르겠지만, 겨울밤에는 여름밤과 똑같은 대기 조건에서도 별들이 더욱 밝아 보인다. 각 계절에 우리는 밤하늘의 다른 영역, 그러니까 우주의 다른 영역을 보게 된다. 겨울에 우리가 보는 별들의 배경은 상대적으로 어둡다. 왜냐하면 그 별들 뒤에는 먼 별들이 상대적으로 적게 존재하기 때문이다. 다시 말해 겨울에 우리는 상대적으로 텅 빈 우주를 내다보는 셈이다. 하지만 여름에는 우리은하, 즉 은하수의 중심 쪽을 내다보게 되는데, 그로 인해 밤하늘의 배경에는 희미한 조명이 더해진다. 생각해보라. 검은 천과 회색 천에 흰 가루를 뿌렸을 때 어느 쪽이 더 선명하게 보이겠는가? 오리온자리처럼 선명한 별자리의 가장 밝은 별들 또한 여름보다는 겨울에 더 알아보기 쉽다.

계절과 별

다수의 원주민 문화권에서는 별들이 날씨를 좌우한다고 믿는다. 이 믿음은 우리가 해석하는 방식에 따라 사실이 되기도 하고 거짓이 되기도 한다. 만약 그 개념을 글자 그대로 받아들이면, 그것을 뒷받침하는 과학적 근거가 사라진다. 우리가 보는 별들과 우리가 경험하는 날씨 사이에는 이렇다 할 관련성이 존재하지 않는다. 하지만 이들 공동체가 말하는 별들과 날씨의 관련성은 사실 별에 내재하는 계절 시계를 가리킨다고 보는 편이 타당하다. 이를테면 태평양제도처럼 계절에 목숨과 생계가 달려 있는 문화권에서는 되도록 맑은 날씨에 바다를 누비기 위해 별들의 경로에 주의를 기울여야 했을 테니까. 이와 관련하여 영국 작가 아서 그림블(Arthur Grimble, 1888~1956)은 한 세기 전에 이런 글을 남겼다.

> 전갈자리와 플레이아데스성단은 길버트제도의 뱃사람들에게 절기를 알리는 지표이다. 전갈자리의 가장 밝은 별 안

타레스가 해 질 녘 적경(赤經)에 자리할 때, 날씨가 좋은 계절, 즉 '항해의 날'은 시작된다. 그러다 플레이아데스성단이 첫 어둠과 더불어 동쪽 수평선 위에 나타나면, 날씨는 다시금 난폭해지고 항해의 계절은 비로소 끝이 난다. (…) 이 두 기간은 각각 무역풍이 부는 계절 그리고 서쪽에서 강풍이 불어오는 계절과 매우 정확히 일치한다.

앞서 살펴본 바와 같이 특정 별자리들은 저마다 다른 계절의 접근을 암시한다. 가령 오리온자리는 겨울밤에 유독 환하게 반짝거린다. 서구인들은 오리온자리가 눈을 몰고 온다는 이야기를 들으면 고개를 갸웃거리겠지만, 오리온자리가 잘 보이는 몇 개월 동안에는 눈이 비교적 자주 내린다는 이야기를 들으면 다 같이 고개를 끄덕거릴 것이다. 혹시라도 이견이 존재한다면 이유는 온대 기후와 열대 기후의 차이, 또한 그로 인한 문화적 관점의 차이에 있으리라고 나는 생각한다.

온대 지방은 계절에 따른 차이가 워낙 뚜렷해서, 사람들은 중요한 별의 변화를 알아차리기 한참 전에 기온과 주변의 동식물에서 엄청난 변화를 감지하게 된다. 그에 비해 열대 지방은 온도 변화가 미미한 데다 계절 변화 역시 변덕스런 우기와 건기를 오가는 정도가 전부여서, 별들과 계절의 관련성이 더욱 두드러질 공산이 크다. 또한 열대 지방에서는 한 해 동안 밤하늘을 더 많이 바라보게 된다. 온대 지방 사람들의 경우 한여름이나 한겨울에는 밤하늘을 보는 일이 드물다. 열대 지방에서와 달리, 6월에는 하늘이 너무 밝고 1월에는 너무 추워 여간해서는 야외에 오래 머물 마음이 들지 않는 까닭이다. 요컨대 우리가 계절의 변화를 피부로 느끼는 동안, 열대 지방 사람들은 별들이 계절의 변화를 일러주기를 기다린다. 양쪽 모두 별들이 계절을 조종한다고는 믿지 않지만 말이다.

일부 아랍 문화권에서 계절을 읽는 방식은 더욱 까다로운데, 이는 이슬람력이 태음력이고, 태음력은 계절의 변화라든가 태양 및 별의 주기와 잘 맞지 않기 때문이다. 별수 없이 그곳 사람들은 새해 첫날로부터 며칠이 지났는지를 근거로 계절을 읽는 나름의 기법을 고안해냈다. 인도양의 항해자들은 정월 초하루로부터 아흔세 번째 날에 배를 띄우고는 했다.

무리

달무리는 하늘에 털층구름을 비롯해 얇은 얼음 구름이 떠 있을 때 나타난다. 그리고 이를 근거로 우리는 날씨를 예측할 수 있다. 알다시피 털구름에 뒤이어 나타나는 털층구름은 온난전선의 접근을 예고하므로, 털구름에 뒤이어 나타나는 달무리는 조만간 비가 오리라는 경고로 해석할 수 있다. 햇무리 역시 털층구름이 떠 있을 때 나타나기 때문에, 같은 날씨를 예측하는 근거로 활용할 수 있다.

가장 거대한 그림자

화창한 하루의 해가 막 저문 뒤에는 동쪽으로 시선을 돌려보자. 만약 시정이 깨끗하다면, 지평선에서 어둑한 띠 하나가 매우 천천히 떠오르는 광경이 눈에 들어올 것이다. 이것은 지구의 그림자로, 습기나 연무가 살짝 낀 대기에서 가장 명료하게 관찰된다. 이 그림자는 새벽에 서쪽을 보아도 관찰할 수 있지만, 확률은 상대적으로 낮다. 아무래도 대기에 부유하는 입자의 수가 저녁에 비해 적기 때문이다.

청보랏빛 베일을 닮은 이 그림자는 해 질 녘에 떠오르거나 동틀 녘에 내려앉는다. 훗날 지구의 그림자처럼 보이는 풍경을 마주하거든, 바로 위에서 분홍색 빛의 띠를 찾아보자. 비너스의 허리띠(Belt of Venus)로 알려진 이 영역은 비너스, 즉 금성이 자주 발견되는 자리이다. 이때 지평선의 고도는 평균해수면에 가까울 정도로 낮을수록 좋고, 관찰자의 시점은 살짝 높은 것이 좋다. 이를테면 햇빛 비치는 섬 동쪽 해안의 비탈처럼 말이다.

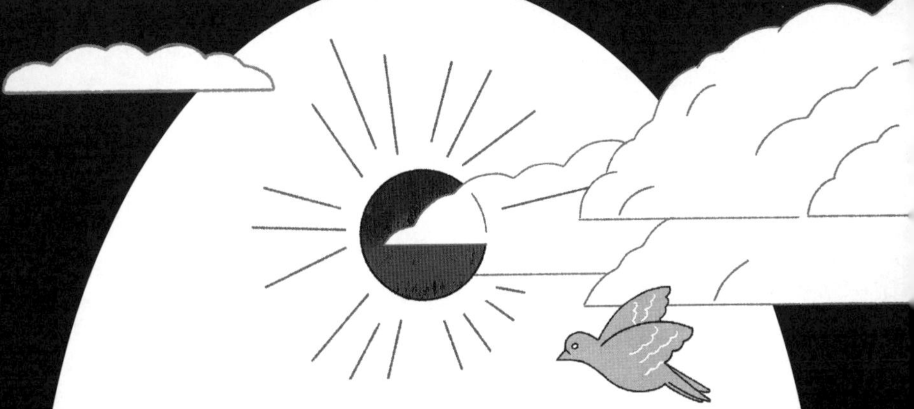

22장

우리의 날씨

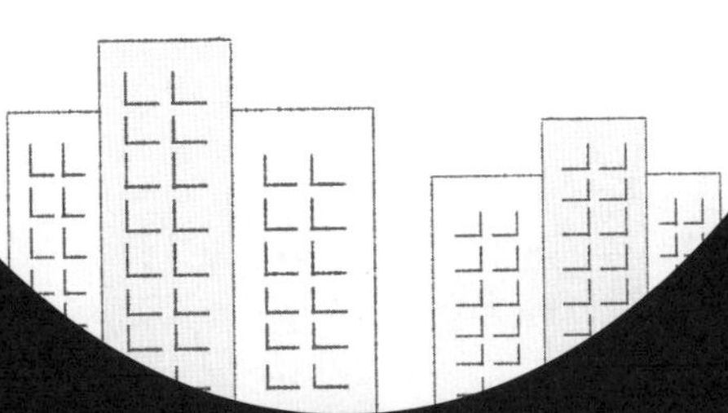

내가 이 글을 쓰고 있는 2020년 5월은 영국의 봉쇄 기간이다. 코로나19는 여전히 두려움과 혼란을 불러일으키고 있다. 어제는 그 바이러스로 미국에서만 1만 5000명 이상이 사망했다.• 세계적 매체에서는 햇빛의 긍정적 효과를 논하는 기사가 흘러나온다. 햇빛이 코로나19의 확산을 억제한다는 것이다. 이 유별난 바이러스의 생사에 날씨가 미치는 영향을 이해하려는 노력은 아직 시기상조일 테다. 그러나 둘 사이에 유의미한 관련성이 존재한다는 것쯤은 역사를 바탕으로 충분히 유추할 수 있다.

1993년에는 포코너스 자치구에 거주하는 나바호족 원주민 열 명이 폐에 물이 차더니 인플루엔자와 유사한 증상으로 사망하는

• 이 책을 편집할 무렵에는 이 수치가 작게 느껴지게 되었다. 공포스러우리만치 급격한 변화였다.

사건이 있었다. 발병 전에는 모두 젊고 건강하던 이들이었다. 나바호족 원주민이 그런 유의 치명적 질환에 시달린 사례는 이전에도 있었다. 1918년과 1933년에도 비슷한 사례가 보고됐으니까. 의학계는 오랜 세월 미궁에 빠졌다.

해결의 실마리는 나바호족 구전 역사에 있었다. 그 질환이 발병한 시기는 모두 이례적으로 강한 비나 눈이 일정 기간 쏟아진 이후였다. 사람들이 사망한 원인은 비나 눈이 아니었던 탓에 처음에는 양쪽의 관련성이 명확히 드러나지 않았다. 연구자들은 나바호족과의 대화를 통해 퍼즐 조각을 하나하나 맞춰 나갔다. 예의 그 이례적 폭우나 폭설이 내린 뒤에는 잣나무 열매의 수가 어마어마하게 불어났고, 이는 설치류의 개체 수가 폭증하는 결과로 이어졌다. 문제의 나바호족 사망자들은 설치류와의 접촉에 따른 한타바이러스 폐 증후군에 희생된 것이었다. 비에서 잣과 설치류, 바이러스를 거쳐 사망으로 귀결되는 슬픈 이야기라고 할까.

수천 킬로미터 밖 시베리아에서는 박수용이라는 한국인 촬영가 겸 동식물연구가가 발견하기 어렵기로 유명한 시베리아 호랑이의 온갖 움직임을 20년 가까이 관찰했다. 그는 바람이 잣나무 꽃가루를 옮기는 현상에 주목했다. 꽃가루받이가 이뤄지면 머지않아 나무에서는 잣이 자라 땅으로 떨어진다. 초식동물들은 잣을 찾아 바닥을 헤집고, 호랑이들은 그 흔적을 좇아 먹잇감들의 뒤를 밟는다. 붉은 꽃가루를 통해 그는 산들바람을 감지하고 호랑이가 지나는 길을 어림할 수 있었다. 꽃가루는 호랑이가 있는 곳으로 그를 이끌었다.

시베리아와 나바호에서 수천 킬로미터 떨어진 덴마크에서는 과학자들이 기온을 단서로 참뜰길앞잡이가 잡아먹는 먹이의 수를 예측할 수 있다는 사실을 밝혀냈다.

비와 바람에서 시작해 잣과 호랑이, 참뜰길앞잡이를 거치며 분명해진 것은 날씨와 기후, 미기후가 자연이라는 직소 퍼즐에 반드시 필요한 조각이라는 사실이다. 모름지기 사람은 땅에 더 가까울수록 땅과 하늘의 관계를 더 잘 이해할 수 있다. 예로부터 러시아의 소작농들은 벚꽃이 피는 시기와 서리, 새의 깃털 색과 비 사이에 관련성이 있다고 여겼다.

마침 스코틀랜드의 작가 낸 셰퍼드(Nan Shepherd, 1893~1981)는 이런 글을 남겼다. "풍화하는 바위, 단비, 햇살, 씨앗, 뿌리, 새… 이 모든 것은 결국 하나다."

작가 탐신 칼리다스(Tamsin Calidas)는 헤브리디스제도에 자리한 그녀의 작은 농장에서 날씨 변화의 조짐을 감지했다. 양들은 가까운 숲으로 몸을 피했고 갈매기들은 먹이를 주는 이들 곁으로 옹기종기 모여들었다. 하지만 그녀 역시 스스로의 감각을 통해 날씨의 변화를 느꼈다. "둔하고 묵직한 기미가 입안을 감돈다. (…) 이렇듯 뭉툭한 맛은 말썽 혹은 변화의 조짐이다."

날씨는 우리의 내면세계에서 매우 중요한 역할을 담당한다. 겨울이 짧아지면 수백만 사람이 계절성 정서장애에 시달린다. 그리고 당연하게도 이러한 정서장애의 발병률은 플로리다에 비해 알래스카에서 일곱 배가량 더 높다. 갑작스레 찬바람이 불면,

우리는 한기를 느끼고 집에 돌아갈 생각을 품게 된다. 이내 우리는 바람을 뚫고 걸음을 옮긴다. 한 소도시에서 시행한 연구 결과에 따르면, 사람들은 바람이 약할 때는 보통 속도로 걷다가 풍력이 6에 도달하면 갑자기 보속을 높이는 경향을 보였다. 하지만 모든 사람이 똑같은 반응을 보이지는 않았다. 성별에 따른 차이가 있었다.

여성의 가슴은 남성의 것보다 추위에 약하고, 차가운 돌풍은 모유의 흐름을 멎게 할 수 있다. 그래서일까? 남성은 강풍을 마주하지만 여성은 외면하는 경향을 보였다. 이러한 결과를 도출한 논문이 발표된 시기는 1976년이다. 비록 지금도 그때와 같은 바람이 불고 있지만, 우리가 바람을 느끼는 방식에는 많은 변화가 있었다. 만약 같은 연구를 지금 다시 시행한다면, 나는 이러한 행동적 차이에 생물학적 요인과 문화적 요인이 각각 어느 정도씩 작용하는지 알아보고 싶다. 어느 쪽이든 봄날에 따뜻한 장소를 다른 누구보다 먼저 물색하여 최적의 피난처로 우리를 인도하는 사람은 여전히, 아기를 안은 어머니일 것이다.

찬바람이 불어닥칠 때 우리는 자동적으로 몸을 움츠린다. 옷을 단단히 차려입어 별달리 춥다고 느끼지 않는 상황에도 말이다. 이런저런 연구 결과에 따르면, 찬바람이 딱 30초만 이마에 불어도 인간의 심박수는 떨어진다고 한다. 우리 몸이 열을 중심부에 보존할 태세로 돌입했다는 뜻이다.

날씨는 좋은 쪽으로든 나쁜 쪽으로든, 우리의 존재 양식에 태초부터 줄곧 영향을 미쳐왔다. 일부 역사학자들의 주장에 따르면 예컨대 페니키아, 이집트, 아시리아, 바빌로니아, 중국, 아즈텍, 마야, 잉카와 같은 위대한 고대 문명의 발상지는 하나같이 평균 기온이 오늘날 쾌적한 실내온도로 여겨지는 20도에 가까웠다.

날씨와 기후가 억겁의 세월 동안 제국을 건설한다면, 미기후는 경이로운 순간을 만들어낸다. 서늘한 골짜기에는 왜 그리도 포도밭이 많을까? 강물의 반사 효과로 포도덩굴에 햇빛이 두 배로 비치기 때문일 것이다. 이 사실을 알아내고도 크나큰 기쁨을 느끼지 않을 사람이 있을까? 우리의 턱밑에는 얼마나 많은 즐거움이 감춰져 있을까? 해변에서는 비가 소금기를 머금은 까닭에 무지개가 아주 조금 작아 보인다는 사실을 언젠가 우리는 알아차리게 될까? 해답은 질문만큼 중요하지 않다. 경이는 눈여겨보는 사람의 것이다.

자료 출처

14쪽 "피츠로이는 우울증이 (…) 목숨을 끊었다.": W. Burroughs et al., p. 73.
14쪽 "신뢰도는 여전히 바닥이었다.": R. Lester, p. 123.
19쪽 "스위스 쥐라산맥에서는 (…) 판이한 기후가 관찰된다.": Ph. Stoutjesdijk and J. J. Barkman, pp. 77－78.
19~20쪽 "이 관목림을 (…) 변화를 경험할 수 있다.": Ph. Stoutjesdijk and J. J. Barkman, p. 7.
20쪽 "히스 서식지는 (…) 더 낮아지기 쉽다.": Ph. Stoutjesdijk and J. J. Barkman, p. 55
35쪽 "그래서 조종사들은 (…) 조종간을 잡으려 했다.": E. Sloane, p. 88.
36쪽 "맑은 가을날 (…) 줄을 뽑아냄으로써": G. White, p. 176.
36쪽 "한편 1830년대에는 (…) 거미 떼를 발견했다.": irishtimes.com/news/environment/how-ballooning-spiders-flythrough-the-sky-1.4000228 (Accessed 11/28/19).
37쪽 "몇몇 근거에 의하면, 흥미롭게도 거미는 (…) 기다린다고 한다.": M. H. Greenstone.
37쪽 "동물행동 전문가들은 (…) 알고 있었다.": R. S. Scorer.
51쪽 "카페사니 랑": S. Thomas, p. 297.
53쪽 "먹구름 '전령들'이 먹빛 잉크로 하늘을 점점이 물들이면": R. Jefferies, pp. 34－35.
54쪽 "언덕 위의 구름이 물방앗간 옆으로 내려온다": J. Claridge, p. 47.
60쪽 "쌘구름의 뭉실뭉실하고도 (…) 알리는 징후다.": S. Dunlop, p. 70.
62쪽 "바다의 구름이 육지의 구름보다 낮게 뜨는 이유": U. Lohmann et al., p. 4.
63쪽 "남극에서는 쌘구름의 생성 가능성이 희박하다.": W. Burroughs et al., p. 194.
65쪽 "서멀을 탐지하는 기법은 (…) 일면 참선과 유사하다.": xcmag.com/news/zen-and-the-art-of-circles-part-1(Accessed 20/1/14).
76쪽 "공기 중의 수증기는 90퍼센트가 바다에서 나온다.": W. Burroughs et al., p. 39.
76쪽 "2019년 10월 콜로라도 덴버에서는": ITV, 10/19/19.
77쪽 "파푸아뉴기니의 월라족은 (…) 우아한 표현이다." in P. Sillitoe.
79쪽 "에든버러와 모스크바처럼 (…) 지역들이 존재한다.": R. Lester, p. 130.

79쪽 "엘니뇨현상에서 보듯이 (…) 미칠 수 있다.": W. Burroughs et al., p. 38.

99쪽 "바람 한 점 없던 대기에 (…) 이제 땅으로 떨어졌다.": L. Watson, p. 217.

104쪽 "미국 남서부처럼 가뭄에 민감한 지역의 주민들은": R. Inwards, p. 74.

104~105쪽 "조지 워싱턴은 (…) 과언이 아니다.": M. Lynch, p. 31.

105쪽 "바람은 날씨를 몰고 온다.": R. Inwards, p. 68.

106쪽 "남방 밀실에서 태풍이 밀려오고 북풍은 추위를 몰고 오는데.": R. Lester, p. 141.

107쪽 "순전하는 바람은 좋은 날씨를 데려오고 (…)": L. Watson, p. 78.

107쪽 "만약 바람이 남쪽에서 북쪽으로 이동하는 와중에 서쪽을 지난다면, (…)": R. Inwards, p. 74.

130쪽 "사사기 6장 36절~38절": from Berean Study Bible, biblehub.com/judges/6-37.htm (Accessed 2/24/10). First seen in Ph. Stoutjesdijk and J. J. Barkman, pp. 59 – 62.

133쪽 "1986년 8월의 어느 아침, (…) 전화를 받았다.": peoplemagazine.co.za/real-people/realstories/meet-mr-duplicity and youtube.com/watch?v=8rkfev2OXls(Accessed 3/2/20).

135쪽 "잎과 풀, 잔가지 들이 얼음의 원기둥에 에워싸였다. 나무들은 잔바람에도 흔들리며 (…)": W. P. Hodgkinson, p. 92.

137쪽 "혹한기의 기온역전층은 (…) 온실 지붕처럼 이용하기도 한다.": goodfruit.com/the-frost-fight (Accessed 20/2/26).

139쪽 "헤일스 박사 가라사대 '해빙을 유발하는 요인은 비단 온화해진 날씨만이 아니다. 땅속 깊은 곳의 온기 또한 해빙에 영향을 미친다.'": G. White, p. 20.

140쪽 "풀밭은 수풀이 없는 들판에 비해 (…) 토탄 지대는": J. P. M. Woudenberg.

143쪽 "골짜기 건너편의 철도 제방에 막혀 중단된다는 점이다.": weatheronline.co.uk/reports/ wxfacts/Frosthollow.htm (Accessed 20/2/26).

145쪽 "과학적 실험 결과에 의하면, (…) 미기후를 만들어낸다.": Ph. Stoutjesdijk and J. J. Barkman, p. 58.

145~146쪽 "파푸아뉴기니의 월라족 원주민들은 (…) 상당히 고질적이다.": P. Sillitoe, p. 74.

151쪽 "고대 그리스 철학자 테오프라스토스는 (…) 짠맛이 강하고": Theophrastus, Sign 25, p. 21.

151~152쪽 "콜로라도를 지나는 로키산맥에서 (…) 빗물 표본의 90퍼센트는": earthsky.org/earth/rain- microplasticrocky-mountains-colorado (Accessed 20/5/3).

161쪽 "일반적으로는 푸른 하늘이 (…) 가능성이 커진다.": S. Dunlop, p. 111.

163쪽 "스코틀랜드 하일랜드 지방의 (…) 강수량이 여섯 배에 달한다.": R. Lester, p. 38.

167쪽 "많은 경우 비 그늘은 산맥의 오른쪽 비탈에 자리하는데": W. Burroughs et al., p. 37.

168쪽 "휜 공백": K. Stewart, p. 264.

170쪽 마이애미와 시애틀의 기후: en.wikipedia.org/wiki/List_of_cities_by_sunshine_duration, weather.com/science/weather-explainers/news/seattle-rainy-reputation, en.wikipedia.org/wiki/Climate_of_Miami (All accessed 20/3/9).

171쪽 빗방울의 크기와 공식: Lohmann et al, p. 209.

200쪽 "양파껍질 효과": R. Lester, p. 41.

208쪽 "얼음장 같던 바람이 따뜻해지면, 눈보라가 몰아치기에 십상이다.": O. Perkins, p. 92.

209쪽 "다리와 고가도로에는 근처의 낮은 도로보다 먼저 눈이 쌓이는데": theweatherprediction.com/habyhints/201 (Accessed 20/3/10).

212쪽 "그처럼 습하고 움푹한 자리는 (…) 안식처가 되어준다.": Ph. Stoutjesdijk and J. J. Barkman, p. 67.

212~213쪽 "가령 라플란드 지역의 소나무처럼, (…) 자라는 나무들은": J. J. Barkman, 1951.

213쪽 "나무껍질과 바위에 서식하는 유기체들은 (…) 단서를 제공한다.": R. Nordhagen.

213쪽 "눈에 덮인 옥수수는 털 망토를 두른 노인처럼 편안하다.": R. Inwards, p. 115.

213쪽 바이알로비에자 숲: Ph. Stoutjesdijk and J. J. Barkman, p. 72.

214쪽 "연못이나 호수의 수면이 (…) 눈이 쌓인 자리를 조심하자.": Ph. Stoutjesdijk and J. J. Barkman, p. 70.

214쪽 "예를 들어 난장이버들은 (…) 징후이다.": Ph. Stoutjesdijk and J. J. Barkman, p. 71.

217쪽 테네시 칼훈 사고: 모두 W. Haggard, pp. 99 – 116.

223쪽 "안개 낀 날에는 언제나 비가 거의 혹은 전혀 내리지 않는다.": W. Burroughs et al., p. 65. And Theophrastus.

224쪽 "여름 안개는 좋은 날씨를 불러온다 (…) 겨울 안개에 개가 얼어붙는다": R. Inwards, pp. 8 – 9.

227쪽 "일본처럼 바다안개가 (…) 숲을 조성하기도 한다.": J. Grace, p. 179.

227쪽 "바람이 불지 않을 때는 (…) 더 오랫동안 머물 수 있다.": R. Lester, p. 59.

230쪽 "만약 비가 그친 뒤에도 시정이 고약하다면, 아직 올 것이 남았다는 뜻이다.": O. Perkins, p. 69.

231쪽 "벨보이": S. Dunlop, p. 69.

245쪽 "또한 제트기류는 (…) 경향이 두드러진다.": Chris Mcconnell and Peter Gibbs, 개인 서신.

248쪽 "앞으로 12시간 뒤면 바람은 점차 강해지겠고": O. Perkins, p. 29.

248쪽 "제트기류 로프의 (…) 두드러질 것이다.": S. Dunlop, p. 94.

261~262쪽 "비행운 중에는 (…) 유력한 단서이다.": M. Kästner, R. Meyer and P. Wendling.

263쪽 "양쪽의 그 소용돌이 탓에 (…) 하나로 합쳐진다.": R. Stull, p. 166.

264쪽 "이따금 구름에 구멍이 뚫리면 (…) 새로운 구름을 형성하기도 한다.": S. Dunlop, p. 94.

268쪽 "구름줄의 간격은 보통 높이의 두세 배이다.": weatheronline.co.uk/reports/wxfacts/Cloudstreets.htm (Accessed 20/4/1).

275쪽 "북극지방의 경우에는 고작 50미터에 불과하다.": U. Lohmann et al., pp. 8–9.

308쪽 "틈새를 통과하는 바람은 (…) 더 강하고 격렬하다.": J. Morton, p. 61.

310쪽 "마치 공격을 받는 듯한 기분이었다. (…) 방어 자세로 거리를 건넜다.": N. Hunt, p. 200.

310~311쪽 "캘리포니아의 샌타애나 바람은 (…) 이상으로 빨라진다": *Meteorology for Naval Aviators*, p. 21.

313쪽 "헬리케의 맞은편에는 카람비스라는 이름의 사방이 가파른 곶이 있어": J. Morton, p. 57.

317쪽 "미송과 전나무의 (…) 알 필요가 없다.": J. Grace, p. 23.

319쪽 "회전기류": J. Grace, p. 151.

320쪽 "1986년 스코틀랜드 (…) 시속 278킬로미터의 돌풍이 불었지만": P. Eden, p. 52.

321쪽 "고도, 모양, 고립성, 해안과의 인접성은 (…) 영향을 미친다.": J. Grace, p. 149.

321쪽 "주풍 속도의 반에서 두세 배 사이를 오르내릴 정도로": J. Grace, p. 152.

322쪽 "캘리포니아주 팜데일에서 (…) 요란하게 흔들어댄다.": losangeles.cbslocal.com/2019/01/07/palmdale-mountain-wave (Accessed 20/4/7).

323쪽 "1950년 11월 (…) 요양 중이었다.": 전체 이야기는 W. Haggard, pp. 11–17.

325쪽 "바닷바람이 불기 위해서는 육지가 바다보다 5도 이상 따뜻해야 한다.": R. Stull, p. 654.

327쪽 "반도 위에서 바닷바람과 바닷바람이 만나게 되면, (…) 한 줄로 나열될 수 있다.": O. Perkins, p. 79.

327쪽 "여름날 해안 지역에서는 그날 날씨와 어울리지 않게 안개가 서리기도 하는데": A. Watts, p. 34.

330쪽 "칠레 아타카마사막에서는 (…) 빠르게 가열되면": Cloud Appreciation Society newsletter, April 2020.

330쪽 "차가운 산바람은 늦은 밤 차디찬 공기를 실어 나르는 데다, 내려가는 길에는": J. Grace, p. 152.

331쪽 "가르다호수": L. Watson, p. 36.

332쪽 "테오프라스토스는 물론이고 아리스토텔레스를 위시한": J. Morton, p. 55.

332쪽 "된바람이 바다에 굽이치는 너울을 일으킨다": J. Morton, p. 55.

333쪽 몰리에르, 〈서민귀족〉: en.wikipedia.org/wiki/Tramontane (Accessed 20/11/10).

333쪽 "골로비카라는 (…) 파악할 수 있다.": N. Hunt, p. 75.

343쪽 "기온은 4도가량 떨어졌다.": A. J. Van der Poel and Ph. Stoutjesdijk.

344쪽 나무 아래의 미기후: 다양한 출처의 목록을 다음에서 찾을 수 있다. Ph. Stoutjesdijk and J. J. Barkman, pp. 96–99.

345쪽 "털가시나무는 몹시 추운 날씨를 견뎌내지만, (…) 추위가 오랫동안 지속된다면 영하 1도에서도 살아남지 못한다.": Barkman, cited in Ph. Stoutjesdijk and J. J. Barkman, p. 6.

350쪽 "바람 부풀림": J. Grace, p. 19.

364쪽 슬로컴 인용구: gutenberg.org/files/6317/6317.txt (Accessed 20/4/15).

367쪽 "나무들은 놀랍도록 바람에 민감하다. (…) 20에서 30퍼센트가량 더 작다.": P. L. Neel and R. W. Harris.

369~370쪽 "엉겅퀴 씨앗이 (…) 8초가 걸릴 수도 있을 정도다!": L. Watson, pp. 172–173.

371쪽 "서리며 눈을 끌어들인다. (…) 눈이 내릴 수 있다.": R. Geiger.

371쪽 "숲에 사는 이들은 (…)": bbc.co.uk/programmes/m000b6sm (Accessed 20/9/3).

372쪽 "또 한 명의 작가는 사과나무를 첼로에, (…) 바이올린에 비유했고": Guy Murchie quoted in L. Watson, p. 263.

372쪽 "초목들 가운데 잎이 넓은 나무는 먹먹한 소리, (…)": awatrees.com/2013/01/06/psithurism-the-sound-of-wind-whispering-throughthe-trees (Accessed 20/6/17).

378쪽 "백여 년 전의 한 실험에서 (…) 글자를 얹어 놓았다.": S. Elliott, p. 39.

381쪽 "나는 특정 식물들을 단서로 비가 올지를 예측할 수 있다": O. D. Kolawole et al., "Ethno-Meteorology and Scientific Weather Forecasting: Small Farmers and Scientists' Perspectives on Climate Variability in the Okavango Delta, Botswana," *Climate Risk Management* 4-5 (2014): pp. 43-58.

381쪽 "파푸아뉴기니의 월라족은 (…) 주의를 기울인다.": P. Sillitoe.

381쪽 "멕시코 틀락스칼라의 (…) 식물을 눈여겨본다.": A. D. Rivero-Romero et al., "Traditional Climate Knowledge: a Case Study in a Peasant Community of Tlaxcala, Mexico," *Journal of Ethnobiology and Ethnomedicine* 12 (2016).

383쪽 "1977년 1월에는 마이애미에 눈이 내렸다.": 구글 검색 "snow in Miami" (Accessed 20/20/4).

385쪽 "뜨겁고 건조한 아틀라스산맥에서는 수풀이 대개 북쪽 비탈에 자리한다.": Ph. Stoutjesdijk and J. J. Barkman: p. 81.

385쪽 "버드나무의 미상 꽃차례는 양지바른 남쪽에서 먼저 꽃을 피운다.": G. Kraus.

386쪽 "이디스체커스폿": S. B. Weiss, D. D. Murphy and R. R. White.

387~388쪽 "민들레, 메꽃, (…) 유럽개미자리, 자주갯활량나물": R. Inwards, pp.154-155 그리고 기타 등등.

388쪽 "튤립과 크로커스는 (…) 밤에 피어난다.": W. G. van Doorn and U. van Meeteren, "Flower Opening and Closure: A Review," *Journal of Experimental Botany* 54 (2003): pp. 1801-1812.

389쪽 "오리새(orchard grass)는 바람이 불어오는 쪽으로 매우 느리게 이동한다.": M. L. Luff.

389~390쪽 "매트그래스는 이를테면 (…) 남쪽을 향한다.": Ph. Stoutjesdijk and J. J. Barkman, p. 79.

391쪽 "고사리는 5500만 년 전의 화석에서도 발견된 바 있다.": B. Myers, p. 35.

393쪽 "풀산딸나무": Ph. Stoutjesdijk and J. J. Barkman, p. 3.

395쪽 "산사나무가 봄을 나타내는 방식을 보자. (…) 꽃망울을 터뜨린다.": Ph. Stoutjesdijk and J. J. Barkman, p. 160.

396쪽 "스노드롭이나 블루벨, 작은애기똥풀, (…) 움을 틔운다.": R. Geiger.

397쪽 "산 위로 올라갈수록 꽃대의 길이는 짧아지고 꽃의 수는 줄어든다.": J. Grace, p. 143.

397쪽 "목초지에서 기르는 풀은 온도가 낮아서 메뚜기 알의 부화를 가로막는다.": W. K. R. E. van Wingerden and R. van Kreveld.

398쪽 "바꽃 잎의 크기가 (…) 등반 중에 발견했다.": Werger, see Ph. Stoutjesdijk and J.

J. Barkman, p. 164.

400쪽 “잎의 만곡에서도 우리는 미기후에 대한 단서를 얻어낼 수 있다.”: M. J. A. Werger, pp. 123 – 160.

401쪽 균류의 시간: S. Pinna, M-F. Gevry and M. Cote.

402쪽 “일부 과학자들은 (…) 홀씨를 뿜어낸다고 믿는다.”: newscientist.com/article/dn19503-fungi-generate-their-own-mini-wind-to-gothe-distance (Accessed 20/4/24).

404쪽 “네덜란드 연구자들의 놀라운 발견에 따르면 지의류는 달마다 안개가 끼는 날수를”: Ph. Stoutjesdijk and J. J. Barkman, p. 5.

404쪽 “검은 반점이 있는 버즘나무 잎이 떨어지면, 이끼는 오히려 두꺼워지고 초록빛이 짙어진다. (…)”: R. Jefferies, p. 183.

405쪽 블랙베리: A. Young et al.

406쪽 “아일랜드 남서부는 (…) 습하기 그지없다.”: Ph. Stoutjesdijk and J. J. Barkman, p. 6.

407쪽 “호나미”: E. Inoue.

431~433쪽 먼로 효과와 벤투리 효과: L. Watson, p. 228.

434쪽 “위쪽에서 아래로 (…) 퍼뜨리는 식이다.”: *Air Quality in Cities*, N. Moussiopoulos, ed., Springer: 2003.

434쪽 “창밖으로 말똥가리 두 마리가 보여요. (…)”: Ben Davis, 20/9/21의 사적 대화.

435쪽 “도시의 기온은 주변 시골보다 12도가량 높아질 수 있다.”: R. Stull, p. 678.

436쪽 “주풍이 가볍게 불 때 도시의 바람의지 쪽은 바람받이 쪽보다 몇 도가량 더 따뜻하다.”: R. Stull, p.678.

438쪽 워키토키 건물: bbc.co.uk/news/uk-england-london-23930675 (Accessed 20/7/16).

439쪽 “육각형이나 팔각형 (…) 꿋꿋이 이겨낸다.”: sciencedaily.com/releases/2008/07/080709110842.htm. (Accessed 20/7/17).

439쪽 “중동의 거리 곳곳에 우뚝 솟은 바람탑은 위에서 부는 바람을 받아 아래의 생활공간으로 내려보낸다.”: W. Burroughs et al., p. 133.

439쪽 “하이데라바드”: L. Watson, p. 226.

442쪽 “‘돌이 땀을 흘리면 비가 내린다’ (…) 홈런이 나올 가능성은”: M. Lynch, p. 142.

442쪽 속설들, 예컨대 “매트는 빵빵해지고, 치즈는 말랑해지고 (…)”: R. Inwards, pp. 158 – 159.

444쪽 "도시의 6대 바람": coursera.org/lecture/sports-building-aerodynamics/4-1-wind-flow-around-buildings-part-1-PvfFX (Accessed 19/3/28) and P. Moonen et al., "Urban Physics: Effect of the Micro-Climate on Comfort, Health and Energy Demand," *Frontiers of Architectural Research* 1 (2012): pp. 197 – 228.

452쪽 "산호가 맑은 액체를 분비하면 안정한 날씨를 기대하고 우윳빛 액체를 분비하면 폭풍우를 예상한다.": D. Lewis, *Voyaging*, p. 125.

454쪽 "아우왈 알카우스와 아크히르 알카우스": A. Constable and W. FConstable and W. Facey, p. 76.acey, p. 76.

455쪽 "북서쪽에서 거의 한 해 동안 끊임없이 불어오는 바람은 (…)": A.

458쪽 "낭코토": D. Lewis, *We, the Navigators*, p. 216.

469쪽 "비는 인간에게 경고 없이 해악을 가져온 전례가 없다. (…)": Virgil, *Georgics*, loebclassics.com/view/virgil-georgics/1916/pb_LCL063.125.xml (Accessed 20/5/7).

470쪽 "수컷 살무사": Ph. Stoutjesdijk and J. J. Barkman, p. 156.

471쪽 "암소들은 오후에 (…) 내린다는 것이다.": Simon Lee, 개인 서신.

472쪽 "거미줄": F. Vollrath, M. Downes and S. Krackow, and jeb. biologists.org/content/216/17/3342 (Accessed 20/4/10).

473쪽 "가브리엘 오크": Hardy, *Far from the Madding Crowd*: etheses.whiterose.ac.uk/14104/1/479514.pdf (Accessed 20/5/5).

474쪽 "말과 교감한다는 (…) 양식을 바꿔놓는다.": Adam Shereston, 사적 대화.

475~476쪽 "민달팽이": jeb.biologists.org/content/jexbio/31/2/165.full.pdf (Accessed 20/5/5).

476쪽 "1월이 되고 (…) 겨울잠에서 깨어난다.": froglife.org/info-advice/frequently-asked-questions/frogs-and-toads-behaviour (Accessed 20/11/20).

476쪽 "개구리는 습도가 올라갈수록 더 활발하게 움직이는데": E. D. Bellis. "The Influence of Humidity on Wood Frog Activity," *The American Midland Naturalist* 68, no. 1 (July 1962): pp. 139 – 148.

477쪽 지렁이: scientificamerican.com/article/why-earthworms-surface-after-rain (Accessed 20/6/5).

478쪽 "나는 특정한 새나 곤충이 우는 소리를 듣고 비가 올 가능성을 예측할 수 있다": O. D. Kolawole, *Climate Risk Management*, pp. 43 – 58.

478쪽 붉은솔개: Simon Lee, 개인 서신.

479쪽 "덥고 고요한 날에는 새소리가 실제보다 멀리서 나는 것처럼 들린다." *Studies in Avian Biology* 6 (1981): pp. 301 – 310.

479쪽 "얼핏 부드럽게 나는 듯싶지만, 사실 그 새들은 난기류와 힘껏 싸우는 중이다.": Ph. Stoutjesdijk and J. J. Barkman, p. 27.

480쪽 "펜실베이니아에서는 탁월풍이 산맥에 부딪쳐 튀어 오르면": E. Sloane, p. 69.

481쪽 "공기의 부양력은 학계가 인정하는 수준을 (…)": R. Jefferies, p. 123.

482쪽 "새들은 햇볕을 쬐며 몸을 덥히는데, (…) 사람들에게 들키기도 한다.": Ph. Stoutjesdijk and J. J. Barkman, pp. 147 – 151, 200.

482쪽 "다시 강조하지만 그런 '듯하다'는 얘기다. (…) 올빼미의 소리가 더 크게 울려서일 수도 있다.": Simon Lee, 개인 서신.

482쪽 "프랜시스 베이컨": R. Inwards, p.138.

482~483쪽 박쥐와 곤충: Rupert Lancaster, 개인 서신, K. Parsons, G. Jones, and F. Greenaway.

483쪽 "일설에 따르면, (…) 북동쪽을 향하고 있는데": woodpecker-network.org.uk/index.php/news/51-great-spotted-woodpecker-nest-holeorientation (Accessed 20/5/7).

483쪽 "꿀벌은 바깥 (…) 더욱 활발해진다.": en.wikipedia.org/wiki/Forage_(honey_bee) (Accessed 20/5/6) and Z. Puškadija et al., "Influence of Weather Conditions on Honey Bee Visits (*Apis Mellifera Carnica*) During Sunflower (*Helianthus Annuus L.*) Blooming Period," *Agriculture: Scientific and Professional Review* 13, no. 1 (2007): p. 13.

483쪽 뒤영벌: D. M. Unwin and S. Corbet, p. 20.

484쪽 딱정벌레: H. Dreisig.

484쪽 "큰 곤충은 서늘한 아침과 저녁을 좋아하고 낮에는 활동을 자제한다.": D. M. Unwin and S. Corbet, p. 24.

485쪽 "지금 눈앞에서 (…) 생각해도 좋다.": rsb.org.uk/get-involved/biology-for-all/flying-ant-survey (Accessed 20/9/7).

485쪽 "과학자들의 심층적 연구 결과는 (…) 관찰된 바 있다.": S. Bagchi, "Weaver Ants as Bioindicator for Rainfall: An Observation," researchgate.net/publication/277126182_Weaver_ants_as_bioindicator_for_rainfall_An_observation (Accessed 20/10/11).

486쪽 "지구상에는 이름을 가진 개미만 해도 1만 3000여 종에 이른다.": cosmosmagazine.com/biology/can-ants-predict-rain-yes-no-maybe (Accessed 20/12/5).

487쪽 "아침은 나비를 연구하기에 좋은 시간이다.": J. Lewis-Stempel, p. 145.

487~489쪽 나비와 기온: L. Wikström, P. Milberg and K.-O. Bergman.

488~489쪽 "나비는 태양의 복사에너지에 민감하기 때문에 (…) 날아다니는 거리와 시간이 짧아지는 것이다.": A. Cormont et al., "Effect of Local Weather on Butterfly

Flight Behaviour, Movement, and Colonization: Significance for Dispersal Under Climate Change," *Biodiversity and Conservation* 20 (2011): pp. 483 – 503.

488쪽 "햇빛이 부족하면 나비들 사이에 별뉘를 두고 다툼이 일기도 한다.": D. M. Unwin and S. Corbet, p. 18.

489쪽 "다음날 아침이 되자 치누크 바람은 모래파리들을 데리고 사라진 상태였다.": M. Schaffer, p. 83.

490쪽 "재미있는 사실은 (…) 동물을 문다는 점이다.": Ph. Stoutjesdijk and J. J. Barkman, p. 66.

491쪽 "영국에만 약 (…) 2밀리미터를 넘지 않는다.": M. Chinery, p. 20, and R. Foottit, "Thysanoptera of Canada," *ZooKeys* 819 (January 2019): 289 – 292.

491쪽 총채벌레와 뇌우: thrips-id.com/en/thrips/thunder-flies (Accessed 20/11/22).

492쪽 "제비가 하늘에서 원을 그리지 않는다면 (…)": R. Jefferies, pp. 30 – 31.

498쪽 "우리가 사는 지구에서는 언제나 약 2000곳에서 동시에 뇌우가 쏟아진다.": R. Stull, p. 564.

505쪽 "1975년 런던에서는 이례적으로 강력한 국지성 폭풍우가 북부의 한 작은 구역에 불과 몇 시간 만에 석 달 치 강수량에 해당하는 비를 쏟아부으며 (…)" P. Eden, p. 131.

505쪽 "맑은 이틀과 뇌우": P. Eden, p. 107.

507쪽 "4월의 뇌우는 흰서리의 끝": R. Inwards, p. 24.

508쪽 "수직으로 상승하는 속도가 시속 48킬로미터에 이를 수 있다.": W. Burroughs et al., p. 199.

511쪽 "1938년의 일이다. 글라이더 조종사 다섯 명이 대회 중에 상승 기류를 찾아": L. Watson, p. 49.

511쪽 "델타항공 191편": W. Haggard, p. 41 onwards. And en.wikipedia.org/wiki/Delta_Air_Lines_Flight_191 (Accessed 20/5/12).

515쪽 "상대적으로 어두운 (…) 있는 까닭이다.": R. Stull, p. 482.

516쪽 "번개는 공기를 대략 3만 도까지": P. Eden, p. 7.

519쪽 "인도 북부와 동부에서는 2020년 몬순철에 번개로 100명 이상이 목숨을 잃었다.": theguardian.com/world/2020/jun/26/lightningstrikes-kill-more-than-100-in-india (Accessed 20/7/20).

519쪽 "만약 번개에서 위험성이 감지된다면, (…)": T. Gooley, *The Lost Art of Reading Nature's Signs*, p. 150.

520쪽 "30/30 법칙": R. Stull, p. 570.

520쪽 "마른하늘에 날벼락": S. Dunlop, p. 114.
520쪽 "실제로 대부분의 벼락은 비를 앞세우게 마련이니까.": R. Stull, p. 567.
521쪽 "엠파이어스테이트 빌딩은 벼락을 단 15분 동안 15차례나 맞은 적도 있다.": W. Burroughs et al., p. 241.
521쪽 "번개의 색깔": W. Burroughs et al., p. 240.
521쪽 "번개는 전자기파를 생성하는데, (…) 들리기도 한다.": R. Stull, p. 568.
522쪽 "토네이도": W. Burroughs et al., p. 244.
525쪽 "암소 가죽처럼 생긴 구름": G. R. Tibbetts, p. 385.
525쪽 전통적인 허리케인의 징후: G. R. Tibbetts, p. 385.
527쪽 "일단 발생한 뒤에는 (…) 순전하는데": S. Dunlop, p. 126.
531쪽 "구름이 바위나 탑처럼 보일 때, (…)": J. Claridge, p. 35.
532쪽 "보름 무렵 일출 전의 박무는 일반적으로 맑은 날씨": J. Claridge, p. 48.
532쪽 "혹여 달과 날씨가 함께 변화하더라도, (…)": J. Claridge, p. 50.
533쪽 "달이 맑으면 머지않아 서리가 내린다": J. Claridge, p. 12, W. Burroughs et al., p. 70 and passim.
534쪽 "태평양 제도의 항해자들은 (…) 차이를 가려냈다.": D. Lewis, *Voyaging*, p. 125.
534쪽 "호주의 어느 기상학자는 유성, 즉 별똥별과 유달리 강한 비의 관련성을 주장한 바 있다.": E. G. Bowen.
535쪽 "겨울에 우리가 (…) 존재하기 때문이다.": earthsky.org/astronomy-essentials/star-seasonal-appearance-brightness (Accessed 20/5/19).
536쪽 "전갈자리와 플레이아데스성단은 길버트 제도의 뱃사람들에게 절기를 알리는 지표이다. (…)": Arthur Grimble, from "Canoes in the Gilbert Islands," *The Journal of the Royal Anthropological Institute* 54 (1924): pp. 101 – 139.
538쪽 "정월 초하루로부터 아흔세 번째 날": G. R. Tibbetts, p. 361.
544쪽 "해결의 실마리는 나바호족 구전 역사에 있었다.": daily.jstor.org/solving-a-medical-mystery-with-oraltraditions (Accessed 20/5/20).
544쪽 "박수용": S. Park, p. 24.
545쪽 "예로부터 러시아의 소작농들은 (…) 관련성이 있다고 여겼다.": V. Rudnev, "Ethno-

Meteorology: A Modern View about Folk Signs," horizon.documentation.ird.fr/exl-doc/pleins_textes/divers18-08/010029408.pdf.
545쪽 "풍화하는 바위, 단비, 햇살, 씨앗, 뿌리, 새 (…)": N. Shepherd, p. 48.
545쪽 "둔하고 묵직한 기미가 (…)": Tamsin Calidas, quoted *Sunday Times, Culture*,

5/17/20, p. 22.

545쪽 "플로리다에 비해 알래스카에서 일곱 배가량 더 높다.": S. Nolen-Hoeksema, *Abnormal Psychology* (6th ed.), New York: McGraw-Hill Education, 2014, p. 179, from en.wikipedia.org/wiki/Seasonal_affective_disorder (Accessed 20/5/20).

546쪽 "한 소도시에서 시행한 (…) 보속을 높이는 경향을 보였다.": S. L. Carson.

546쪽 "여성의 가슴은 남성의 것보다 추위에 약하고, (…) 여성은 외면하는 경향을 보였다.": B. Palmer.

546쪽 "봄날에 따뜻한 (…) 어머니일 것이다.": R. Geiger.

546쪽 "찬바람이 딱 30초만 이마에 불어도 인간의 심박수는 떨어진다고 한다.": J. Le Blanc.

546~547쪽 "일부 역사학자들의 (…) 고대 문명의 발상지는": S. F. Markham.

547쪽 "강물의 반사 효과로 포도덩굴에 햇빛이 두 배로 비치기 때문일 것이다.": O. H. Volk.

547쪽 "해변에서는 비가 소금기를 머금은 까닭에 무지개가 아주 조금 작아 보인다는 사실": R. Stull, p. 833.

주요 참고문헌

Barkman, J. J. "Impressions of the North Swedish Forest Excursion." *Vegetatio*, 3 (1951): pp. 175 – 182.

———. "The Investigation of Vegetation Texture and Structure." From M. J. A. Werger, *The Study of Vegetation*, Junk, The Hague, 1979.

Barry, Roger and Peter Blanken. *Microclimate and Local Climate*. Cambridge University Press, 2016.

Binney, Ruth. *Wise Words and Country Ways*. David & Charles, 2010.

Bowen, E. G. "Lunar and Planetary Tails in the Solar Wind." *Journal of Geophysical Research* 69, no. 23 (1964): pp. 4969 – 70.

Burroughs, William et al. *Weather: The Ultimate Guide to the Elements.* HarperCollins, 1996.

Carson, S. L. *Human Energy Under Varying Weather Conditions*. University of Washington, 1947.

Chinery, Michael. *Complete Guide to British Insects*. Collins, 2005.

Claridge, J. *The Country Calendar or The Shepherd of Banbury's Rules*. Sylvan Press, 1946.

Constable, Anthony and William Facey. *The Principles of Arab Navigation*. Arabian Publishing, 2013.

Cosgrove, Brian. *Pilot's Weather*. Airlife, 1999.

Dreisig, H. "Daily Activity, Thermoregulation and Water Loss in the Tiger Beetle, *Cicindela Hybrida*." *Oecologia* (Berl.) 44 (1980): pp. 376 – 89.

Dunlop, Storm. *Meteorology Manual*. Haynes, 2014.

Dunwoody, H. *Weather Proverbs*. United States of America: War Department, 1883.

Eden, Philip. *Weatherwise*. Macmillan, 1995.

Elliott, S. *Nature Studies*. Blackie and Son, 1903.

Feinberg, Richard. *Polynesian Seafaring and Navigation*. Kent State University, 1988.

Geiger, R. *Das Klima der bodennahen Luftschicht*. Vieweg, Braunschweig, 1961.

Gibbings, Robert. *Lovely Is the Lee*. Dent & Sons, 1947.

Gladwin, Thomas. *East is a Big Bird*. Harvard University, 1970.

Goetzfridt, Nicholas. *Indigenous Navigation and Voyaging in the Pacific*. Greenwood Press, 1992.

Gooley, Tristan. *The Lost Art of Reading Nature's Signs*. The Experiment, 2015.

———. *How to Read Water*. The Experiment, 2016.

———. *The Nature Instinct*. The Experiment, 2018.

———. *The Natural Navigator—10th Anniversary Edition*. The Experiment, 2020.

Grace, J. *Plant Response to Wind*. Academic Press, 1977.

Greenstone, M. H. "Meteorological Determinants of Spider Ballooning: the Roles of Thermals vs. the Vertical Windspeed Gradient in Becoming Airborne." *Oceologica* 84 (1990): pp. 164–68.

Haggard, William. *Weather in the Courtroom*. American Meteorological Society, 2016.

Hamblyn, Richard. *Extraordinary Clouds*. David & Charles, 2009.

Harris, Alexandra. *Weatherland*. Thames & Hudson, 2016.

Harrison, Melissa. *Rain: Four Walks in English Weather*. Faber & Faber, 2017.

Hodgkinson, W. P. *The Eloquent Silence*. Hodder & Stoughton, 1947.

Holmes, Richard. *Falling Upwards*. William Collins, 2013.

Hunt, Nick. *Where the Wild Winds Are*. Nicholas Brealey, 2017.

Inoue, E. "Studies of the Phenomena of Waving Plants ("Honami") Caused by Wind. Part 3. Turbulent Diffusion over the Waving Plants." *J. Agric. Met.* (Tokyo) 11 (1956): pp. 147–51.

Inwards, R. *Weather Lore*. Senate, 1994.

Jankovic, Vladimir. *Reading the Skies*. University of Chicago Press, 2000.

Jefferies, Richard. *Field and Hedgerow*. Lutterworth Press, 1948.

Jones, H. *Plants and Microclimate*. Hamlyn, 2014.

Kästner, Martina, Richard Meyer, and Peter Wendling. "Influence of Weather Conditions on the Distribution of Persistent Contrails." *Institut für Physik der Atmosphäre*, Report No. 109, 1998.

King, Simon and Clare Nasir. *What Does Rain Smell Like?* 535, 2019.

Kraus, G. *Boden und Klima auf kleinstem Raum*. Fischer, Jena, 1911.

Le Blanc, J. *Man in the Cold*. Thomas, Springfield, Illinois, 1975.

Lester, Reginald. *The Observer's Book of Weather*. Frederick Warne & Co., 1964.

Lewis, David. *The Voyaging Stars*. Fontana, 1978.

———. *We, the Navigators*. University of Hawaii, 1994.

Lewis-Stempel, J. *The Wood*. Doubleday, 2018.

Lohmann, Ulrike, Felix Luond, and Fabian Mahrt. *An Introduction to Clouds*. Cambridge University Press, 2016.

Luff, M. L. "Morphology and Microclimate of *Dactylis Glomerata* Tussocks." *Journal of Ecology* 53 (1965): pp. 771 – 83.

Lynch, Mike. *Minnesota Weatherwatch*. Voyageur Press, 2007.

Markham, S. F. *Climate and the Energy of Nations*. Oxford University Press, London, 1942.

Minnaert, M. *Light and Colour in the Open Air*. Dover, 1954.

Moore, Peter. *The Weather Experiment*. Vintage, 2016.

Morton, Jamie. *The Role of the Physical Environment in Ancient Greek Seafaring*. Brill, 2001.

Myers, Benjamin. *Under the Rock*. Elliott & Thompson, 2018.

Neel, P. L., and R. W. Harris. "Motion-Induced Inhibition of Elongation

and Induction of Dormancy in Liquidambar." *Science* 173 (1971): pp. 58 – 59.

Nordhagen, R. "Die Vegetation und Flora des Sylenegebietes." *Kkr. Norske Vidensk. Akad. I, Mat, Naturv*. 1 (1927): pp. 1 – 162.

Office of the Chief of Naval Operations, Training Division. *Meteorology for Naval Aviators*. Government Printing Office, Washington, 1958.

Page, Robin. *Weather Forecasting the Country Way*. Penguin, 1977.

Palmer, B. *Body Weather*. Stackpole, Harrisburg, 1976.

Park, Sooyong. *The Great Soul of Siberia*. William Collins, 2017.

Parsons, K., G. Jones, and F. Greenaway. "Swarming Activity of Temperate Zone Microchiropteran Bats: Effects of Season, Time of Night and Weather Conditions." *Journal of Zoology* 261, no. 3 (2003): pp. 257 – 64.

Perkins, Oliver. *Reading the Clouds*. Adlard Coles, 2018.

Pinna, S., M.-F.Gevry, and M. Cote. "Factors Influencing Fructification

Phenology of Edible Mushrooms in a Boreal Mixed Forest of Eastern Canada." *Forestry and Ecology Management* 260, no. 3 (2010): pp. 294 – 301.

Pretor-Pinney, Gavin. *The Cloudspotter's Guide*. Sceptre, 2006.

Rogers, R. R., and M.K. Yau. *A Short Course in Cloud Physics*. Butterworth-Heinemann, 1996.

Schaffer, Mary. *Old Indian Trails of the Canadian Rockies*. Rocky Mountain Books, 2011.

Scorer, R. S. "The Nature of Convection as Revealed by Soaring Birds and Dragonflies." *Quarterly Journal of the Meteorological Society* 80, no. 343 (1954): pp. 68 – 77.

Scott Elliott, G. F. *Nature Studies*. Blackie & Son, 1903.

Shepherd, Nan. *The Living Mountain*. Canongate, 2011.

Sillitoe, Paul. *A Place Against Time: Land and Environment in the Papua New Guinea Highlands*. Routledge, 1997.

Sloane, Eric. *Weather Almanac*. Voyageur Press, 2005.

Stewart, Ken. *The Glider Pilot's Manual*. Airlife, 2002.

Stoutjesdijk, Ph., and J. J. Barkman. *Microclimate, Vegetation and Fauna*. KNNV Publishing, 2014.

Stull, R. *Practical Meteorology*. University of British Columbia, 2015.

Thomas, Stephen D., *The Last Navigator*. Ballantine Books, 1987.

Tibbetts, G. R. *Arab Navigation*. The Royal Asiatic Society of Great Britain and Ireland, 1971.

Tovey, Bob and Brian. *The Last English Poachers*. Simon & Schuster, 2015.

Unwin, D. M. and Sarah Corbet. *Insects, Plants and Microclimate*. The Richmond Publishing Co., 1991.

Van der Poel, A. J., and Stoutjesdijk, Ph. "Some Microclimatological Differences between an Oak Wood and a Calluna Heath." *Meded. Landbouwhogesch. Wageningen* 59, no. 2 (1959): pp. 1 – 8.

Van Wingerden, W. K. R. E., and R. van Kreveld. "Vegetation Structure and Distribution Patterns of Grasshoppers." *Econieuws* 2, no. 4 (1989): pp. 5.

Volk, O. H. "Ein neuer für botanische Zwecke geeigneter Lichtmesser." *Ber, Dt. Bot. Ges*. 52 (1934): pp. 195 – 202.

Vollrath, F., M. Downes, and S. Krackow. "Design Variability in Web Geometry of an Orb-Weaving Spider." *Physiol. Behav*. 62 no. 4 (1997): pp. 735 – 43.

Watson, Lyall. *Heaven's Breath*. Hodder and Stoughton, 1984.

Watts, Alan. *Instant Weather Forecasting*. Adlard Coles, 1968.

Weiss, S. B., D. D. Murphy, and R. R. White. "Sun, Slope and Butterflies." *Ecology* 69 (1988): pp. 1486 – 96.

Werger, M. J. A. *The Study of Vegetation*. Junk, 1979.

White, Gilbert. *The Natural History of Selborne*. Penguin, 1987.

Wikström, Linnea, Per Milberg, and Karl-Olof Bergman. "Monitoring of Butterflies in Semi-Natural Grasslands: Diurnal Variation and Weather Effects." *Journal of Insect Conservation* 13 (2019): pp. 203 – 11.

Wood, James G. *Theophrastus of Eresus on Winds and Weather Signs*. Edward Stanford, 1894.

Woudenberg, J. P. M. "Nachtvorst in Nederland." *K.N.M.I Wetensch. Rapp*., 68, no. 1, de Bilt, 1969.

Young, A., A. Pilar, A. Janelle, and U. Hiromi. "Wind Speed Affects Pollination Success in Blackberries." *Sociobiology* 65, no. 2 (2018): p. 225.

감사의 글

책의 앞머리에서 나는 날씨란 공기와 열과 물로 이뤄진 수프라고 썼다. 책은 수프가 아니다. 책은 특이한 15층짜리 벽돌 건물을 도는 가이드 투어이다. 그곳의 벽돌은 모두 다르고, 각 방에는 시식용 초밥이 한 접시씩 놓여 있다. 순조로운 투어 진행을 위해서는 한 명의 건축가 겸 요리사 겸 가이드만으로는 역부족이다. 그러나 밝혀두건대, 이 책에 등장하는 끔찍한 은유와 잘못되거나 누락된 내용은 전적으로 나의 책임이다.

먼저 셉터 출판사의 소피 힉스와 루퍼트 랭커스터, 엑스페리먼트 출판사의 니컬러스 시젝에게 고마움을 전하고 싶다. 그들이 없었다면 이 책은 존재하지 않았을 것이다. 이 책은 나의 저서 가운데 영국과 미국의 출판사에서 동시에 의뢰를 받은 첫 책이다. 그로 인해 이 책을 집필하는 데 있어 어려움이 커질 것을 우려했지만, 결과는 오히려 그 반대였고 이에 나는 루퍼트와 니컬러스를 비롯한 관계자 일동과 소피에게 깊은 고마움을 느낀다.

다들 짐작하겠지만, 이 책은 크게 두 가지 목적에서 기획되었다. 하나는 우리가 감지할 수 있는 날씨의 징후에 관하여 포괄적으로 안내하는 것이고, 다른 하나는 사람들이 흔히 가볍게 지나치는 미기후라는 세계를 독자들에게 소개하는 것이다. 루퍼트와 니컬러스의 도움이 없었다면 나 혼자 힘으로는 그 두 가지 목적을 한 책에서 달성할 수 없었을 테고, 분명 둘 중 하나는 포기해야 했을 것이다.

또한 매튜 로어와 제니퍼 헤르겐뢰더, 캐머런 마이어스, 레베카 먼디, 케이트리오나 혼, 머토 칼라프레주, 도미닉 그리븐을 비롯한 셉터 출판사와 엑스페리먼트 출판사의 전 직원에게도 그들이 제공한 노력과 에너지, 아이디어, 비전에 고마움을 전한다.

고마운 사람이 더 있다. 헤이즐 옴은 마무리 단계에서 많은 도움을 주었다. 사라 윌리엄스와 모래그 오브라이언, 윌리엄 클라크 또한 수년에 걸쳐 뛰어난 역량을 발휘해주었다. 연구기상학자 사이먼 리에게는 특별한 사의를 표한다. 그가 시간을 내어 제공한 조언들은 실로 크나큰 도움이 되었다. 이 밖에도 많은 사람이 눈에 잘 띄지 않는 곳에서 다방면으로 중요한 도움을 주었다. 피터 깁스와 존 라이더, 해나 톰슨, 존 팔, 닉 헌트, 닉 허긴스에게 고마움을 전한다.

닐 가워의 근사한 표지와 일러스트는 이 책에서 매우 중요한 역할을 해주었다. 고마워요, 닐.

내 책을 읽거나 온라인 강의를 등록하는 등 코로나로 힘든 시기에 이런저런 방법으로 내 작업을 지원해준 모든 이에게도 심심한 사의를 표한다.

내 누이 시오반 마친에게도 지지와 귀중한 조언에 대한 고마움을 전하고 싶다.

참고문헌 및 자료 페이지에 이름이 적힌 사람 모두가 내게 유용한 아이디어와 사실, 영감을 제공했지만, 그중 몇 사람의 이름은 여기에 따로 언급하는 편이 좋을 듯하다. 스타웃제스딕 박사와 J.J. 바크먼의 인상적인 연구 및 미기후에 관한 광범위한 학문적 연구를 수집하여 예리하게 분석한 글들은 내게 사의와 존경심을 불러일으켰다. 태평양에 관한 데이비드 루이스의 저술은 아라비아 항해에 관한 G. R. 티베츠의 글과 더불어 일생의 도움과 영감이 되었다. 제이미 모턴의 글은 고대의 자료들을 찾는 데 요긴하게 쓰였다. 필립 이든과 롤랜드 스털, 스톰 던롭의 글은 그보다 훨씬 오래된 지버트 화이트와 리처드 제프리, 토머스 하디의 글과 더불어 조금씩 다른 방식으로 저마다 도움을 주었다.

또한 캠핑크루(Camping Crew)와 스피크이지(Speakeasy)의 모든 이에게도 고마움을 전한다. 덕분에 나의 2020년이 온라인에서도 오프라인에서도 미소와 웃음으로 풍성해질 수 있었다. 여러분 모두의 이름을 여기에 언급하고 싶지만, 그랬다가는 내 목숨이 남아나지 않을 것이다.

끝으로 나를 지지해준 가족에게 고마움을 전하고 싶다. 특히 아내 소피와 두 아들 벤과 비니는 내가 이 책을 집필하는 동안 코로나 봉쇄 기간을 나와 함께 견뎌주었다. 혹시라도 바람이나 이슬, 책을 쓰는 일의 즐거움에 관한 내 글에서 과장이나 허풍이 읽힌다면 미리 양해를 구한다. 내가 이 책의 이 마지막 문단을 쓰는 2021년 1월 초, 영국은 다시 봉쇄되었고 각 학교는 원격수업을 재개했다. 오늘 아침 가족들과 포리지로 식사를 마친 뒤,

나는 두 아들에게 잔디밭에는 서리가 내렸지만 나무 밑은 깨끗한 이유를 아느냐고 물었다. 그리고 이 강요된 관찰은 아이들에게 그 어떤 즐거움도 자아내지 못했다. "**아빠아아!**…… 이러다 온라인 수업에 늦겠어요!"

찾아보기

다

라

마

바

사

아

자

차

날씨의 세계

1판 1쇄 발행일 2022년 11월 21일

지은이 트리스탄 굴리
옮긴이 서정아

발행인 김학원
발행처 (주)휴머니스트출판그룹
출판등록 제313-2007-000007호(2007년 1월 5일)
주소 (03991) 서울시 마포구 동교로23길 76(연남동)
전화 02-335-4422 **팩스** 02-334-3427
저자·독자 서비스 humanist@humanistbooks.com
홈페이지 www.humanistbooks.com
유튜브 youtube.com/user/humanistma **포스트** post.naver.com/hmcv
페이스북 facebook.com/hmcv2001 **인스타그램** @humanist_insta

편집주간 황서현 **기획** 김해슬 **편집** 전두현 **디자인** 이수빈 **표지 일러스트** 김라온
용지 화인페이퍼 **인쇄·제본** 정민문화사

ISBN 979-11-6080-938-1 03400